热带作物国家自然科学基金资助项目分析报告

邢淑莲　马　帅　孙　亮　主编

中国农业出版社
北　京

图书在版编目（CIP）数据

热带作物国家自然科学基金资助项目分析报告 / 邢淑莲，马帅，孙亮主编．—北京 ：中国农业出版社，2022.12

ISBN 978-7-109-30676-9

Ⅰ．①热… Ⅱ．①邢… ②马… ③孙… Ⅲ．①热带作物—国家基金—自然科学基金—基金项目—研究报告—中国 Ⅳ．①S59

中国国家版本馆 CIP 数据核字（2023）第 080159 号

中国农业出版社出版

地址：北京市朝阳区麦子店街 18 号楼

邮编：100125

责任编辑：阎莎莎　　文字编辑：张田萌

版式设计：王　晨　　责任校对：吴丽婷

印刷：北京通州皇家印刷厂

版次：2022 年 12 月第 1 版

印次：2022 年 12 月北京第 1 次印刷

发行：新华书店北京发行所

开本：787mm×1092mm　1/16

印张：20.25　　插页：6

字数：480 千字

定价：96.00 元

编写人员名单

主　编： 邢淑莲　马　帅　孙　亮

副主编： 秦涵淳　方　蕾　赵志浩　符红梅　唐语琪　任　妮　楚小强

参　编： 陈　新　陈秀龙　豆敏详　符腾飞　郭　婷　胡　芯　黄家健　李　杰　李　玲　李　硕　李　威　李伟才　刘　萌　刘祥龙　罗　瑞　马千全　秦晓威　申龙斌　宋红艳　孙艺伟　唐　弼　王俊刚　魏永赞　吴琦琦　徐磊磊　严晓丽　杨得骥　于福来　俞秀强　袁宏伟　张兴银　张艳玲　郑　玉　周　晶　周　伟　周瑶婵

前言

FOREWORD

当前，新一轮科技革命蓬勃兴起，应对全球性挑战和满足国家重大需求对源头创新的需求更加迫切。习近平总书记指出，基础研究是整个科学体系的源头，是所有技术问题的总机关。国家自然科学基金聚焦基础、前沿、人才，注重创新团队和学科交叉，为全面培育我国源头创新能力作出了重要贡献，是我国支持基础研究的主渠道。

热带作物是我国热带农业的重要组成部分，也是促进我国热区农民增收、农村经济发展的支柱产业。近年来，随着党和国家对热带高效农业的重视，以天然橡胶为重点、多种热带作物为对象的热带作物学研究迎来了难得的历史机遇，在种质资源的考察收集、保存、技术和管理体系建设等方面取得了丰硕成果，填补了热带农业基础科学技术上的许多空白；初步创建了热带作物基因组学、蛋白质组学、代谢组与天然产物化学以及主要热带作物遗传转化技术等核心技术平台，全面提升了相关学科的创新能力；在木薯、橡胶树、椰子及香蕉B基因组测序与注释，香蕉枯萎病基因密码破译，橡胶树产排胶机理等领域取得重要进展，为下一阶段热带作物科技实现跨越式发展奠定了坚实基础。然而，热带作物基础研究也面临着研究布局不合理，源头创新能力不足等发展瓶颈。

为推动我国热带作物基础研究不断取得源头创新的新突破，推进热带作物产业的繁荣发展，本书围绕天然橡胶、木薯、甘蔗、热带果树、热带香料饮料作物、热带棕榈作物、热带药用作物、热带纤维作物等从国家自然科学基金角度进行了分析，系统地介绍了热带农业的发展历程、热带农业科技成效、国家自然科学基金资助项目类型，全面总结了热带作物基础研究领域的机构分布、学科建设、地区差异、人员构成、发展趋势等情况，为下一步促进热带作物基础研究的发展提供建议，为我国热带作物领域的科技创新、管理决策、人才培养等提供参考。

本研究得到“中央级公益性科研院所基本科研业务费专项（1630012021018）”

资助，编著得到有关方面专家的支持和帮助，在此谨表示衷心的感谢。除所列参考文献外，还有其他参考文献未一一列出，在此谨向有关作者表示歉意。由于编者研究水平和时间有限，书中难免存在一些遗漏和缺陷，恳请同行专家和学者批评指正。

编　者

2022年6月

目录
CONTENTS

第一章 热带农业概况

一、我国热带农业概况

（一）热带地区和热带农业

1. 热带地区[1]

热带地区是地球南北回归线之间，即南北纬 23°26′之间的区域，我国热带地区既包括南北纬 23°26′之间的区域，还包括同时满足日平均气温≥10℃的天数在 285 天以上、年积温≥6 500℃、最冷月平均气温≥10℃、年极端最低气温多年平均值≥2℃等四个指标的区域，主要分布在海南、台湾、香港、澳门，福建、广东、广西、云南、湖南、江西南部，四川、贵州干热河谷地带，西藏墨脱、察隅、波密的低海拔地区。我国热带地区的陆地面积约 54 万千米^2，占全国陆地面积的 5.6%；海洋面积约 263 万千米^2，占全国海洋面积的 56%。

2. 热带农业

热带作物是热带农业的重要组成部分。热带作物是指只能在热带地区种植并具有战略意义和较高经济价值的作物，根据《国务院办公厅关于促进我国热带作物产业发展的意见》(国办发〔2010〕45 号)，热带作物主要包括天然橡胶、木薯、油棕等工业原料，香蕉、荔枝、芒果等热带水果，以及咖啡、桂皮、八角等香（饮）料，是国家战略物资和日常消费品。我国是热带作物生产大国，热带作物种植总面积约 600 万公顷，总产量 3 700 多万吨，总产值 2 400 多亿元。种植面积排名前 3 的分别是甘蔗 2 030 万亩*、天然橡胶 1 710万亩、荔枝 722 万亩；荔枝、澳洲坚果、龙眼、八角世界排名均为第 1（表 1-1)。热带作物品种丰富、种类繁多、功能多样，具有稀缺和不可替代性。如天然橡胶是四大工业原料之一，主要从橡胶树中大量提取，世界上部分或完全用天然橡胶制成的物品已达 7 万种以上，在国防装备和高端制造领域具有不可替代性。

---

* 亩为非法定计量单位，1 亩=1/15 公顷。下同。——编者注

表 1-1 主要热带作物种植面积和产量信息

序号	作物名称	种植面积			产量*		
		我国（万亩）	全球（万亩）	世界排名	我国（万吨）	全球（万吨）	世界排名
1	天然橡胶	1 710	23 083	3	83	1 356	4
2	甘蔗	2 030	39 700	3	913	14 300	4
3	香（大）蕉	491	17 580	6	1 151	16 295	2
4	木薯	406	42 365	15	488	30 266	15
5	油棕	2	43 104	—	—	8 498	—
6	荔枝	722	1 075	1	238	376	1
7	八角	629	1 897	1	21	119	1
8	芒果	515	8 677	3	331	5 844	3
9	龙眼	414	817	1	183	357	1
10	澳洲坚果	399	655	1	3	23	3
11	槟榔	133	1 839	5	28	180	3
12	咖啡	149	16 560	34	11	1 052	14

注：表中数据来源于联合国粮食及农业组织（FAO）和《热作产业发展报告（2020 年）》等。

* 天然橡胶产量数据为干胶产量，油棕为棕榈油产量，甘蔗为蔗糖产量，木薯为鲜薯产量，澳洲坚果为壳果产量。

（二）我国热带农业发展历程[1]

我国热带农业发展大致经历三个重要阶段。

第一个阶段：从新中国成立到 20 世纪 80 年代，以发展热带农业生产力、解决人民温饱问题和提升国家战略物资的供给水平为主要标志。特别是，新中国成立初期，西方对社会主义国家实行经济封锁，作为战略物资的天然橡胶也被禁运。为打破封锁禁运，1951 年 8 月 31 日，中央人民政府政务院第 100 次政务会议做出“关于扩大培植橡胶树的决定”“一定要建立自己的橡胶科研生产基地”等战略决策。以天然橡胶种植为标志，拉开了热带农业发展的序幕。我国几乎从零开始，创造了北纬 18°～24°大面积植胶的奇迹，并探索总结出一整套初加工技术体系，形成了独具特色的中国天然橡胶产业。

第二个阶段：从 20 世纪 80 年代至党的十八大召开，以全面发展热带大农业，推动解决热区三农问题，实现大部分热带农产品品种多元、供给充足、丰年有余为主要标志。1986 年，党中央、国务院做出“大规模开发热带作物资源”的决定，印发《国务院办公厅关于成立发展南亚热带作物指导小组的通知》；2010 年，印发《国务院办公厅关于促进我国热带作物产业发展的意见》，要求把热带作物产业作为现代农业建设的重要内容。我国热区各地大力发展热带水果、瓜菜、畜产品、水产品、花卉、深海养殖和远洋捕捞等现代特色农业，热带大农业得以全面快速发展。

第三个阶段：党的十八大以来，党中央高度重视热带农业发展，赋予热带农业新的战略定位，开启了热带农业发展新纪元。2018 年 4 月，习近平总书记做出“打造国家热带农业科学中心”“做强做优热带特色高效农业”的重要战略部署；2021 年 9 月，农业农村部等 13 部委联合印发《国家热带农业科学中心建设规划（2021—2035 年）》，力争用 10～15 年把海南打造成世界一流的热带农业科学中心和创新高地。热带农业进入高质量、跨越式发展新阶段。

（三）我国热带农业科技成效[2]

1. 基础性工作

我国从以橡胶树为主的热带作物科技基础性工作开始起步，其重要标志是通过考察收集，筛选出优异种质支持了橡胶树在北纬 18°～24°大面积种植成功，并获得国家技术发明奖一等奖。在热带作物种质资源的考察收集、保存、技术和管理体系建设等方面取得了丰硕成果，填补了基础科学技术上的许多空白。此外，还在热区土壤普查和肥力区划、土壤质量和地力评价、热带作物主要病虫害普查和发生监测以及热带农产品质量安全等方面开展了较为系统的科技基础性工作，为热带农业科技创新奠定了坚实基础。

2. 基础研究

我国热带地区生物资源类型多样，其保护和利用相关的基础科学研究问题突出；主要热带作物橡胶树、甘蔗、木薯等自给率严重不足，单产潜力巨大，品质亟待提升。依托热带作物生物技术国家重点实验室（1988—2006 年）、亚热带农业生物资源保护与利用国家重点实验室（2012 年至今）、农业农村部热带作物生物学与遗传资源利用重点实验室（2006 年至今）、福建农林大学基因组学与生物技术研究中心（2014 年至今）等基础研究平台，在 973 计划、国家重点研发计划等重大专项的支持下，历时 30 余年，初步创建了热带作物基因组学、蛋白质组学、代谢组与天然产物化学以及主要热带作物遗传转化技术等核心技术平台，全面提升了相关学科的创新能力；在木薯、橡胶树、椰子及香蕉 B 基因组测序与注释，香蕉枯萎病基因密码破译，橡胶树产排胶机理等领域取得重要进展。

3. 应用开发研究

选育出“热研 73397 橡胶树”“华南 5 号木薯”“热引 1 号胡椒”等具有自主知识产权的新品种；配套研发“橡胶树组培技术”“咖啡种间嫁接技术”等优良种苗繁育技术。配套研发橡胶树、椰子、槟榔等经济林下复合种植香辛饮料、花卉、南（黎）药等绿色高效栽培技术，构建了橡胶树、芒果等热带作物“育繁推”一体化技术体系，利用“科研院所＋农户”“科研院所＋公司＋基地”等模式，在海南、云南、四川、广东、广西等地推广应用新品种及配套技术。解决特色热带作物产品加工共性领域的关键技术难题，成果“特色热带作物产品加工关键技术研发集成及应用”获国家科学技术进步奖二等奖。

二、热带农业科研机构

本书中所指的热带农业科研机构，主要包括农业农村部直属的中国热带农业科学院，以及广东省农业科学院、广西壮族自治区农业科学院、海南省农业科学院、云南省农业科学院、贵州省农业科学院、四川省农业科学院、湖南省农业科学院、江西省农业科学院、福建省农业科学院等 9 个省级农业科学院。

第二章 国家自然科学基金概况

一、国家自然科学基金委员会介绍

（一）创建背景

1978 年，全国科学大会召开，邓小平在大会开幕式上指出“科学技术是生产力，这是马克思主义历来的观点。正确认识科学技术是生产力，正确认识为社会主义服务的脑力劳动者是劳动人民的一部分，这对于迅速发展我们的科学事业有极其密切的关系”，并提出了“四个现代化，关键是科学技术的现代化。”[3]全国科学大会成为我国科学技术发展历程中的一个重要里程碑。我国科技体制改革由此循序开展并不断深化。科学基金制正是我国科技体制改革的重要产物，并随之不断走向成熟[4]。

1981 年，在中国科学院第 4 次学部大会期间，中国科学院 89 位院士（学部委员）致函党中央、国务院，建议借鉴国际上“由政府出资和监督，成立第三方机构”支持基础研究的成功经验，设立面向全国的自然科学基金，用于资助我国的基础研究工作[5]。1982 年，国家自然科学基金的雏形——中国科学院科学基金正式启动，面向全国，采取自由申请、同行评议、择优支持项目的形式，资助基础研究。1982—1985 年，中国科学院科学基金共受理项目申请 9 344 项，批准资助4 426项，资助金额17 270.6万元。当时，科研人员不仅将项目看作是经费上的支持，还将其作为学术上的荣誉。

经过几年的实践，国家有关部门一致认为我国应当尽快成立一个独立的国家科学基金管理机构，受国家委托独立开展工作。1985 年《中共中央关于科技体制改革的决定》指出：“对基础研究和部分应用研究工作，逐步试行科学基金制。……设立国家自然科学基金会。”同年 7 月，邓小平在接见著名科学家李政道教授时表示：“成立国家自然科学基金委员会，大家都赞成，不会反对，应该这样办，新事物，搞起来再说，逐步总结经验。”[6] 1986 年 2 月 14 日，国务院正式发布《关于成立国家自然科学基金委员会的通知》，提出：为了加强基础研究和部分应用研究工作，逐步试行科学基金制，国务院决定成立国家自然科学基金委员会。自此有中国特色的科学基金制正式诞生。这是我国科研经费从“计划分配”向“竞争择优”过渡的一个里程碑。

国家自然科学基金委员会（NSFC）成立时挂靠在中国科学院，后来由国家科学技术委员会归口管理，2000 年底开始成为国务院直属事业单位，2018 年根据《深化党和国家机构改革方案》，国家自然科学基金委员会由国务院直属事业单位改由科学技术部管理，依法管理国家自然科学基金，相对独立运行，负责资助计划、项目设置和评审、立项、监督等组织实施工作[7-8]。

（二）运行模式

1. 定位为学术性管理机构

国家自然科学基金委员会重视学术性质，定位为学术性管理机构，是区别于其他行政管理部门的根本特征。目前，国家自然科学基金委员会设咨询委员会和监督委员会，下设职能部门、学术管理部门和直属事业单位。其中，学术管理部门共有 9 个科学部，包括 1986 年设立的数学物理科学部、化学科学部、生命科学部、地球科学部、工程与材料科学部、信息科学部，1996 年增设的管理科学部，2009 年增设的医学科学部和 2020 年增设的交叉科学部。

2. 遵循依靠专家的根本原则

国家自然科学基金委员会确立了“依靠专家、发扬民主、择优支持、公正合理”的 16 字评审原则，建立了遵循规律、公正为先、管理规范、运行有序的项目资助管理机制，建设了全球规模最大的评审专家库，通讯评审专家 18 万多名，会议评审专家 6 000 多名；开发了国内首个评审专家计算机辅助指派系统，显著提高了项目评审的公信力。

3. 管理法制化和规范化

国家自然科学基金委员会形成了以《国家自然科学基金条例》为核心，包括组织管理、程序管理、资金管理、监督保障在内的规章制度体系，项目从申请到实施、组织管理等一整套工作流程都具有法律依据。同时，国家自然科学基金委员会不断提升管理的规范化水平，充分利用科学基金网络信息系统（ISIS），实现全文电子版申请书上报、一站式受理服务、只收一份纸质申请书、一律采取网上选派方式遴选同行评议专家、全文反馈同行评议意见等。

4. 对科研不端行为零容忍

国家自然科学基金委员会于 1998 年成立国家自然科学基金委员会监督委员会，负责开展学术监督工作。出台了《国家自然科学基金委员会监督委员会章程》和《国家自然科学基金委员会监督委员会对科学基金资助工作中不端行为的处理办法》，明确不端行为处理细则、程序等。2021 年共通报 4 批 39 起科研不端行为案件，至少 14 项国家基金项目被擅自标注，22 个项目被撤销并追回资金，1 人终身不得申请国家基金，1 人终身不得担任国家基金评委。

（三）深化改革

近年来，国家自然科学基金委员会深化改革，围绕“基于科学问题属性分类的资助导向；负责任、讲信誉、计贡献的智能辅助分类评审机制；源于知识体系逻辑结构、促进知识和应用融合的学科布局”的改革目标，出台了一系列改革举措，根据国家自然科学基金委员会 2019—2022 年度项目指南，主要改革举措如下：

1. 试点开展分类申请与评审

试点基于四类科学问题属性的分类申请与评审，即“鼓励探索，突出原创；聚焦前沿，独辟蹊径；需求牵引，突破瓶颈；共性导向，交叉融通”，申请人应当根据要解决的科学问题和研究内容，选择最符合、最侧重、最能体现申请项目特点的一类科学问题属性，并阐明理由。国家自然科学基金委员会分类制定评审标准，根据申请人所选择的科学问题属性，组织评审专家进行分类评审。

2. 注重交叉学科发展

2020 年，在生命科学部、化学科学部等 8 个传统科学部之外，新设立了交叉科学部。2021 年，国家自然科学基金委员会启动了资助布局改革，根据“源于知识体系逻辑结构、促进知识与应用融通、突出学科交叉融合”的原则，将现有 9 个科学部整合为“基础科学、技术科学、生命与医学、交叉融合”4 个板块，推动科研范式变革，实现资源的优化配置，激发分类管理的活力和创造力。其中，基础科学板块由数学物理科学部、化学科学部、地球科学部整合而成，技术科学板块由工程与材料科学部、信息科学部整合而成，生命与医学板块由生命科学部、医学科学部整合而成，交叉融合板块由管理科学部、交叉科学部整合而成。

3. 优化申请代码设置

2020 年，以工程与材料科学部、信息科学部等为试点，重新梳理一级和二级申请代码，不再设置三级申请代码。申请人选择准确的申请代码后，可在信息系统中选择合适的“研究方向”和“关键词”。2021 年起，全面实施新的二级学科代码。如：生命科学部进一步突出强调生物学相关学科领域的科学前沿导向，农业科学相关学科领域的前沿和国家重大需求导向。调整后，一级代码 21 个；二级代码 209 个。其中，一级代码无变化；二级代码中的 87 个继承了原二级代码，41 个由原部分二级代码组合形成，20 个继承了原三级代码，54 个由部分原三级代码组合而来。

4. 优化人才资助体系

加强优秀青年科学基金项目、国家杰出青年科学基金项目与同层次国家科技人才计划的统筹衔接，避免重复资助；设立并组织实施优青（海外），着力引进高水平青年人才；试点科技管理专项，着力培养科技管理复合型人才；稳步扩大青年科学基金项目资助规模，培养基础研究人才后备军。

5. 深化放管服改革

在经费管理方面，赋予科研人员更大的经费使用自主权，稳步扩大经费包干制实施范围、简化预算编制、下放预算调剂权；加大对科研人员的奖励力度，提高间接费用比例、扩大劳务费开支范围、结余资金不再收回。在项目管理方面，全面实施无纸化申请，减轻科研人员和依托单位负担；落实代表作评价制度，树立能力、业绩、贡献导向。

二、国家自然科学基金项目介绍

国家自然科学基金面向全国，重点资助具有良好研究条件和研究实力的高等院校、科研机构以及其他公益性机构中的科学技术人员。经过 30 多年的发展，目前形成了包括探索、人才、工具、融合四大系列组成的资助格局，将近 20 种项目类型（表 2-1），建立了面上项目、重点项目、重大研究计划项目，以及联合基金项目、国际（地区）合作与交流项目等多层次相互配合衔接的资助项目系列，形成了由青年科学基金项目、优秀青年科学基金项目、国家杰出青年科学基金项目、创新研究群体项目，以及引进国际人才的外国学者研究基金和稳定西部人才的地区科学基金项目组成的较为完整的人才培养资助体系。主要资助项目类型及资助强度如下：

表 2-1　国家自然科学基金项目系列和类型

系列	定位和目标	项目类型
探索	以获得基础研究创新成果为主要目的，着眼于统筹学科布局，突出重点领域，激励原始创新	面上项目、重点项目、国际（地区）合作与交流项目等
人才	立足于提高未来科技竞争力，着力支持年轻学者独立主持科研项目，扶植基础研究薄弱地区的科研人才，培养青年优秀学术骨干，造就领军人才和拔尖人才，培育创新团队	青年科学基金项目、优秀青年科学基金项目、国家杰出青年科学基金项目、创新研究群体项目、地区科学基金项目、外国学者研究基金项目等
工具	主要着眼于加强科研条件支撑，特别是加强对原创性科研仪器研制工作的支持，开拓研究领域，催生源头创新	国家重大科研仪器研制项目等
融合	面向科学前沿和国家需求，聚焦重大基础科学问题，推动学科交叉融合，集成有限资源，汇聚和培养高水平人才，打造科学研究高地	重大项目、重大研究计划项目、联合基金项目、基础科学中心项目等

1. 面上项目

支持从事基础研究的科学技术人员在科学基金资助范围内自主选题，开展创新性的科学研究，促进各学科均衡、协调和可持续发展。2021 年平均资助强度约为 57 万元/项。

2. 青年科学基金项目

支持青年科学技术人员在科学基金资助范围内自主选题，开展基础研究工作，特别注重培养青年科学技术人员独立主持科研项目、进行创新研究的能力，激励青年科学技术人员的创新思维，培育基础研究后继人才。2021 年平均资助强度约为 30 万元/项。

3. 地区科学基金项目

地区科学基金项目支持特定地区的部分依托单位的科学技术人员在科学基金资助范围内开展创新性的科学研究，培养和扶植该地区的科学技术人员，稳定和凝聚优秀人才，为区域创新体系建设与经济、社会发展服务。2021 年平均资助强度约为 34 万元/项。

4. 重点项目

支持从事基础研究的科学技术人员针对已有较好基础的研究方向或学科生长点开展深入、系统的创新性研究，促进学科发展，推动若干重要领域或科学前沿取得突破。2021 年平均资助强度约为 290 万元/项。

5. 重大研究计划项目

围绕国家重大战略需求和重大科学前沿，加强顶层设计，凝练科学目标，凝聚优势力量，形成具有相对统一目标或方向的项目集群，促进学科交叉与融合，培养创新人才和团队，提升我国基础研究的原始创新能力，为国民经济、社会发展和国家安全提供科学支撑。一般培育项目资助强度 65 万～100 万元/项、重点支持项目资助强度 300 万～400 万元/项、集成项目资助强度 600 万～1 500 万元/项。

6. 优秀青年科学基金项目

支持在基础研究方面已取得较好成绩的青年学者自主选择研究方向开展创新研究，促进青年科学技术人才的快速成长，培养一批有望进入世界科技前沿的优秀学术骨干。每项资助经费200万元。

7. 国家杰出青年科学基金项目

支持在基础研究方面已取得突出成绩的青年学者自主选择研究方向开展创新研究，促进青年科学技术人才的成长，吸引海外人才，培养和造就一批进入世界科技前沿的优秀学术带头人。每项资助经费400万元。

8. 创新研究群体项目

支持国内外优秀学术带头人自主选择研究方向、自主组建和带领研究团队开展创新性的基础研究，攻坚克难，培养和造就在国际科学前沿占有一席之地的研究团队。每项资助经费1 000万元。

9. 国际（地区）合作研究与交流项目

资助科学技术人员立足国际科学前沿，有效利用国际科技资源，本着平等合作、互利互惠、成果共享的原则，创造合作机遇，密切合作联系，开展实质性国际（地区）合作研究与学术交流，以提高我国科学研究水平和国际竞争能力。国际（地区）合作研究与交流项目［后文简称国际（地区）合作交流项目］包括重点国际（地区）合作研究项目（250万～300万元/项）和组织间国际（地区）合作研究与交流项目。

10. 联合基金项目

国家自然科学基金委员会与有关部门、地方政府和企业共同投入经费设立联合基金，在商定的科学与技术领域内共同支持基础研究。其中，重点支持项目直接费用平均资助强度约为300万元/项，集成项目直接费用平均资助强度约为1 400万元/项。区域创新发展联合基金是国家自然科学基金委员会与地方政府共同出资设立的联合基金项目类型之一，旨在发挥国家自然科学基金的导向作用，吸引和集聚全国的优势科研力量，围绕区域经济与社会发展中的重大需求，聚焦其中的关键科学问题开展基础研究和应用基础研究，促进跨区域、跨部门的协同创新，推动我国区域自主创新能力的提升。

第三章 热带作物资助情况

以橡胶树、木薯、甘蔗、热带果树、热带香料饮料作物、热带棕榈作物、热带药用植物、热带纤维作物等 8 种（类）热带作物为研究对象，在科学网、LetPub 等网站检索查询 2000—2019 年获批的国家自然科学基金项目数据，获得数据还需通过专家研判（表 3-1）。

表 3-1 天然橡胶等 8 种（类）热带作物检索信息

序号	热带作物类别	热带作物名称	检索关键词	检索数量合计（项）
一	天然橡胶	橡胶树	橡胶树、天然橡胶、胶园	186
二	木薯	木薯	木薯、树薯、南洋薯、木番薯	87
三	甘蔗	甘蔗	甘蔗、割手密、斑茅、蔗糖、蔗渣	212
四	热带果树	香蕉	香蕉、大蕉、蕉园、阿宽蕉、野生蕉、粉蕉、贡蕉、植蕉	177
		荔枝	荔枝	106
		芒果、龙眼、菠萝、澳洲坚果、火龙果、百香果、杨桃、菠萝蜜、番石榴、番荔枝、鳄梨、番木瓜、莲雾、枇杷、黄皮	芒果（芒果、杧果）、龙眼、菠萝（菠萝、凤梨）、澳洲坚果、火龙果、百香果（百香果、西番莲）、杨桃、菠萝蜜（菠萝蜜、木菠萝）、番石榴、番荔枝、鳄梨（鳄梨、油梨）、番木瓜、莲雾、枇杷、黄皮	259
五	热带香料饮料作物	咖啡、胡椒、八角、肉桂、香草兰、辣木、可可、桂皮、丁香、罗勒、鹧鸪茶、苦丁茶冬青、糯米香、香露兜、肉豆蔻、啤酒花、香荚兰、香茅	咖啡、胡椒、八角、肉桂、香草兰、辣木、可可、桂皮、丁香、罗勒、鹧鸪茶、苦丁茶冬青、糯米香、香露兜、肉豆蔻、啤酒花、香荚兰、香茅	107
六	热带棕榈作物	椰子、油棕、槟榔、椰枣、水椰、棕榈	椰子、油棕、槟榔、椰枣、水椰、棕榈、椰壳、椰心叶甲、椰甲截脉姬小蜂、椰扁甲啮小蜂	39
七	热带药用作物	余甘子、罗望子、益智、艾纳香、砂仁、石斛、高良姜、美丽崖豆藤、白木香	余甘子、罗望子、益智、艾纳香、砂仁、石斛、高良姜、美丽崖豆藤（美丽崖豆藤、牛大力）、白木香（白木香、沉香）	208
八	热带纤维作物	剑麻	龙舌兰麻、剑麻、龙舌兰	14

备注：热带果树领域中，香蕉和荔枝两个研究对象的检索数量均在 100 项以上，数量相对较大，因此在本表中单独列出，并在后续章节中单独进行了分析。

一、天然橡胶

（一）概况分析

2000—2019 年天然橡胶领域 NSFC 的资助数量共计 186 项，资助金额累计 7 654 万元。从年度分布来看（图 3-1），2000—2019 年天然橡胶领域 NSFC 资助数量和资助金额的变化趋势基本一致，总体均呈逐年波动上升的趋势。其中，2000—2005 年资助数量和资助金额小幅波动增长；2006—2010 年资助数量和资助金额稳定发展；2011—2012 年资助数量和资助金额均逐年大幅度上升；2013—2019 年资助数量和资助金额呈现“W”式波动变化，2018 年资助数量和资助金额均达到最大值，2019 年资助数量和资助金额又大幅度减少。

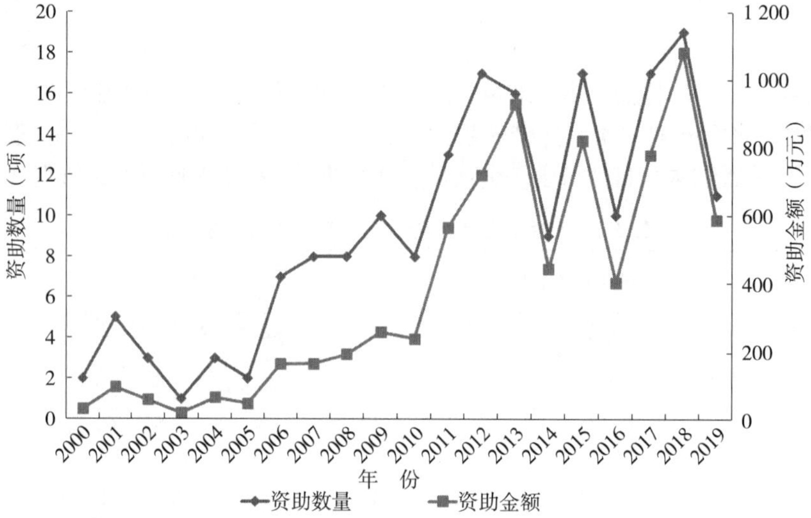

图 3-1　天然橡胶领域资助数量及资助金额年度变化

（二）项目类型

1. 项目类型资助概况分析

天然橡胶领域 NSFC 所有资助项目共分布在 6 类项目中（表 3-2），项目类型分布集中，主要为地区科学基金项目、面上项目、青年科学基金项目。其中，天然橡胶领域获得资助数量最多的是地区科学基金项目，资助数量共计 84 项，其次是面上项目、青年科学基金项目，三者资助数量总占比高达 97.85%；资助金额最多的是面上项目，资助金额累计 3 135 万元，其次是地区科学基金项目、青年科学基金项目，三者资助金额总占比高达 89.84%；国际（地区）合作交流项目、国家杰出青年科学基金项目、重点项目的资助数量和资助金额均不多，资助数量总占比仅 2%左右，资助金额总占比仅 10%左右。

2. 项目类型资助时间变化分析

天然橡胶领域 NSFC 各类项目资助数量年度变化情况如图 3-2 所示，天然橡胶领域在地区科学基金项目和面上项目获得持续性的项目支持，近年来也获得青年科学基金项目的持续性支持。其中，在地区科学基金项目获得的资助数量呈现波浪式发展的趋势，2019 年的资助数量与 2000 年相差不大，在 2009 年、2015 年、2018 年获取的资助数量相对较多；在面上项目从 2004 年开始持续获得项目资助，2004—2009 年每年获得的资助数量相对较少，2010—2019 年资助数量逐年波动增长，且于 2019 年达到最大值 8 项；在青年科学基金项目最早于 2006 年、2008 年分别获得 1 项资助，于 2010—2018 年持续获得项目

表 3-2　天然橡胶领域各类项目资助数量、资助金额概况

年份	地区科学基金项目		面上项目		青年科学基金项目		国际（地区）合作交流项目		国家杰出青年科学基金项目		重点项目		合计	
	资助数量（项）	资助金额（万元）	资助数量（项）	资助金额（万元）	资助数量（项）	资助金额（万元）	资助数量（项）	资助金额（万元）	资助数量（项）	资助金额（万元）	资助数量（项）	资助金额（万元）	资助数量（项）	资助金额（万元）
2000	2	31											2	31
2001	5	94											5	94
2002	3	58											3	58
2003	1	18											1	18
2004	2	39	1	25									3	64
2005	1	22	1	24									2	46
2006	5	109	1	32	1	21							7	162
2007	7	134	1	29									8	163
2008	4	101	2	70	1	19	1	1.4					8	191.4
2009	8	193	2	64									10	257
2010	2	53	4	136	2	48							8	237
2011	3	153	5	303	5	109							13	565
2012	3	150	6	390	8	180							17	720
2013	6	301	3	178	6	139					1	311	16	929
2014	4	203	2	170	3	71							9	444
2015	8	328	7	454	2	40							17	822
2016	4	159	3	185	3	60							10	404
2017	4	156	6	366	6	143	1	115					17	780
2018	9	362	4	239	5	129.6			1	350			19	1 080.6
2019	3	118	8	470									11	588
总计	84	2 782	56	3 135	42	959.6	2	116.4	1	350	1	311	186	7 654

资助，且资助数量呈“M”式波动变化，2012 年达到最大值 8 项；在国际（地区）合作交流项目仅于 2008 年、2017 年各获得 1 项资助；在国家杰出青年科学基金项目于 2018 年获取 1 项资助；在重点项目于 2013 年获取 1 项资助。

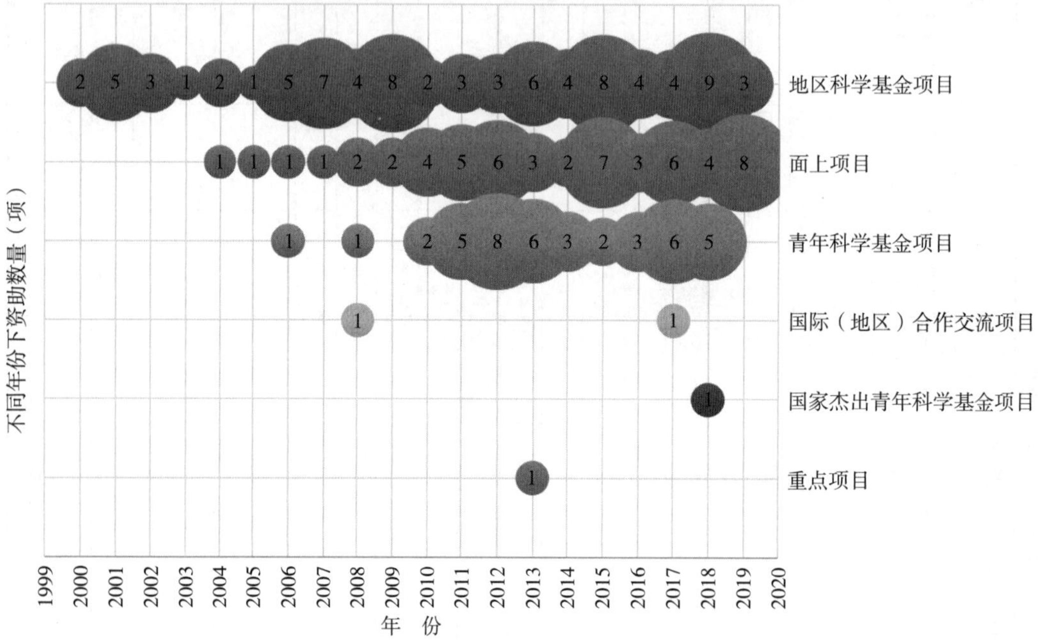

图 3-2 天然橡胶领域各类项目资助数量年度变化

（三）学科分析

天然橡胶领域 NSFC 所有资助项目共分布在 6 个科学部、19 个一级学科、46 个二级学科中。

1. 科学部分析

（1）科学部资助概况分析

天然橡胶领域 NSFC 各资助项目在各科学部的资助概况如表 3-3 所示，各科学部的资助数量和资助金额差异悬殊，科学部分布十分聚焦。其中，在生命科学部获得的资助数量和资助金额均为最多，资助数量共计 150 项，资助金额累计 6 010.4 万元，占比均超过 78%，该科学部是天然橡胶领域申请 NSFC 的主要科学部；其次是工程与材料科学部，资助数量共计 26 项，资助金额累计 1 186 万元；在其他 4 个科学部获得的资助数量和资助金额均不多，资助数量在 2～3 项，资助金额在 86 万～138 万元，资助数量和资助金额占比均不到 2%。

表 3-3 天然橡胶领域各科学部资助数量、资助金额及占比

科学部	资助数量（项）	资助数量占比（%）	资助金额（万元）	资助金额占比（%）
生命科学部	150	80.65	6 010.4	78.53
工程与材料科学部	26	13.98	1 186	15.50
地球科学部	3	1.61	134.6	1.76

（续）

科学部	资助数量（项）	资助数量占比（%）	资助金额（万元）	资助金额占比（%）
数学物理科学部	3	1.61	99	1.29
化学科学部	2	1.08	86	1.12
管理科学部	2	1.08	138	1.80
总计	186	100.00	7 654	100.00

（2）科学部资助时间变化分析

天然橡胶领域 NSFC 各科学部资助数量年度变化情况如图 3-3 所示。天然橡胶领域在生命科学部获得持续性的项目支持，2015—2019 年在工程与材料科学部也获得相对持续的项目支持。其中，在生命科学部连续 20 年获得项目资助，资助数量于 2000—2005 年在 1～4 项来回小幅波动，于 2006—2010 年稳定在 6 项左右，于 2010—2019 年逐年波动增长，且在 2018 年达到最大值 17 项，但 2019 年有所回落；在工程与材料科学部于 2000 年首次获得项目资助，除 2003 年、2004 年、2010 年、2014 年未获得项目资助外，其他年份的资助数量均在 1～3 项来回小幅波动，2015—2019 年连续 5 年获得项目资助；在地球科学部仅于 2017 年、2018 年各获得 1～2 项资助；在数学物理科学部于 2010—2015 年偶有项目资助；在化学科学部于 2009 年、2012 年各获得 1 项资助；在管理科学部于 2008 年、2017 年各获得 1 项资助。

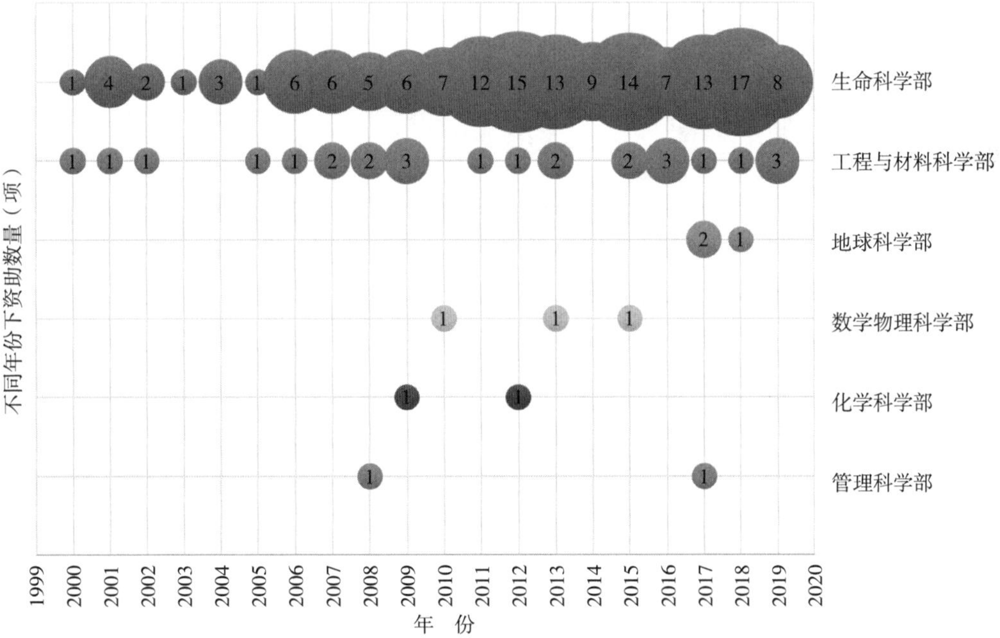

图 3-3　天然橡胶领域各科学部资助数量年度变化

2. 一级学科分析

（1）一级学科资助概况分析

天然橡胶领域 NSFC 所有资助项目在各一级学科的资助概况如表 3-4 所示，各一级学科获得的资助数量和资助金额差异明显，一级学科分布聚焦。资助数量和资助金额最多的是林学与草地科学，资助数量共计 92 项，资助金额累计 3 904 万元，占比均在 50%左右，其是天然橡胶领域获得 NSFC 支持力度最大的一级学科；其次是有机高分子材料，资助数量共计 25 项，资助金额累计 1 162 万元；此外，农学基础与作物学、植物保护学、植物学、遗传学与生物信息学的资助数量均在 6～17 项，资助金额在 266 万～624 万元，获得 NSFC 支持力度也相对较大；其他学科的资助数量在 1～3 项，获得的 NSFC 支持力度相对较小。

表 3-4 天然橡胶领域各一级学科资助数量、资助金额及占比

一级学科	资助数量（项）	资助数量占比（%）	资助金额（万元）	资助金额占比（%）
林学与草地科学	92	49.46	3 904	51.01
有机高分子材料	25	13.44	1 162	15.18
农学基础与作物学	17	9.14	624	8.15
植物保护学	15	8.06	590	7.71
植物学	11	5.91	412	5.38
遗传学与生物信息学	6	3.23	266	3.48
园艺学与植物营养学	3	1.61	75	0.98
生态学	3	1.61	43.4	0.57
力学	2	1.08	76	0.99
微生物学	2	1.08	81	1.06
经济科学	2	1.08	138	1.80
化学工程与工业化学	1	0.54	36	0.47
发育生物学与生殖生物学	1	0.54	18	0.24
地理学	1	0.54	24.6	0.32
大气科学	1	0.54	44	0.57
工程热物理与能源利用	1	0.54	24	0.31
材料化学与能源化学	1	0.54	50	0.65
海洋科学	1	0.54	66	0.86
生物物理与生物化学	1	0.54	20	0.26
总计	186	100.00	7 654	100.00

（2）一级学科资助时间变化分析

天然橡胶领域 NSFC 重点一级学科（资助数量≥2 项）资助数量年度变化情况如图 3-4 所示。天然橡胶领域在林学与草地科学获得持续性的项目支持，2017—2019 年在植物保护学、植物学也获得相对持续的项目支持。其中，在林学与草地科学连续 16 年获得项目资助，资助数量于 2000—2005 年在 0～2 项来回小幅波动，于 2006—2019 年逐年波动增长，且于 2018 年达到最大值 13 项，但 2019 年回落至 4 项；在有机高分子材料于 2000—2019 年间断性地获得 1～3 项资助，且分别于 2009 年、2016 年、2019 年获得最高项目资助数量；在植物学于 2001 年首次获得项目资助，其他年份间断性地获得 1 项资助，且 2017—2019 年连续 3 年获得项目资助；在农学基础与作物学于 2002 年首次获得项目资助，其他年份间断性地获得 1～3 项资助，且于 2007 年获得最高项目资助数量；在植物保护学于 2011 年首次获得项目资助，其他年份间断性地获得 1～4 项资助，且 2015—2019 年连续 5 年获得项目资助；在遗传学与生物信息学、园艺学与植物营养学、生态学、力学、微生物学、经济科学分别于 2009 年、2012 年、2006 年、2010 年、2015 年、2008 年首次获得项目资助，且在其他年份偶有项目资助。

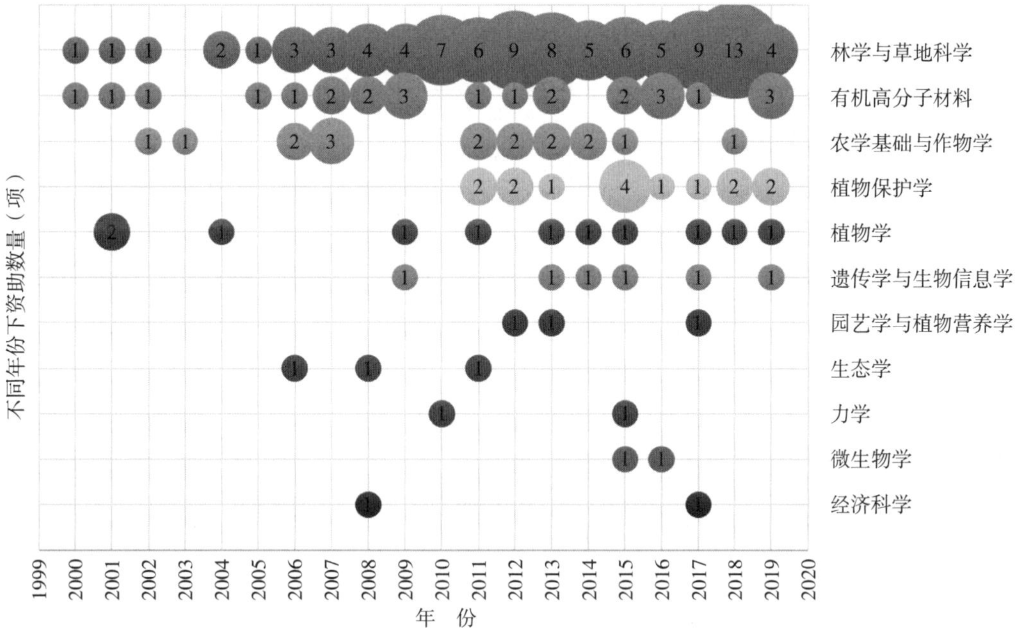

图 3-4 天然橡胶领域重点一级学科（资助数量≥2 项）资助数量年度变化

3. 二级学科分析

（1）二级学科资助概况分析

天然橡胶领域 NSFC 所有资助项目在各二级学科的资助概况如表 3-5 所示，各二级学科获得的资助数量和资助金额差异较大，二级学科分布相对聚焦。资助数量和资助金额排在前两位的是树木生物学、林木遗传育种学，其中树木生物学的资助数量最多，林木遗传育种学的资助金额最多，两者的资助数量和资助金额占比均超过 15%，是天然橡胶领域获得 NSFC 支持力度最大的二级学科；其次是经济林学、橡胶及弹性体、植物病理学，资助数量和资助金额占比均在 6.32%～11.16%；此外，植物生理学、作物生理学、作物种质资源学、作物遗传育种学、植物遗传学、作物栽培与耕作学、森林保护学、植物资源学、高分子材料合成与改性的资助数量均在 3 项及以上，获得的 NSFC 支持力度相对较大；其他二级学科的资助数量在 1～2 项，获得的 NSFC 支持力度相对较小。

表 3-5　天然橡胶领域各二级学科资助数量、资助金额及占比

二级学科	资助数量（项）	资助数量占比（%）	资助金额（万元）	资助金额占比（%）
树木生物学	34	18.28	1 330	17.38
林木遗传育种学	29	15.59	1 435	18.75
经济林学	20	10.75	808	10.56
橡胶及弹性体	18	9.68	854	11.16
植物病理学	12	6.45	484	6.32
植物生理学	7	3.76	298	3.89
作物生理学	5	2.69	169	2.21
作物种质资源学	4	2.15	80	1.05
作物遗传育种学	4	2.15	203	2.65
植物遗传学	4	2.15	185	2.42
作物栽培与耕作学	3	1.61	119	1.55
森林保护学	3	1.61	104	1.36
植物资源学	3	1.61	95	1.24
高分子材料合成与改性	3	1.61	103	1.35
固体力学	2	1.08	76	0.99
基因表达调控与表观遗传学	2	1.08	81	1.06
生理生态学	2	1.08	23.4	0.31
病原真菌学	2	1.08	81	1.06
竹学	2	1.08	57	0.74
农业昆虫学	1	0.54	20	0.26
农学基础	1	0.54	53	0.69
农林经济管理	1	0.54	115	1.50
区域经济与产业经济	1	0.54	23	0.30
地球系统模式发展	1	0.54	44	0.57
地理信息系统	1	0.54	24.6	0.32
塑料	1	0.54	20	0.26
有机高分子结构材料化学	1	0.54	50	0.65
森林信息学	1	0.54	40	0.52
森林土壤学	1	0.54	40	0.52
森林培育学	1	0.54	62	0.81

（续）

二级学科	资助数量（项）	资助数量占比（%）	资助金额（万元）	资助金额占比（%）
森林资源学	1	0.54	28	0.37
植物化学保护	1	0.54	48	0.63
植物发育与生殖	1	0.54	18	0.24
植物形态与发育	1	0.54	19	0.25
植物营养基础	1	0.54	22	0.29
海洋化学	1	0.54	66	0.86
燃烧学	1	0.54	24	0.31
生态系统生态学	1	0.54	20	0.26
生物化工与轻化工	1	0.54	36	0.47
生物防治	1	0.54	38	0.50
细胞生物物理	1	0.54	20	0.26
肥料与施肥	1	0.54	38	0.50
设施园艺学	1	0.54	15	0.20
通用高分子材料	1	0.54	58	0.76
高分子材料结构与性能	1	0.54	65	0.85
高分子结构与性能	1	0.54	62	0.81
总计	186	100.00	7 654	100.00

（2）二级学科资助时间变化分析

天然橡胶领域 NSFC 重点二级学科（资助数量≥3 项）资助数量年度变化情况如图 3-5 所示。天然橡胶领域 2011—2019 年在树木生物学、林木遗传育种学获得持续性的项目支持，2017—2019 年在经济林学、植物病理学也获得相对持续的项目支持。其中，在树木生物学于 2001 年首次获得项目资助，于 2004—2019 年连续 16 年获得项目资助，资助数量在1～4 项来回小幅波动，且分别于 2012 年、2018 年达到最大值 4 项。在林木遗传育种学、经济林学分别于 2004 年、2006 年首次获得项目资助，在林木遗传育种学的资助数量于 2011—2019 年在 1～6 项来回小幅波动，且于 2016 年达到最大值 6 项；在经济林学的资助数量于 2010—2019 年在 0～3 项来回小幅波动，且分别于 2010 年、2012 年、2018 年达到最大值 3 项。在橡胶及弹性体、植物病理学、植物生理学分别于 2005 年、2011 年、2009 年首次获得项目资助，橡胶及弹性体的资助数量于 2005—2017 年在 0～3 项来回小幅波动，且于 2009 年、2016 年达到最大值 3 项；在植物病理学的资助数量于 2011—2019 年在 0～3 项来回小幅波动，且于 2015 年达到最大值 3 项；在植物生理学于 2009—2018 年偶有项目资助。另外，除图 3-5 中的二级学科外，天然橡胶领域在其他二级学科间断性地获得 1～2 项资助。

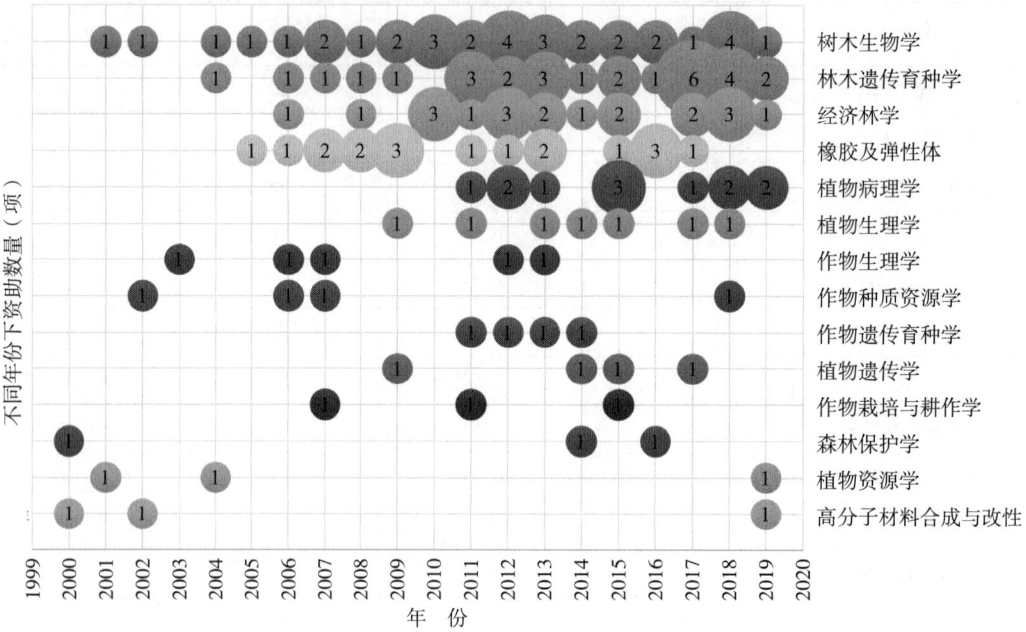

图 3-5　天然橡胶领域重点二级学科（资助数量≥3 项）资助数量年度变化

（四）地区分析

1. 地区资助概况分析

天然橡胶领域获得 NSFC 项目资助的省、自治区、直辖市共计 12 个，各地区获得的资助数量和资助金额差距很大（表 3-6）。其中，海南省的资助数量和资助金额分别为 160 项、6 347.4 万元，占比分别为 86.02%、82.93%，均远远高于其他地区；其次是广东省、北京市、四川省，三者的资助数量在 3 项及以上，资助金额在 200 万元以上，其中广东省的资助数量相对较多，四川省的资助金额相对较多。此外，其他地区的资助数量在 1～2 项，获得的资助力度相对较小。

表 3-6　天然橡胶领域各地区资助数量、资助金额及占比

地区	资助数量（项）	资助数量占比（%）	资助金额（万元）	资助金额占比（%）
海南省	160	86.02	6 347.4	82.93
广东省	9	4.84	225	2.94
北京市	3	1.61	200.6	2.62
四川省	3	1.61	400	5.23
云南省	2	1.08	60	0.78
内蒙古自治区	2	1.08	76	0.99
安徽省	2	1.08	127	1.66
宁夏回族自治区	1	0.54	50	0.65

（续）

地区	资助数量（项）	资助数量占比（%）	资助金额（万元）	资助金额占比（%）
山东省	1	0.54	24	0.31
新疆维吾尔自治区	1	0.54	48	0.63
甘肃省	1	0.54	38	0.50
辽宁省	1	0.54	58	0.76
总计	186	100.00	7 654	100.00

2. 地区资助时间变化

天然橡胶领域 NSFC 主要地区（资助数量≥2 项）资助数量年度变化情况如图 3-6 所示。海南省最早于 2000 年获得项目资助，且连续 20 年获得持续性项目资助，资助数量于 2000—2005 年在 1～3 项来回小幅波动，于 2006—2010 年稳定在 7 项左右，于 2011—2019 年逐年波动增长，且分别于 2012 年、2018 年达到最大值 16 项，但 2019 年有所回落；广东省于 2001 年初次获得项目资助，相对较早，但此后未能连续获得资助；北京市、四川省、云南省、内蒙古自治区、安徽省分别于 2016 年、2009 年、2011 年、2010 年、2015 年初次获得项目资助，但此后偶有项目资助。

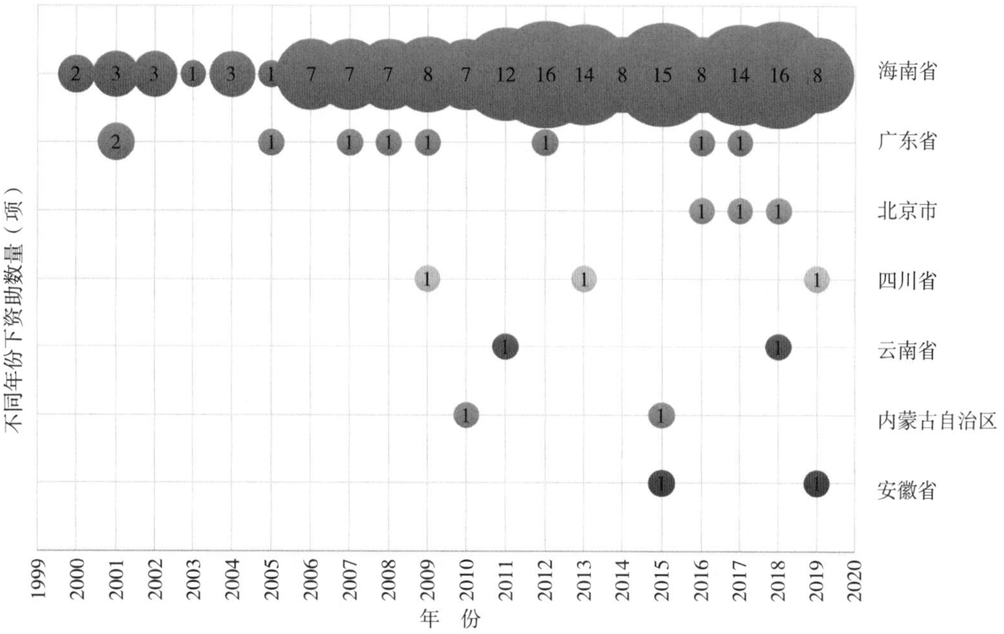

图 3-6 天然橡胶领域主要地区（资助数量≥2 项）资助数量年度变化

3. 地区—项目类型分析

天然橡胶领域获得 NSFC 项目资助的 12 个地区在各类项目中的分布情况如表 3-7 所示，12 个地区共在 6 类项目中获得资助支持，各地区在不同项目类型的资助分布和资助优势差异悬殊。海南省同时获得了地区科学基金项目、面上项目和青年科学基金项目三类项目资助支持，其中，海南省在三类项目中资助数量远高于其他地区；广东省和北京市同时获得了面上项目和青年科学基金项目两类项目资助；内蒙古自治区、云南省、宁夏回族自治区、新疆维吾尔自治区、甘肃省各获得 1～2 项的地区科学基金项目资助；四川省、安徽省、北京市、辽宁省各获得 1～2 项的面上项目资助；北京市、云南省、山东省各获得 1 项青年科学基金项目资助。此外，海南省和北京市各获得 1 项国际（地区）合作交流项目资助，海南省获得了 1 项国家杰出青年科学基金项目资助，四川省获得了 1 项重点项目资助。

表 3-7 天然橡胶领域地区—项目类型资助分布

地区	资助数量（项）					
	地区科学基金项目	面上项目	青年科学基金项目	国际（地区）合作交流项目	国家杰出青年科学基金项目	重点项目
海南省	76	46	36	1	1	
广东省		4	3			
北京市		1	1	1		
四川省		2				1
云南省	1		1			
内蒙古自治区	2					
安徽省		2				
宁夏回族自治区	1					
山东省			1			
新疆维吾尔自治区	1					
甘肃省	1					
辽宁省		1				

（五）机构分析

1. 机构资助概况分析

天然橡胶领域获得 NSFC 项目资助的机构共计 22 家，包含 17 家高校、5 家科研院所，如表 3-8 所示。中国热带农业科学院获得的资助数量和资助金额均排在首位，资助数量共计 116 项，资助金额累计 4 090.4 万元，占比分别高达 62.37%、53.44%；海南大学获得资助支持也较多，资助数量共计 42 项，资助金额累计 2 118 万元，资助数量和资助金额占比均在 20%以上。另外，四川大学、广东海洋大学、中国科学技术大学、云南省热带作物科学研究所、内蒙古工业大学、海南师范大学获得项目资助数量也较多，均不少于 2 项；四川大学、中国科学技术大学、中国农业大学、广东海洋大学、海南师范大学获得资助金额也较多，均不少于 80 万元。

表 3-8 天然橡胶领域各机构资助数量、资助金额及占比

机构	资助数量（项）	资助数量占比（%）	资助金额（万元）	资助金额占比（%）
中国热带农业科学院	116	62.37	4 090.4	53.44

（续）

机构	资助数量（项）	资助数量占比（%）	资助金额（万元）	资助金额占比（%）
海南大学	42	22.58	2 118	27.67
四川大学	3	1.61	400	5.23
广东海洋大学	3	1.61	83	1.08
中国科学技术大学	2	1.08	127	1.66
云南省热带作物科学研究所	2	1.08	60	0.78
内蒙古工业大学	2	1.08	76	0.99
海南师范大学	2	1.08	80	1.05
东莞理工学院	1	0.54	23	0.30
中国农业大学	1	0.54	115	1.50
中国科学院	1	0.54	24.6	0.32
北京化工大学	1	0.54	61	0.80
华南理工大学	1	0.54	25	0.33
宁夏大学	1	0.54	50	0.65
暨南大学	1	0.54	36	0.47
沈阳化工大学	1	0.54	58	0.76
海南热带海洋学院	1	0.54	23	0.30
海南省农业科学院	1	0.54	50	0.65
海南省气象局	1	0.54	44	0.57
甘肃农业大学	1	0.54	38	0.50
石河子大学	1	0.54	48	0.63
青岛科技大学	1	0.54	24	0.31
总计	186	100.00	7 654	100.00

2. 机构资助时间变化分析

天然橡胶领域 NSFC 主要机构（资助数量≥2 项）资助数量年度变化情况如图 3-7 所示。中国热带农业科学院最早于 2000 年获得资助项目，且连续 20 年获得持续性项目资助，资助数量于 2000—2005 年在 1～4 项来回小幅波动，于 2006—2010 年稳定在 7 项左右，于 2011—2019 年逐年波动变化，且于 2012 年达到最大值 13 项，但 2018—2019 年有所回落；海南大学于 2001 年初次获得项目资助，相对较早，但直到 2008 年以后才有连续资助，资助数量逐年波动变化，且于 2015 年达到最大值 8 项，但 2019 年回落至 2 项；四川大学、广东海洋大学、中国科学技术大学、云南省热带作物科学研究所、内蒙古工业大学、海南师范大学分别于 2009 年、2005 年、2015 年、2011 年、2010 年、2018 年初次获得项目资助，但此后偶有项目资助。

3. 机构—项目类型分析

天然橡胶领域获得 NSFC 项目资助的 22 家机构在各类项目中的分布情况如表 3-9 所示。中国热带农业科学院同时获得了地区科学基金项目、面上项目和青年科学基金项目三

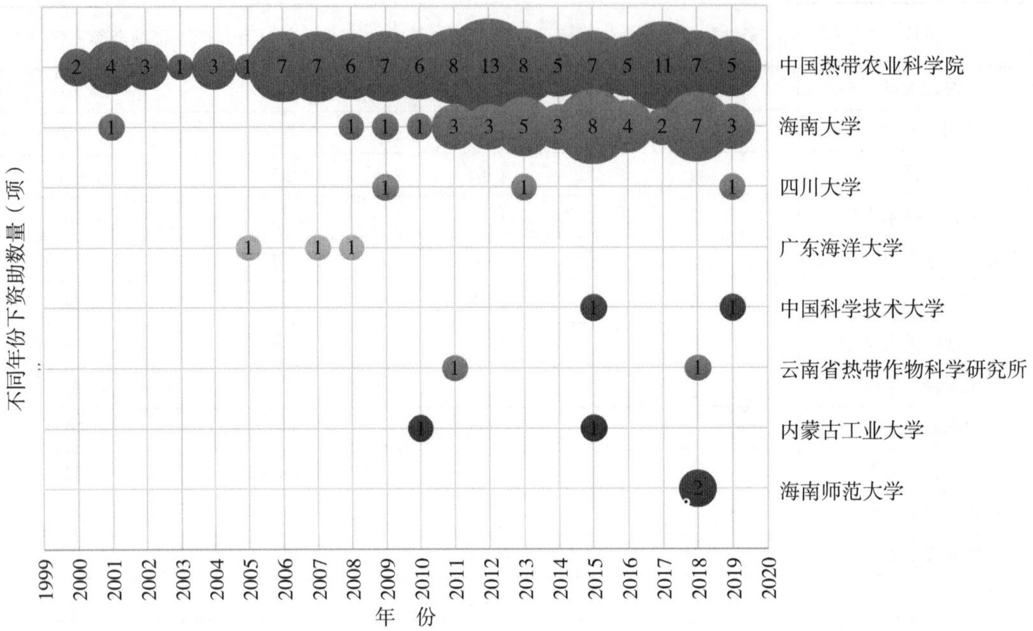

图 3-7 天然橡胶领域主要机构（资助数量≥2 项）资助数量年度变化

类项目资助支持，其在面上项目和青年科学基金项目中资助数量远高于其他机构；海南大学同时获得了地区科学基金项目、面上项目两类项目资助支持，其在地区科学基金项目中的资助数量与中国热带农业科学院相差不大，但两者远高于其他机构；云南省热带作物科学研究所同时获得面上项目和青年科学基金项目两类项目各 1 项资助支持；内蒙古工业大学、海南师范大学等 7 家机构各获得 1～2 项的地区科学基金项目资助；四川大学、广东海洋大学、中国科学技术大学等 6 家机构各获得 1～3 项的面上项目资助；东莞理工学院等 5 家机构各获得 1 项青年科学基金项目资助。此外，中国热带农业科学院、中国农业大学各获得 1 项国际（地区）合作交流项目资助，海南大学获得了 1 项国家杰出青年科学基金项目资助，四川大学获得了 1 项重点项目资助。

表 3-9 天然橡胶领域机构—项目类型资助分布

机构	资助数量（项）					
	地区科学基金项目	面上项目	青年科学基金项目	国际（地区）合作交流项目	国家杰出青年科学基金项目	重点项目
中国热带农业科学院	35	44	36	1		
海南大学	39	2			1	
四川大学		2				1
广东海洋大学		3				
中国科学技术大学		2				
云南省热带作物科学研究所	1		1			
内蒙古工业大学	2					

（续）

机构	资助数量（项）					
	地区科学基金项目	面上项目	青年科学基金项目	国际（地区）合作交流项目	国家杰出青年科学基金项目	重点项目
海南师范大学	2					
东莞理工学院			1			
中国农业大学				1		
中国科学院			1			
北京化工大学		1				
华南理工大学			1			
宁夏大学	1					
暨南大学		1				
沈阳化工大学		1				
海南热带海洋学院			1			
海南省农业科学院	1					
海南省气象局	1					
甘肃农业大学	1					
石河子大学	1					
青岛科技大学			1			

4. 机构—学科分析

（1）机构—一级学科分析

天然橡胶领域获得 NSFC 项目资助的机构在各一级学科中的分布情况如表 3-10、图 3-8 所示，该领域 NSFC 资助项目研究重点分布在林学与草地科学学科。

从学科层面看，有 9 家机构在有机高分子材料学科获得资助支持；其次是林学与草地科学、植物学，分别有 6 家、5 家机构在该学科获得资助支持；在其他一级学科获得资助支持的机构均只有 1～2 家。从机构层面看，中国热带农业科学院、海南大学获得资助支持的一级学科数量较多，分别为 11 个和 9 个；其他机构获得资助支持的一级学科均只有 1～2 个。

对比发现，中国热带农业科学院在林学与草地科学、农学基础与作物学、有机高分子材料、植物学、遗传学与生物信息学、园艺学与植物营养学、生态学等学科获得资助数量最多；海南大学在植物保护学、微生物学等学科获得资助数量最多；内蒙古工业大学在力学学科获得资助数量最多。

（2）机构—二级学科分析

天然橡胶领域获得 NSFC 项目资助的机构在各二级学科（资助数量≥2 项）中的分布情况如表 3-11、图 3-9 所示。有 7 家机构在橡胶及弹性体学科获得资助支持；其次是植物生理学、林木遗传育种学、经济林学，分别有 4 家、3 家、3 家机构在该学科获得资助支

表 3-10　天然橡胶领域机构——一级学科资助分布

机构	资助数量（项）																		
	林学与草地科学	有机高分子材料	农学基础与作物学	植物保护学	植物学	遗传学与生物信息学	园艺学与植物营养学	生态学	力学	微生物学	经济科学	化学工程与工业化学	发育生物学与生殖生物学	地理学	大气科学	工程热物理与能源利用	材料化学与能源化学	海洋科学	生物物理与生物化学
中国热带农业科学院	68	8	15	7	7	4	2	2					1					1	1
海南大学	20	5	2	8	1	2				2	1						1		
四川大学		3																	
广东海洋大学		3																	
中国科学技术大学		2																	
云南省热带作物科学研究所	1							1											
内蒙古工业大学									2										
海南师范大学	1				1														
东莞理工学院		1																	
中国农业大学											1								
中国科学院														1					
北京化工大学		1																	
华南理工大学		1																	
宁夏大学					1														

（续）

机构	资助数量（项）																		
	林学与草地科学	有机高分子材料	农学基础与作物学	植物保护学	植物学	遗传学与生物信息学	园艺学与植物营养学	生态学	力学	微生物学	经济科学	化学工程与工业化学	发育生物学与生殖生物学	地理学	大气科学	工程热物理与能源利用	材料化学与能源化学	海洋科学	生物物理与生物化学
暨南大学												1							
沈阳化工大学		1																	
海南热带海洋学院	1																		
海南省农业科学院	1																		
海南省气象局															1				
甘肃农业大学							1												
石河子大学					1														
青岛科技大学																1			

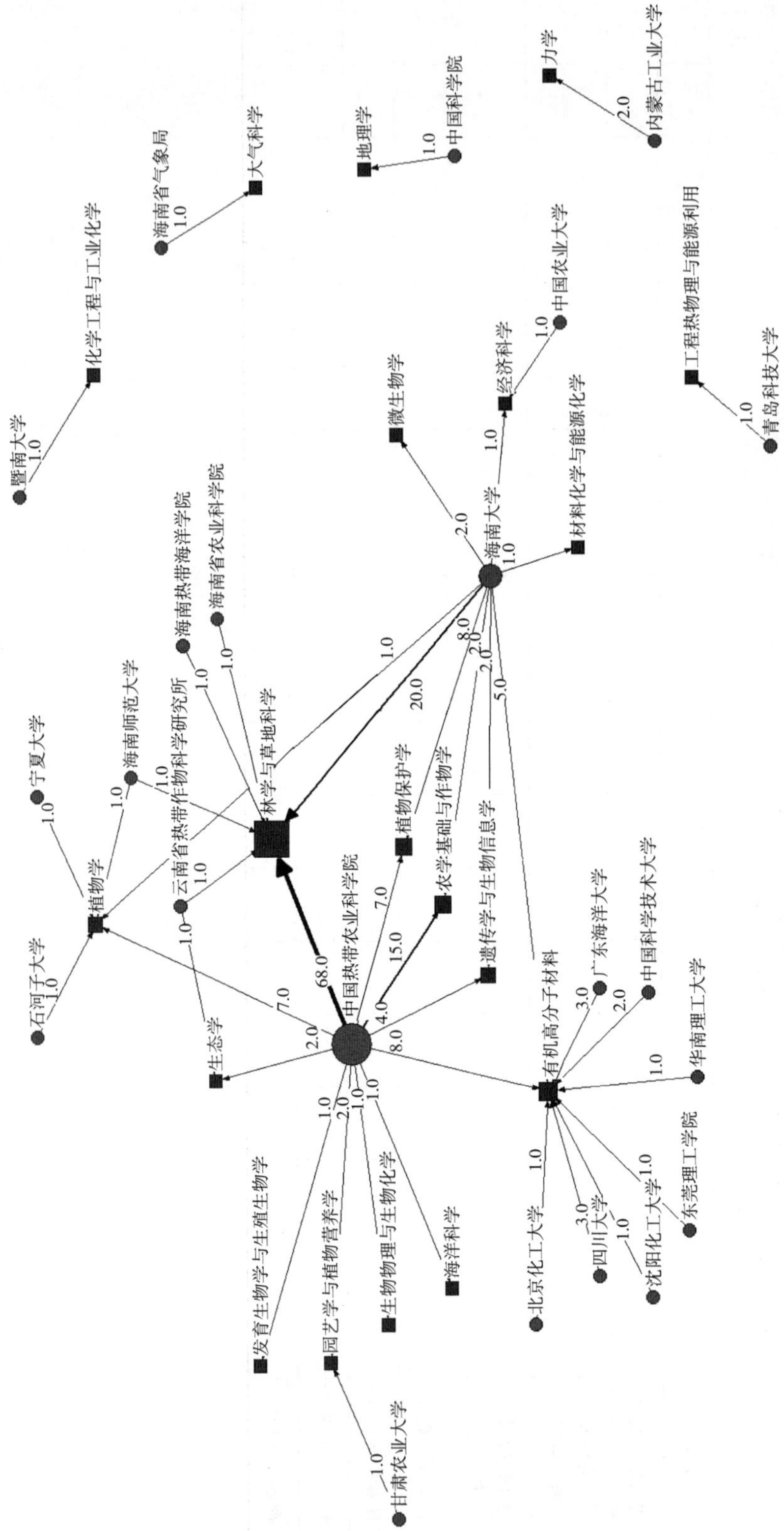

图3-8 天然橡胶领域机构——一级学科资助分布图

表 3-11 天然橡胶领域机构—二级学科资助分布（学科资助数量≥2 项）

机构	资助数量（项）																	
	树木生物学	林木遗传育种学	经济林学	橡胶及弹性体	植物病理学	植物生理学	作物生理学	作物种质资源学	作物遗传育种学	植物遗传学	作物栽培与耕作学	森林保护学	植物资源学	高分子材料合成与改性	固体力学	基因表达调控与表观遗传学	生理生态学	病原真菌学	竹学
中国热带农业科学院	24	21	18	5	6	4	5	4	4	2	2	1	3	2		2	2		2
海南大学	10	7		5	6					2	1	2						2	
四川大学				2										1					
广东海洋大学				3															
内蒙古工业大学															2				
海南师范大学			1			1													
东莞理工学院				1															
北京化工大学				1															
华南理工大学				1															
宁夏大学						1													
海南热带海洋学院		1																	
海南省农业科学院			1																
石河子大学						1													

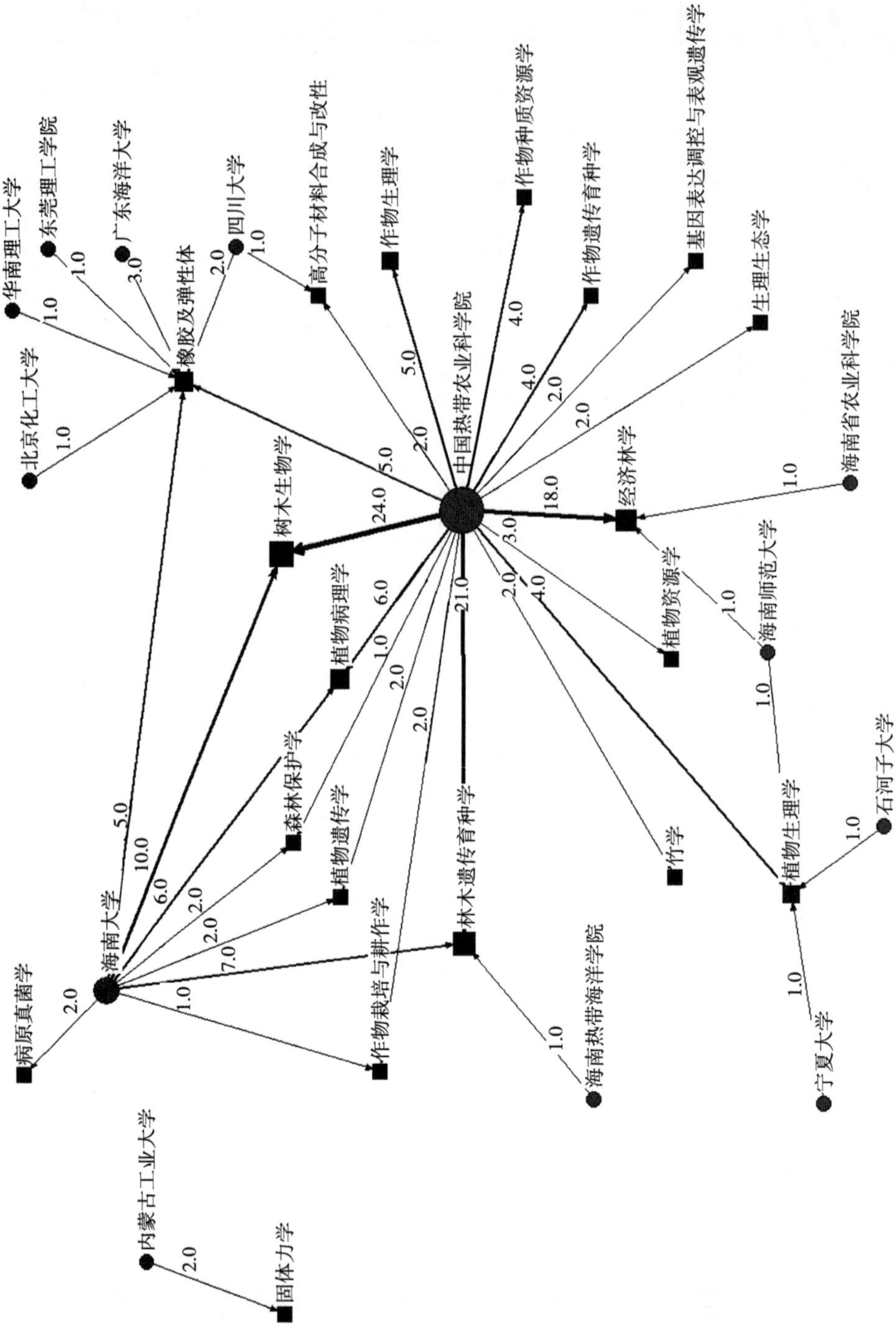

图3-9 天然橡胶领域机构—二级学科资助分布图（学科资助数量≥2项）

持；在其他二级学科获得资助支持的机构均只有1～2家。中国热带农业科学院在树木生物学、林木遗传育种学、经济林学等多个学科获得资助数量最多，在橡胶及弹性体、植物病理学、植物遗传学等学科获得的资助数量与海南大学相当；海南大学在树木生物学、林木遗传育种学等学科获得资助数量较多，在森林保护学、病原真菌学获得的资助数量最多；内蒙古工业大学在固体力学获得的资助数量最多。

（六）学者分析

1. 学者资助概况分析

天然橡胶领域共有130位学者作为项目负责人获得NSFC项目，其中有37位学者获得的资助数量在2项及以上（表3-12）。37位学者大多具有高级职称，其中具有正高级职称的学者有21位，具有副高级职称的学者有13位，共分布在7家机构。资助数量排在第一位的是中国热带农业科学院的田维敏，资助数量共计5项；其次是唐朝荣、彭世清、王旭初、黄惜，资助数量均为4项。

表3-12 天然橡胶领域主要学者资助数量、资助金额及职称、机构

学者	资助数量（项）	资助金额（万元）	职称	所属机构
田维敏	5	219	正高级	中国热带农业科学院（4项）、海南大学（1项）
唐朝荣	4	496	正高级	中国热带农业科学院（3项）、海南大学（1项）
彭世清	4	172	正高级	中国热带农业科学院
王旭初	4	208	正高级	中国热带农业科学院（3项）、海南师范大学（1项）
黄惜	4	191	正高级	海南大学
安锋	3	47.4	副高级	中国热带农业科学院
张宇	3	129	副高级（2项）、正高级（1项）	海南大学
曾日中	3	121	正高级	中国热带农业科学院
李德军	3	169	正高级	中国热带农业科学院
李辉亮	3	126	副高级	中国热带农业科学院
罗红丽	3	144	正高级	海南大学
郭冬	3	166	副高级	中国热带农业科学院
龙翔宇	3	143	副高级	中国热带农业科学院
仝征	2	35	中级	中国热带农业科学院
华玉伟	2	83	正高级	中国热带农业科学院
吴坤鑫	2	55	副高级	中国热带农业科学院
安泽伟	2	47	副高级	中国热带农业科学院
庄南生	2	88	正高级	海南大学
廖双泉	2	76	正高级	海南大学
张家明	2	101	正高级	中国热带农业科学院

（续）

学者	资助数量（项）	资助金额（万元）	职称	所属机构
敖宁建	2	54	正高级	中国热带农业科学院（1项）、暨南大学（1项）
曹学仁	2	82	中级	中国热带农业科学院
李思东	2	55	正高级	中国热带农业科学院（1项）、广东海洋大学（1项）
林春花	2	59	副高级	中国热带农业科学院（1项）、海南大学（1项）
汪艳萍	2	76	正高级	内蒙古工业大学
王立丰	2	130	副高级	中国热带农业科学院
程汉	2	82	正高级	中国热带农业科学院
聂智毅	2	92	副高级	中国热带农业科学院
覃碧	2	83	副高级	中国热带农业科学院
谭德冠	2	42	副高级	中国热带农业科学院
邹智	2	81	副高级	中国热带农业科学院
钟杰平	2	54	正高级	广东海洋大学
阳江华	2	39	中级	中国热带农业科学院
陈守才	2	40	正高级	中国热带农业科学院
黄光速	2	339	正高级	四川大学
黄华孙	2	103	正高级	中国热带农业科学院
黄天带	2	81	副高级	中国热带农业科学院

2. 学者—项目类型分析

天然橡胶领域获得NSFC资助数量2项及以上的37位学者在各类项目中的分布情况如表3-13所示。有3位学者同时获得3类项目支持，26位学者同时获得2类项目资助支持，8位学者仅获得1类项目资助支持。其中，黄惜、张宇、罗红丽在地区科学基金项目获得的资助数量较多，均为3项；田维敏在面上项目获得的资助数量最多，为4项。另外，安锋、唐朝荣、黄光速分别在国际（地区）合作交流项目、国家杰出青年科学基金项目、重点项目获得1项资助。

表3-13　天然橡胶领域主要学者—项目类型资助分布

学者	资助数量（项）					
	地区科学基金项目	面上项目	青年科学基金项目	国际（地区）合作交流项目	国家杰出青年科学基金项目	重点项目
田维敏	1	4				
唐朝荣		2	1		1	
彭世清	2	2				
王旭初	1	2	1			
黄惜	3	1				
安锋	1		1	1		

（续）

学者	资助数量（项）					
	地区科学基金项目	面上项目	青年科学基金项目	国际（地区）合作交流项目	国家杰出青年科学基金项目	重点项目
张宇	3					
曾日中	2	1				
李德军	1	2				
李辉亮	1	2				
罗红丽	3					
郭冬	1	2				
龙翔宇		2	1			
仝征		1	1			
华玉伟		1	1			
吴坤鑫	1	1				
安泽伟	1		1			
庄南生	2					
廖双泉	2					
张家明	1	1				
敖宁建	1	1				
曹学仁		1	1			
李思东	1	1				
林春花	1		1			
汪艳萍	2					
王立丰		2				
程汉		1	1			
聂智毅		2				
覃碧		1	1			
谭德冠	1	1				
邹智		1	1			
钟杰平		2				
阳江华	1		1			
陈守才	1	1				
黄光速		1				1
黄华孙	1	1				
黄天带	1	1				

3. 职称—项目类型分析

天然橡胶领域获得 NSFC 资助的学者职称主要分为正高级、副高级、中级三类（表 3-14）。

表 3-14　天然橡胶领域学者职称—项目类型资助分布

职称	资助数量（项）					
	地区科学基金项目	面上项目	青年科学基金项目	国际（地区）合作交流项目	国家杰出青年科学基金项目	重点项目
正高级	46	29	5	1	1	1
副高级	26	22	19	1		
中级	12	5	18			

从职称来看，具有正高级职称的学者在各类项目均获得资助支持，其中，在地区科学基金项目获得的资助力度最大，数量为 46 项，其次是在面上项目，均远高于具有其他职称的学者获得的资助力度，同时也获得了 5 项青年科学基金项目资助；具有副高级职称的学者获得资助支持的类型主要是地区科学基金项目、面上项目和青年科学基金项目，获得资助数量均在 19 项及以上；具有中级职称的学者获得资助支持的类型主要是青年科学基金项目，数量为 18 项，其次为地区科学基金项目，数量为 12 项，同时也获得了 5 项面上项目资助。

从项目类型来看，地区科学基金项目、面上项目、青年科学基金项目在具有正高级、副高级及中级职称的学者中均有分布，其中，面上项目和地区科学基金项目主要分布在具有正高级和副高级职称的学者中，而青年科学基金项目主要资助对象为具有副高级和中级职称的学者。另外，国际（地区）合作交流项目仅具有正高级和副高级职称的学者获得少量资助；重点项目、国家杰出青年科学基金项目仅具有正高级职称的学者获得资助。

（七）主题分析

1. 重点主题词分析

基于人工和自然语言处理技术，将天然橡胶领域 NSFC 所有资助项目的标题、关键词等进行分词、合并与规范化处理，共获取 452 个主题词。通过对主题词资助项目数及其占比进行统计分析发现（表 3-15），生物合成是出现频率最高的主题词，资助数量为 18 项，占比为 9.68%；分子机理、橡胶粒子、机理、胶乳、转录因子、基因表达等的资助数量均在 10 项及以上，占比均在 5.38%及以上；性能、胶孢炭疽菌、乳管、功能、表达、基因克隆、杂交、死皮、结构等的资助数量均在 6 项及以上，占比均在 3.23%及以上。可见，天然橡胶领域 NSFC 所有资助项目的研究主要集中在生理结构与生物合成、种质资源与遗传育种两大领域。

表 3-15　天然橡胶领域高频主题词资助概况

主题词	资助数量（项）	资助数量占比（%）	主题词	资助数量（项）	资助数量占比（%）
生物合成	18	9.68	转录因子	12	6.45
分子机理	14	7.53	基因表达	10	5.38
橡胶粒子	13	6.99	性能	8	4.30
机理	12	6.45	胶孢炭疽菌	8	4.30
胶乳	12	6.45	乳管	7	3.76

（续）

主题词	资助数量（项）	资助数量占比（%）	主题词	资助数量（项）	资助数量占比（%）
功能	7	3.76	产量	3	1.61
表达	7	3.76	介导	3	1.61
基因克隆	6	3.23	代谢调控	3	1.61
杂交	6	3.23	凝固	3	1.61
死皮	6	3.23	功能分析	3	1.61
结构	6	3.23	启动子	3	1.61
乳管细胞	5	2.69	基因	3	1.61
分化	5	2.69	微生物	3	1.61
分子结构	5	2.69	抗病基因	3	1.61
效应蛋白	5	2.69	构建	3	1.61
茉莉酸	5	2.69	橡胶草	3	1.61
蛋白互作	5	2.69	水分平衡	3	1.61
调控	5	2.69	胶乳再生	3	1.61
遗传转化	5	2.69	自根幼态无性系	3	1.61
乙烯	4	2.15	致病机理	3	1.61
功能鉴定	4	2.15	蛋白质	3	1.61
橡胶树白粉菌	4	2.15	表达调控	3	1.61
白粉病	4	2.15	诱导	3	1.61
蛋白质组学	4	2.15	转录组	3	1.61
遗传图谱	4	2.15	转运蛋白	3	1.61
miRNA	3	1.61	高通量测序	3	1.61
乳管堵塞	3	1.61			

2. 研究重点分析

利用从天然橡胶领域 NSFC 所有资助项目中获取的 452 个主题词构建主题词共现矩阵，将矩阵导入 VOSviewer 中绘制主题词共现网络图，通过参数调整实现自动聚类（彩图 3-1）。

天然橡胶领域 NSFC 资助项目的研究主要分为三个主题领域，分别为生长机理与基因调控技术（红色）、致病机理与遗传改良技术（绿色）、橡胶结构与性能研究（蓝色）。其中，在生长机理与基因调控技术获得的资助支持最多，其次是致病机理与遗传改良技术，而有关橡胶结构与性能研究方向的资助项目相对较少。

（1）生长机理与基因调控技术研究领域

该领域包含的核心主题词有生物合成、分子机理、橡胶粒子、胶乳、转录因子、基因表达、乳管、表达、杂交、死皮等，主要研究橡胶粒子、胶乳、乳管、死皮等生物合成及分子机理，并通过转录因子、基因表达、杂交育种、蛋白互作、转运蛋白、茉莉酸、乙烯等开展橡胶树生长、产量、代谢及生物合成等的调控技术研究。

（2）致病机理与遗传改良技术研究领域

该领域包含的核心主题词有胶孢炭疽菌、功能、基因克隆、效应蛋白、遗传转化、橡胶树白粉菌、白粉病、遗传图谱、miRNA、功能分析等，主要开展胶孢炭疽菌、橡胶树白粉菌、炭疽病菌等病虫害的致病机理，以及病虫害、干旱、寒冷等生物与非生物胁迫对橡胶树生长发育的影响机理，并利用基因克隆、遗传图谱、miRNA 等技术开展抗性、耐性基因的定位、克隆、表达、调控与分析，以实现橡胶树抗性、耐性新品种的改良与创新。

（3）橡胶结构与性能研究领域

该领域包含的核心主题词有机理、性能、结构、分子结构、凝固、微生物、微生物快速凝固、老化、二氧化硅、产（排）胶等，主要从分子结构、凝固特性、老化特征、动力学特性、贮存方法、化学合成等方面开展橡胶结构与性能方面的研究。

3. 研究趋势分析

天然橡胶领域 NSFC 各主题领域资助数量年度变化情况如图 3-10 所示。天然橡胶领域在生长机理与基因调控技术、致病机理与遗传改良技术获得持续性的项目支持，近年来在橡胶结构与性能研究也获得相对持续的项目支持。其中，在生长机理与基因调控技术领域最早获得资助项目，资助数量于 2000—2006 年在 1～3 项来回小幅波动，于 2007—2019 年逐年波动变化，且分别于 2012 年、2018 年达到最大值 11 项，但 2019 年回落至 5 项；在致病机理与遗传改良技术最早于 2000 年获得项目资助，且于 2006—2019 年获得连

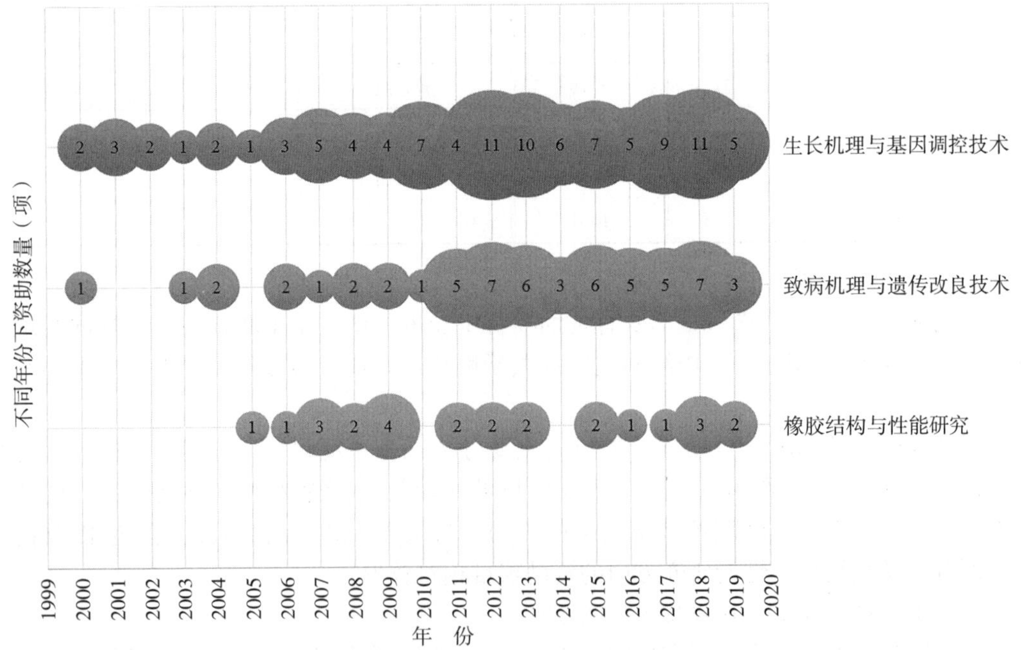

图 3-10 天然橡胶领域各主题领域资助数量年度分布

续性资助项目，资助数量波动变化，且分别于2012年、2018年达到最大值7项，但2019年回落至3项；橡胶结构与性能研究最早于2005年获得资助项目，且于2015—2019年获得1～3项连续性资助项目。可见，近年来天然橡胶领域NSFC涉及的主题领域越来越多，生长机理与基因调控技术、致病机理与遗传改良技术始终是天然橡胶领域申请NSFC的热点主题。

4. 研究重点项目类型分析

天然橡胶领域获得NSFC项目资助的3个主题领域在各类项目的分布情况如表3-16所示。3个主题领域共在5类项目中获得资助支持，各主题领域在不同项目类型的资助分布和资助优势差异明显。

表3-16 天然橡胶领域各主题领域—项目类型资助分布

项目类型	资助数量（项）		
	生长机理与基因调控技术	致病机理与遗传改良技术	橡胶结构与性能研究
地区科学基金项目	40	33	13
面上项目	40	8	8
青年科学基金项目	22	17	4
国际（地区）地区合作交流项目		1	
重点项目			1

3个主题领域同时获得了地区科学基金项目、面上项目、青年科学基金项目三类项目支持，其中，生长机理与基因调控技术在三类项目获得的资助数量均排在首位，致病机理与遗传改良技术在地区科学基金项目、青年科学基金项目中获得的资助数量也相对较多。除此之外，致病机理与遗传改良技术还获得了1项国际（地区）合作交流项目的资助支持，橡胶结构与性能研究还获得1项重点项目的资助支持。

5. 地区研究重点分析

天然橡胶领域获得NSFC项目资助的地区在3个主题领域的分布情况如表3-17所示，各地区在不同主题领域的资助分布和资助优势差异明显，海南省在三大主题领域获得的资助数量均排在前列。其中，有6个地区在橡胶结构与性能研究领域获得资助支持，其中，海南省获得的资助数量最多，其次是广东省；有4个地区在生长机理与基因调控技术领域获得资助支持，其中，海南省的资助数量最多，其次是广东省；仅海南省、新疆维吾尔自治区在致病机理与遗传改良技术领域获得资助支持，其中，海南省获得的资助数量最多。

表3-17 天然橡胶领域各地区—主题领域资助分布

地区	资助数量（项）		
	生长机理与基因调控技术	致病机理与遗传改良技术	橡胶结构与性能研究
海南省	98	58	14
广东省	2		7

（续）

地区	资助数量（项）		
	生长机理与基因调控技术	致病机理与遗传改良技术	橡胶结构与性能研究
北京市	1		
四川省			2
安徽省			1
宁夏回族自治区	1		
山东省			1
新疆维吾尔自治区		1	
辽宁省			1

6. 机构研究重点分析

天然橡胶领域获得NSFC项目资助的机构在3个主题领域的分布情况如表3-18所示，各机构在不同主题领域的资助分布和资助优势差异明显，中国热带农业科学院、海南大学在三大主题领域获得的资助数量均排在前列。

有10家机构在橡胶结构与性能研究领域获得资助支持，其中，海南大学获得的资助数量最多，其次是中国热带农业科学院，再次是广东海洋大学、四川大学；有8家机构在生长机理与基因调控技术领域获得资助支持，其中，中国热带农业科学院获得的资助数量最多且远高于其他机构，其次是海南大学；有5家机构在致病机理与遗传改良技术领域获得资助支持，其中，中国热带农业科学院获得的资助数量最多，其次是海南大学。

表3-18　天然橡胶领域各机构—主题领域资助分布

机构	资助数量（项）		
	生长机理与基因调控技术	致病机理与遗传改良技术	橡胶结构与性能研究
中国热带农业科学院	79	34	7
海南大学	17	21	8
四川大学			2
广东海洋大学	1		3
中国科学技术大学			1
海南师范大学	1	2	
东莞理工学院			1
北京化工大学	1		
华南理工大学			1

（续）

机构	资助数量（项）		
	生长机理与基因调控技术	致病机理与遗传改良技术	橡胶结构与性能研究
宁夏大学	1		
暨南大学			1
沈阳化工大学			1
海南热带海洋学院		1	
海南省农业科学院	1		
海南省气象局	1		
石河子大学		1	
青岛科技大学			1

（八）总结

2000—2019 年，天然橡胶领域 NSFC 项目资助数量和金额的变化趋势基本一致，总体均呈逐年波动上升的趋势。资助项目共分布在 6 类项目中，地区科学基金项目、面上项目、青年科学基金项目为主要项目类型，资助数量占比达 97%以上，国际（地区）合作交流项目、国家杰出青年科学基金项目、重点项目等也有资助，但资助数量极少，仅 1～2 项。

资助项目以生命科学部中的林学与草地科学一级学科为主，涵盖树木生物学、林木遗传育种学、经济林学等二级学科；其次是工程与材料科学部的有机高分子材料一级学科、橡胶及弹性体二级学科；另外，生命科学部中的植物保护学一级学科、植物病理学二级学科也获得相对较多资助。

受资助主体以海南省的中国热带农业科学院和海南大学为主。天然橡胶领域 NSFC 项目的研究分为生长机理与基因调控技术、致病机理与遗传改良技术、橡胶结构与性能研究三个主题领域，生长机理与基因调控技术、致病机理与遗传改良技术是当前热点主题。

二、木薯

（一）概况分析

2000—2019 年木薯领域 NSFC 的资助数量共计 87 项，资助金额累计 4 261.5 万元。从年度分布来看（图 3-11），2000—2019 年木薯领域 NSFC 资助数量和资助金额的变化趋势基本一致，总体均呈逐年波动变化的趋势。其中，2000—2010 年资助数量和资助金额小幅波动增长，2011 年资助数量和资助金额均大幅度增加，2012 年资助数量有所回落，资助金额仍然增加；2015 年迎来资助数量和资助金额的增长小高峰；2016 年资助数量和资助金额开始回落，近年来又迎来慢速增长阶段。

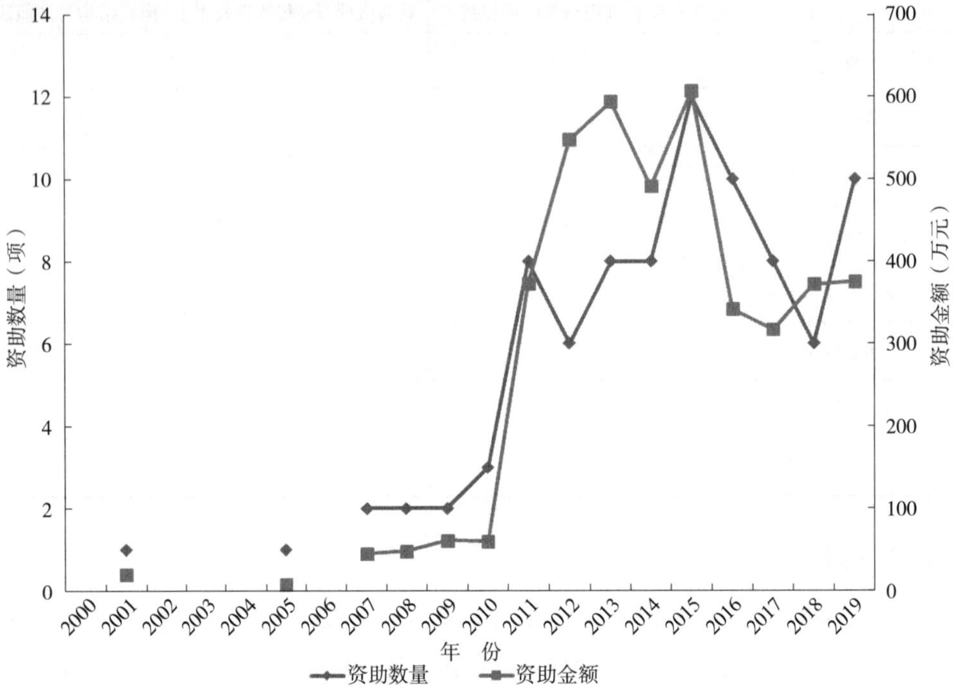

图 3-11　木薯领域资助数量及资助金额年度变化

（二）项目类型

1. 项目类型资助概况分析

木薯领域 NSFC 所有资助项目共分布在 4 类项目中（表 3-19），各类项目的资助数量和资助金额差距悬殊，项目类型分布集中，地区科学基金项目、青年科学基金项目、面上项目是主要项目类型。其中，资助数量和资助金额最多的项目是地区科学基金项目，资助数量共计 38 项，资助金额累计 1 532 万元，占比分别为 43.68%和 35.95%；面上项目和国际（地区）合作交流项目的资助数量差异较大，面上项目资助数量是国际（地区）合作交流项目数量的近 4 倍，但资助金额差异不大；青年科学基金项目的资助数量较多，资助金额不多，资助数量总占比超过 25%，资助金额总占比为 12.75%。

2. 项目类型资助时间变化分析

木薯领域 NSFC 各类项目资助数量年度变化情况如图 3-12 所示，木薯领域在地区科学基金项目、面上项目和青年科学基金项目上获得较为持续性的项目支持。其中，在地区科学基金项目获得的资助数量于 2007—2018 年在 1～4 项来回小幅波动，且在 2019 年达到最大值 9 项；在面上项目最早于 2001 年获得 1 项资助，每年获得的资助数量均在 1～3 项来回小幅波动，于 2015—2018 年稳定在 2 项；在青年科学基金项目最早于 2010 年获得 2 项资助，于 2013—2019 年持续获得项目资助，2014—2016 年稳定在 5 项，近年来资助数量较少；在国际（地区）合作交流项目分别于 2012—2015 年、2018 年每年获得 1 项资助。

表 3-19　木薯领域各类项目资助数量、资助金额概况

年份	地区科学基金项目		青年科学基金项目		面上项目		国际（地区）合作交流项目		合计	
	资助数量（项）	资助金额（万元）	资助数量（项）	资助金额（万元）	资助数量（项）	资助金额（万元）	资助数量（项）	资助金额（万元）	资助数量（项）	资助金额（万元）
2000									0	0
2001					1	20			1	20
2002									0	0
2003									0	0
2004									0	0
2005					1	8			1	8
2006									0	0
2007	1	17			1	28			2	45
2008	2	48							2	48
2009	2	61							2	61
2010	1	25	2	35					3	60
2011	3	153	2	51	3	169			8	373
2012	3	149			2	160	1	239	6	548
2013	4	197	1	23	2	144	1	230	8	594
2014	1	52	5	116	1	89	1	234	8	491
2015	4	160	5	100	2	129	1	218	12	607
2016	3	120	5	100	2	122			10	342
2017	4	153	2	48	2	116			8	317
2018	1	39	2	53	2	120	1	160	6	372
2019	9	358	1	17.5					10	375.5
总计	38	1 532	25	543.5	19	1 105	5	1 081	87	4 261.5

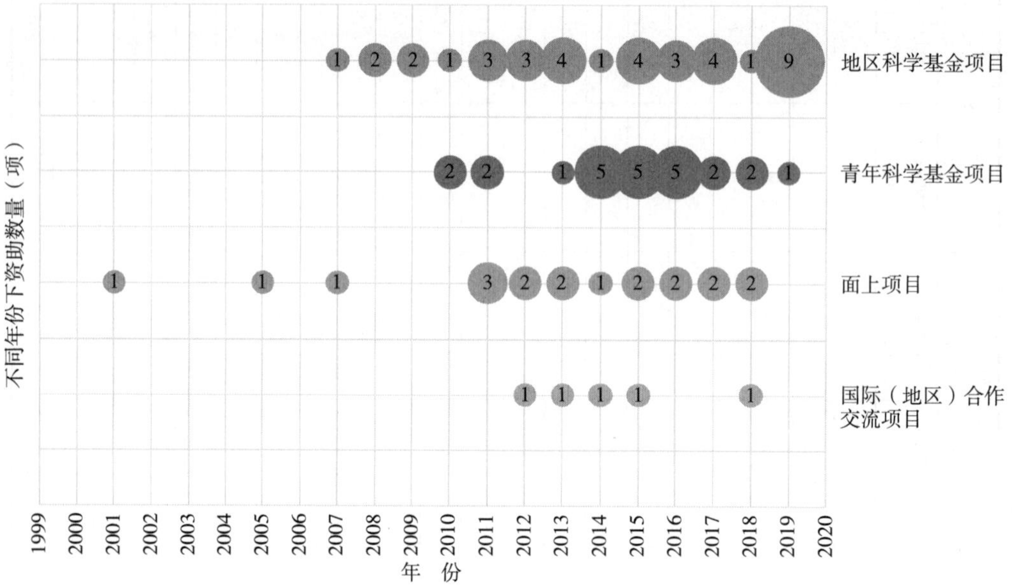

图 3-12　木薯领域各类项目资助数量年度变化

（三）学科分析

木薯领域 NSFC 所有资助项目共分布在 5 个科学部、16 个一级学科、27 个二级学科中。

1. 科学部分析

（1）科学部资助概况分析

木薯领域 NSFC 所有资助项目在各科学部的资助概况如表 3-20 所示，各科学部的资助数量和资助金额差异悬殊，科学部分布十分集中。其中，在生命科学部获得的资助数量和资助金额均为最多，资助数量共计 72 项，资助金额累计 3 694 万元，占比均超过 82%，该科学部是木薯领域申请 NSFC 的主要科学部；其次是工程与材料科学部，资助数量共计 7 项，资助金额累计 264 万元；其他 3 个科学部中，化学科学部和地球科学部的资助数量和资助金额相对较多，资助数量在 3 项及以上，资助金额超过 100 万元，管理科学部的资助数量和资助金额不多，资助数量仅 1 项，资助金额为 17.5 万元。

表 3-20　木薯领域各科学部资助数量、资助金额及占比

科学部	资助数量（项）	资助数量占比（%）	资助金额（万元）	资助金额占比（%）
生命科学部	72	82.76	3 694	86.68
工程与材料科学部	7	8.05	264	6.20
化学科学部	4	4.60	177	4.15
地球科学部	3	3.45	109	2.56

（续）

科学部	资助数量（项）	资助数量占比（%）	资助金额（万元）	资助金额占比（%）
管理科学部	1	1.15	17.5	0.41
总计	87	100.00	4 261.5	100.00

（2）科学部资助时间变化分析

木薯领域 NSFC 各科学部资助数量年度变化情况如图 3-13 所示。木薯领域在生命科学部获得持续性的项目支持。其中，在生命科学部获得的资助数量于 2007—2010 年持续稳定在 2 项，2011—2019 年在 5～9 项来回小幅波动，2015 年、2016 年达到最大值 9 项；在工程与材料科学部、化学科学部、地球科学部分别于 2001 年、2012 年、2011 年首次获得项目资助，且资助数量基本维持在 1～2 项；在管理科学部于 2019 年首次获得 1 项资助。

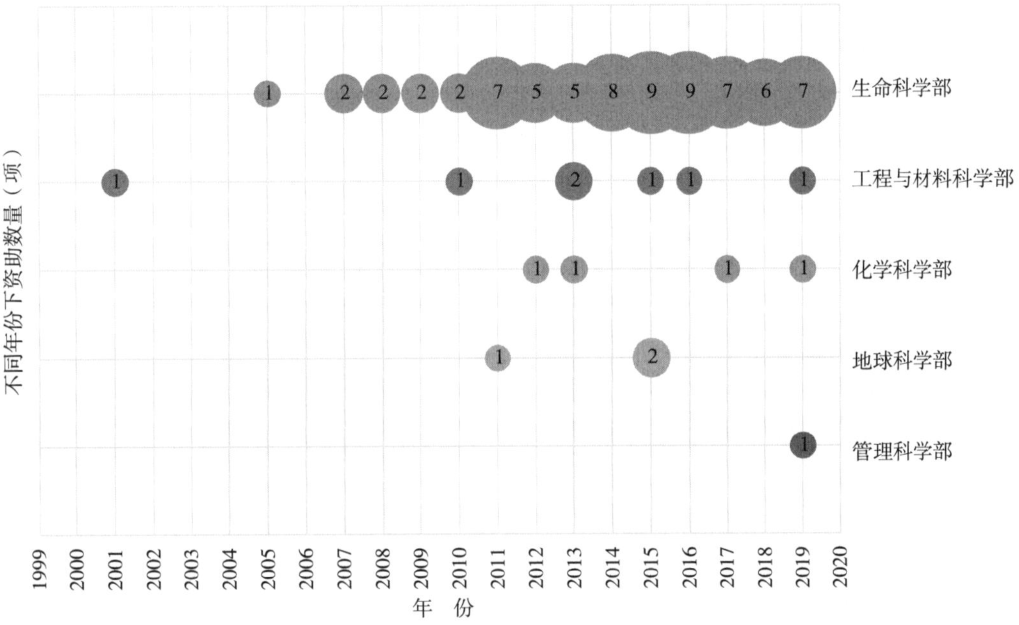

图 3-13　木薯领域各科学部资助数量年度变化

2. 一级学科分析

（1）一级学科资助概况分析

木薯领域 NSFC 所有资助项目在各一级学科的资助概况如表 3-21 所示，各一级学科获得的资助数量和资助金额差异明显，分布集中。资助数量和资助金额最多的是农学基础与作物学，资助数量共计 47 项，资助金额累计2 471万元，占比均超过 54%，是木薯领域获得 NSFC 支持力度最大的学科；其次是植物学、植物保护学、遗传学与生物信息学、机械工程、化学工程与工业化学、地理学、有机高分子材料、食品科学，资助数量均在 2～9 项，资助金额占比均在 1.41%～14.1%，获得 NSFC 支持力度相对较大；其他学科的资助数量为 1 项，获得的 NSFC 支持力度相对较小。

表 3-21 木薯领域各一级学科资助数量、资助金额及占比

一级学科	资助数量（项）	资助数量占比（%）	资助金额（万元）	资助金额占比（%）
农学基础与作物学	47	54.02	2 471	57.98
植物学	9	10.34	308	7.23
植物保护学	6	6.90	601	14.10
遗传学与生物信息学	5	5.75	122	2.86
机械工程	4	4.60	143	3.36
化学工程与工业化学	3	3.45	127	2.98
地理学	2	2.30	89	2.09
有机高分子材料	2	2.30	81	1.90
食品科学	2	2.30	60	1.41
园艺学与植物营养学	1	1.15	50	1.17
宏观管理与政策	1	1.15	17.5	0.41
微生物学	1	1.15	42	0.99
环境化学	1	1.15	50	1.17
环境地球科学	1	1.15	20	0.47
生物物理与生物化学	1	1.15	40	0.94
金属材料	1	1.15	40	0.94
总计	87	100.00	4 261.5	100.00

（2）一级学科资助时间变化分析

木薯领域 NSFC 重点一级学科（资助数量≥2 项）资助数量年度变化情况如图 3-14 所示。木薯领域在农学基础与作物学获得持续性的项目支持，近年来在植物学也获得相对持续的项目支持。其中，在农学基础与作物学获得的资助数量于 2011—2019 年在 3～6 项来回小幅波动，且于 2017 年、2018 年达到最大值 6 项；在植物学、植物保护学、机械工程分别于 2011 年、2010 年、2001 年首次获得项目资助，其他年份间断性地获得 1～2 项资助；在遗传学与生物信息学、化学工程与工业化学、地理学、有机高分子材料、食品科学分别于 2005 年、2013 年、2011 年、2016 年、2016 年首次获得项目资助，其他年份间断性地获得 1 项资助。

3. 二级学科分析

（1）二级学科资助概况分析

木薯领域 NSFC 所有资助项目在各二级学科的资助概况如表 3-22 所示，各二级学科获得的资助数量和资助金额差异较大，分布相对集中。资助数量和资助金额最多的是作物遗传育种学，资助数量共计 32 项，资助金额累计 1 947 万元，占比均超过 36%，是木薯领域获得 NSFC 支持力度最大的二级学科；其次是作物种质资源学、植物生理学，资助数量和资助金额占比均在 5.7%以上。此外，作物栽培与耕作学、植物病理学、植物遗传学、机械设计学、资源与环境化工、食品原料学的资助数量均在 2 项及以上，获得的 NSFC 支持力度相对较大；其他二级学科的资助数量为 1 项，获得的 NSFC 支持力度相对较小。

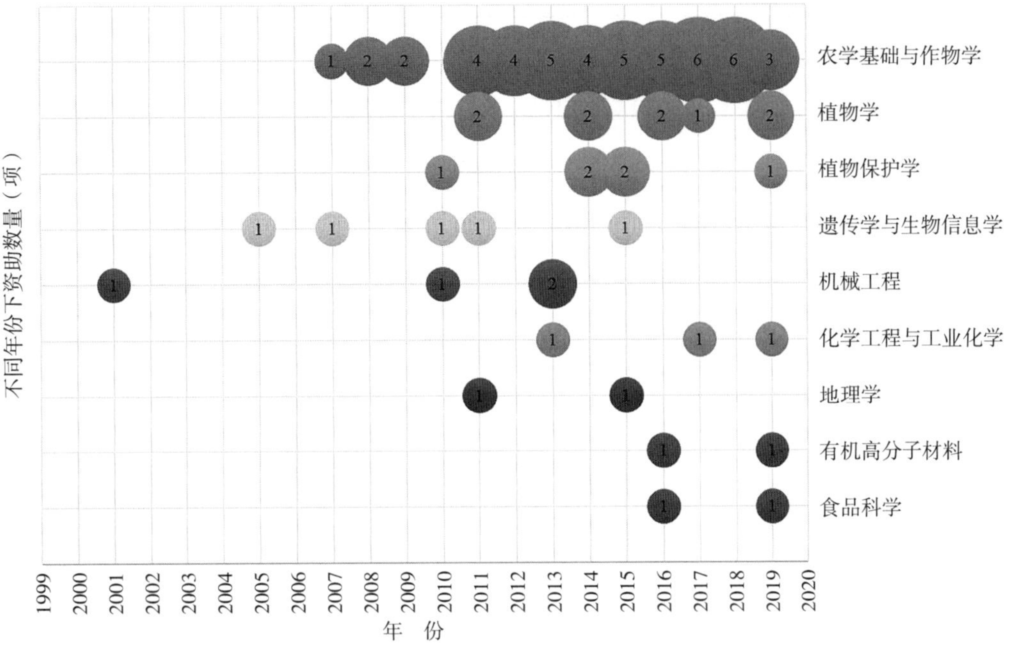

图 3-14 木薯领域重点一级学科（资助数量≥2 项）资助数量年度变化

表 3-22 木薯领域各二级学科资助数量、资助金额及占比

二级学科	资助数量（项）	资助数量占比（%）	资助金额（万元）	资助金额占比（%）
作物遗传育种学	32	36.78	1 947	45.69
作物种质资源学	8	9.20	287	6.73
植物生理学	7	8.05	245	5.75
作物栽培与耕作学	5	5.75	174	4.08
植物病理学	5	5.75	549	12.88
植物遗传学	4	4.60	62	1.45
机械设计学	3	3.45	95	2.23
资源与环境化工	3	3.45	127	2.98
食品原料学	2	2.30	60	1.41
作物生理学	1	1.15	40	0.94
农学基础	1	1.15	23	0.54
土壤学	1	1.15	20	0.47
基因组学	1	1.15	60	1.41
微生物遗传与育种	1	1.15	42	0.99
机械仿生学	1	1.15	48	1.13
果树学	1	1.15	50	1.17
植物保护新技术	1	1.15	52	1.22

（续）

二级学科	资助数量（项）	资助数量占比（%）	资助金额（万元）	资助金额占比（%）
植物学研究的新技术、新方法	1	1.15	24	0.56
植物形态与发育	1	1.15	39	0.92
污染控制化学	1	1.15	50	1.17
细胞生物物理	1	1.15	40	0.94
自然地理学	1	1.15	63	1.48
自然资源管理	1	1.15	26	0.61
资源管理与政策	1	1.15	17.5	0.41
通用高分子材料	1	1.15	40	0.94
金属材料的腐蚀与防护	1	1.15	40	0.94
高分子材料与环境	1	1.15	41	0.96
总计	87	100.00	4 261.5	100.00

（2）二级学科资助时间变化分析

木薯领域NSFC重点二级学科（资助数量≥2项）资助数量年度变化情况如图3-15所示。其中，木薯领域2011—2019年在作物遗传育种学获得持续性的项目支持；在作物种质资源学于2007年首次获得项目资助，且于2018年达到最大值4项，但2010—2017年未获得资助项目；在植物生理学、植物病理学分别于2011年、2010年分别首次获得项目资助，且后续年份间断性获得1～2项资助；在作物栽培与耕作学、植物遗传学、机械

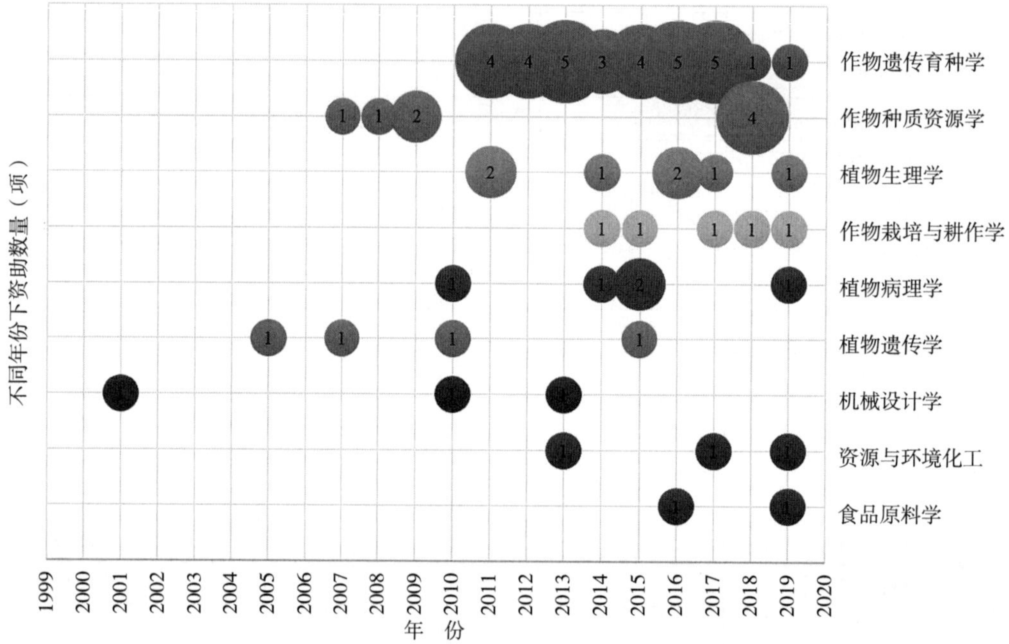

图3-15 木薯领域重点二级学科（资助数量≥2项）资助数量年度变化

设计学、资源与环境化工、食品原料学分别于 2014 年、2005 年、2001 年、2013 年、2016 年首次获得项目资助，除在作物栽培与耕作学近年来连续获得 1 项资助外，其余二级学科后续间断性获得 1 项资助。

（四）地区分析

1. 地区资助概况分析

木薯领域获得 NSFC 项目资助的省、自治区、直辖市共计 8 个，各地区获得的资助数量和资助金额差距很大（表 3-23）。其中，海南省的资助数量和资助金额分别为 50 项和 2 845 万元，占比分别为 57.47%、66.76%，均远远高于其他地区；其次是广西壮族自治区，资助数量和资助金额分别为 22 项和 840 万元。另外，上海市的资助数量也较多，为 8 项，资助金额也较多，超过 300 万元。

表 3-23　木薯领域各地区资助数量、资助金额及占比

地区	资助数量（项）	资助数量占比（%）	资助金额（万元）	资助金额占比（%）
海南省	50	57.47	2 845	66.76
广西壮族自治区	22	25.29	840	19.71
上海市	8	9.20	318.5	7.47
北京市	2	2.30	89	2.09
江西省	2	2.30	89	2.09
云南省	1	1.15	40	0.94
广东省	1	1.15	20	0.47
江苏省	1	1.15	20	0.47
总计	87	100.00	4 261.5	100.00

2. 地区资助时间变化

木薯领域 NSFC 主要地区（资助数量≥2 项）资助数量年度变化情况如图 3-16 所示。海南省最早于 2005 年有资助项目，且自 2007 年以后获得连续资助，资助数量呈明显波动增长，于 2016 年达到年度最高资助数量 8 项；广西壮族自治区最早于 2008 年有资助项目，且后续获得连续资助，资助数量在 1～5 项波动，于 2019 年达到最高资助数量 5 项；上海市、北京市和江西省分别于 2001 年、2011 年、2011 年首次获得资助项目，但此后未能连续获得资助，年度资助数量仅为 1～2 项。

3. 地区—项目类型分析

木薯领域获得 NSFC 项目资助的 8 个地区在各类项目中的分布情况如表 3-24 所示，8 个地区共在 4 类项目中获得资助支持，北京市、江西省、云南省、广东省和江苏省均只获得了 1～2 项专项基金项目资助，各地区在不同项目类型的资助分布和资助优势差异悬殊。

大部分地区均获得了青年科学基金项目资助；海南省同时获得了地区科学基金项目、青年科学基金项目、面上项目和国际（地区）合作交流项目 4 类项目资助支持，且各类项目数量均位于前列；广西壮族自治区在地区科学基金项目的资助数量最多；上海市和北京

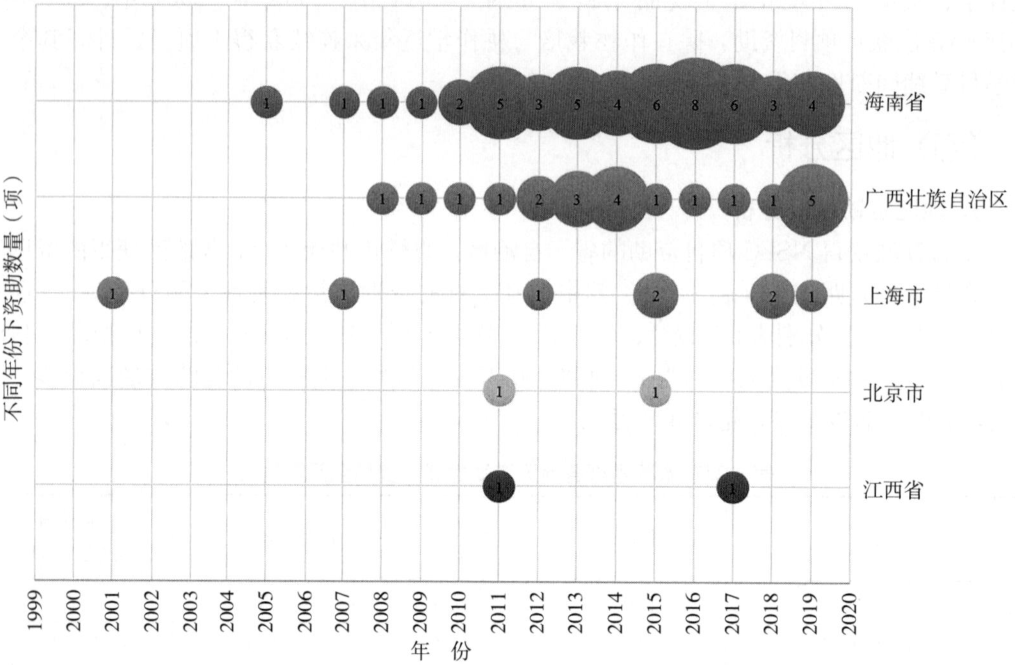

图 3-16　木薯领域主要地区资助数量年度变化（地区资助数量≥2 项）

市 2 个地区同时获得了面上项目和青年科学基金项目；江西省和云南省仅获得地区科学基金项目资助；广东省和江苏省仅获得青年科学基金项目。

表 3-24　木薯领域地区—项目类型资助分布

地区	资助数量（项）			
	地区科学基金项目	青年科学基金项目	面上项目	国际（地区）合作交流项目
海南省	17	15	13	5
广西壮族自治区	18	4		
上海市		3	5	
北京市		1	1	
江西省	2			
云南省	1			
广东省		1		
江苏省		1		

（五）机构分析

1. 机构资助概况分析

木薯领域获得 NSFC 资助项目的机构共计 13 家，包含 8 家高校、5 家科研院所，各机构获得的资助数量和资助金额差距较大，如表 3-25 所示。中国热带农业科学院获得的资助数量和资助金额均排在首位，资助数量共计 37 项，资助金额累计2 275万元，占比分别高达 42.53%、53.38%；海南大学获得资助支持也较多，资助数量多于 10 项，资助金额超过 500 万元。另外，中国科学院、广西大学、广西壮族自治区农业科学院获得资助项目数量也较多，均不少于 6 项，资助金额也较多，均超过 200 万元。

表 3-25 木薯领域各机构资助数量、资助金额及占比

机构	资助数量（项）	资助数量占比（%）	资助金额（万元）	资助金额占比（%）
中国热带农业科学院	37	42.53	2 275	53.38
海南大学	14	16.09	590	13.84
中国科学院	9	10.34	390	9.15
广西大学	9	10.34	373	8.75
广西壮族自治区农业科学院	6	6.90	214	5.02
广西壮族自治区亚热带作物研究所	3	3.45	70	1.64
上海交通大学	2	2.30	37.5	0.88
广西师范大学	2	2.30	102	2.39
南宁师范大学	1	1.15	41	0.96
南昌大学	1	1.15	52	1.22
广西科技大学	1	1.15	40	0.94
江西省农业科学院	1	1.15	37	0.87
西南林业大学	1	1.15	40	0.94
总计	87	100.00	4 261.5	100.00

2. 机构资助时间变化分析

木薯领域 NSFC 主要机构（资助数量≥3 项）资助数量年度变化情况如图 3-17 所示。中国热带农业科学院最早于 2005 年获得资助项目，从 2007—2018 年获得连续资助，资助数量在 1～7 项波动，在 2016 年达到资助项目数量的最大值 7 项；海南大学于 2011 年最早获得资助项目，除 2014 年和 2018 年外，均获得了项目资助，且在 2019 年达到资助项目最大值 4 项；中国科学院于 2007 年最早获得资助项目，但是后续获得的资助均不连续，数量在 1～4 项波动；广西大学、广西壮族自治区农业科学院、广西壮族自治区亚热带作物研究所分别于 2009 年、2013 年、2008 年首次获得资助项目，且资助都不连续，获得资助数量基本维持在 1～2 项。

3. 机构—项目类型分析

木薯领域获得 NSFC 项目资助的 13 家机构在各类项目中的分布情况如表 3-26 所示，13 家机构共在 4 类项目中获得资助支持，各机构在不同项目类型的资助分布和资助优势差异悬殊。

有 1 家机构同时获得 4 类项目资助，有 3 家机构同时获得地区科学基金项目和青年科学基金项目两类项目资助支持，有 3 家机构同时获得青年科学基金项目和面上项目资助。其中，中国热带农业科学院获得青年科学基金项目、面上项目和国际（地区）合作交流项目的资助数量最多，海南大学获得的地区科学基金项目数量最多。有 8 家机构仅获得地区科学基金项目支持，其中海南大学获得的资助数量最多，其次是广西大学，另外 6 家机构仅获得 1～2 项地区科学基金项目。

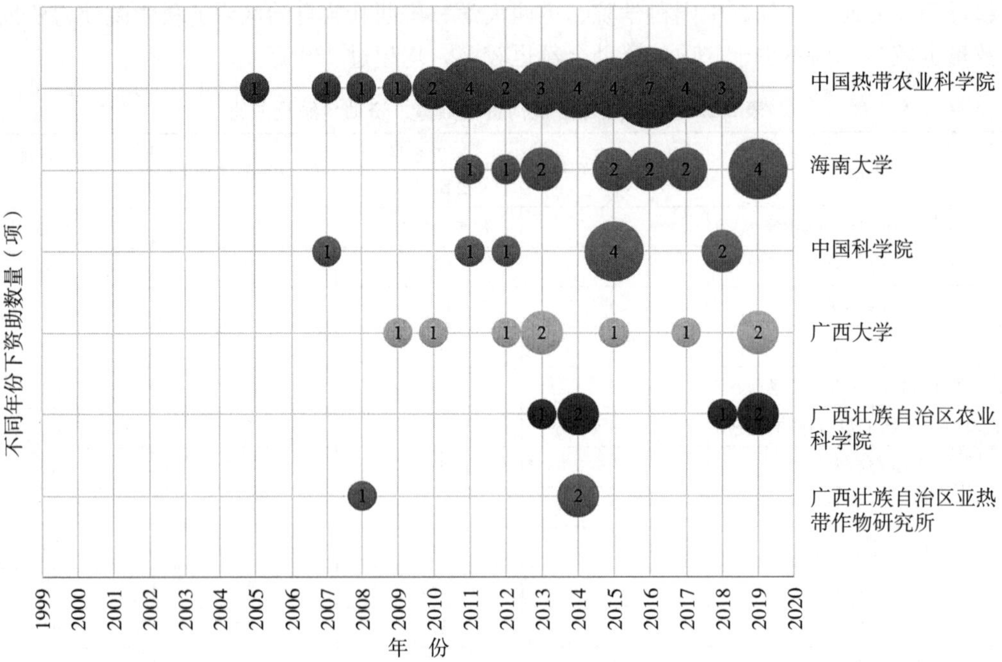

图 3-17　木薯领域主要机构资助数量年度变化（机构资助数量≥3 项）

表 3-26　木薯领域机构—项目类型资助分布

机构	资助数量（项）			
	地区科学基金项目	青年科学基金项目	面上项目	国际（地区）合作交流项目
中国热带农业科学院	3	16	13	5
海南大学	14			
中国科学院		4	5	
广西大学	9			
广西壮族自治区农业科学院	4	2		
广西壮族自治区亚热带作物研究所	1	2		
上海交通大学		1	1	
广西师范大学	2			
南宁师范大学	1			
南昌大学	1			
广西科技大学	1			
江西省农业科学院	1			
西南林业大学	1			

4. 机构—学科分析

（1）机构——一级学科分析

通过对木薯领域获得 NSFC 资助项目的机构和一级学科聚类分析，可以发现该领域 NSFC 资助项目研究重点分布在农学基础与作物学学科（表 3-27、图 3-18）。

表 3-27 木薯领域机构——级学科资助分布

机构	资助数量（项）															
	农学基础与作物学	植物学	植物保护学	遗传学与生物信息学	机械工程	化学工程与工业化学	地理学	有机高分子材料	食品科学	园艺学与植物营养学	宏观管理与政策	微生物学	环境化学	环境地球科学	生物物理与生物化学	金属材料
中国热带农业科学院	24	4	3	5					1							
海南大学	6	4	2		1										1	
中国科学院	6						2							1		
广西大学	2				2	3				1		1				
广西壮族自治区农业科学院	4		1						1							
广西壮族自治区亚热带作物研究所	2	1														
上海交通大学					1						1					
广西师范大学	1												1			
南宁师范大学								1								
南昌大学	1															
广西科技大学								1								
江西省农业科学院	1															
西南林业大学																1

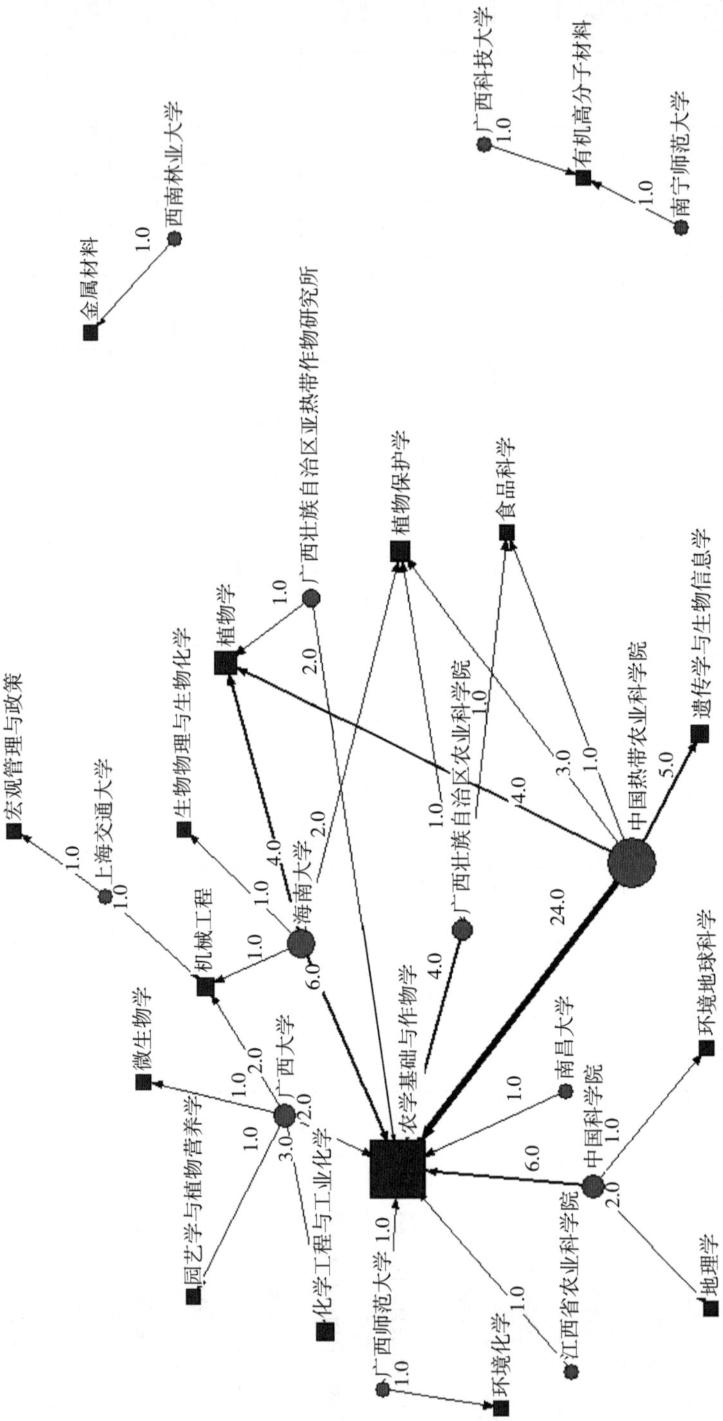

图3-18 木薯领域机构——一级学科资助分布图

从学科层面看，有 9 家机构在农学基础与作物学学科获得资助支持；其次是植物学、植物保护学和机械工程，均有 3 家机构在该学科获得资助支持。从机构层面看，中国热带农业科学院、海南大学和广西大学获得资助支持的学科数量较多，均为 5 个；其次是中国科学院和广西壮族自治区农业科学院，获得资助支持的学科数量均不少于 3 个。

对比发现，中国热带农业科学院在农学基础与作物学、植物学、植物保护学、遗传学与生物信息学等学科获得资助数量最多，其中在植物学学科中与海南大学并列第一，在农学基础与作物学学科中，海南大学和中国科学院也位于前列；广西大学在化学工程与工业化学学科获得的资助数量最多。

（2）机构—二级学科分析

木薯领域获得 NSFC 项目资助的机构在各二级学科（资助数量≥2 项）中的分布情况如表 3-28、图 3-19 所示，各机构在不同二级学科的资助分布和资助优势差异悬殊。

表 3-28 木薯领域机构—二级学科资助分布（学科资助数量≥2 项）

机构	资助数量（项）								
	作物遗传育种学	作物种质资源学	植物生理学	作物栽培与耕作学	植物病理学	植物遗传学	机械设计学	资源与环境化工	食品原科学
中国热带农业科学院	20	4	4		3	4			1
海南大学	4		3	1	2				
中国科学院	3	3							
广西大学		1		1			2	3	
广西壮族自治区农业科学院	2			2					1
广西壮族自治区亚热带作物研究所	1								
上海交通大学							1		
广西师范大学	1								
南昌大学	1								
江西省农业科学院				1					

从学科层面看，7 家机构在作物遗传育种学学科获得资助支持，4 家机构在作物栽培与耕作学学科获得资助支持；其次是作物种质资源学，有 3 家机构在该学科获得资助支持。从机构层面看，中国热带农业科学院、海南大学和广西大学获得资助支持的学科数量较多，分别为 6 个、4 个和 4 个。

对比发现，中国热带农业科学院在作物遗传育种学、作物种质资源学、植物生理学、植物病理学、植物遗传学等学科获得资助数量最多；广西大学在资源与环境化工学科获得资助数量最多。

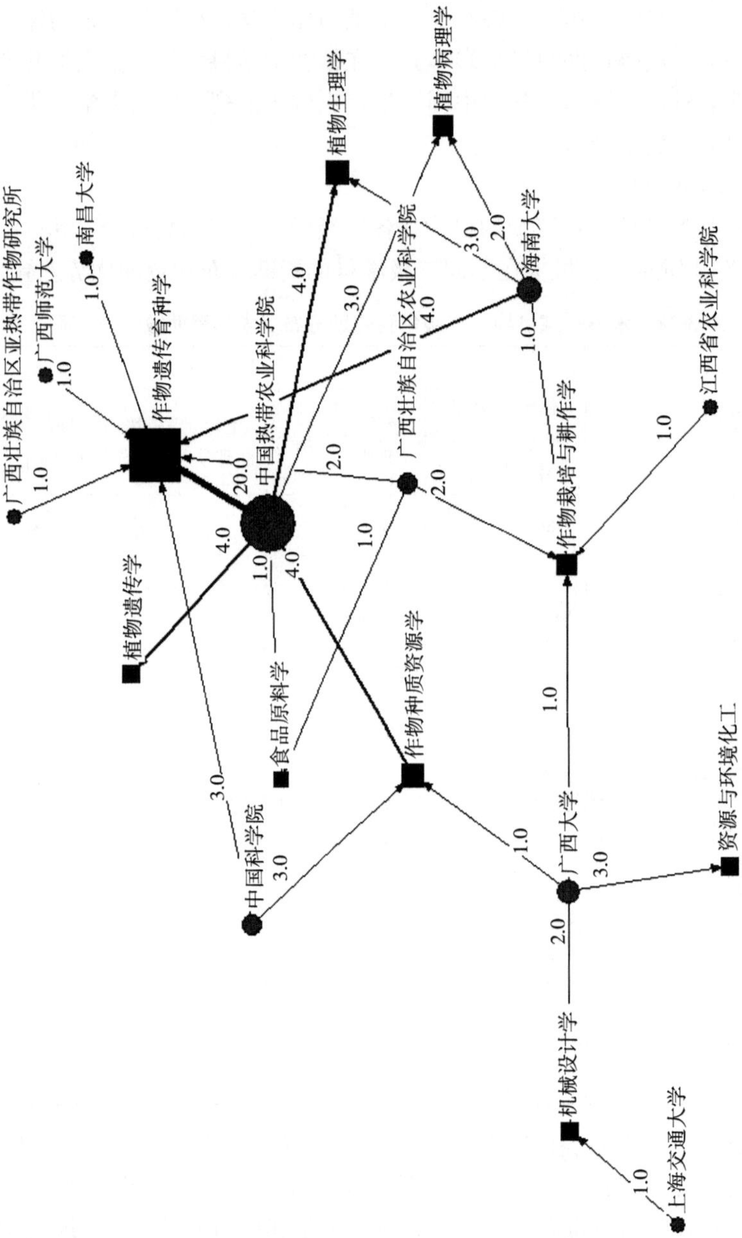

图3-19　木薯领域机构—二级学科资助分布图（学科资助数量≥2项）

（六）学者分析

1. 学者资助概况分析

木薯领域共有67位学者作为项目负责人获得NSFC项目，其中有13位学者获得的资助数量在2项及以上（表3-29）。13位学者都具有高级职称，其中具有正高级职称的学者有10位，共分布在5家机构；有5位学者隶属于中国热带农业科学院，4位学者隶属于海南大学，地域优势明显。

表3-29 木薯领域主要学者资助数量、资助金额及职称、机构

学者	资助数量（项）	资助金额（万元）	职称	所属机构
王文泉	5	484	正高级	中国热带农业科学院
张鹏	4	234	正高级	中国科学院
郭建春	3	142	正高级	中国热带农业科学院
陈松笔	3	370	正高级	中国热带农业科学院
严华兵	2	63	正高级（1项）、 副高级（1项）	广西壮族自治区农业科学院
周敬红	2	88	正高级	广西大学
孔华	2	111	副高级	中国热带农业科学院
施海涛	2	78	正高级	海南大学
杨坚	2	75	正高级	广西大学
赖杭桂	2	91	正高级	海南大学
闵义	2	88	副高级	海南大学
陈新	2	77	副高级	中国热带农业科学院
陈银华	2	88	正高级	海南大学

资助数量排在第一位的是王文泉，其次是张鹏、郭建春、陈松笔，资助数量在3项及以上。累计资助金额排在第一位的仍为王文泉，资助金额累计高达484万元，遥遥领先于其他学者；其次是陈松笔和张鹏，资助金额累计均高于200万元。

2. 学者—项目类型分析

木薯领域获得NSFC资助数量2项及以上的13位学者在各类项目中的分布情况如表3-30所示。13位学者共在4类项目中获得资助支持，各学者在不同项目类型的资助分布与资助优势不同。其中，王文泉获得资助支持的项目类型最多，为3类。

表3-30 木薯领域主要学者—项目类型资助分布

学者	资助数量（项）			
	地区科学基金项目	青年科学基金项目	面上项目	国际（地区）合作交流项目
王文泉	1		2	2

（续）

学者	资助数量（项）			
	地区科学基金项目	青年科学基金项目	面上项目	国际（地区）合作交流项目
张鹏			4	
郭建春	1		2	
陈松笔			2	1
严华兵	1	1		
周敬红	2			
孔华			2	
施海涛	2			
杨坚	2			
赖杭桂	2			
闵义	2			
陈新		1	1	
陈银华	2			

13 位学者中，有 2 位学者同时获得了面上项目和地区科学基金项目两类项目资助支持，2 位学者同时获得了面上项目和国际（地区）合作交流项目两类项目资助支持；6 位学者仅获得地区科学基金项目资助支持，且数量均为 2 项；2 位学者仅获得面上项目资助支持；王文泉、张鹏、郭建春、陈松笔、孔华在面上项目获得的资助数量较多，其中张鹏获得的面上项目资助数量最多，为 4 项。

3. 职称—项目类型分析

木薯领域获得 NSFC 资助的学者职称主要分为正高级、副高级、中级和初级四类，不同级别职称的学者获得的项目资助在不同项目类型中的分布与优势不同，差异明显（表 3-31）。

表 3-31　木薯领域学者职称—项目类型资助分布

职称	资助数量（项）			
	地区科学基金项目	青年科学基金项目	面上项目	国际（地区）合作交流项目
正高级	21	1	12	5
副高级	13	9	7	
中级	4	14		
初级		1		

从职称来看，具有正高级职称的学者在各类项目均获得资助支持，其中，地区科学基金项目获得的资助力度最大，资助数量为 21 项，其次为面上项目，均高于具有其他职称的学者获得的资助力度；具有副高级职称的学者获得资助支持的类型是地区科学基金项

目、青年科学基金项目和面上项目，获得资助数量均在 7 项及以上；具有中级职称的学者获得资助支持的类型主要是青年科学基金项目，数量为 14 项，其次为地区科学基金项目，数量为 4 项；具有初级职称的学者仅在青年科学基金项目获得 1 项资助支持。

从项目类型来看，地区科学基金项目、青年科学基金项目在具有正高级、副高级及中级职称的学者中均有分布，但面上项目和地区科学基金项目主要分布在具有正高级和副高级职称的学者中，而青年科学基金项目主要资助对象为具有中级和副高级职称的学者；国际（地区）合作交流项目仅具有正高级的学者获得资助。

（七）主题分析

1. 重点主题词分析

基于人工和自然语言处理技术，将木薯领域 NSFC 所有资助项目的标题、关键词等进行分词、合并与规范化处理，共获取 279 个主题词。通过对主题词资助项目数及其占比进行统计分析发现（表 3-32），淀粉、调控机理、分子机理、合成、转录因子是出现频率较高的主题词，资助数量均在 5 项及以上，占比均在 5.75%及以上。其中，淀粉、调控机理等的资助数量均在 10 项以上，占比均为 14.94%；分子机理、合成、转录因子等的资助数量均在 5 项及以上，占比均在 5.75%及以上。可见，木薯领域 NSFC 所有资助项目的研究主要集中在淀粉合成、生理生化及遗传育种领域。

表 3-32 木薯领域高频主题词资助概况

主题词	资助数量（项）	资助数量占比（%）	主题词	资助数量（项）	资助数量占比（%）
淀粉	13	14.94	胁迫	3	3.45
调控机理	13	14.94	蛋白质组学	3	3.45
分子机理	8	9.20	转基因	3	3.45
合成	6	6.90	DArT	2	2.30
转录因子	5	5.75	RNA 干扰	2	2.30
分子育种	4	4.60	SNP	2	2.30
基因	4	4.60	介导	2	2.30
基因功能	4	4.60	仿生学	2	2.30
干旱	4	4.60	低温胁迫	2	2.30
积累	4	4.60	制备方法	2	2.30
QTL 定位	3	3.45	反义技术	2	2.30
信号传导	3	3.45	发育	2	2.30
储藏根	3	3.45	合成酶	2	2.30
功能	3	3.45	品质	2	2.30
木薯渣	3	3.45	块根	2	2.30

（续）

主题词	资助数量（项）	资助数量占比（%）	主题词	资助数量（项）	资助数量占比（%）
基因克隆	2	2.30	致病机理	2	2.30
基因表达	2	2.30	蔗糖代谢	2	2.30
基因调控	2	2.30	蛋白复合体	2	2.30
多目标优化	2	2.30	表达谱	2	2.30
抗旱性	2	2.30	质体分裂	2	2.30
收割机	2	2.30	转录组	2	2.30
改性	2	2.30	转运蛋白	2	2.30
木薯基因转化	2	2.30	遗传图谱	2	2.30
木薯细菌性枯萎病	2	2.30	遗传机理	2	2.30
燃料乙醇	2	2.30	遗传转化	2	2.30
种质创新	2	2.30	采后	2	2.30
种质资源	2	2.30	采后变质	2	2.30
耐冷性	2	2.30	重金属	2	2.30
脱落酸	2	2.30	间作	2	2.30

2. 研究重点分析

利用从木薯领域NSFC所有资助项目中获取的279个主题词构建主题词共现矩阵，将矩阵导入VOSviewer中绘制主题词共现网络图，通过参数调整实现自动聚类。

木薯领域NSFC所有资助项目的研究分为三个主题领域，分别为木薯分子遗传育种（红色）、木薯淀粉合成及其调控机理（绿色）、木薯副产品加工利用（蓝色）（彩图3-2）。

（1）木薯分子遗传育种

该领域包含的核心主题词有分子机理、干旱、分子育种、基因、积累、转基因、QTL定位、信号传导、胁迫、功能等，主要研究干旱、低温、枯萎病等各类生长与环境胁迫因素对木薯生长发育的影响机理，并利用QTL定位、分子标记、基因克隆等技术开展抗性基因的定位、克隆、表达、调控与分析，以实现木薯新品种的改良与创新。

（2）木薯淀粉合成利用及其调控机理

该领域包含的核心主题词有淀粉、调控机理、合成、基因功能、蛋白质组学等，主要开展木薯淀粉合成的影响因素和调控机理研究，如开展合成酶、木薯淀粉制备成缓蚀剂、与亲水胶体之间的作用机理等研究。

（3）木薯副产品加工利用

该领域包含的核心主题词有木薯渣、改性、燃料乙醇、重金属、制备方法等，主要以木薯渣为原料，开展燃料乙醇、吸附剂等木薯副产品的加工利用研究。

3. 研究趋势分析

木薯领域 NSFC 各主题领域资助数量年度变化情况如图 3-20 所示。木薯领域在木薯分子遗传育种、木薯淀粉合成及其调控机理获得持续性的项目支持。其中，在木薯分子遗传育种领域最早获得项目资助，资助数量于 2005—2015 年在 0～6 项来回波动，且分别于 2011 年、2015 年获得最高项目资助数量，于 2016—2019 年稳定在 4 项；木薯淀粉合成及其调控机理领域最早于 2009 年获得项目资助，且于 2011—2019 年连续 9 年获得项目资助；木薯副产品加工利用领域最早于 2012 年获得项目资助，且后续间断性地获得 1～3 项资助，并于 2019 年达到最高数量 3 项。可见，近年来木薯领域 NSFC 涉及的主题领域越来越广泛，木薯分子遗传育种、木薯淀粉合成及其调控机理始终是木薯领域申请 NSFC 的热点主题。

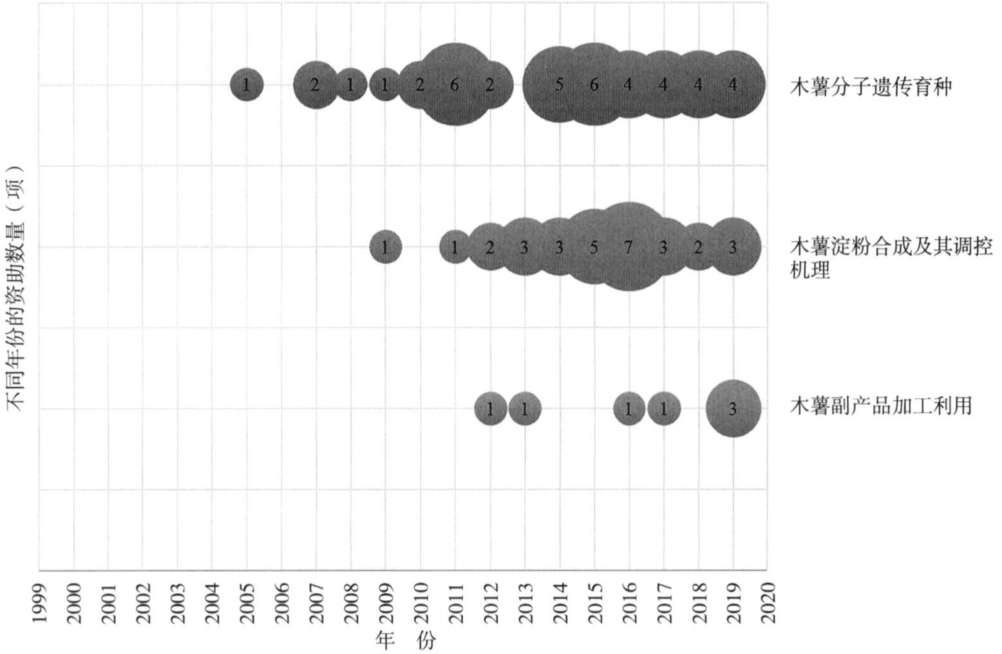

图 3-20 木薯领域各主题领域资助数量年度分布

4. 研究重点项目类型分析

木薯领域获得 NSFC 项目资助的 3 个主题领域在各类项目的分布情况如表 3-33 所示。3 个主题领域共在 4 类项目中获得资助支持，各主题领域在不同项目类型的资助分布和资助优势差异明显。

表 3-33 木薯领域各主题领域—项目类型资助分布

项目类型	资助数量（项）		
	木薯分子遗传育种	木薯淀粉合成及其调控机理	木薯副产品加工利用
地区科学基金项目	13	12	5
青年科学基金项目	13	9	2

（续）

项目类型	资助数量（项）		
	木薯分子遗传育种	木薯淀粉合成及其调控机理	木薯副产品加工利用
面上项目	12	8	
国际（地区）合作交流项目	4	1	

木薯分子遗传育种和木薯淀粉合成及其调控机理 2 个主题领域同时获得了地区科学基金项目、青年科学基金项目、面上项目、国际（地区）合作交流项目 4 类项目支持，其中，木薯分子遗传育种在 4 类项目获得的资助数量均排在首位；木薯副产品加工利用仅在地区科学基金项目和青年科学基金项目中获得资助。

5. 地区研究重点分析

木薯领域获得 NSFC 项目资助的 7 个地区在 3 个主题领域的分布情况如表 3-34 所示，各地区在不同主题领域的资助分布和资助优势差异明显。海南省在木薯分子遗传育种、木薯淀粉合成及其调控机理中获得的资助数量均排在前列；广西壮族自治区和上海市在 3 个主题领域中均有获得项目资助；江西省在木薯分子遗传育种和木薯淀粉合成及其调控机理主题领域中各获得 1 项资助；广东省在木薯淀粉合成及其调控机理和木薯副产品加工利用主题领域中各获得 1 项资助；云南省和江苏省分别在木薯淀粉合成及其调控机理和木薯分子遗传育种主题领域中各获得 1 项资助。

表 3-34　木薯领域各地区—主题领域资助分布

地区	资助数量（项）		
	木薯分子遗传育种	木薯淀粉合成及其调控机理	木薯副产品加工利用
海南省	35	17	
广西壮族自治区	2	6	5
上海市	3	4	1
江西省	1	1	
云南省		1	
广东省		1	1
江苏省	1		

6. 机构研究重点分析

木薯领域获得 NSFC 项目资助的 13 家机构在 3 个主题领域的分布情况如表 3-35 所示，各机构在不同主题领域的资助分布和资助优势差异明显。有 4 家机构在木薯分子遗传育种、木薯淀粉合成及其调控机理同时获得项目资助，其中中国热带农业科学院、海南大学和中国科学院在这两个主题领域获得的资助数量均排在前列，尤其是中国热带农业科学院在两大主题中的资助数量位居首位，远高于其他机构；广西大学和广西科技大学同时获得木薯淀粉合成及其调控机理和木薯副产品加工利用两大主题的项目资助；广西师范大学同时获得木薯分子遗传育种、木薯副产品加工利用两大主题的项目资助；其他机构仅获得一个主题的项目资助，且资助数量均为 1 项。

表 3-35　木薯领域各机构—主题领域资助分布

机构	资助数量（项）		
	木薯分子遗传育种	木薯淀粉合成及其调控机理	木薯副产品加工利用
中国热带农业科学院	28	13	1
海南大学	7	5	
中国科学院	4	4	
广西大学		2	3
广西壮族自治区农业科学院	1	1	
广西壮族自治区亚热带作物研究所		1	
上海交通大学			1
广西师范大学	1		1
南宁师范大学		1	
南昌大学	1		
广西科技大学		1	1
江西省农业科学院		1	
西南林业大学		1	

（八）总结

2007 年开始，木薯领域 NSFC 项目开始获得持续性支持，2011 年开始获批数量开始大幅增加，这应该与《国务院办公厅关于促进我国热带作物产业发展的意见》（国办发〔2010〕45 号）以及木薯“973”项目和近年来获批的涉及木薯国家重点研发计划项目有一定关联。资助项目共分布在 4 类项目中，地区科学基金项目、青年科学基金项目、面上项目为主要项目类型，国际（地区）合作交流项目获批数量为 5 项。

资助项目以生命科学部中的农学基础与作物学一级学科为主，涵盖了作物遗传育种学、作物种质资源学等二级学科；另外，一级学科植物学、二级学科植物生理学资助项目也较多。受资助主体以海南的中国热带农业科学院和海南大学，以及广西的广西大学、广西壮族自治区农业科学院、广西壮族自治区亚热带作物研究所、广西师范大学、南宁师范大学、广西科技大学为主。木薯领域 NSFC 项目的研究分为木薯分子遗传育种、木薯淀粉合成利用及其调控机理、木薯副产品加工利用三个主题领域，近年来资助项目大多聚焦在木薯分子遗传育种和木薯淀粉合成利用及其调控机理。

三、甘蔗

（一）概况分析

2000—2019 年，甘蔗领域 NSFC 的资助数量共计 212 项，资助金额累计 7 714 万元。从年度分布来看（图 3-21），资助数量和资助金额的变化趋势基本一致，总体均呈逐年波动上升的趋势。其中，2000—2010 年，资助数量和资助金额整体小幅波动增长，获资助项目仅 1～7 项，年均 3.4 项，年均经费 77.5 万元。进入“十二五”后，资助数量和资助金额大幅提升，“十二五”期间每年都在 10 项以上，年均 15.4 项，年均经费 633.2 万元。进入“十三五”每年都在 20 项以上，年均 24.5 项，年均经费 924 万元，2019 年达到最大值；同比“十二五”“十一五”和“十五”，资助数量分别增加了 59.09%、432.61%、920.83%，资助金额增长了 45.93%、703.48%、1 778.05%。

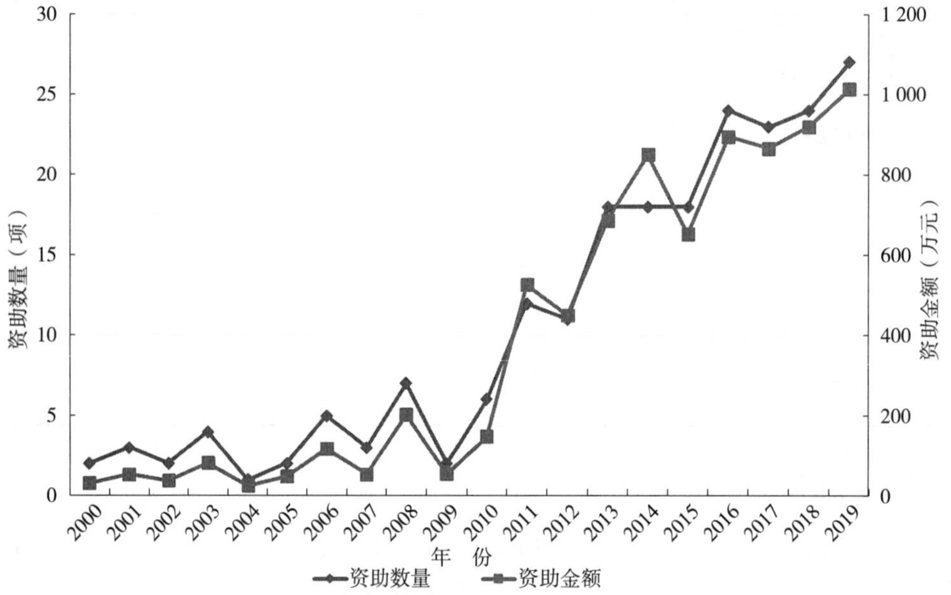

图 3-21　甘蔗领域资助数量及资助金额年度变化

（二）项目类型

1. 项目类型资助概况分析

甘蔗领域 NSFC 所有资助项目共分布在 5 类项目中（表 3-36），各类项目的资助数量和资助金额差距悬殊，项目类型分布集中，地区科学基金项目、青年科学基金项目、面上项目是主要项目类型。其中，资助数量和资助金额最多的项目是地区科学基金项目，资助数量共计 100 项，资助金额累计 3 920 万元，占比分别为 47.17%和 50.82%；青年科学基金项目和面上项目的资助数量差异不大，均超过 50 项，但面上项目的资助金额是青年科学基金项目的 2 倍；专项基金项目、应急管理项目的资助数量和资助金额不多，资助数量总占比不足 3%，资助金额总占比仅 1%左右。

表 3-36　甘蔗领域各类项目资助数量、资助金额概况

年份	地区科学基金项目		青年科学基金项目		面上项目		专项基金项目		应急管理项目		合计	
	资助数量（项）	资助金额（万元）	资助数量（项）	资助金额（万元）	资助数量（项）	资助金额（万元）	资助数量（项）	资助金额（万元）	资助数量（项）	资助金额（万元）	资助数量（项）	资助金额（万元）
2000	2	31									2	31
2001	1	18			2	35					3	53
2002	2	38									2	38
2003	2	41			2	41					4	82
2004					1	25					1	25
2005	1	23			1	25					2	48
2006	2	44			3	73					5	117
2007			1	17	1	28	1	8			3	53
2008	1	25	1	18	5	160					7	203
2009	1	25			1	29					2	54
2010	3	77			3	71					6	148
2011	3	170	5	118	4	239					12	527
2012	3	163	3	65	3	182	2	40			11	450
2013	7	331	8	183	2	157	1	15			18	686
2014	12	593	4	98	2	160					18	851
2015	11	433	4	75	2	128			1	16	18	652
2016	13	507	7	137	4	251					24	895
2017	10	383	6	142	6	331			1	10	23	866
2018	13	514	7	168	4	239					24	921
2019	13	504	9	217	5	293					27	1 014
总计	100	3 920	55	1 238	51	2 467	4	63	2	26	212	7 714

2. 项目类型资助时间变化分析

甘蔗领域 NSFC 各类项目资助数量年度变化情况如图 3-22 所示，甘蔗领域在地区科学基金项目和面上项目获得持续性的项目支持，近年来在青年科学基金项目也获得持续性的项目支持。其中，在地区科学基金项目获得的资助数量于 2000—2012 年在 0～3 项来回小幅波动，于 2013—2019 年逐年波动增长，且在 2016 年、2018 年、2019 年均达到最大值 13 项；在面上项目每年获得资助数量均在 1～6 项来回小幅波动，于 2016—2019 年稳定在 5 项左右；在青年科学基金项目最早于 2007 年、2008 年分别获得 1 项资助，于 2011—2019 年连续获得项目资助，且资助数量逐年波动增长，2019 年达到最大值 9 项。在专项基金项目、应急管理项目仅分别于 2007—2013 年、2015—2017 年间断性获得 1～2 项资助。

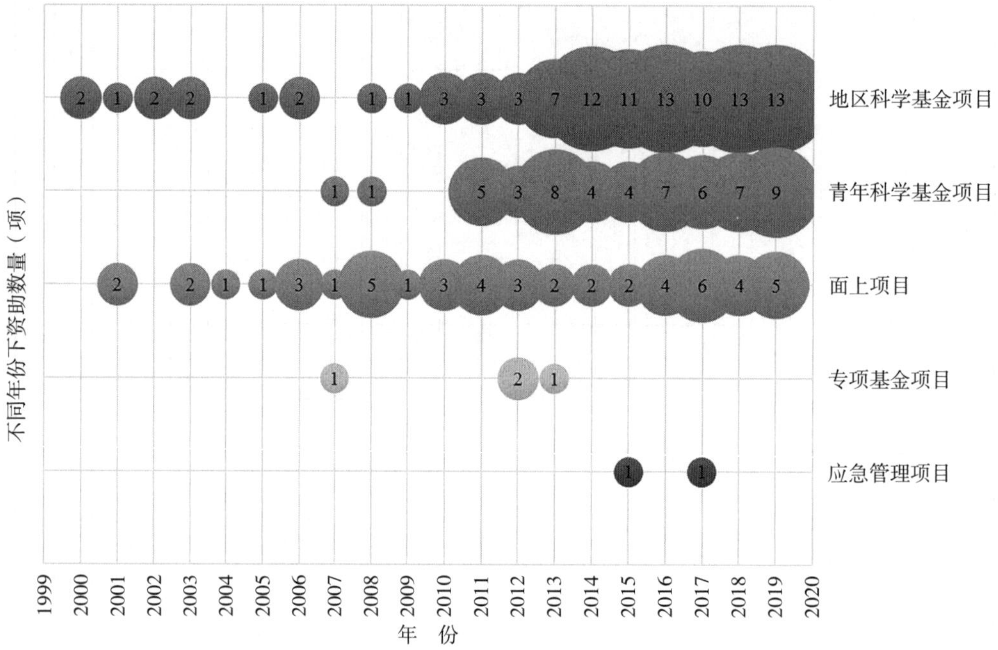

图 3-22 甘蔗领域各类项目资助数量年度变化

（三）学科分析

甘蔗领域 NSFC 所有资助项目共分布在 6 个科学部、25 个一级学科、52 个二级学科中。

1. 科学部分析

（1）科学部资助概况分析

甘蔗领域 NSFC 所有资助项目在各科学部的资助概况如表 3-37 所示，各科学部的资助数量和资助金额差异悬殊，科学部分布十分聚焦。其中，在生命科学部获得的资助数量和资助金额均为最多，资助数量共计 175 项，资助金额累计 6 383 万元，占比均超过 82%，该科学部是甘蔗领域申请 NSFC 的主要科学部；其次是工程与材料科学部，资助数量共计 14 项，资助金额累计 487 万元；其他 4 个科学部中，地球科学部和化学科学部的资助数量和资助金额相对较多，资助数量均超过 8 项，资助金额超过 300 万元，管理科学部和信息科学部的资助数量和资助金额均较少，资助数量总占比不足 3%，资助金额总占比不足 2%。

表 3-37 甘蔗领域各科学部资助数量、资助金额及占比

科学部	资助数量（项）	资助数量占比（%）	资助金额（万元）	资助金额占比（%）
生命科学部	175	82.55	6 383	82.75
工程与材料科学部	14	6.60	487	6.31
化学科学部	9	4.25	388	5.03
地球科学部	8	3.77	318	4.12
管理科学部	4	1.89	89	1.15
信息科学部	2	0.94	49	0.64
总计	212	100.00	7 714	100.00

（2）科学部资助时间变化分析

甘蔗领域 NSFC 各科学部资助数量年度变化情况如图 3-23 所示。甘蔗领域在生命科学部获得持续性的项目支持，近年来在工程与材料科学部、化学科学部、地球科学部也获得相对持续的项目支持。其中，在生命科学部获得的资助数量于 2000—2009 年在 0～6 项来回小幅波动，于 2010—2019 年逐年波动增长，且在 2018 年和 2019 年突破 20 项，2019 年达到最大值 23 项；在工程与材料科学部、化学科学部分别于 2003 年、2007 年首次获得项目资助，且资助数量于 2013—2019 年（除 2017 年除外）在 1～3 项来回小幅波动；

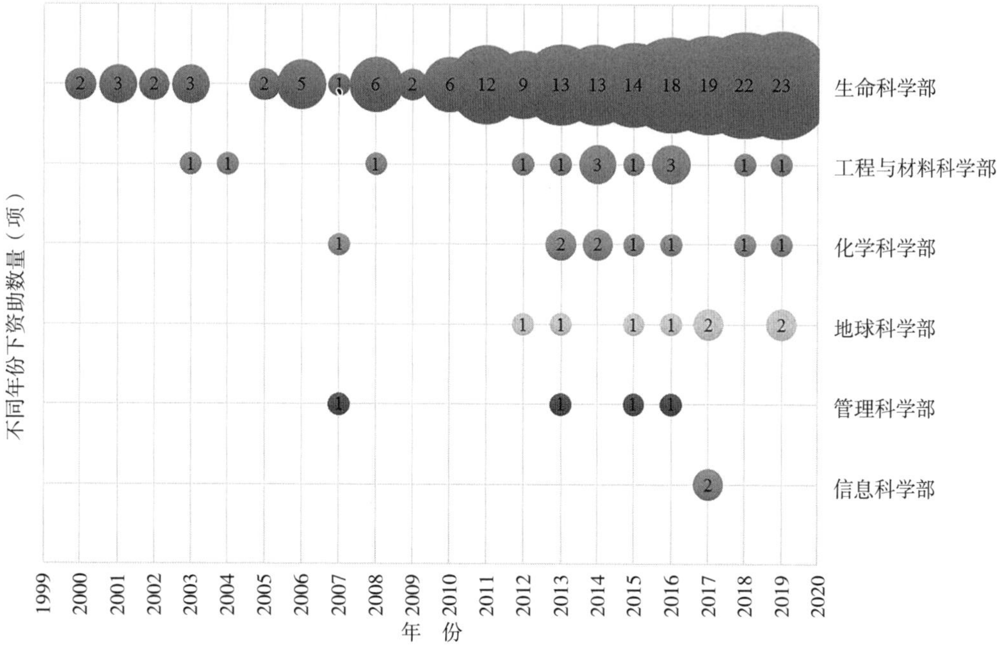

图 3-23 甘蔗领域各科学部资助数量年度变化

在地球科学部于 2012 年首次获得项目资助，且于 2012—2019 年（除 2014、2018 年外）均获得 1～2 项资助；在管理科学部于 2007—2016 年偶有项目资助；在信息科学部仅于 2017 年获得 2 项资助。

2. 一级学科分析

（1）一级学科资助概况分析

甘蔗领域 NSFC 所有资助项目在各一级学科的资助概况如表 3-38 所示，各一级学科获得的资助数量和资助金额差异明显，一级学科分布聚焦。资助数量和资助金额最多的是农学基础与作物学，资助数量共计 129 项，资助金额累计 4 637 万元，占比均超过 60%；其次是机械工程、植物保护学、植物学、生态学、园艺学与植物营养学、化学工程与工业化学、微生物学、环境地球科学，资助数量均在 5～10 项，资助金额在 200 万～400 万元，获得 NSFC 支持力度相对较大；其他学科的资助数量在 1～3 项，获得 NSFC 支持力度相对较小。

表 3-38　甘蔗领域各一级学科资助数量、资助金额及占比

一级学科	资助数量（项）	资助数量占比（%）	资助金额（万元）	资助金额占比（%）
农学基础与作物学	129	60.85	4 637	60.11
机械工程	10	4.72	344	4.46
植物保护学	10	4.72	408	5.29
植物学	8	3.77	236	3.06
生态学	8	3.77	298	3.86
园艺学与植物营养学	6	2.83	241	3.12
化学工程与工业化学	5	2.36	193	2.50
微生物学	5	2.36	224	2.90
环境地球科学	5	2.36	204	2.64
食品科学	3	1.42	83	1.08
合成化学	2	0.94	105	1.36
地理学	2	0.94	63	0.82
建筑环境与结构工程	2	0.94	98	1.27
林学与草地科学	2	0.94	105	1.36
环境化学	2	0.94	90	1.17
畜牧学	2	0.94	81	1.05
经济科学	2	0.94	28	0.36
自动化	2	0.94	49	0.64
分子生物学与生物技术	1	0.47	50	0.65
大气科学	1	0.47	51	0.66
工商管理	1	0.47	31	0.40
有机高分子材料	1	0.47	24	0.31

（续）

一级学科	资助数量（项）	资助数量占比（%）	资助金额（万元）	资助金额占比（%）
水利科学与海洋工程	1	0.47	21	0.27
管理科学与工程	1	0.47	30	0.39
遗传学与生物信息学	1	0.47	20	0.26
总计	212	100.00	7 714	100.00

（2）一级学科资助时间变化分析

甘蔗领域 NSFC 重点一级学科（资助数量≥5 项）资助数量年度变化情况如图 3-24 所示。甘蔗领域在农学基础与作物学获得持续性的项目支持，其他学科主要在 2010—2019 年间断性地获得项目支持。其中，在农学基础与作物学获得的资助数量于 2000—2010 年在 0～5 项来回小幅波动，于 2011—2019 年逐年波动增长，且于 2019 年达到最大值 20 项；其他学科仅在部分年度获得项目资助，且除植物保护学科在 2018 年获得 4 项以外，其他学科每年资助数量均在 4 项以下。

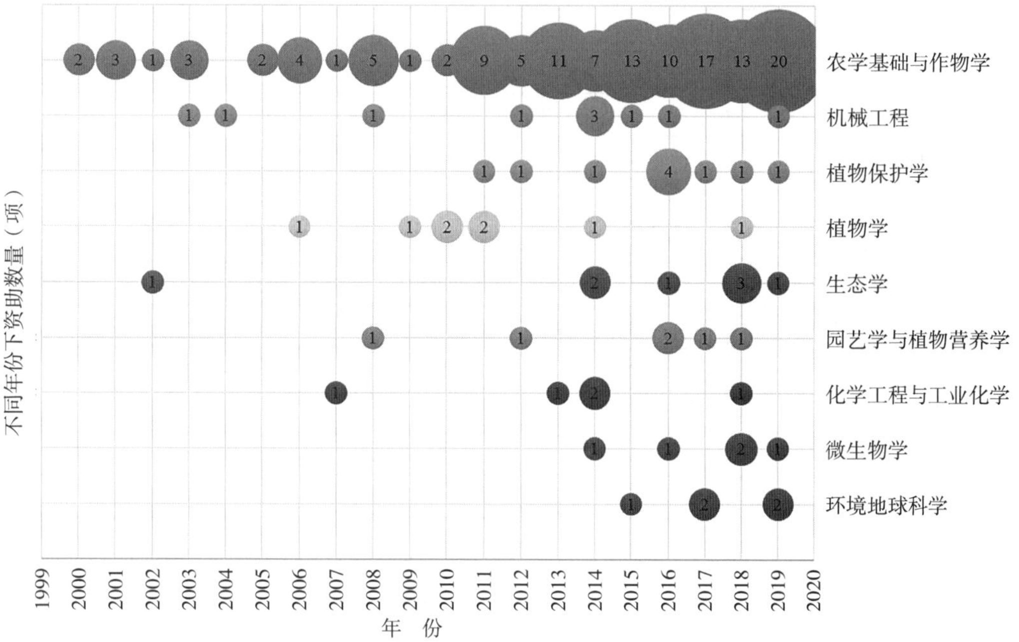

图 3-24　甘蔗领域重点一级学科资助数量年度变化（学科资助数量≥5 项）

3. 二级学科分析

（1）二级学科资助概况分析

甘蔗领域 NSFC 所有资助项目在各二级学科的资助概况如表 3-39 所示，各二级学科获得的资助数量和资助金额差异较大，二级学科分布相对聚焦。甘蔗领域获得资助数量和资助金额最多的是作物遗传育种学，资助数量共计 71 项，资助金额累计2 731万元，占比均超过 33%，该学科是甘蔗领域获得 NSFC 支持力度最大的二级学科；其次是作物种质资源学、作物栽培与耕作学，资助数量和资助金额占比均在9.9%以上。此外，植物病理学、土壤学、设施园艺学、作物生理学、机器人与机构学、机械动力学、机械设计学、植物分类学、植物资源学、资源与环境化工、食品原料学的资助数量均在3项及以上，获得NSFC支持力度相对较大；其他二级学科的资助数量在1～2项，获得NSFC支持力度相对较小。

表3-39　甘蔗领域各二级学科资助数量、资助金额及占比

二级学科	资助数量（项）	资助数量占比（%）	资助金额（万元）	资助金额占比（%）
作物遗传育种学	71	33.49	2 731	35.40
作物种质资源学	31	14.62	885	11.47
作物栽培与耕作学	21	9.91	809	10.49
植物病理学	6	2.83	173	2.24
土壤学	5	2.36	204	2.64
设施园艺学	5	2.36	203	2.63
作物生理学	4	1.89	150	1.94
机器人与机构学	3	1.42	96	1.24
机械动力学	3	1.42	113	1.46
机械设计学	3	1.42	95	1.23
植物分类学	3	1.42	73	0.95
植物资源学	3	1.42	75	0.97
资源与环境化工	3	1.42	140	1.81
食品原料学	3	1.42	83	1.08
全球变化生态学	2	0.94	60	0.78
农业昆虫学	2	0.94	130	1.69
农学基础	2	0.94	62	0.80
土壤生态学	2	0.94	79	1.02
地理信息系统	2	0.94	63	0.82
植物学研究的新技术、新方法	2	0.94	88	1.14
环境工程	2	0.94	98	1.27
生态系统生态学	2	0.94	60	0.78
病原真菌学	2	0.94	98	1.27
草地科学	2	0.94	105	1.36
传动机械学	1	0.47	40	0.52
农林经济管理	1	0.47	20	0.26
分子生态学	1	0.47	49	0.64
化学动态学	1	0.47	25	0.32
合成生物学	1	0.47	50	0.65
微生物多样性、分类与系统发育	1	0.47	48	0.62

（续）

二级学科	资助数量（项）	资助数量占比（%）	资助金额（万元）	资助金额占比（%）
微生物生理与生物化学	1	0.47	40	0.52
控制理论与技术	1	0.47	39	0.51
控制系统	1	0.47	10	0.13
无机合成	1	0.47	65	0.84
有机高分子功能材料	1	0.47	24	0.31
植物保护新技术	1	0.47	65	0.84
植物遗传学	1	0.47	20	0.26
气候与气候系统	1	0.47	51	0.66
水文、水资源	1	0.47	21	0.27
污染控制化学	1	0.47	50	0.65
物流与供应链理论	1	0.47	30	0.39
环境微生物学	1	0.47	38	0.49
环境污染化学	1	0.47	40	0.52
生物化工与轻化工	1	0.47	28	0.36
生物防治	1	0.47	40	0.52
生理生态学	1	0.47	50	0.65
畜牧学基础	1	0.47	39	0.51
经济发展与贸易	1	0.47	8	0.10
绿色合成	1	0.47	40	0.52
肥料与施肥	1	0.47	38	0.49
运营管理	1	0.47	31	0.40
饲料学	1	0.47	42	0.54
总计	212	100.00	7 714	100.00

（2）二级学科资助时间变化分析

甘蔗领域 NSFC 重点二级学科（资助数量≥3 项）资助数量年度变化情况如图 3-25 所示。甘蔗领域 2010—2019 年在作物遗传育种学、作物栽培与耕作学获得持续性的项目支持，在作物遗传育种学于 2008 年首次获得项目资助，于 2010—2019 年逐年波动增长，且于 2017 年、2019 年达到最大值 14 项，但 2018 年未获得资助；在作物栽培与耕作学于 2000 年首次获得项目资助，在 2002 年和 2006 年各获得 1 项资助，于 2011—2019 年连续获得1～3 项资助。在作物种质资源学于 2000—2009 年（除 2002 年和 2004 年）获得 1～4

项资助，2010—2017 年连续无资助，2018 年重新获资助且达到最大值 10 项，2019 年又降至 3 项；在其他学科，主要在 2010—2019 年且是在部分年度有 1～2 项资助。

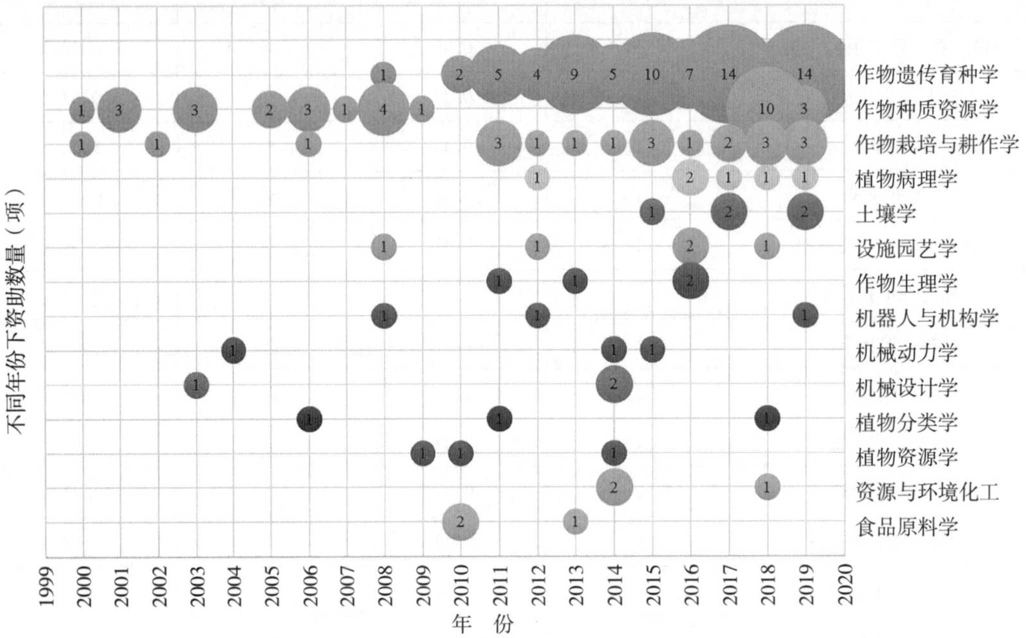

图 3-25 甘蔗领域重点二级学科资助数量年度变化（学科资助数量≥3 项）

(四) 地区分析

1. 地区资助概况分析

甘蔗领域获得 NSFC 项目资助的省、自治区、直辖市共计 12 个，各地区获得的资助数量和资助金额差距很大（表 3-40）。其中，广西壮族自治区的资助数量和资助金额分别为 98 项、3 647 万元，占比分别为 46.23%、47.28%，均远远高于其他地区；其次是福建省和云南省，资助数量分别为 38 项和 35 项，资助金额分别为1 386万元、1 258万元，占比均达到 16%以上。另外，广东省和海南省的资助数量也较多，均在 10 项以上，资助金额也较多，均累计超过 400 万元。

表 3-40 甘蔗领域各地区资助数量、资助金额及占比

地区	资助数量（项）	资助数量占比（%）	资助金额（万元）	资助金额占比（%）
广西壮族自治区	98	46.23	3 647	47.28
福建省	38	17.92	1 386	17.97
云南省	35	16.51	1 258	16.31
广东省	20	9.43	668	8.66
海南省	12	5.66	448	5.81
北京市	2	0.94	105	1.36

（续）

地区	资助数量（项）	资助数量占比（%）	资助金额（万元）	资助金额占比（%）
湖南省	2	0.94	86	1.11
上海市	1	0.47	25	0.32
四川省	1	0.47	20	0.26
天津市	1	0.47	26	0.34
江苏省	1	0.47	20	0.26
河南省	1	0.47	25	0.32
总计	212	100.00	7 714	100.00

2. 地区资助时间变化

甘蔗领域 NSFC 主要地区（资助数量≥12 项）资助数量年度变化情况如图 3-26 所示。广西壮族自治区最早于 2000 年获得资助项目，自 2008 年以后获得连续资助，且资助数量呈明显波动增长，于 2018 年达到最大值 14 项，且远高于其他地区；福建省、云南省和广东省分别于 2001 年、2002 年和 2004 年初次获得资助，随后年份资助数量均保持在 6 项以内，波动幅度不大，广东省近年来获得资助数量有明显减少趋势；海南省于 2000 年首次获得资助项目，相对较早，但此后未能持续获得资助，且除 2019 年有所突破达到 2 项之外，其余年度获资助数量仅为 1 项。

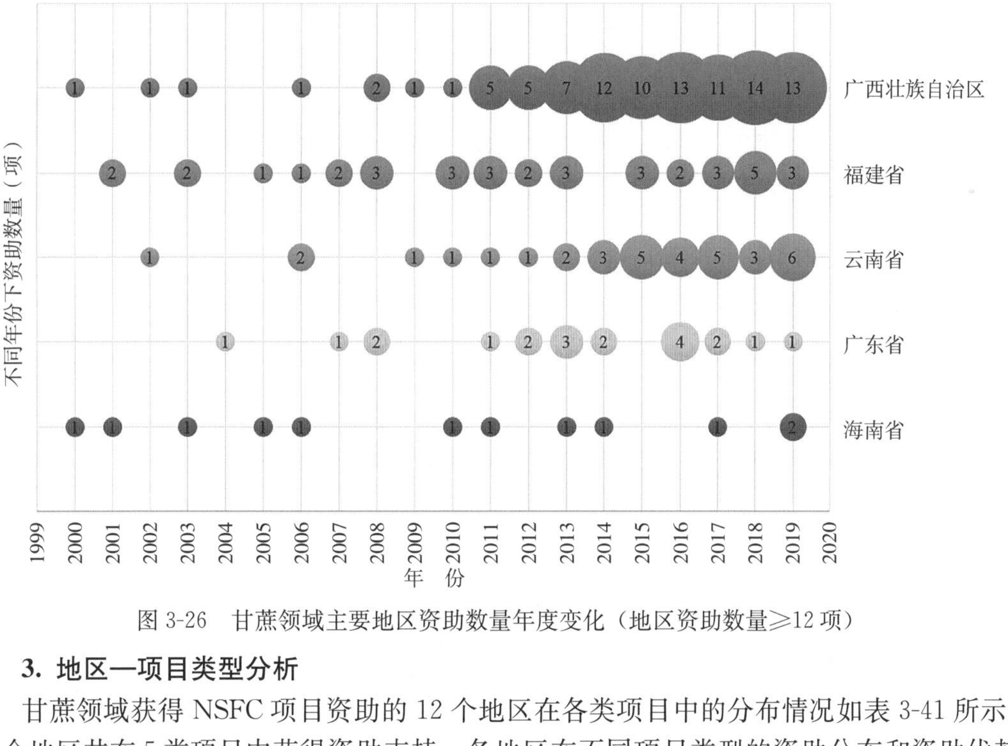

图 3-26 甘蔗领域主要地区资助数量年度变化（地区资助数量≥12 项）

3. 地区—项目类型分析

甘蔗领域获得 NSFC 项目资助的 12 个地区在各类项目中的分布情况如表 3-41 所示，12 个地区共在 5 类项目中获得资助支持，各地区在不同项目类型的资助分布和资助优势差异悬殊。

表 3-41　甘蔗领域地区—项目类型资助分布

地区	资助数量（项）				
	地区科学基金项目	青年科学基金项目	面上项目	专项资金项目	应急管理项目
广西壮族自治区	66	21	8	2	1
福建省		10	26	2	
云南省	28	4	2		1
广东省		11	9		
海南省	6	2	4		
北京市		1	1		
湖南省		1	1		
上海市		1			
四川省		1			
天津市		1			
江苏省		1			
河南省		1			

所有地区均获得了青年科学基金项目资助；广西壮族自治区、云南省和海南省同时获得了地区科学基金项目、青年科学基金项目和面上项目三类项目资助支持；福建省、广东省、北京市和湖南省 4 个地区同时获得了面上项目和青年科学基金项目支持；广西壮族自治区在地区科学基金项目、青年科学基金项目两类项目资助数量远高于其他地区；福建省在面上项目的资助数量远高于其他地区；上海市、四川省、天津市、江苏省和河南省仅获得 1 项青年科学基金项目资助；广西壮族自治区、福建省各获得了 2 项专项基金项目；广西壮族自治区、云南省各获得了 1 项应急管理项目。

（五）机构分析

1. 机构资助概况分析

甘蔗领域获得 NSFC 资助项目的机构共计 30 家，包含 21 家高校、9 家科研院所，如表 3-42 所示。

表 3-42　甘蔗领域各机构资助数量、资助金额及占比

机构	资助数量（项）	资助数量占比（%）	资助金额（万元）	资助金额占比（%）
广西壮族自治区农业科学院	41	19.34	1 455	18.86
福建农林大学	35	16.51	1 311	17.00
广西大学	33	15.57	1 359	17.62
云南省农业科学院	22	10.38	793	10.28
云南农业大学	10	4.72	353	4.58

（续）

机构	资助数量（项）	资助数量占比（%）	资助金额（万元）	资助金额占比（%）
华南农业大学	10	4.72	390	5.06
中国热带农业科学院	9	4.25	387	5.02
广东省科学院	7	3.30	198	2.57
中国农业科学院	6	2.83	196	2.54
广西民族大学	5	2.36	174	2.26
桂林理工大学	4	1.89	140	1.81
中国科学院	3	1.42	108	1.40
南宁师范大学	3	1.42	118	1.53
海南大学	3	1.42	61	0.79
中国农业大学	2	0.94	105	1.36
华南理工大学	2	0.94	55	0.71
广西科技大学	2	0.94	66	0.86
玉林师范学院	2	0.94	51	0.66
福建师范大学	2	0.94	53	0.69
中国地质科学院	1	0.47	63	0.82
云南大学	1	0.47	40	0.52
四川省草原科学研究院	1	0.47	20	0.26
天津农学院	1	0.47	26	0.34
广西师范大学	1	0.47	25	0.32
扬州大学	1	0.47	20	0.26
昆明理工大学	1	0.47	50	0.65
河南科技大学	1	0.47	25	0.32
深圳大学	1	0.47	25	0.32
湖南科技大学	1	0.47	25	0.32
福建省亚热带植物研究所	1	0.47	22	0.29
总计	212	100.00	7 714	100.00

广西壮族自治区农业科学院获得的资助数量和资助金额均排在首位，资助数量共计41项，资助金额累计1 455万元，占比分别高达19.34%、18.86%；福建农林大学、广西大学获得资助支持也较多，资助数量均高于30项，资助金额均超过1 300万元。另外，云南省农业科学院、云南农业大学、华南农业大学获得资助数量也较多，均不少于10项；云南省农业科学院、云南农业大学、华南农业大学和中国热带农业科学院获得资助金额也较多，均超过350万元。

2. 机构资助时间变化分析

甘蔗领域 NSFC 主要机构（资助数量≥10 项）资助数量年度变化情况如图 3-27 所示。广西壮族自治区农业科学院最早于 2002 年获得项目资助，但直到 2011 年以后才获得连续资助，近年来资助数量均在 4～6 项，较为稳定；广西大学于 2000 年最早获得项目资助，但直到 2011 年以后才有连续资助，且数量逐年波动增长到 4～6 项；福建农林大学于 2001 年开始获得项目资助，除 2002 年、2004 年、2009 年、2014 年外其他年份均获得项目资助，且数量大多在 1～3 项；云南农业大学于 2002 年首次获得项目资助，随后间断性获得资助，数量均仅为 1 项；华南农业大学未能连续获得项目资助，除 2016 年获得 3 项资助外，其余获得资助的年份均只有 1 项资助；云南省农业科学院于 2011 年首次获得项目资助，时间较晚，近年来获得资助数量基本稳定在 3～4 项。

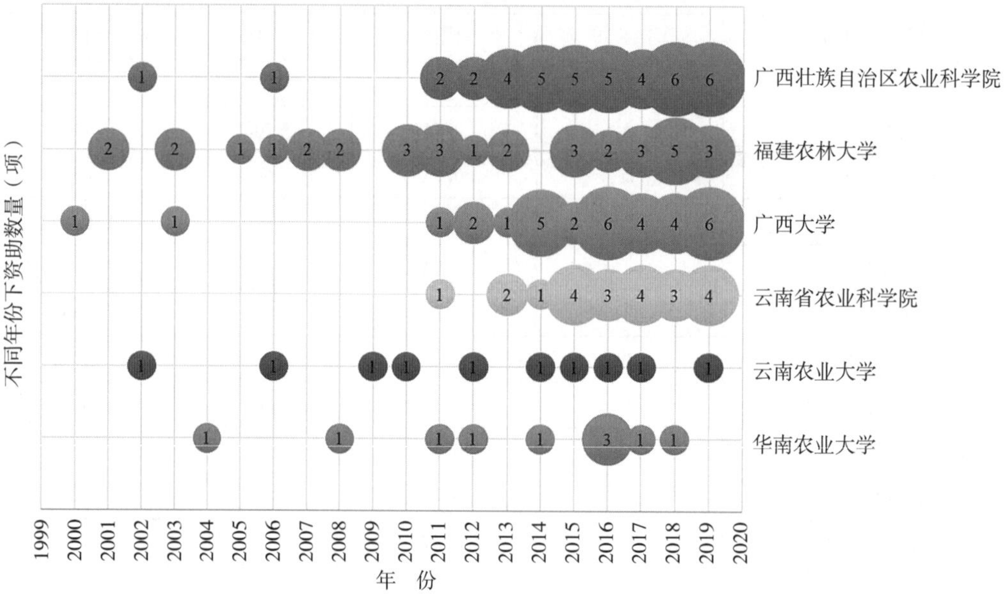

图 3-27　甘蔗领域主要机构资助数量年度变化（机构资助数量≥10 项）

3. 机构—项目类型分析

甘蔗领域获得 NSFC 项目资助的 30 家机构在各类项目中的分布情况如表 3-43 所示。

表 3-43　甘蔗领域机构—项目类型资助分布

机构	资助数量（项）				
	地区科学基金项目	青年科学基金项目	面上项目	专项基金项目	应急管理项目
广西壮族自治区农业科学院	26	11	2	2	
福建农林大学		8	25	2	
广西大学	25	5	3		
云南省农业科学院	17	4			1
云南农业大学	9		1		
华南农业大学		3	7		

（续）

机构	资助数量（项）				
	地区科学基金项目	青年科学基金项目	面上项目	专项基金项目	应急管理项目
中国热带农业科学院	3	2	4		
广东省科学院		6	1		
中国农业科学院	3	1	2		
广西民族大学	4	1			
桂林理工大学	2	2			
中国科学院		1	2		
南宁师范大学	3				
海南大学	3				
中国农业大学		1	1		
华南理工大学		1	1		
广西科技大学	2				
玉林师范学院	1				1
福建师范大学		1	1		
中国地质科学院			1		
云南大学	1				
四川省草原科学研究院		1			
天津农学院		1			
广西师范大学		1			
扬州大学		1			
昆明理工大学	1				
河南科技大学		1			
深圳大学		1			
湖南科技大学		1			
福建省亚热带植物研究所		1			

有 11 家机构同时获得面上项目和青年科学基金项目两类项目资助支持，其中，广西壮族自治区农业科学院获得青年科学基金项目的资助数量最多，福建农林大学获得面上项目资助数量最多。地区科学基金项目中广西壮族自治区农业科学院获得的资助数量最多，其次为广西大学、云南省农业科学院、云南农业大学，有 5 家机构仅获得地区科学基金项目。广西壮族自治区农业科学院和福建农林大学各获得了 2 项专项基金项目资助，云南省农业科学院和玉林师范学院各获得了 1 项应急管理项目资助。

4. 机构—学科分析

（1）机构——一级学科分析

甘蔗领域获得 NSFC 项目资助的机构在各一级学科中的分布情况（表 3-44、图 3-28），该领域 NSFC 资助项目研究重点分布在农学基础与作物学学科，各机构在不同一级学科的资助分布和资助优势差异悬殊。

表 3-44　甘蔗领域机构一级学科资助分布

机构	资助数量（项）																								
	农学基础与作物学	机械工程	植物保护学	植物学	生态学	园艺学与植物营养学	化学工程与工业化学	微生物学	环境地球科学	食品科学	合成化学	地理学	建筑环境与结构工程	林学与草地科学	环境化学	畜牧学	经济科学	自动化	分子生物学与生物技术	大气科学	工商管理	有机高分子材料	水利科学与海洋工程	管理科学与工程	遗传学与生物信息学
广西壮族自治区农业科学院	28		3	1	4			3							1										1
福建农林大学	31			2						1							1								
广西大学	14	5	1			4		2	1				1			1		1	1	1			1		
云南省农业科学院	20		2																						
云南农业大学	8			1	1																				
华南农业大学	2	3	3		1						1														
中国热带农业科学院	9																								
广东省科学院	5												1									1			
中国农业科学院	4					1										1									
广西民族大学		1					2														1			1	
桂林理工大学							1		2						1										
中国科学院				2					1																
南宁师范大学					2							1													
海南大学	2			1																					
中国农业大学														1			1								

（续）

机构	资助数量（项）																								
	农学基础与作物学	机械工程	植物保护学	植物学	生态学	园艺学与植物营养学	化学工程与工业化学	微生物学	环境地球科学	食品科学	合成化学	地理学	建筑环境与结构工程	林学与草地科学	环境化学	畜牧学	经济科学	自动化	分子生物学与生物技术	大气科学	工商管理	有机高分子材料	水利科学与海洋工程	管理科学与工程	遗传学与生物信息学
华南理工大学							1			1															
广西科技大学						1				1															
玉林师范学院	1																	1							
福建师范大学	2																								
中国地质科学院									1																
云南大学											1														
四川省草原科学研究院														1											
天津农学院				1																					
广西师范大学		1																							
扬州大学			1																						
昆明理工大学							1																		
河南科技大学	1																								
深圳大学												1													
湖南科技大学	1																								
福建省亚热带植物研究所	1																								

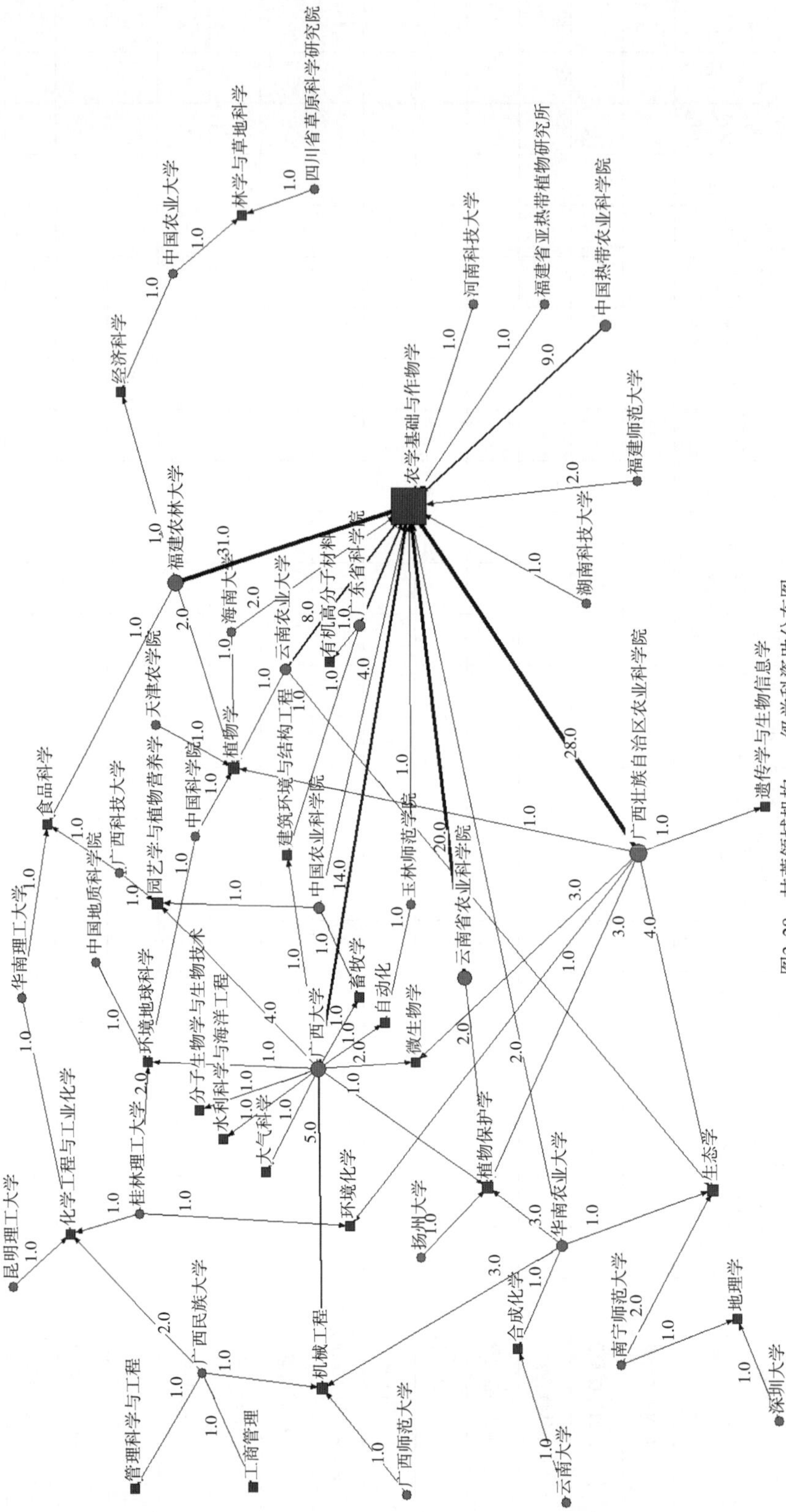

图3-28 甘蔗领域机构——一级学科资助分布图

从学科层面看，有 15 家机构在农学基础与作物学学科获得资助支持；其次是植物学、植物保护学、机械工程、生态学、化学工程与工业化学、环境地球科学等，均有至少 4 家机构在该学科获得资助支持。从机构层面看，广西大学和广西壮族自治区农业科学院获得资助支持的学科数量较多，分别为 12 个和 7 个；其次是华南农业大学、福建农林大学和广西民族大学，获得资助支持的学科均不少于 4 个。

对比主要机构，广西壮族自治区农业科学院主要在农学基础与作物学、生态学、植物保护学、微生物学学科获得资助数量较多，广西大学主要在农学基础与作物学、机械工程、园艺学与植物营养学学科获得资助数量较多，华南农业大学主要在机械工程、植物保护学学科获得资助数量较多；福建农林大学、云南省农业科学院、中国热带农业科学院主要是在农学基础与作物学学科获得资助数量较多。

（2）机构—二级学科分析

甘蔗领域获得 NSFC 项目资助的机构在各二级学科（资助数量≥2 项）中的分布情况如表 3-45、图 3-29 所示，各机构在不同二级学科的资助分布和资助优势差异悬殊。

从学科层面看，有 13 家机构在作物遗传育种学学科获得资助支持，11 家机构在作物种质资源学学科获得资助支持；其次是作物栽培与耕作学、植物病理学、土壤学，均有至少 4 家机构在该学科获得资助支持。从机构层面看，广西大学获得资助支持的学科数量较多，为 13 个；其次是广西壮族自治区农业科学院、华南农业大学和云南省农业科学院，获得资助支持的学科均不少于 6 个。

对比主要机构，广西壮族自治区农业科学院主要在作物栽培与耕作学、作物遗传育种学、作物种质资源学学科获得资助数量较多，广西大学主要在作物遗传育种学、作物栽培与耕作学、设施园艺学学科获得资助数量较多，福建农林大学、中国热带农业科学院主要在作物遗传育种学、作物种质资源学学科获得资助数量较多，云南省农业科学院、云南农业大学主要在作物遗传育种学学科获得资助数量较多。

表 3-45　甘蔗领域机构—二级学科资助分布（学科资助数量≥2 项）

机构	资助数量（项）																							
	作物遗传育种学	作物种质资源学	作物栽培与耕作学	植物病理学	土壤学	设施园艺学	作物生理学	机器人与机构学	机械动力学	机械设计学	植物分类学	植物资源学	资源与环境化工	食品原料学	全球变化生态学	农业昆虫学	农学基础	土壤生态学	地理信息系统	植物学研究的新技术、新方法	环境工程	生态系统生态学	病原真菌学	草地科学
广西壮族自治区农业科学院	11	3	13	2			1					1						2						
福建农林大学	17	13	1											1						2				
广西大学	5	1	4		1	3	2	1	1	2						1	2				1		2	
云南省农业科学院	15	2	2	1			1									1								
云南农业大学	7	1										1			1									
华南农业大学	1		1	2				1	1	1												1		
中国热带农业科学院	6	3																						
广东省科学院	3	2																			1			
中国农业科学院	2	2				1																		
广西民族大学									1				1											
桂林理工大学					2								1											
中国科学院					1						2													
南宁师范大学															1				1			1		
海南大学		2										1												
中国农业大学																								1
华南理工大学														1										

（续）

机构	资助数量（项）																							
	作物遗传育种学	作物种质资源学	作物栽培与耕作学	植物病理学	土壤学	设施园艺学	作物生理学	机器人与机构学	机械动力学	机械设计学	植物分类学	植物资源学	资源与环境化工	食品原料学	全球变化生态学	农业昆虫学	农学基础	土壤生态学	地理信息系统	植物学研究的新技术、新方法	环境工程	生态系统生态学	病原真菌学	草地科学
广西科技大学						1								1										
玉林师范学院		1																						
福建师范大学	1	1																						
中国地质科学院					1																			
四川省草原科学研究院																								1
天津农学院											1													
广西师范大学								1																
扬州大学				1																				
昆明理工大学													1											
河南科技大学	1																							
深圳大学																			1					
湖南科技大学	1																							
福建省亚热带植物研究所	1																							

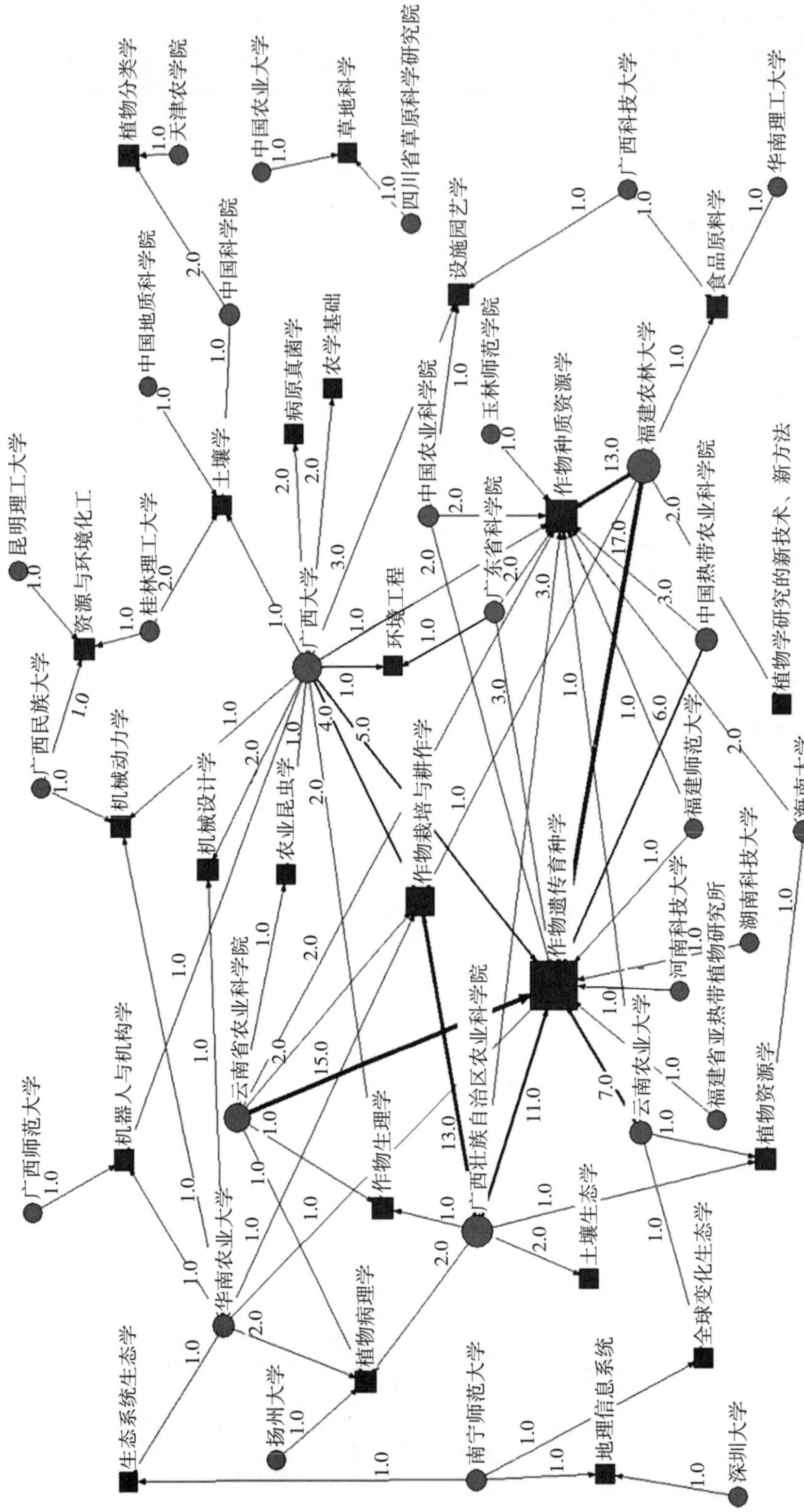

图3-29　甘蔗领域机构—二级学科资助分布图（学科资助数量≥2项）

（六）学者分析

1. 学者资助概况分析

甘蔗领域共有164位学者作为项目负责人获得NSFC项目，其中，有29位学者获得的资助数量在2项及以上（表3-46）。29位学者都具有高级职称，其中，具有正高级职称的学者有20位，共分布在9家机构；有8位学者隶属于广西壮族自治区农业科学院，5位学者隶属于福建农林大学，地域优势明显。

表3-46　甘蔗领域主要学者资助数量、资助金额及职称、机构

学者	资助数量（项）	资助金额（万元）	职称	所属机构
张木清	6	194	正高级	福建农林大学（4项）、广西大学（2项）
张树珍	5	205	正高级	中国热带农业科学院
徐景升	5	215	副高级	福建农林大学
许莉萍	5	253	正高级	福建农林大学
李杨瑞	4	185	正高级	广西壮族自治区农业科学院
阙友雄	4	162	正高级	福建农林大学
曾千春	3	88	正高级	云南农业大学
邓祖湖	3	155	正高级	福建农林大学
刘俊仙	2	49	副高级	广西壮族自治区农业科学院
刘家勇	2	82	正高级	云南省农业科学院
刘少春	2	80	正高级	云南省农业科学院
刘新龙	2	82	正高级	云南省农业科学院
刘昔辉	2	56	副高级	广西壮族自治区农业科学院
区颖刚	2	57	正高级	华南农业大学
吴如春	2	65	正高级	广西民族大学
庄南生	2	45	正高级	海南大学
李修华	2	62	副高级	广西大学
李富生	2	66	正高级	云南农业大学
李尚平	2	70	正高级	广西民族大学
李素丽	2	110	副高级	广西大学
杨柳	2	60	副高级	广西壮族自治区农业科学院
杨清辉	2	102	正高级	云南农业大学
林丽	2	60	副高级	广西壮族自治区农业科学院
经艳芬	2	86	正高级	云南省农业科学院
胡春锦	2	62	正高级	广西壮族自治区农业科学院
邢永秀	2	98	副高级	广西大学

（续）

学者	资助数量（项）	资助金额（万元）	职称	所属机构
高轶静	2	59	副高级	广西壮族自治区农业科学院
黄东亮	2	89	正高级	广西壮族自治区农业科学院
黎晓峰	2	95	正高级	广西大学

资助数量排在第一位的是张木清，资助数量6项，其次是张树珍、徐景升、许莉萍，资助数量均为5项，除张树珍来自中国热带农业科学院以外，其余学者均来自福建农林大学。累计资助金额排在第一位的为福建农林大学的许莉萍，资助金额累计高达253万元，其次为福建农林大学徐景升和中国热带农业科学院张树珍，资助金额累计均高于200万元。

2. 学者—项目类型分析

甘蔗领域获得NSFC资助数量2项及以上的29位学者在各类项目中的分布情况如表3-47所示。29位学者共在4类项目中获得资助支持，各学者在不同项目类型的资助分布与资助优势不同。其中，阙友雄获得资助支持的项目类型最多，为3类。

表3-47　甘蔗领域主要学者—项目类型资助分布

学者	资助数量（项）				
	地区科学基金项目	青年科学基金项目	面上项目	专项基金项目	应急管理项目
张木清	2		4		
张树珍	3		2		
徐景升		1	4		
许莉萍			5		
李杨瑞	2		2		
阙友雄		1	2	1	
曾千春	2		1		
邓祖湖			3		
刘俊仙	1	1			
刘家勇	2				
刘少春	2				
刘新龙	2				
刘昔辉	1	1			
区颖刚			2		
吴如春	1	1			
庄南生	2				
李修华	1	1			
李富生	2				
李尚平	2				

（续）

学者	资助数量（项）				
	地区科学基金项目	青年科学基金项目	面上项目	专项基金项目	应急管理项目
李素丽	1		1		
杨柳	1	1			
杨清辉	2				
林丽	1			1	
经艳芬	2				
胡春锦	1	1			
邢永秀	1		1		
高铁静	1	1			
黄东亮	2				
黎晓峰	2				

29 位学者中，有 7 位学者同时获得了地区科学基金项目和青年科学基金项目资助支持，有 6 位学者同时获得了地区科学基金项目和面上项目资助支持，有 2 位学者同时获得了青年科学基金和面上项目资助支持；有 1 位学者同时获得了青年科学基金和专项基金项目支持。张树珍获得地区科学基金项目的资助数量最多，为 3 项；许莉萍、张木清、徐景升获得面上项目的资助数量较多，均在 4 项及以上。

3. 职称—项目类型分析

甘蔗领域获得 NSFC 资助的学者职称主要分为正高级、副高级、中级和初级四类，不同级别职称的学者获得的项目资助在不同项目类型中的分布与优势不同，差异明显（表 3-48）。

表 3-48 甘蔗领域学者职称—项目类型资助分布

职称	资助数量（项）				
	地区科学基金项目	青年科学基金项目	面上项目	专项基金项目	应急管理项目
正高级	54	6	33	2	1
副高级	30	23	17	2	
中级	16	24	1		
初级		1			1
无		1			

从职称来看，具有正高级职称的学者在各类项目均获得资助支持，其中，在地区科学基金项目获得的资助力度最大，为 54 项，其次为面上项目，均远高于其他职称级别获得的资助力度；具有副高级职称的学者获得资助支持的类型主要是地区科学基金项目、青年科学基金项目和面上项目，获得资助数量均在 15 项以上；具有中级职称的学者获得资助支持的类型主要是青年科学基金项目，数量为 24 项，其次为地区科学基金项目，数量为 16 项，同时也获得了 1 项面上项目资助；具有初级职称的学者仅在青年科学基金项目和

应急管理项目各获得 1 项资助支持。

从项目类型来看，地区科学基金项目、青年科学基金项目、面上项目在具有正高级、副高级及中级职称的学者中均有分布，但面上项目和地区科学基金项目主要分布在具有正高级、副高级职称的学者中，而青年科学基金项目主要资助对象为具有中级和副高级职称的学者；专项基金项目仅具有正高级和副高级职称的学者获得少量资助；应急管理项目仅具有正高级和初级职称的学者各获得 1 项资助支持。

（七）主题分析

1. 重点主题词分析

基于人工和自然语言处理技术，将甘蔗领域 NSFC 所有资助项目的标题、关键词等进行分词、合并与规范化处理，共获取 680 个主题词。通过对主题词资助项目数及其占比进行统计分析发现（表 3-49），机理、分子机理、基因是出现频率最高的主题词，资助数量均在 15 项及以上，占比均在 7.08%及以上；种质资源、功能、基因克隆、转录组等的资助数量均在 11 项及以上，占比均在 5.19%及以上；调控、转基因、土壤、染色体、抗旱性、抗病基因等的资助数量均在 7 项及以上，占比均在 3.30%及以上。可见，甘蔗领域 NSFC 所有资助项目的研究主要集中在种质资源与遗传育种领域。

表 3-49　甘蔗领域高频主题词资助概况

主题词	资助数量（项）	资助数量占比（%）	主题词	资助数量（项）	资助数量占比（%）
机理	16	7.55	致病基因	6	2.83
分子机理	15	7.08	芯片	6	2.83
基因	15	7.08	鉴定方法	6	2.83
种质资源	12	5.66	RNA 干扰	5	2.36
功能	11	5.19	关联分析	5	2.36
基因克隆	11	5.19	功能鉴定	5	2.36
转录组	11	5.19	合成酶	5	2.36
调控	9	4.25	基因型	5	2.36
转基因	9	4.25	甘蔗品种	5	2.36
土壤	8	3.77	甘蔗黑穗病	5	2.36
染色体	8	3.77	种质创新	5	2.36
抗旱性	7	3.30	积累	5	2.36
抗病基因	7	3.30	互作	4	1.89
抗病性	6	2.83	克隆	4	1.89
抗黑穗病	6	2.83	分子基础	4	1.89
杂交	6	2.83	分子标记	4	1.89
甘蔗收获机	6	2.83	基因调控	4	1.89
甘蔗鞭黑粉菌	6	2.83	微生物	4	1.89

（续）

主题词	资助数量（项）	资助数量占比（%）	主题词	资助数量（项）	资助数量占比（%）
抗性	4	1.89	稳定性	4	1.89
有性配合	4	1.89	花叶病毒	4	1.89
测序	4	1.89	蔗渣	4	1.89
温室气体排放	4	1.89	表达	4	1.89
甘蔗花叶病	4	1.89	遗传	4	1.89
生长	4	1.89	遗传转化	4	1.89

2. 研究重点分析

利用从甘蔗领域 NSFC 所有资助项目中获取的 680 个主题词构建主题词共现矩阵，将矩阵导入 VOSviewer 中绘制主题词共现网络图，通过参数调整实现自动聚类。

甘蔗领域 NSFC 资助项目的研究主要分为七个主题领域，分别为抗性种质资源及其改良研究（红色）、育种技术与遗传多样性研究（绿色）、基因调控与生长机理研究（深蓝色）、田间管理与环境调控技术（黄色）、固氮作用及调控机理研究（紫色）、机械化采收装备研究（蓝绿色）、蔗渣加工与综合利用技术（浅蓝色）（彩图 3-3）。其中，在基因调控与生长机理研究、抗性种质资源及其改良研究、育种技术与遗传多样性研究获得的资助支持最多，其次是蔗渣加工与综合利用技术、田间管理与环境调控技术，再次是固氮作用及调控机理研究、机械化采收装备研究。

（1）抗性种质资源及其改良研究领域

该领域包含的核心主题词有基因、转基因、抗病基因、抗病性、抗黑穗病、芯片、RNA 干扰、关联分析、甘蔗品种、甘蔗黑穗病等，主要研究黑穗病、花叶病、宿根矮化病、二点螟、梢腐病等病虫害及干旱等非生物胁迫对甘蔗生长发育的影响机理，并利用 RNA 干扰、分子标记、基因克隆等技术开展抗性基因的定位、克隆、表达、调控与分析，以实现甘蔗抗性新品种的改良与创新。

（2）育种技术与遗传多样性研究领域

该领域包含的核心主题词有种质资源、转录组、割手密、斑茅、染色体、抗旱性、杂交、鉴定方法、基因型、种质创新等，主要开展甘蔗种质资源的收集、鉴定、评价、管理与利用，并利用转录组、分子标记、杂交育种、PCR 等技术开展甘蔗种质资源的遗传变异与转化、新品种创制与选育、亲缘关系与遗传多样性分析研究。

（3）基因调控与生长机理研究领域

该领域包含的核心主题词有机理、分子机理、功能、基因克隆、调控、甘蔗鞭黑粉菌、致病基因、功能鉴定、合成酶、基因调控等，主要开展不同基因、基因型对甘蔗根系生长、花叶发育、抗病特性、胁迫响应、养分利用效率、糖分积累、生物合成、产量、品质等生长机理的调控与影响机理研究。

（4）田间管理与环境调控技术领域

该领域包含的核心主题词有土壤、温室气体排放、影响机制、粉垄耕作、土壤氮、岩溶区、根系构型、栽培技术、DMPP 等，主要开展不同土壤条件、耕作制度、施肥技术、灌溉技术等田间管理措施对甘蔗养分利用率、生长发育、产量品质的影响研究，以及甘蔗生产加工过程中温室气体排放的影响及调控机制研究。

(5) 固氮作用及调控机理研究领域

该领域包含的核心主题词有分子基础、内生固氮菌、多样性、生物固氮、生理特性、间作、ACC 脱氨酶、固氮、根、根瘤菌等，主要利用根瘤菌、伯克氏固氮等固氮与甘蔗互作以开展甘蔗固氮的生理特性、分子基础及对甘蔗生长发育的调控机理研究。

(6) 机械化采收装备研究领域

该领域包含的核心主题词有甘蔗收获机、机械化采收、切割、整秆式、茎秆、专家系统、优化、刀片、切割深度、切割系统等，主要开展甘蔗收获机械在扶起、推倒、切割、叶鞘剥离、断尾等过程的作用机理与关键技术研究，以及切割系统、控制系统、智能系统等设计与关键技术研究。

(7) 蔗渣加工与综合利用技术领域

该领域包含的核心主题词有微生物、蔗渣、吸附、微生物群落、性能、甘蔗混合汁、甲酸、结构、转运蛋白、降解、L-乳酸等，主要以甘蔗渣为原料，开展乙醇、多级孔材料、活性炭、吸附剂等副产品的生物预处理、制备、结构及增效转化利用研究。

3. 研究趋势分析

甘蔗领域 NSFC 各主题领域资助数量年度变化情况如图 3-30 所示。甘蔗领域在抗性种质资源及其改良研究、育种技术与遗传多样性研究、基因调控与生长机理研究领域获得持续性的项目支持，近年来在田间管理与环境调控技术、固氮作用及调控机理研究、蔗渣加工与综合利用技术领域也获得相对持续的项目支持。其中，在抗性种质资源及其改良研究、育种技术与遗传多样性研究、基因调控与生长机理研究等领域最早获得资助项目，资

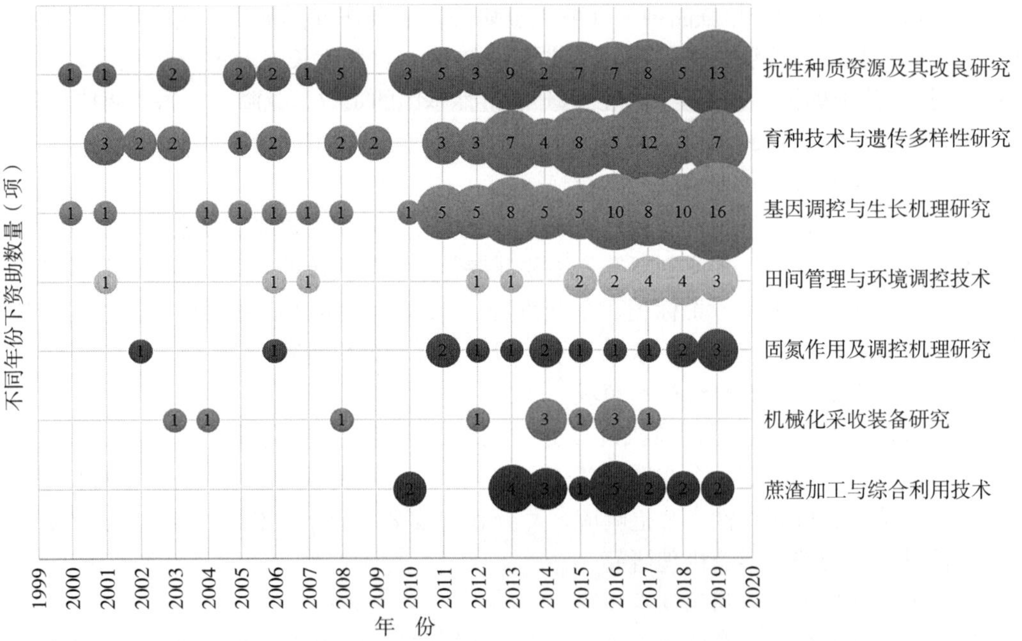

图 3-30 甘蔗领域各主题领域资助数量年度分布

助数量于2000—2010年在0～5项来回小幅波动，于2011—2019年逐年波动增长，且分别于2019年、2017年、2019年获得最高项目资助数量；田间管理与环境调控技术最早于2001年获得项目资助，且于2015—2019年连续5年获得项目资助；固氮作用及调控机理研究最早于2002年获得项目资助，且于2011—2019年连续9年获得项目资助；蔗渣加工与综合利用技术最早于2010年获得项目资助，且于2013—2019年连续7年获得项目资助；机械化采收装备研究最早于2003年获得资助项目，且近年来间断性地获得1～3项资助。可见，近年来甘蔗领域NSFC涉及的主题领域越来越广泛，抗性种质资源及其改良研究、育种技术与遗传多样性研究、基因调控与生长机理研究始终是甘蔗领域申请NSFC的热点主题。

4. 研究重点项目类型分析

甘蔗领域获得NSFC项目资助的7个主题领域在各类项目的分布情况如表3-50所示。7个主题领域共在5类项目中获得资助支持，各主题领域在不同项目类型的资助分布和资助优势差异明显。

表3-50　甘蔗领域各主题领域—项目类型资助分布

项目类型	资助数量（项）						
	抗性种质资源及其改良研究	育种技术与遗传多样性研究	基因调控与生长机理研究	田间管理与环境调控技术	固氮作用及调控机理研究	机械化采收装备研究	蔗渣加工与综合利用技术
地区科学基金项目	27	31	35	13	6	7	11
青年科学基金项目	20	18	25	4	4	3	5
面上项目	27	14	17	2	5	2	5
专项资金项目	1	2	2		1		
应急管理项目	1	1	1	1			

7个主题领域同时获得了地区科学基金项目、青年科学基金项目、面上项目三类项目支持，抗性种质资源及其改良研究、育种技术与遗传多样性研究、基因调控与生长机理研究在三类项目获得的资助数量均排在前三位，其中，基因调控与生长机理研究在地区科学基金项目、青年科学基金项目获得的资助数量最多，抗性种质资源及其改良研究在面上项目获得的资助数量最多。除此之外，抗性种质资源及其改良研究、育种技术与遗传多样性研究、基因调控与生长机理研究还同时获得了专项基金项目、应急管理项目的支持，田间管理与环境调控技术、固氮作用及调控机理研究分别获得1项应急管理项目和1项专项基金项目。

5. 地区研究重点分析

甘蔗领域获得NSFC项目资助的地区在7个主题领域的分布情况如表3-51所示，各地区在不同主题领域的资助分布和资助优势差异明显，广西壮族自治区、云南省、福建省在抗性种质资源及其改良研究、育种技术与遗传多样性研究、基因调控与生长机理研究获得的资助数量均排在前列。

表 3-51　甘蔗领域各地区—主题领域资助分布

地区	资助数量（项）						
	抗性种质资源及其改良研究	育种技术与遗传多样性研究	基因调控与生长机理研究	田间管理与环境调控技术	固氮作用及调控机理研究	机械化采收装备研究	蔗渣加工与综合利用技术
广西壮族自治区	20	22	38	15	12	8	12
福建省	28	14	15	1	2		2
云南省	13	19	13			1	1
广东省	2	3	8	1	2	3	4
海南省	8	6	3	2			1
北京市	1	1	1				1
湖南省	1			1			
四川省	1	1	1				
江苏省	1		1				
河南省	1						

有 10 个地区在抗性种质资源及其改良研究领域获得资助支持，其中，福建省获得的资助数量最多，其次是广西壮族自治区；有 8 个地区在基因调控与生长机理研究领域获得资助支持，其中，广西壮族自治区获得的资助数量最多，其次是福建省、云南省；有 7 个地区在育种技术与遗传多样性研究获得资助支持，其中，广西壮族自治区获得的资助数量最多，其次是云南省、福建省；另外，分别有 6 个、5 个、3 个、3 个地区在蔗渣加工与综合利用技术、田间管理与环境调控技术、固氮作用及调控机理研究、机械化采收装备研究获得资助支持，其中，广西壮族自治区在这 4 个主题领域获得的资助数量最多，其次是广东省。

6. 机构研究重点分析

甘蔗领域获得 NSFC 项目资助的机构在 7 个主题领域的分布情况如表 3-52 所示，各机构在不同主题领域的资助分布和资助优势差异明显，广西壮族自治区农业科学院、福建农林大学、云南省农业科学院在抗性种质资源及其改良研究、育种技术与遗传多样性研究、基因调控与生长机理研究等多个主题领域获得的资助数量均排在前列。

有 20 家机构在基因调控与生长机理研究领域获得资助支持，其中，广西大学获得的资助数量最多，其次是广西壮族自治区农业科学院、福建农林大学、云南省农业科学院；有 19 家机构在抗性种质资源及其改良研究领域获得资助支持，其中，福建农林大学获得的资助数量最多，其次是广西壮族自治区农业科学院、云南省农业科学院；有 12 家机构在育种技术与遗传多样性研究获得资助支持，其中，广西壮族自治区农业科学院获得的资助数量最多，其次是福建农林大学、云南省农业科学院；均有 11 家机构在田间管理与环境调控技、蔗渣加工与综合利用技术获得资助支持，其中，广西壮族自治区农业科学院、广西大学分别在这两个主题领域获得的资助数量最多；分别有 4 家、5 家机构在固氮作用及调控机理研究、机械化采收装备研究获得资助支持，广西壮族自治区农业科学院、广西大学分别在两个主题领域获得最多的资助数量。

表 3-52　甘蔗领域各机构—主题领域资助分布

机构	资助数量（项）						
	抗性种质资源及其改良研究	育种技术与遗传多样性研究	基因调控与生长机理研究	田间管理与环境调控技术	固氮作用及调控机理研究	机械化采收装备研究	蔗渣加工与综合利用技术
广西壮族自治区农业科学院	12	16	14	5	10		3
福建农林大学	26	13	12	1	2		2
广西大学	4	3	16	4	2	6	4
云南省农业科学院	9	11	11			1	
云南农业大学	3	8	1				
华南农业大学	1		6	1	2	3	2
中国热带农业科学院	6	5	3	2			1
广东省科学院	1	3	2				2
中国农业科学院	3	3	1				
广西民族大学			1			1	3
桂林理工大学			2	1			1
中国科学院				1			
南宁师范大学	1		1	2			
海南大学	2	1					
中国农业大学	1	1	1				1
广西科技大学			1	1			1
玉林师范学院			2	1			
福建师范大学	1		2				
中国地质科学院				1			
云南大学	1		1				
四川省草原科学研究院	1	1	1				
广西师范大学						1	
扬州大学	1		1				
昆明理工大学							1
河南科技大学	1						
湖南科技大学	1						
福建省亚热带植物研究所	1	1	1				

（八）总结

2000—2019 年，甘蔗领域 NSFC 项目持续获得资助，但自 2011 年才开始出现大幅增长。资助项目共分布在 5 类项目中，比较集中，地区科学基金项目、青年科学基金项目、面上项目为主要项目类型。资助项目以生命科学部中的农学基础与作物学学科为主，涵盖了作物遗传育种学、作物种质资源学、作物栽培与耕作学等二级学科。资助项目主要属于广西壮族自治区、福建省、云南省等地区。广西壮族自治区农业科学院、福建农林大学、广西大学、云南省农业科学院、云南农业大学是主要资助机构。

甘蔗领域NSFC项目的研究分为抗性种质资源及其改良研究、育种技术与遗传多样性研究、基因调控与生长机理研究、田间管理与环境调控技术、固氮作用及调控机理研究、机械化采收装备研究、蔗渣加工与综合利用技术七个主题领域，涵盖了育种、栽培、机械化采收、食品加工、副产物利用等全产业链；近年来，抗性种质资源及其改良研究、育种技术与遗传多样性研究、基因调控与生长机理研究是热点主题。

四、热带果树

（一）概况分析

2000—2019年热带果树领域NSFC的资助数量共计542项，资助金额累计20 748.63万元。从年度分布来看（图3-31），2000—2019年热带果树领域NSFC资助数量和资助金额的变化趋势基本一致，总体均呈逐年波动上升后回落的趋势。2000—2010年资助数量和资助金额小幅波动上升；2011—2013年资助数量和资助金额均逐年大幅度上升；2013—2017年资助数量和资助金额呈现“W”式波动变化，2017年资助数量和资助金额均达到最大值56项和2 215万元；2018—2019年资助数量回落至35项，资助金额逐年减少。

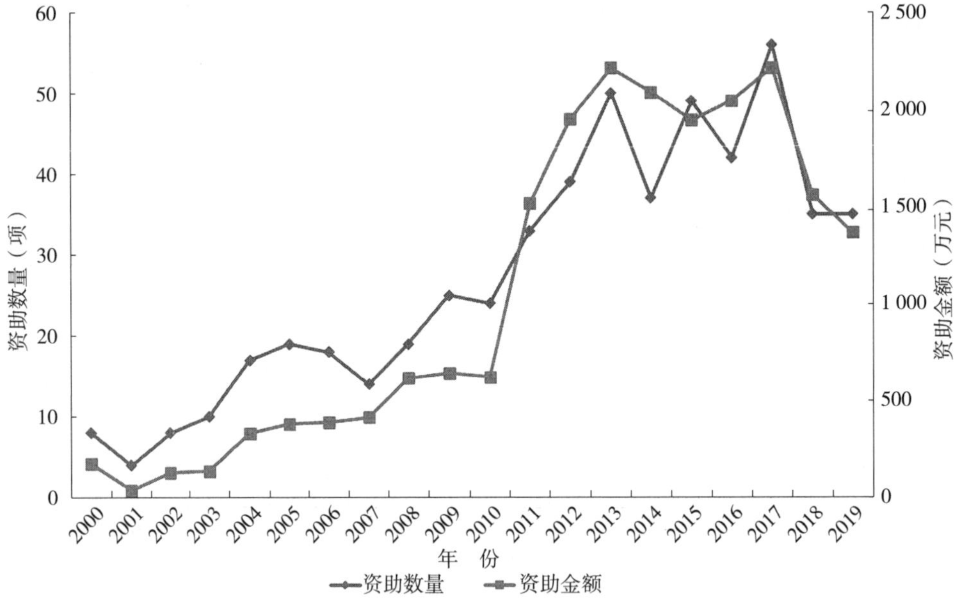

图3-31 热带果树领域资助数量及资助金额年度变化

（二）项目类型

1. 项目类型资助概况分析

热带果树领域NSFC所有资助项目共分布在9类项目中（表3-53），各类项目的资助数量和资助金额差距明显，项目类型分布集中，面上项目、青年科学基金项目、地区科学

表 3-53 热带果树领域各类项目资助数量、资助金额概况

年份	面上项目		青年科学基金项目		地区科学基金项目		国际（地区）合作交流项目		联合基金项目		应急管理项目		海外及港澳学者合作研究基金		重点项目		专项基金项目		合计	
	资助数量（项）	资助金额（万元）	资助数量（项）	资助金额（万元）	资助数量（项）	资助金额（万元）	资助数量（项）	资助金额（万元）	资助数量（项）	资助金额（万元）	资助数量（项）	资助金额（万元）	资助数量（项）	资助金额（万元）	资助数量（项）	资助金额（万元）	资助数量（项）	资助金额（万元）	资助数量（项）	资助金额（万元）
2000	2	96			4	68	1	4									1	6	8	174
2001	2	35					2	2											4	37
2002	2	40	2	37	3	51	1	0.5											8	128.5
2003	6	99	2	37			2	1.23											10	137.23
2004	9	188	3	65	4	75	1	2.5											17	330.5
2005	12	290	1	24	3	62	3	3.2											19	379.2
2006	11	293	2	43	2	44	3	6											18	386
2007	6	136	2	38	4	68			2	170									14	412
2008	10	294	2	44	4	98	2	3.2	1	175									19	614.2
2009	16	452	3	59	5	127	1	1.5											25	639.5
2010	10	339	12	230	2	52													24	621
2011	12	659	14	332	5	254			1	250			1	20					33	1 515
2012	12	868	16	368	10	482	1	230											39	1 948
2013	13	928	26	595	9	427	1	2.5	1	260									50	2 212.5
2014	13	1 083	13	307	9	439			1	243	1	15							37	2 087
2015	15	939	18	356	16	649													49	1 944
2016	9	561	17	342	11	418	1	200	1	216	1	15	1	18	1	275			42	2 045
2017	20	1 172	21	493	15	550													56	2 215
2018	8	476	15	364	11	434									1	284			35	1 558
2019	10	578	13	316	12	471													35	1 365
总计	198	9 526	182	4 050	129	4 769	19	456.63	7	1 314	2	30	2	38	2	559	1	6	542	20 748.63

基金项目是主要项目类型。其中，资助数量和资助金额最多的项目是面上项目，资助数量共计 198 项，资助金额累计 9 526 万元，占比分别为 36.53%和 45.91%；青年科学基金项目的资助数量排在第二位，但资助金额略低于地区科学基金项目，三者的资助数量与资助金额远远超过其他项目类型。国际（地区）合作交流项目的资助数量较多，为 19 项；联合基金项目的资助金额较多，为 1 314 万元；应急管理项目、海外及港澳学者合作研究基金、重点项目、专项基金项目的资助数量和资助金额均不多，四者资助数量总占比不足 1.3%，资助金额总占比仅 3%左右。

2. 项目类型资助时间变化分析

热带果树领域 NSFC 各类项目资助数量年度变化情况如图 3-32 所示。热带果树领域在面上项目、青年科学基金项目、地区科学基金项目获得了持续性的项目支持。其中，在面上项目获得的资助数量于 2000—2002 年稳定在 2 项，于 2003—2019 年波动变化，且在 2017 年均达到最大值 20 项，2018—2019 年又减少到 10 项左右；在青年科学基金项目获得的资助数量于 2002—2009 年在 1～3 项小幅波动，2010—2019 年波动变化，且在 2013 年达到最大值 26 项，且 2010—2019 年的资助数量均赶超面上项目；在地区科学基金项目获得的资助数量于 2000—2011 年在 0～5 项小幅波动，于 2012—2019 年波动变化，且在 2015 年均达到最大值 16 项，且 2018—2019 年的资助数量均赶超面上项目；在国际（地区）合作交流项目获得的资助数量于 2000—2009 年在 0～3 项小幅波动，此后偶有项目资助；在联合基金项目、应急管理项目、海外及港澳学者合作研究基金、重点项目分别于 2007 年、2014 年、2011 年、2016 年首次获得项目资助，此后偶有项目资助；在专项基金项目仅于 2000 年获得 1 项资助。

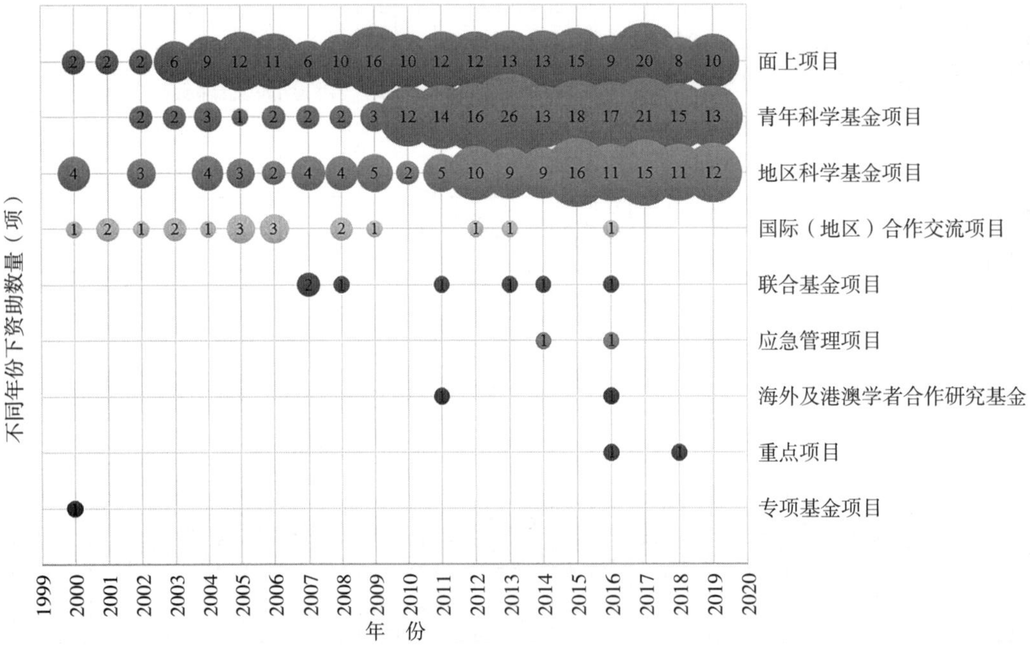

图 3-32 热带果树领域各类项目资助数量年度变化

（三）学科分析

热带果树领域 NSFC 所有资助项目共分布在 8 个科学部、37 个一级学科、91 个二级学科中。

1. 科学部分析

（1）科学部资助概况分析

热带果树领域 NSFC 所有资助项目在各科学部的资助概况如表 3-54 所示，各科学部的资助数量和资助金额差异悬殊，科学部分布十分聚焦。其中，在生命科学部获得的资助数量和资助金额均为最多，资助数量共计 449 项，资助金额累计 16 488.63 万元，占比均在 80%左右，该科学部是热带果树领域申请 NSFC 的主要科学部；其次是医学科学部，资助数量共计 47 项，资助金额累计 1 554 万元；其他 6 个科学部中，地球科学部、化学科学部、工程与材料科学部的资助数量相对较多，资助数量均不少于 10 项，联合基金战略研究的资助金额相对较多，为 1 144 万元，数学物理科学部、管理科学部的资助数量和资助金额均不多，六者资助数量总占比不足 9%，资助金额总占比 13%左右。

表 3-54　热带果树领域各科学部资助数量、资助金额及占比

科学部	资助数量（项）	资助数量占比（%）	资助金额（万元）	资助金额占比（%）
生命科学部	449	82.84	16 488.63	79.47
医学科学部	47	8.67	1 554	7.49
地球科学部	16	2.95	588	2.83
化学科学部	12	2.21	540	2.60
工程与材料科学部	10	1.85	344	1.66
联合基金战略研究	5	0.92	1 144	5.51
数学物理科学部	2	0.37	71	0.34
管理科学部	1	0.18	19	0.09
总计	542	100.00	20 748.63	100.00

（2）科学部资助时间变化分析

热带果树领域 NSFC 各科学部资助数量年度变化情况如图 3-33 所示。热带果树领域在生命科学部、医学科学部获得持续性的项目支持，近年来在地球科学部、工程与材料科学部也获得相对持续的项目支持。其中，在生命科学部获得的资助数量于 2000—2017 年呈逐年波动上升的趋势，且在 2017 年达到最大值 48 项，2018—2019 年减少至 30 项左右；在医学科学部于 2002 年首次获得项目资助，2008—2019 年获得连续性项目资助，但资助数量波动变化，且分别于 2010 年、2013 年达到最大值 7 项；在地球科学部于 2007 年首次获得项目资助，于 2009—2011 年、2013—2015 年、2017—2019 年三个时间段获得连续性项目资助，但资助数量在 1～3 项小幅波动；在化学科学部于 2006 年首次获得项目资助，于2011—2015年获得连续性项目资助，资助数量在1～2项小幅波动，近年来偶有项目资助；在工程与材料科学部于2000年首次获得项目资助，此后偶有项目资助，于2015—2019年获得连续性项目资助，资助数量均为1项；在联合基金战略研究、数学物理科学部分别于2008年、2011年首次获得资助项目，此后偶有项目资助；在管理科学部仅2012年获得1项资助。

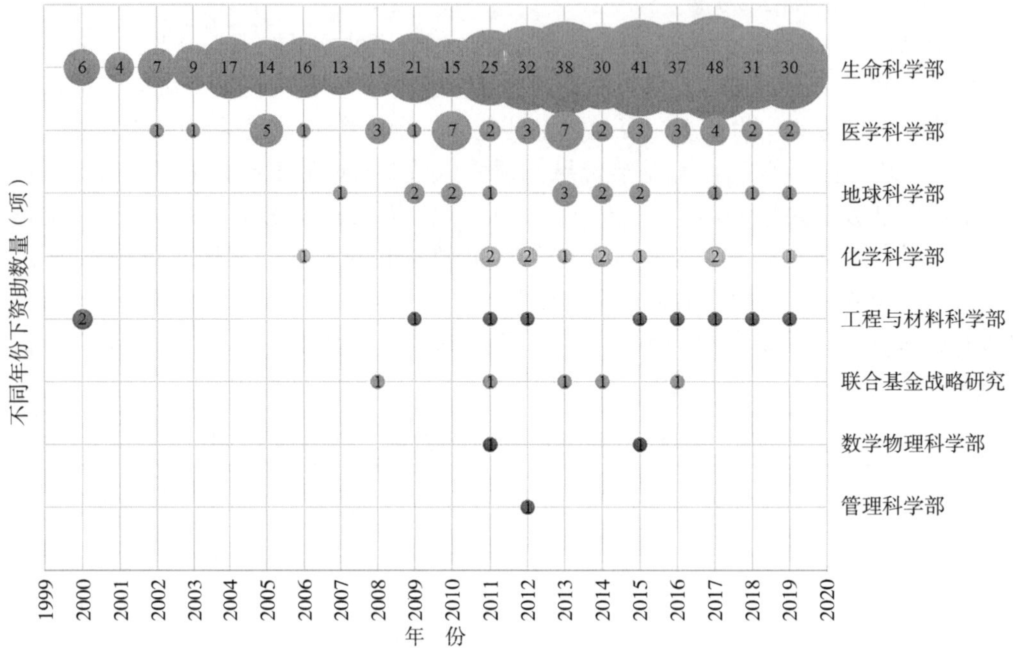

图3-33　热带果树领域各科学部资助数量年度变化

2. 一级学科分析

（1）一级学科资助概况分析

热带果树领域NSFC所有资助项目在各一级学科的资助概况如表3-55所示，各一级学科获得的资助数量和资助金额差异明显，一级学科分布聚焦。资助数量和资助金额最多的是园艺学与植物营养学，资助数量共计199项，资助金额累计7 598.2万元，占比均超过36%，其是热带果树领域获得NSFC支持力度最大的学科；其次是食品科学、植物保护学，资助数量分别为110项、58项，资助金额分别累计4 014.1万元、2 132万元；再次是农学基础与作物学、中药学、植物学、林学与草地科学、生态学、化学生物学、环境地球科学、药物学、微生物学，资助数量均在10～21项，获得NSFC支持力度相对较大；其他学科的资助数量在1～6项，获得的NSFC支持力度相对较小。

表3-55　热带果树领域各一级学科资助数量、资助金额及占比

一级学科	资助数量（项）	资助数量占比（%）	资助金额（万元）	资助金额占比（%）
园艺学与植物营养学	199	36.72	7 598.2	36.62
食品科学	110	20.30	4 014.1	19.35

（续）

一级学科	资助数量（项）	资助数量占比（%）	资助金额（万元）	资助金额占比（%）
植物保护学	58	10.70	2 132	10.28
农学基础与作物学	21	3.87	611	2.94
中药学	20	3.69	782	3.77
植物学	15	2.77	395.33	1.91
林学与草地科学	13	2.40	702	3.38
生态学	11	2.03	492	2.37
化学生物学	11	2.03	490	2.36
环境地球科学	11	2.03	350	1.69
药物学	10	1.85	262	1.26
微生物学	10	1.85	258	1.24
药理学	6	1.11	170	0.82
机械工程	5	0.92	206	0.99
遗传学与生物信息学	4	0.74	66.8	0.32
农业领域	3	0.55	726	3.50
中西医结合	3	0.55	68	0.33
人口与健康领域	2	0.37	418	2.01
地理学	2	0.37	111	0.53
大气科学	2	0.37	106	0.51
生物物理与生物化学	2	0.37	87	0.42
内分泌系统-代谢和营养支持	2	0.37	84	0.40
中医学	2	0.37	83	0.40
神经系统和精神疾病	2	0.37	67	0.32
发育生物学与生殖生物学	2	0.37	39	0.19
预防医学	2	0.37	38	0.18
工程热物理与能源利用	2	0.37	24	0.12
数学	1	0.18	52	0.25
有机高分子材料	1	0.18	50	0.24
环境化学	1	0.18	50	0.24
畜牧学	1	0.18	50	0.24
动物学	1	0.18	38	0.18
水利科学与海洋工程	1	0.18	37	0.18
冶金与矿业	1	0.18	27	0.13
海洋科学	1	0.18	21	0.10
分子生物学与生物技术	1	0.18	19	0.09

(续)

一级学科	资助数量(项)	资助数量占比(%)	资助金额(万元)	资助金额占比(%)
经济科学	1	0.18	19	0.09
未分类	2	0.37	5.2	0.03
总计	542	100.00	20 748.63	100.00

(2)一级学科资助时间变化分析

热带果树领域NSFC重点一级学科(资助数量≥6项)资助数量年度变化情况如图3-34所示。热带果树领域在园艺学与植物营养学、食品科学、植物保护学获得持续性的项目支持,近年来在环境地球科学、生态学也获得相对持续的项目支持。其中,在园艺学与植物营养学于2001—2005年获得连续性项目资助,资助数量逐年波动上升,2006年未获得项目资助,2007—2019年资助数量波动变化,在2017年达到最大值23项,2018—2019年逐年减少至10项;在食品科学获得连续20年的持续性项目资助,资助数量波动变化,且于2017年、2019年达到最大值14项;在植物保护学于2004年首次获得项目资助,2004—2019年获得连续性项目资助,但资助数量波动变化,且分别于2006年、2013年、2015年、2017年达到最大值6项;在农学基础与作物学于2000年首次获得项目资助,且分别于2002—2005年、2008—2009年、2011—2015年获得连续性项目资助,资助数量在1~4项小幅波动,其他年份偶有项目资助;在中药学于2003年首次获得项目资助,且于2010—2017年获得连续性项目资助,资助数量在1~4项小幅波动,其他年份偶有项目资助;在植物学于2000年首次获得项目资助,且分别于2003—2004年、2008—2009年、2014—2016年获得连续性项目资助,资助数量在1~3项小幅波动,其他年份偶有项目资助;在林学与草地科学、化学生物学分别于2011年、2006年首次获得项目资助,2011—2017年获得相对连续的项目资助,资助数量在1~3项小幅波动,其他年份偶有项目资助;在环境地球科学、生态学分别于2007年、2003年首次获得项目资助,且均于2017—2019年获得连续性项目资助;在微生物学、药物学分别于2003年、2002年首次获得项目资助,此后获得间断性的项目资助。

3. 二级学科分析

(1)二级学科资助概况分析

热带果树领域NSFC所有资助项目在主要二级学科的资助概况如表3-56所示,各二级学科获得的资助数量和资助金额差异较大,二级学科分布相对聚焦。资助数量和资助金额最多的是果树学,资助数量共计147项,资助金额累计5 372.10万元,占比均超过25%,其是热带果树领域获得NSFC支持力度最大的二级学科;其次是食品贮藏与保鲜、植物病理学、园艺采后生物学、食品微生物学,资助数量和资助金额占比均在4.2%以上。此外,食品营养学、中药药效物质、食品原料学、土壤学、天然药物化学、作物种质资源学、分子探针、食品生物化学的资助数量均在7项及以上,获得的NSFC支持力度相对较大;其他二级学科的资助数量在1~6项,获得的NSFC支持力度相对较小。

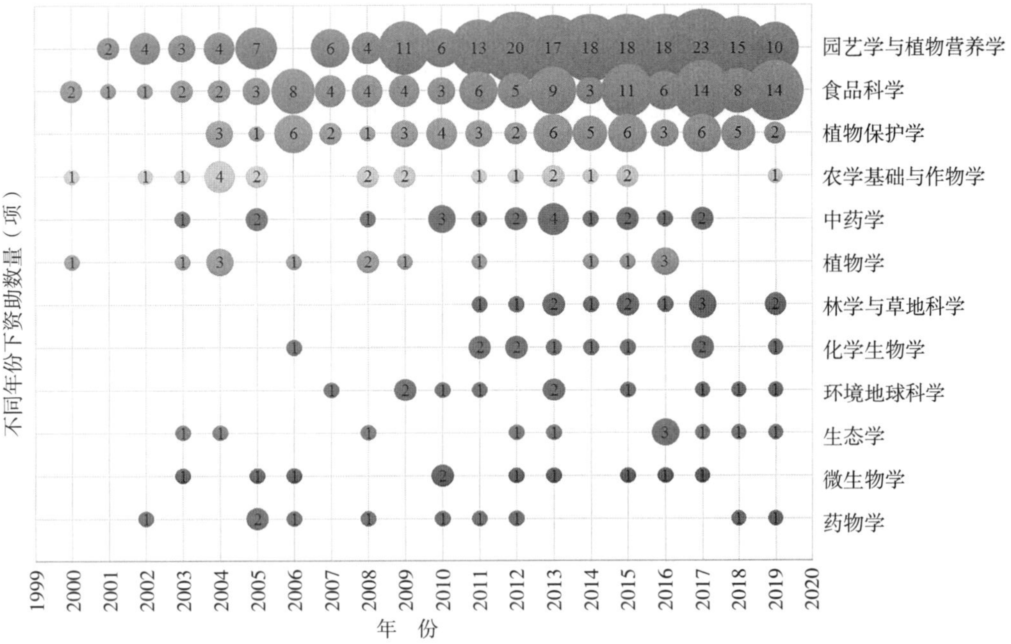

图 3-34　热带果树领域重点一级学科资助数量年度变化（学科资助数量≥6 项）

表 3-56　热带果树领域主要二级学科资助数量、资助金额及占比

二级学科	资助数量（项）	资助数量占比（%）	资助金额（万元）	资助金额占比（%）
果树学	147	27.12	5 372.1	25.89
食品贮藏与保鲜	39	7.20	1 730	8.34
植物病理学	39	7.20	1 534	7.39
园艺作物采后生物学	36	6.64	1 610.6	7.76
食品微生物学	31	5.72	873.6	4.21
食品营养学	14	2.58	508	2.45
中药药效物质	10	1.85	408	1.97
食品原料学	10	1.85	380.5	1.83
土壤学	10	1.85	285	1.37
天然药物化学	10	1.85	262	1.26
作物种质资源学	10	1.85	211	1.02
分子探针	9	1.66	397	1.91
食品生物化学	7	1.29	217	1.05
园林学	6	1.11	251	1.21
农学基础	6	1.11	224	1.08
食品加工的生物学基础	6	1.11	183	0.88
植物化学保护	6	1.11	170	0.82

（续）

二级学科	资助数量（项）	资助数量占比（%）	资助金额（万元）	资助金额占比（%）
植物营养基础	5	0.92	286	1.38
机械设计学	5	0.92	206	0.99
农业昆虫学	5	0.92	172	0.83
经济林学	4	0.74	194	0.94
植物资源学	4	0.74	186	0.90
作物遗传育种学	4	0.74	153	0.74
生物防治	4	0.74	101	0.49
植物进化生物学	4	0.74	96.93	0.47
环境微生物学	4	0.74	81	0.39
观赏园艺学	3	0.55	121	0.58
植物检疫与生物入侵	3	0.55	118	0.57
种群生态学	3	0.55	102	0.49
代谢性疾病药物药理	3	0.55	89	0.43
蔬菜学	3	0.55	80	0.39
中西医结合临床基础	3	0.55	68	0.33
生态系统生态学	3	0.55	62	0.30
植物生理学	3	0.55	43	0.21
植物形态与发育	3	0.55	41.4	0.20
林木遗传育种学	2	0.37	234	1.13
中药内分泌及代谢药理	2	0.37	125	0.60
气候与气候系统	2	0.37	106	0.51
食品安全与质量控制	2	0.37	84	0.40
中医内科	2	0.37	83	0.40
设施园艺学	2	0.37	63	0.30
生理生态学	2	0.37	62	0.30
病原真菌学	2	0.37	60	0.29
微生物多样性、分类与系统发育	2	0.37	59	0.28
药物代谢与药物动力学	2	0.37	58	0.28
中药消化与呼吸药理	2	0.37	56	0.27
植物发育与生殖	2	0.37	39	0.19
人类营养	2	0.37	38	0.18
基因表达调控与表观遗传学	2	0.37	37	0.18
植物遗传学	2	0.37	29.8	0.14
传热传质学	2	0.37	24	0.12

（2）二级学科资助时间变化分析

热带果树领域 NSFC 重点二级学科（资助数量≥7 项）资助数量年度变化情况如图 3-35 所示。热带果树领域在果树学、植物病理学、园艺作物采后生物学获得持续性的项目支持，近年来在食品贮藏与保鲜、食品营养学、土壤学也获得相对持续的项目支持。其中，在果树学于 2001—2005 年获得连续性项目资助，资助数量逐年波动上升，2006 年未获得项目资助，2007—2019 年资助数量波动变化，在 2017 年达到最大值 19 项，2018—2019 年逐年减少至 8 项；在植物病理学于 2005—2019 年获得连续性项目资助，资助数量波动变化，且于 2006 年达到最大值 6 项，2016—2019 年稳定在 2～3 项；在园艺作物采后生物学于 2005 年首次获得资助项目，2008—2019 年获得连续性项目资助，资助数量波动变化，且于 2013 年达到最大值 6 项；在食品贮藏与保鲜、食品营养学均于 2010 年首次获得项目资助，2010—2019 年获得相对持续的项目资助，资助数量波动变化，且食品贮藏与保鲜于 2017 年达到最大值 11 项，食品营养学于 2013 年达到最大值 3 项；在食品微生物学于 2000—2009 年获得连续性项目支持，但此后仅 2012 年获得 1 项资助；在中药药效物质、分子探针分别于 2005 年、2006 年首次获得资助项目，且分别于 2012—2015 年、2011—2014 年获得连续性项目资助，资助数量在 1～2 项小幅波动，其他年份偶有项目资助；在作物种质资源学于 2000 年首次获得资助项目，且于 2004—2005 年获得连续性项目资助，且于 2004 年达到最大值 4 项，其他年份偶有项目资助；在土壤学、天然药物化学、食品生物化学分别于 2007 年、2002 年、2011 年首次获得项目资助，此后获得间断性的项目资助，且均在 2018—2019 年获得连续性项目资助。

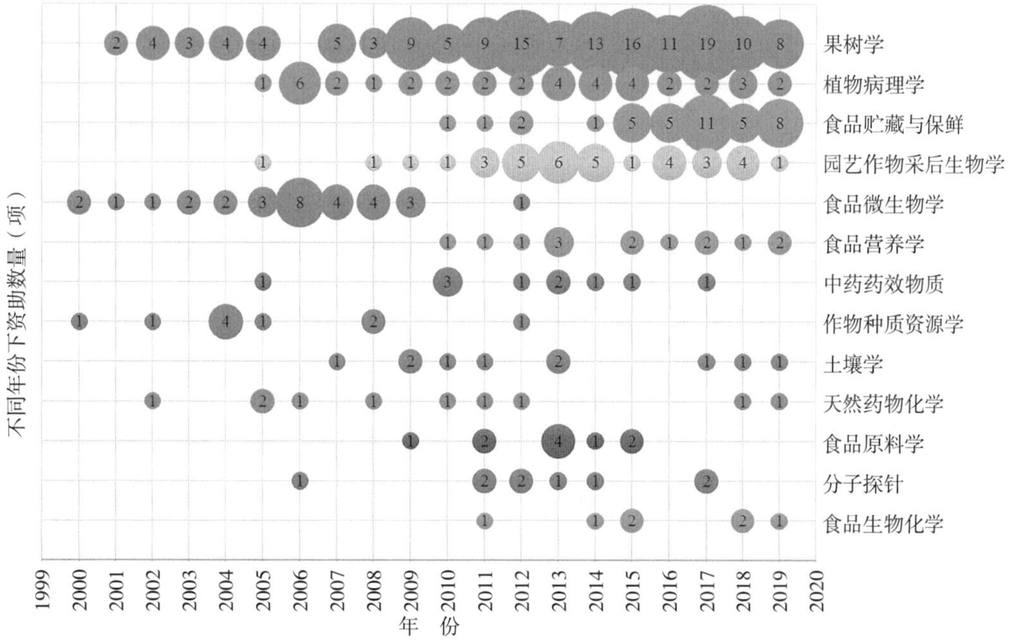

图 3-35　热带果树领域重点二级学科资助数量年度变化（学科资助数量≥7 项）

(四) 地区分析

1. 地区资助概况分析

热带果树领域获得 NSFC 项目资助的省、自治区、直辖市共计 21 个，各地区获得的资助数量和资助金额差距悬殊（表 3-57）。其中，广东省的资助数量和资助金额最多，分别为 209 项、8 172.3 万元，占比分别为 38.56%、39.39%，均远远高于其他地区；其次是海南省，资助数量为 122 项，资助金额为 4 426 万元，获得的资助力度相对较大；广西壮族自治区、福建省、北京市、浙江省的资助数量和资助金额也较多，资助数量和资助金额占比均在 3.6%以上；贵州省、江苏省、云南省、四川省的资助数量在 8 项及以上，获得的资助力度相对较大；此外，其他地区的资助数量在 1～6 项，获得的资助力度相对较小。

表 3-57　热带果树领域各地区资助数量、资助金额及占比

地区	资助数量（项）	资助数量占比（%）	资助金额（万元）	资助金额占比（%）
广东省	209	38.56	8 172.3	39.39
海南省	122	22.51	4 426	21.33
广西壮族自治区	47	8.67	1 732	8.35
福建省	35	6.46	1 395	6.72
北京市	24	4.43	1 178	5.68
浙江省	20	3.69	954.4	4.60
贵州省	15	2.77	594	2.86
江苏省	14	2.58	493	2.38
云南省	13	2.40	403.93	1.95
四川省	8	1.48	296	1.43
湖北省	6	1.11	151	0.73
山东省	5	0.92	285	1.37
重庆市	5	0.92	106	0.51
江西省	4	0.74	157	0.76
上海市	3	0.55	66	0.32
河南省	3	0.55	66	0.32
吉林省	2	0.37	101	0.49
天津市	2	0.37	78	0.38
湖南省	2	0.37	45	0.22
安徽省	2	0.37	30	0.14

（续）

地区	资助数量（项）	资助数量占比（%）	资助金额（万元）	资助金额占比（%）
甘肃省	1	0.18	19	0.09
总计	542	100.00	20 748.63	100.00

2. 地区资助时间变化

热带果树领域 NSFC 主要地区（资助数量≥5 项）资助数量年度变化情况如图 3-36 所示。广东省于 2000—2019 年获得连续性的项目资助，且资助数量于 2000—2002 年稳定在 2～3 项，2003—2019 年逐年波动变化，且于 2013 年达到最大值 19 项，近年来稳定在 12 项左右；海南省于 2000—2002 年、2004—2019 年获得连续性的项目资助，且资助数量于 2000—2010 年在 0～5 项波动变化，2011—2019 年呈先增后减的趋势，且分别于 2012 年、2013 年达到最大值 14 项，近年来稳定在 9 项左右；广西壮族自治区最早于 2000 年获得项目资助，随后自 2009 年开始获得连续性项目支持，资助数量分别于 2016 年、2017 年达到最大值 7 项；福建省于 2002—2006 年、2009—2019 年获得连续性项目支持，且资助数量分别于 2016 年、2017 年达到最大值 6 项；北京市、浙江省分别于 2004 年、2005 年首次获得项目资助，且分别于 2008—2017 年、2013—2017 年获得连续性项目资助，其他年份偶有项目资助；贵州省、江苏省、云南省分别于 2010 年、2006 年、2003 年首次获得项目资助，且分别于 2012—2019 年、2010—2017 年、2014—2019 年获得连续性项目资助，其他年份偶有项目资助；四川省、湖北省、山东省、重庆市分别于 2005 年、2005 年、2014 年、2001 年首次获得项目资助，此后获得间断性的项目资助。

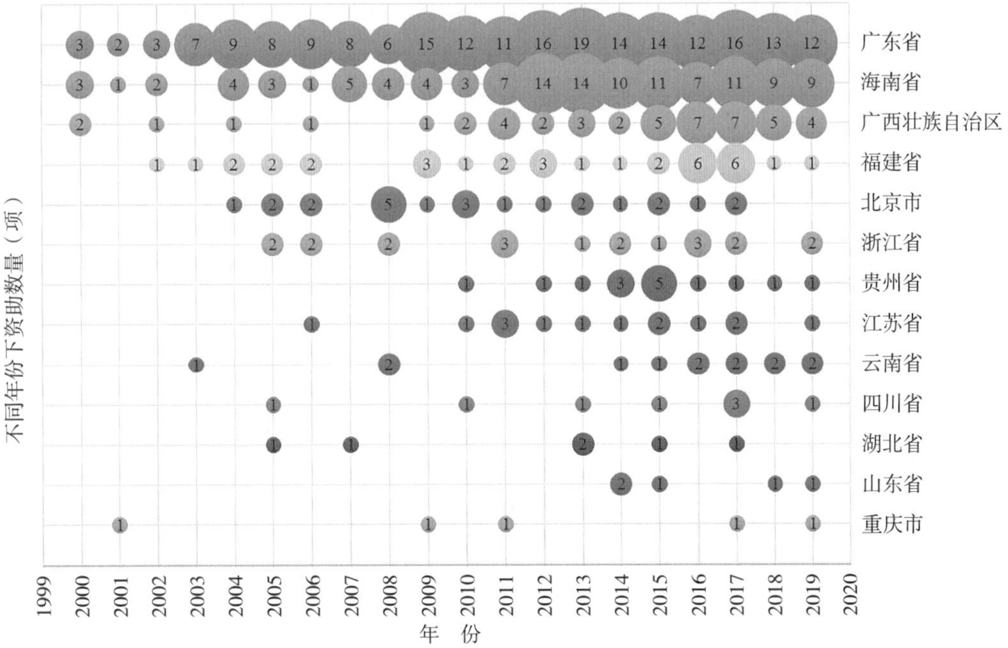

图 3-36 热带果树领域主要地区资助数量年度变化（地区资助数量≥5 项）

3. 地区—项目类型分析

热带果树领域获得 NSFC 项目资助的 21 个地区在各类项目中的分布情况如表 3-58 所示，21 个地区共在 9 类项目中获得资助支持，各地区在不同项目类型的资助分布和资助优势差异明显。

表 3-58　热带果树领域地区—项目类型资助分布

地区	资助数量（项）								
	面上项目	青年科学基金项目	地区科学基金项目	国际（地区）合作交流项目	联合基金项目	应急管理项目	海外及港澳学者合作研究基金	重点项目	专项基金项目
广东省	111	79		13	4	1		1	
海南省	20	36	61	3		1	1		
广西壮族自治区		2	44						1
福建省	19	14			1		1		
北京市	15	7			2				
浙江省	9	8		2				1	
贵州省		2	13						
江苏省	7	7							
云南省	1	3	8	1					
四川省	4	4							
湖北省	3	3							
山东省	3	2							
重庆市	2	3							
江西省		1	3						
上海市	1	2							
河南省		3							
吉林省	1	1							
天津市	1	1							
安徽省	1	1							
湖南省		2							
甘肃省		1							

有 15 个地区同时获得了面上项目和青年科学基金项目两类项目资助支持，其中，广东省在两类项目的资助数量最多，其次是海南省、福建省；另有 6 个地区获得青年科学基金项目资助支持。有 5 个地区获得地区科学基金项目资助支持，其中，海南省的资助数量最多，其次是广西壮族自治区、贵州省、云南省。分别有 4 个、3 个地区获得国际（地区）合作交流项目、联合基金项目资助支持，其中，广东省在这两类项目的资助数量最多。除此之外，广东省、海南省各获得 1 项应急管理项目，海南省、福建省各获得 1 项海外及港澳学者合作研究基金，广东省、浙江省各获得 1 项重点项目，广西壮族自治区获得

1 项专项基金项目。

（五）机构分析

1. 机构资助概况分析

热带果树领域获得 NSFC 资助项目的机构共计 92 家，包含 68 家高校、24 家科研院所，各机构获得的资助数量和资助金额差距较大。其中，有 32 家机构获得的资助数量在 3 项及以上，如表 3-59 所示。

表 3-59 热带果树领域主要机构资助数量、资助金额及占比

机构	资助数量（项）	资助数量占比（%）	资助金额（万元）	资助金额占比（%）
华南农业大学	96	17.71	3 824.6	18.43
中国热带农业科学院	85	15.68	2 997	14.44
海南大学	43	7.93	1 763	8.50
中国科学院	37	6.83	1 280.63	6.17
广东省农业科学院	36	6.64	1 721	8.29
福建农林大学	29	5.35	1 156	5.57
广西壮族自治区农业科学院	19	3.51	672	3.24
中国医学科学院	15	2.77	876	4.22
浙江大学	11	2.03	678.4	3.27
广西大学	9	1.66	288	1.39
贵州大学	8	1.48	310	1.49
中国农业科学院	7	1.29	206	0.99
中山大学	7	1.29	137	0.66
浙江省农业科学院	6	1.11	141	0.68
广西医科大学	5	0.92	218	1.05
南京农业大学	5	0.92	197	0.95
西南大学	5	0.92	106	0.51
四川农业大学	4	0.74	204	0.98
云南大学	4	0.74	149	0.72
广西中医药大学	4	0.74	147	0.71
广东省科学院	4	0.74	129	0.62
广东海洋大学	4	0.74	123	0.59
青岛农业大学	3	0.55	236	1.14
暨南大学	3	0.55	148	0.71
南京中医药大学	3	0.55	143	0.69
贵州省农业科学院	3	0.55	125	0.60

（续）

机构	资助数量（项）	资助数量占比（%）	资助金额（万元）	资助金额占比（%）
桂林理工大学	3	0.55	118	0.57
华南理工大学	3	0.55	114	0.55
海南省农业科学院	3	0.55	113	0.54
云南省农业科学院	3	0.55	86	0.41
华中农业大学	3	0.55	84	0.40
武汉轻工大学	3	0.55	67	0.32

华南农业大学、中国热带农业科学院获得的资助数量和资助金额均排在前两位，资助数量分别为 96 项、85 项，资助金额分别为 3 824.6 万元、2 997 万元，占比均在 14%以上；海南大学、中国科学院、广东省农业科学院、福建农林大学获得资助支持也较多，资助数量均高于 28 项，资助金额均超过1 100万元。另外，广西壮族自治区农业科学院、中国医学科学院、浙江大学、广西大学、贵州大学的资助数量均在 8 项及以上，获得的资助力度相对较大；其他机构的资助数量在 1～7 项，获得的资助力度相对较小。

2. 机构资助时间变化分析

热带果树领域 NSFC 主要机构（资助数量≥6 项）资助数量年度变化情况如图 3-37 所示。华南农业大学于 2000—2019 年获得连续性的项目资助，资助数量呈“M”式波动变化，资助数量 2009 年首次突破 8 项，且于 2017 年达到最大值 9 项，2018—2019 年资助数量稳定在 8 项；中国热带农业科学院于 2000—2002 年、2004—2019 年获得连续性的项目资助，且资助数量于 2000—2011 年在 0～5 项波动变化，2012—2015 年波动变化，且于 2013 年达到最大值 11 项，2016—2019 年稳定在 5 项；海南大学于 2005 年首次获得资助项目，分别于 2007—2008 年、2011—2019 年获得连续性项目支持，且资助数量于 2017 年达到最大值 6 项，2018—2019 年稳定在 5 项；中国科学院最早于 2000 年获得项目资助，随后自 2002 年开始获得连续性项目支持，资助数量于 2017 年达到最大值 5 项；广东省农业科学院、福建农林大学、广西壮族自治区农业科学院分别于 2001 年、2002 年、2002 年首次获得项目资助，且近年来分别于 2009—2018 年、2015—2017 年、2015—2019 年获得连续性项目资助；中国医学科学院、浙江大学、广西大学、中国农业科学院、浙江省农业科学院分别于 2004 年、2005 年、2000 年、2005 年、2006 年首次获得项目资助，此后获得间断性的项目资助；贵州大学、中山大学分别于 2010 年、2003 年首次获得项目资助，且分别于 2012—2017 年、2003—2007 年获得连续性项目资助，其他年份偶有项目资助。

3. 机构—项目类型分析

热带果树领域获得 NSFC 项目资助的主要机构在各类项目中的分布情况如表 3-60 所示，32 家机构共在 9 类项目中获得资助支持，各机构在不同项目类型的资助分布和资助优势差异明显。

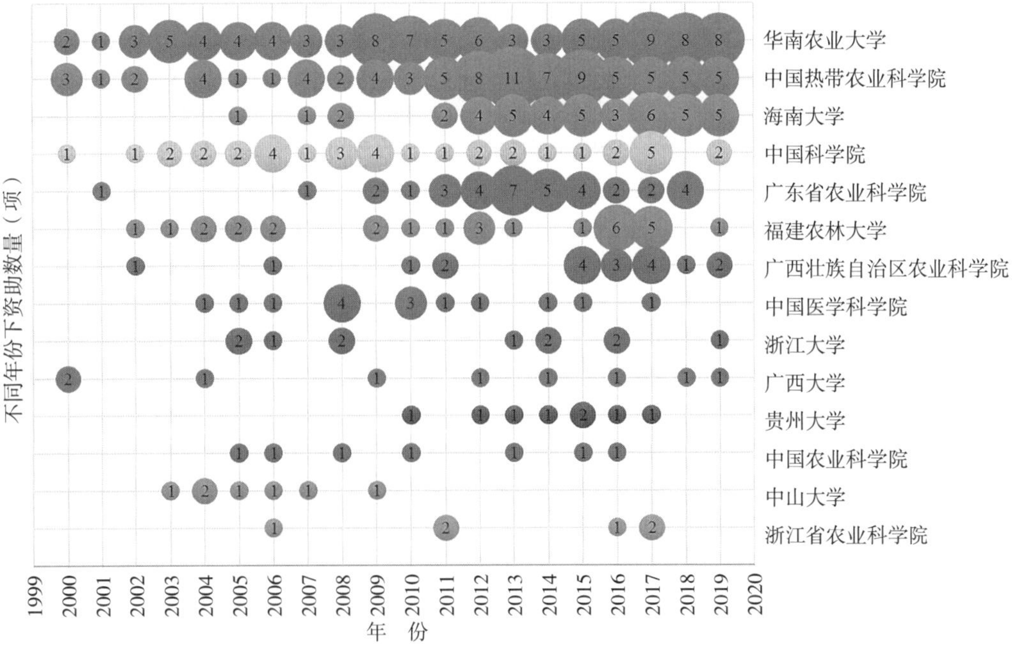

图 3-37　热带果树领域主要机构资助数量年度变化（机构资助数量≥6 项）

表 3-60　热带果树领域机构—项目类型资助分布（机构资助数量≥3 项）

机构	资助数量（项）								
	面上项目	青年科学基金项目	地区科学基金项目	国际（地区）合作交流项目	联合基金项目	应急管理项目	海外及港澳学者合作研究基金	重点项目	专项基金项目
华南农业大学	62	27		5	1			1	
中国热带农业科学院	24	38	19	3			1		
海南大学	3	4	36						
中国科学院	18	9	1	9					
广东省农业科学院	12	20			3	1			
福建农林大学	16	11			1		1		
广西壮族自治区农业科学院		2	17						
中国医学科学院	9	4			2				
浙江大学	6	2		2				1	
广西大学			8						1
贵州大学		1	7						
中国农业科学院	4	3							
中山大学	5	2							
浙江省农业科学院	1	5							
南京农业大学	3	2							

（续）

机构	资助数量（项）								
	面上项目	青年科学基金项目	地区科学基金项目	国际（地区）合作交流项目	联合基金项目	应急管理项目	海外及港澳学者合作研究基金	重点项目	专项基金项目
广西医科大学			5						
西南大学	2	3							
云南大学			4						
四川农业大学	3	1							
广东海洋大学	2	2							
广东省科学院	1	3							
广西中医药大学			4						
云南省农业科学院		2	1						
华中农业大学	2	1							
华南理工大学	1	2							
南京中医药大学	2	1							
暨南大学	2	1							
桂林理工大学			3						
武汉轻工大学	1	2							
海南省农业科学院		1	2						
贵州省农业科学院			3						
青岛农业大学	3								

有21家机构同时获得了面上项目和青年科学基金项目两类项目资助支持，另有4家机构获得青年科学基金项目资助支持，有1家机构仅获得面上项目资助支持，其中，华南农业大学在面上项目获得的资助数量最多，其次是中国热带农业科学院、中国科学院、福建农林大学；中国热带农业科学院在青年科学基金项目获得的资助数量最多，其次是华南农业大学、广东省农业科学院。有13家机构获得地区科学基金项目资助支持，其中，海南大学的资助数量最多，其次是中国热带农业科学院、广西壮族自治区农业科学院；有4家机构获得国际（地区）合作交流项目资助支持，其中，中国科学院的资助数量最多，其次是华南农业大学；有4家机构获得联合基金项目资助支持，其中，广东省农业科学院的资助数量最多。除此之外，广东省农业科学院获得1项应急管理项目，中国热带农业科学院、福建农林大学各获得1项海外及港澳学者合作研究基金，华南农业大学、浙江大学各获得1项重点项目，广西大学获得1项专项基金项目。

4. 机构—学科分析

（1）机构—一级学科分析

热带果树领域获得NSFC项目资助数量3项及以上的机构在各一级学科中的分布情况（资助频次≥2项）如表3-61、图3-38所示，各机构在不同一级学科的资助分布和资助优势差异明显。

表 3-61　热带果树领域机构一一级学科资助分布（机构资助数量≥3 项，资助频次≥2 项）

机构	资助数量（项）																			
	园艺学与植物营养学	食品科学	植物保护学	农学基础与作物学	中药学	植物学	林学与草地科学	化学生物学	环境地球科学	生态学	微生物学	药物学	药理学	机械工程	遗传学与生物信息学	农业领域	中医学	人口与健康领域	发育生物学与生殖生物学	工程热物理与能源利用
华南农业大学	43	21	15	5					2	2	2									
中国热带农业科学院	36	8	17	8			3		3	2					2				2	
海南大学	16	8	6	3					2					4						
中国科学院	8	12				7		3				2								
广东省农业科学院	21	7	5													2				
福建农林大学	15	10																		
广西壮族自治区农业科学院	9	2	5								2									
中国医学科学院					2			4				2	3					2		
浙江大学	5	6																		
广西大学	4																			2
贵州大学	6	2																		
中国农业科学院		3	2																	
中山大学											3									
浙江省农业科学院	3	2																		

（续）

机构	资助数量（项）																			
	园艺学与植物营养学	食品科学	植物保护学	农学基础与作物学	中药学	植物学	林学与草地科学	化学生物学	环境地球科学	生态学	微生物学	药物学	药理学	机械工程	遗传学与生物信息学	农业领域	中医学	人口与健康领域	发育生物学与生殖生物学	工程热物理与能源利用
南京农业大学	3																			
广西医科大学					2															
西南大学	4																			
四川农业大学							4													
广东海洋大学	3																			
广东省科学院			2																	
广西中医药大学					2												2			
云南省农业科学院										2										
华中农业大学	3																			
华南理工大学		2																		
南京中医药大学					3															
暨南大学												2								
武汉轻工大学		3																		
海南省农业科学院	3																			
贵州省农业科学院	2																			

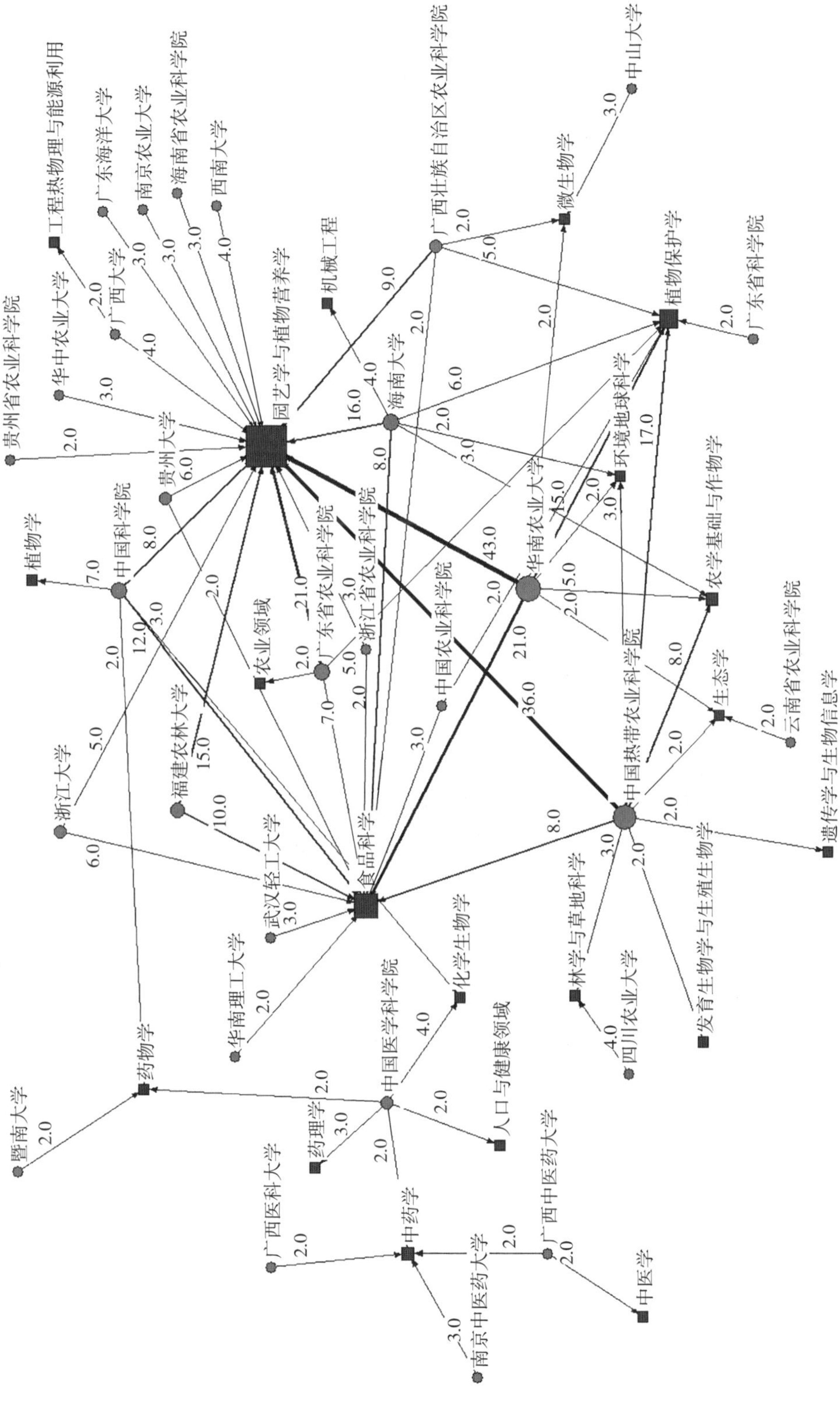

图3-38　热带果树领域机构——一级学科资助分布图（机构资助数量≥3项，资助频次≥2项）

从学科层面看，在园艺学与植物营养学、食品科学获得2项及以上资助支持的机构较多，分别为17家、13家；其次是植物保护学、中药学，均有4家及以上机构在该学科获得2项及以上资助支持；在其他一级学科均只有1～3家机构获得2项及以上资助支持。从机构层面看，中国热带农业科学院、华南农业大学获得2项及以上资助支持的一级学科数量较多，分别为9个和7个；其次是海南大学、中国科学院、中国医学科学院、广东省农业科学院、广西壮族自治区农业科学院，获得2项及以上资助支持的学科均在4个及以上；其他机构获得2项及以上资助支持的一级学科均只有1～2个。

对比发现，华南农业大学在园艺学与植物营养学、食品科学获得的资助数量最多，在植物保护学、农学基础与作物学获得的资助数量较多；中国热带农业科学院在植物保护学、农学基础与作物学、环境地球科学获得的资助数量最多，在园艺学与植物营养学获得的资助数量较多；海南大学在机械工程获得的资助数量最多；中国科学院在植物学获得的资助数量最多；中国医学科学院在化学生物学、药理学获得的资助数量最多；中山大学在微生物学获得的资助数量最多；四川农业大学在林学与草地科学获得的资助数量最多；南京中医药大学在中药学获得的资助数量最多。

(2) 机构—二级学科分析

热带果树领域获得NSFC项目资助数量3项及以上的机构在各二级学科中的分布情况（资助频次≥2项）如表3-62、图3-39所示，各机构在不同二级学科的资助分布和资助优势差异明显。

从学科层面看，有15家机构在果树学获得2项及以上资助支持；其次是食品贮藏与保鲜、园艺作物采后生物学、植物病理学、食品微生物学，均有5家及以上机构在该学科获得2项及以上资助支持；在其他二级学科均只有1～3家机构获得2项及以上资助支持。从机构层面看，中国热带农业科学院获得2项以上资助支持的学科数量最多，为11个；其次是海南大学、华南农业大学、中国科学院，获得2项以上资助支持的学科分别为9个、8个、8个；其他机构获得2项以上资助支持的二级学科均只有1～4个。

对比发现，华南农业大学在果树学、食品贮藏与保鲜、园艺作物采后生物学、食品微生物学、农学基础获得的资助数量最多，在植物病理学获得的资助数量较多；中国热带农业科学院在植物病理学、作物种质资源学获得的资助数量最多，在果树学获得的资助数量与华南农业大学差别不大；海南大学在机械设计学获得的资助数量最多；广东省农业科学院在果树学、食品营养学获得的资助数量较多；中国医学科学院在分子探针获得的资助数量最多；中山大学在环境微生物学获得的资助数量最多；四川农业大学在园林学获得的资助数量最多。

表 3-62　热带果树领域机构—二级学科资助分布（机构资助数量≥3 项，资助频次≥2 项）

机构	资助数量（项）																														
	果树学	植物病理学	食品贮藏与保鲜	园艺作物采后生物学	食品微生物学	食品营养学	中药药效物质	作物种质资源学	土壤学	天然药物化学	分子探针	食品生物化学	农学基础	园林学	植物化学保护	农业昆虫学	机械设计学	植物营养基础	作物遗传育种学	植物进化生物学	环境微生物学	植物生理学	生态系统生态学	蔬菜学	观赏园艺学	中医内科	传热传质学	微生物多样性、分类与系统发育	植物发育与生殖	药物代谢与药物动力学	食品安全与质量控制
华南农业大学	31	10	7	10	11				2				4		2																
中国热带农业科学院	30	17		4	2			5	3			2							2						2				2		2
海南大学	8	4	2	4		2			2						2		4	2													
中国科学院	2		4	6	6					2	2									2		2									
广东省农业科学院	20					3						2			2																
福建农林大学	14		5		4																										
广西壮族自治区农业科学院	3	2		6																								2			
中国医学科学院										2	3																			2	
浙江大学	3		3	2	3																										
广西大学	3																										2				
贵州大学	6																														
中国农业科学院		2	2																												
中山大学																					3										

（续）

机构	资助数量（项）																														
	果树学	植物病理学	食品贮藏与保鲜	园艺作物采后生物学	食品微生物学	食品营养学	中药药效物质	作物种质资源学	土壤学	天然药物化学	分子探针	食品生物化学	农学基础	园林学	植物化学保护	农业昆虫学	机械设计学	植物营养基础	作物遗传育种学	植物进化生物学	环境微生物学	植物生理学	生态系统生态学	蔬菜学	观赏园艺学	中医内科	传热传质学	微生物多样性、分类与系统发育	植物发育与生殖	药物代谢与药物动力学	食品安全与质量控制
浙江省农业科学院	2																														
南京农业大学																		3													
西南大学	4																														
四川农业大学														4																	
广东海洋大学	2																														
广东省科学院																2															
广西中医药大学																										2					
云南省农业科学院																							2								
华中农业大学																								2							
南京中医药大学							3																								
暨南大学										2																					
武汉轻工大学						3																									
海南省农业科学院	3																														
贵州省农业科学院	2																														

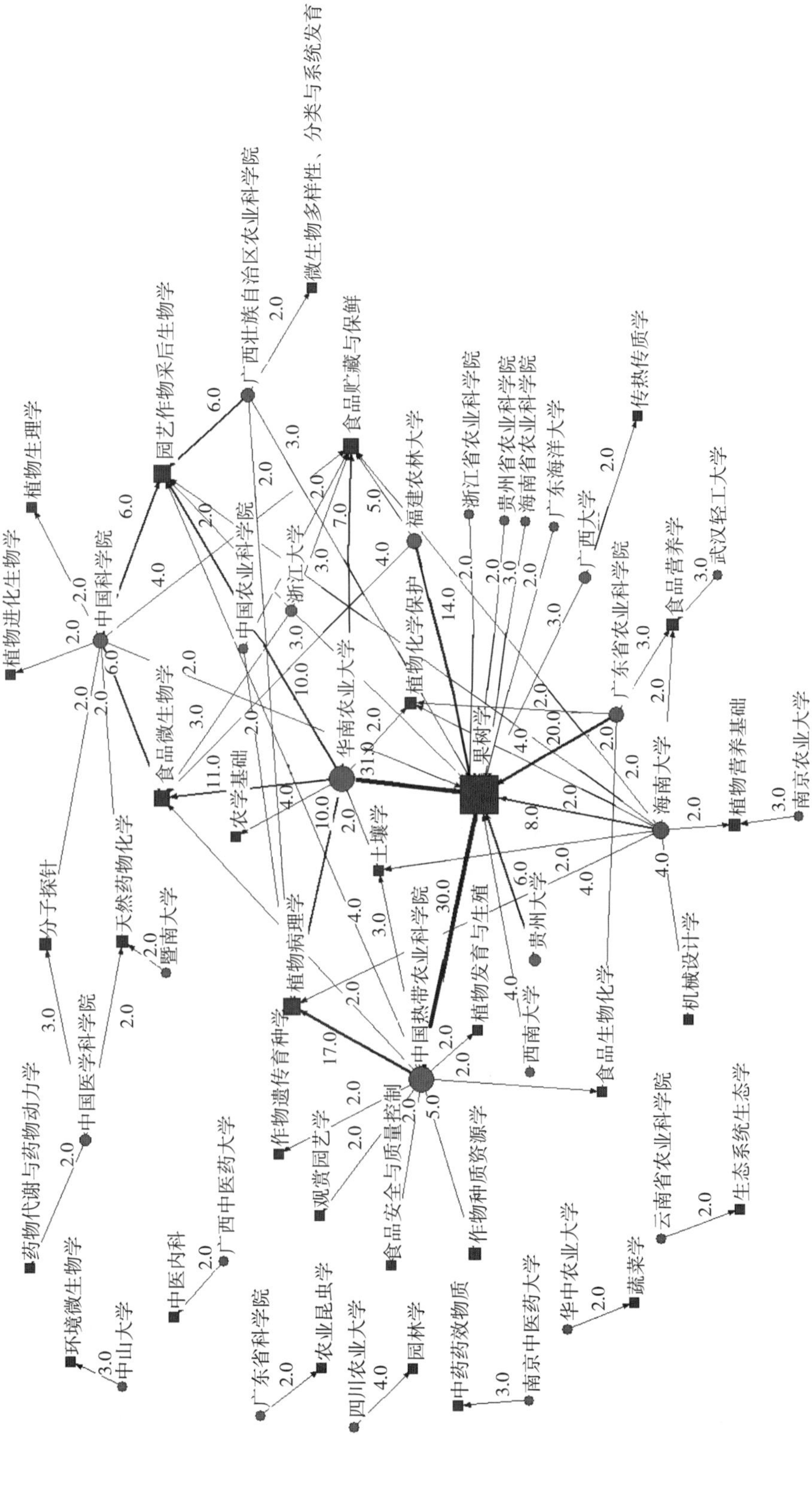

图3-39 热带果树领域机构—二级学科资助分布图（机构资助数量≥3项，资助频次≥2项）

（六）学者分析

1. 学者资助概况分析

热带果树领域共有 390 位学者作为项目负责人获得 NSFC 项目，其中，有 34 位学者获得的资助数量在 3 项及以上（表 3-63）。34 位学者均具有高级职称，其中，具有正高级职称的学者有 33 位；共分布在 11 家机构，有 11 位学者隶属于华南农业大学，6 位学者隶属于中国热带农业科学院。

表 3-63　热带果树领域主要学者资助数量、资助金额及职称、机构

学者	资助数量（项）	资助金额（万元）	职称	所属机构
庞学群	7	280.5	正高级	华南农业大学
陆旺金	6	520	正高级	华南农业大学
李建国	5	238	正高级	华南农业大学
林河通	5	206	正高级	福建农林大学
周碧燕	5	189.5	正高级（4 项）、副高级（1 项）	华南农业大学
屈红霞	5	139	正高级	中国科学院
蒋跃明	5	110.8	正高级	中国科学院
陈昆松	4	356.4	正高级	浙江大学
马均	4	204	正高级	四川农业大学
赖钟雄	4	193	正高级	福建农林大学
文晓鹏	4	157	正高级	贵州大学
孙健	4	153	正高级	广西壮族自治区农业科学院
杨宝	4	117.5	正高级	中国科学院
段学武	4	115	正高级	中国科学院
易干军	3	347	正高级	广东省农业科学院
刘菊华	3	170	正高级	中国热带农业科学院
陈建业	3	168	正高级	华南农业大学
黄旭明	3	148	正高级	华南农业大学
吴迪	3	145	正高级（1 项）、副高级（2 项）	浙江大学
邝健飞	3	145	正高级	华南农业大学
周开兵	3	144	正高级	海南大学
李鲜	3	143	正高级（1 项）、副高级（2 项）	浙江大学
黄仁彬	3	131	正高级	广西医科大学
王惠聪	3	130	正高级	华南农业大学
王家保	3	119	正高级	中国热带农业科学院

（续）

学者	资助数量（项）	资助金额（万元）	职称	所属机构
沈文涛	3	117	正高级	中国热带农业科学院
李新国	3	106	正高级	海南大学
张喜瑞	3	105	副高级	海南大学
周鹏	3	94	正高级	中国热带农业科学院
王振中	3	89	正高级	华南农业大学
谢辉	3	80	正高级	华南农业大学
刘志昕	3	72	正高级	中国热带农业科学院
金志强	3	56.2	正高级	中国热带农业科学院
刘成明	3	47.8	正高级	华南农业大学

资助数量排在第一位的是华南农业大学的庞学群，资助数量共计 7 项；其次是陆旺金、李建国、林河通、周碧燕、屈红霞、蒋跃明，资助数量均在 5 项及以上。累计资助金额排在第一位的为福建农林大学的陆旺金，资助金额累计高达 520 万元；其次为陈昆松、易干军、庞学群、李建国，资助金额累计均不低于 230 万元。

2. 学者—项目类型分析

热带果树领域获得 NSFC 资助数量 3 项及以上的 34 位学者在各类项目中的分布情况如表 3-64 所示。34 位学者共在 6 类项目中获得资助支持，各学者在不同项目类型的资助分布与资助优势不同。其中，庞学群、屈红霞、杨宝、段学武、陈昆松、沈文涛获得资助支持的项目类型最多，为 3 类。

表 3-64 热带果树领域主要学者—项目类型资助分布（学者资助数量≥3 项）

学者	资助数量（项）					
	面上项目	青年科学基金项目	地区科学基金项目	国际（地区）合作交流项目	联合基金项目	重点项目
庞学群	5	1		1		
陆旺金	5					1
周碧燕	4			1		
屈红霞	3	1		1		
李建国	5					
林河通	4	1				
蒋跃明	2			3		
孙健		1	3			
文晓鹏			4			
杨宝	2	1		1		
段学武	2	1		1		
赖钟雄	4					

（续）

学者	资助数量（项）					
	面上项目	青年科学基金项目	地区科学基金项目	国际（地区）合作交流项目	联合基金项目	重点项目
陈昆松	1			2		1
马均	3	1				
刘志昕	1		2			
刘成明	2			1		
刘菊华	2		1			
吴迪	2	1				
周开兵			3			
周鹏	1		2			
张喜瑞		1	2			
易干军	2				1	
李新国			3			
李鲜	2	1				
沈文涛	1	1	1			
王家保	1		2			
王惠聪	2	1				
王振中	2				1	
谢辉	3					
邝健飞	2	1				
金志强	2			1		
陈建业	2	1				
黄仁彬			3			
黄旭明	3					

有12位学者同时获得了面上项目和青年科学基金项目两类项目资助支持，其中，庞学群、陆旺金、李建国在面上项目获得的资助数量最多，其次是周碧燕、林河通、赖钟雄；有11位学者获得地区科学基金项目资助支持，其中，文晓鹏的资助数量最多，其次是孙健、周开兵、李新国、黄仁彬；有9位学者获得国际（地区）合作交流项目资助支持，其中，蒋跃明的资助数量最多，其次是陈昆松。除此之外，易干军、王振中各获得1项联合基金项目，陆旺金、陈昆松各获得1项重点项目。

3. 职称—项目类型分析

热带果树领域获得NSFC资助的学者职称主要分为正高级、副高级、中级、初级四类，不同级别职称的学者获得的项目资助在不同项目类型中的分布与优势不同，差异明显（表3-65）。

表 3-65 热带果树领域学者职称—项目类型资助分布

职称	资助数量（项）								
	面上项目	青年科学基金项目	地区科学基金项目	国际（地区）合作交流项目	联合基金项目	应急管理项目	海外及港澳学者合作研究基金	重点项目	专项基金项目
正高级	153	23	69	18	7	1	2	2	1
副高级	43	75	51	1					
中级	2	83	9			1			
初级		1							

从职称来看，具有正高级职称的学者在各类项目均获得资助支持，其中，面上项目获得的资助力度最大，数量为 153 项，其次为地区科学基金项目，均远高于其他职称级别获得的资助力度；具有副高级职称的学者获得资助支持的项目类型主要是青年科学基金项目、地区科学基金项目、面上项目，获得资助数量均在 40 项以上，同时也获得了 1 项国际（地区）合作交流项目资助；具有中级职称的学者获得资助支持的项目类型主要是青年科学基金项目，资助数量为 83 项，其次为地区科学基金项目，资助数量为 9 项，同时也获得了 2 项面上项目资助和 1 项应急管理项目；具有初级职称的学者仅在青年科学基金项目获得 1 项资助支持。

从项目类型来看，地区科学基金项目、青年科学基金项目、面上项目在具有正高级、副高级及中级职称的学者中均有分布，但面上项目和地区科学基金项目主要分布在具有正高级、副高级职称的学者中，而青年科学基金项目主要资助对象为具有中级和副高级职称的学者；国际（地区）合作交流项目仅具有正高级和副高级职称的学者获得少量资助；联合基金项目、海外及港澳学者合作研究基金、重点项目、专项基金项目仅具有正高级职称的学者获得少量资助；应急管理项目仅具有正高级和中级职称的学者获得 1 项资助支持。

（七）果树种类分析

1. 果树种类资助概况分析

热带果树领域获得 NSFC 资助项目共分布在 18 种果树中，各种果树获得的资助数量和资助金额差距悬殊，如表 3-66 所示。其中，香蕉领域获得的资助数量和资助金额均为最高，资助数量共计 177 项，资助金额累计 7 157.2 万元，占比分别为 32.30%、34.14%，其是热带果树领域获得资助支持最多的果树；其次是荔枝领域，资助数量为 106 项，资助金额为 3 847.4 万元，占比均在 18%以上，获得的资助力度相对较大；再次是龙眼、枇杷、芒果、菠萝领域，资助数量和资助金额占比均在 5%～10%；另外，番木瓜、番石榴、番荔枝、黄皮、火龙果、菠萝蜜等领域的资助数量均在 10 项及以上，获得的资助力度相对较大；其他果树领域的资助数量在 1～4 项，获得的资助力度相对较小。

表 3-66 热带果树领域果树种类资助数量、资助金额及占比

果树种类	资助数量（项）	资助数量占比（%）	资助金额（万元）	资助金额占比（%）
香蕉	177	32.30	7 157.2	34.14

（续）

果树种类	资助数量（项）	资助数量占比（%）	资助金额（万元）	资助金额占比（%）
荔枝	106	19.34	3 847.4	18.35
龙眼	50	9.12	1 627.8	7.77
枇杷	39	7.12	1 529.4	7.30
芒果	34	6.20	1 317	6.28
菠萝	28	5.11	1 326	6.33
番木瓜	23	4.20	739.8	3.53
番石榴	18	3.28	686	3.27
番荔枝	16	2.92	728.4	3.47
黄皮	16	2.92	643	3.07
火龙果	15	2.74	517	2.47
菠萝蜜	10	1.82	272	1.30
杨桃	4	0.73	180	0.86
澳洲坚果	3	0.55	131	0.62
西番莲	3	0.55	100	0.48
鳄梨	3	0.55	53.93	0.26
木菠萝	2	0.36	45	0.21
莲雾	1	0.18	62	0.30

2. 果树种类资助时间变化分析

热带果树领域 NSFC 主要果树种类资助数量年度变化情况如图 3-40 所示。热带果树领域在香蕉、荔枝领域获得连续性的项目支持，在龙眼、枇杷、芒果、菠萝领域也获得相对持续的项目支持。其中，在香蕉和荔枝领域均于 2000—2019 年获得连续性项目支持，资助数量呈现波动变化的趋势，香蕉领域于 2013 年达到最大值 18 项，荔枝领域于 2017 年达到最大值 12 项；龙眼、芒果领域均于 2000 年首次获得项目资助，此后分别于 2002—2007 年和 2009—2019 年、2007—2010 年和 2013—2019 年获得连续性项目资助，且龙眼领域于 2017 年达到最大值 5 项，芒果领域于 2015 年达到最大值 6 项；枇杷领域于 2001 年首次获得项目资助，2005—2006 年、2008—2011 年、2013—2017 年获得连续性项目资助，其他年份偶有资助项目；菠萝领域于 2009—2019 年获得连续性项目资助，资助数量呈波动上升的趋势，于 2017 年达到最大值 5 项；番木瓜和番石榴领域分别于 2000 年、2005 年首次获得项目资助，且均在 2008—2013 年获得连续性项目资助，近年来分别在 2015—2018 年、2017—2019 年获得连续性项目资助；番荔枝、黄皮分别于 2002 年、2005 年首次获得项目资助，且均在 2008—2010 年、2014—2015 年、2018—2019 年获得连续性项目资助；火龙果、菠萝蜜分别于 2010 年、2004 年首次获得资助项目，且均在 2017—2019 年获得连续性项目资助。

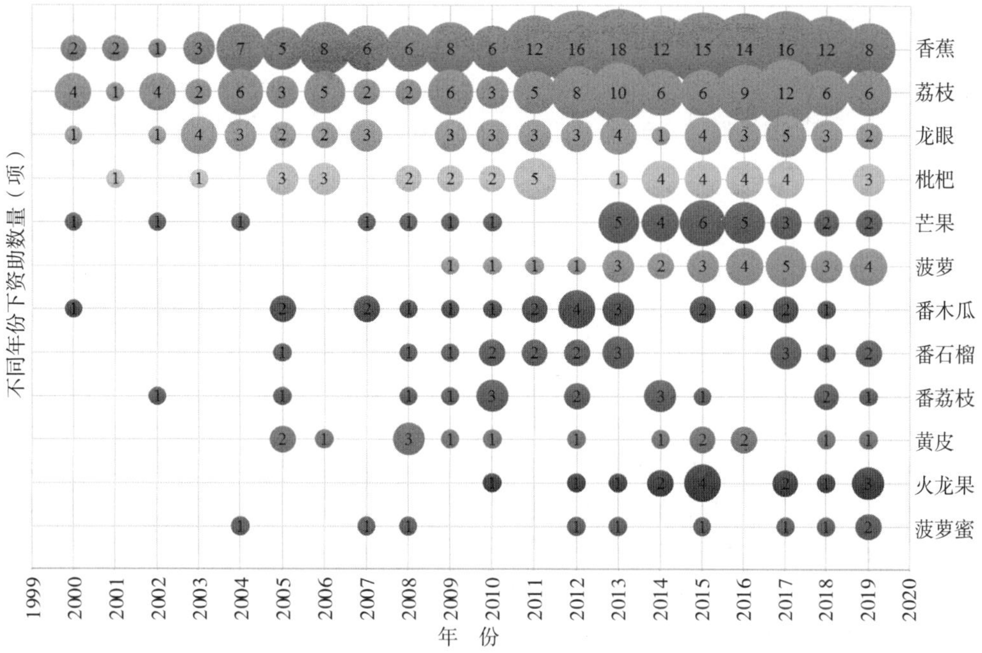

图 3-40　热带果树领域主要果树种类资助数量年度变化

3. 果树种类—项目类型分析

热带果树领域获得 NSFC 项目资助的 18 种果树在各类项目中的分布情况如表 3-67 所示，18 种果树共在 9 类项目中获得资助支持，18 种果树在不同项目类型的资助分布和资助优势差异明显。

表 3-67　热带果树领域果树种类—项目类型资助分布

果树	资助数量（项）								
	面上项目	青年科学基金项目	地区科学基金项目	国际（地区）合作交流项目	联合基金项目	应急管理项目	海外及港澳学者合作研究基金	重点项目	专项基金项目
香蕉	66	62	41	4	2	1		1	
荔枝	43	30	20	9	2	1			1
龙眼	21	18	6	4	1				
枇杷	18	14	4	2				1	
芒果	8	7	19						
菠萝	10	11	5		1		1		
番木瓜	5	8	8	1			1		
番石榴	8	7	3						
番荔枝	8	6		1	1				
黄皮	6	5	4		1				
火龙果	1	6	8						

（续）

果树	资助数量（项）								
	面上项目	青年科学基金项目	地区科学基金项目	国际（地区）合作交流项目	联合基金项目	应急管理项目	海外及港澳学者合作研究基金	重点项目	专项基金项目
菠萝蜜	3	5	2						
杨桃			4						
澳洲坚果	1		2						
西番莲			3						
鳄梨	1	1		1					
木菠萝		2							
莲雾	1								

有11种果树同时获得了面上项目、青年科学基金项目、地区科学基金项目三类项目资助支持，另有2种果树同时获得面上项目、青年科学基金项目资助支持，3种果树获得地区科学基金项目资助支持，其中，香蕉、荔枝领域在三类项目中的资助数量均排在前列，资助优势明显；有7种果树获得了国际（地区）合作交流项目资助支持，其中，资助数量最多的果树是荔枝，其次是香蕉和龙眼；有6种果树获得了联合基金项目资助支持，其中，资助数量最多的果树是香蕉和荔枝；香蕉、荔枝领域在应急管理项目各获得1项资助，菠萝、番木瓜领域在海外及港澳学者合作研究基金各获得1项资助，香蕉、枇杷领域在重点项目各获得1项资助，荔枝领域在专项基金项目获得1项资助。

4. 果树种类—学科分析

（1）果树种类—一级学科分析

热带果树领域获得NSFC项目资助的18种果树在各一级学科（资助数量≥3项）中的分布情况如表3-68、图3-41所示，18种果树在不同一级学科的资助分布和资助优势差异明显。

从学科层面看，分别有15种、12种果树在园艺学与植物营养学、食品科学获得资助支持；其次是中药学、植物学、化学生物学、农学基础与作物学、植物保护学、林学与草地科学、生态学、药物学，均有5种及以上果树在该学科获得资助支持；在其他一级学科均只有1～4种果树获得资助支持。从果树种类层面看，香蕉领域获得资助支持的一级学科数量最多，为13个；荔枝领域获得资助支持的一级学科数量也较多，为10个；其次分别是枇杷、菠萝、芒果、番石榴、番荔枝、龙眼、番木瓜、黄皮、菠萝蜜领域，获得资助支持的一级学科数量均在5个以上；其他作物领域获得资助支持的一级学科只有1～4个。

对比发现，香蕉领域在园艺学与植物营养学、食品科学、植物保护学、农学基础与作物学、环境地球科学、微生物学、生态学、机械工程等学科获得的资助数量最多；荔枝领域在园艺学与植物营养学、食品科学、植物保护学获得的资助数量较多；荔枝、枇杷、番石榴、番荔枝、黄皮领域在中药学获得的资助数量较多；荔枝、黄皮领域在植物学获得的资助数量较多；菠萝领域在林学与草地科学获得的资助数量最多；番石榴领域在化学生物学获得的资助数量最多；黄皮领域在药物学获得的资助数量最多；番荔枝领域在药理学获得的资助数量最多。

表 3-68　热带果树领域果树种类—一级学科资助分布（学科资助数量≥3 项）

一级学科	资助数量（项）																	
	香蕉	荔枝	龙眼	枇杷	芒果	菠萝	番木瓜	番石榴	番荔枝	黄皮	火龙果	菠萝蜜	杨桃	澳洲坚果	西番莲	鳄梨	木菠萝	莲雾
园艺学与植物营养学	62	44	21	18	13	13	9		2	2	9	2		2	1	1	2	
食品科学	33	26	22	10	10	2	1	1	1		3	3						1
植物保护学	30	11			5	1	8	3										
农学基础与作物学	10	5	1	1			2				1				1			
中药学		3	2	3	1		1	3	3	3			1					
植物学	2	3		1	1				2	3		1				2		
林学与草地科学	1	3		2		5					1			1				
化学生物学	1	1		1	1			4		2		1						
环境地球科学	9					1						1						
生态学	4		2	1		2		2										
微生物学	9				1													
药物学			1					2	2	4		1						
药理学		1							3	1			1					
机械工程	5																	
遗传学与生物信息学	2					1	1											
中西医结合								2	1									
农业领域	1	1				1												

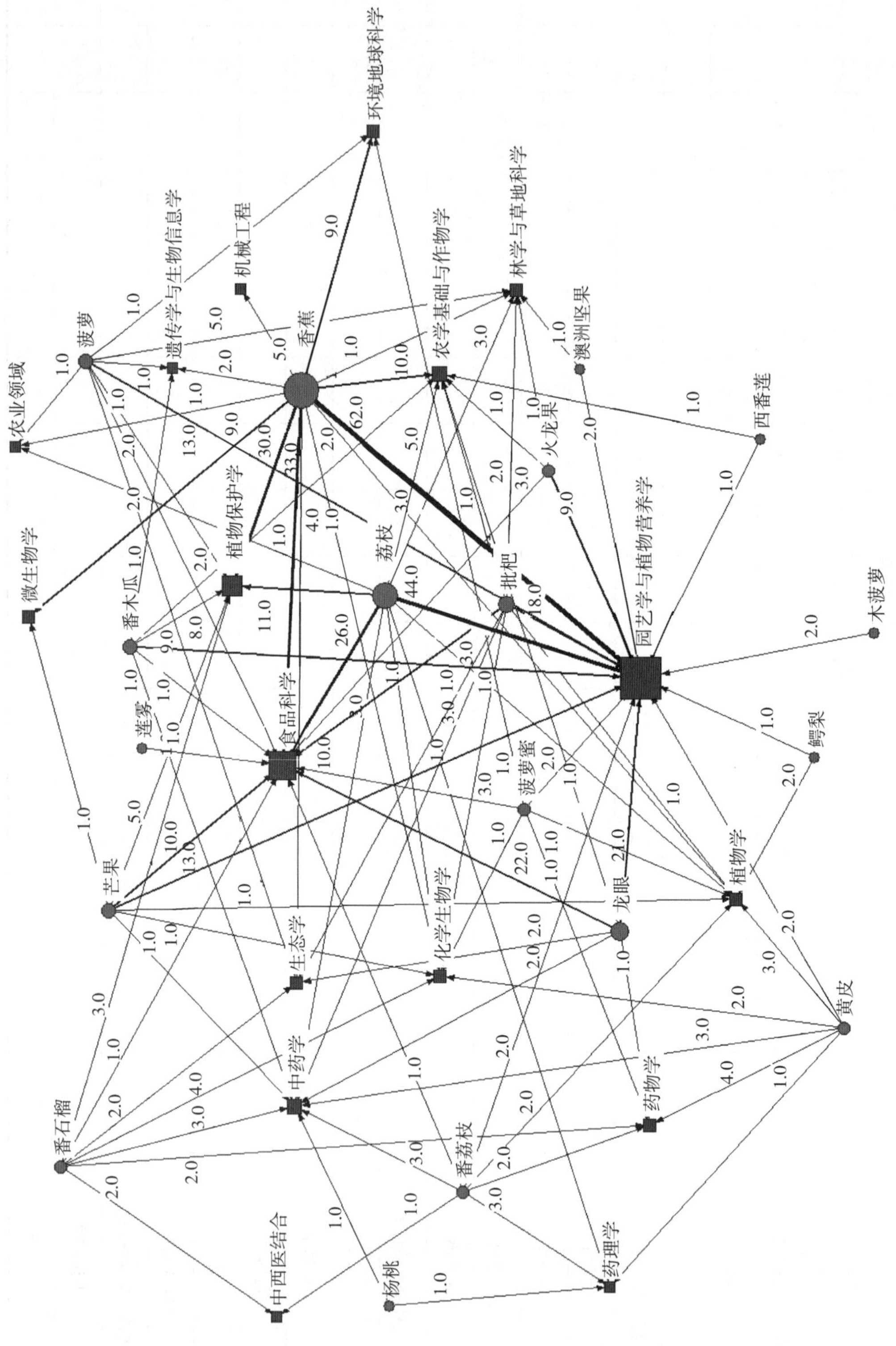

图3-41　热带果树领域果树种类——一级学科资助分布图（学科资助数量≥3项）

(2) 果树种类—二级学科分析

热带果树领域获得NSFC项目资助的18种果树在各二级学科（资助数量≥3项）中的分布情况如表3-69、图3-42所示，18种果树在不同二级学科的资助分布和资助优势差异较大。

从学科层面看，有15种果树在果树学获得资助支持；其次是食品原料学、园艺作物采后生物学、食品贮藏与保鲜、分子探针、食品微生物学、食品营养学、中药药效物质、天然药物化学，均有5种及以上果树在该学科获得资助支持；在其他二级学科均只有1～4种果树获得资助支持。从果树种类层面看，香蕉、荔枝领域获得资助支持的二级学科数量排在前列，分别为21个、20个；其次是芒果、龙眼、枇杷、番石榴、番荔枝、菠萝、菠萝蜜、番木瓜、黄皮领域，获得资助支持的二级学科数量均在5个以上；其他果树领域获得资助支持的一级学科只有1～4个。

对比发现，香蕉领域在植物病理学、食品贮藏与保鲜、园艺作物采后生物学、食品微生物学、作物种质资源学、土壤学、机械设计学、植物营养基础、作物遗传育种学、环境微生物学等学科获得的资助数量最多，在果树学获得的资助数量较多；荔枝领域在果树学、农学基础、农业昆虫学、生物防治获得的资助数量最多，在食品贮藏与保鲜、食品微生物学、食品营养学获得的资助数量较多；龙眼领域在食品营养学获得的资助数量最多；番石榴、番荔枝领域在中药药效物质获得的资助数量较多；黄皮领域在天然药物化学获得的资助数量较多；番石榴领域在分子探针获得的资助数量最多；菠萝在园林学获得的资助数量最多。

5. 地区—果树种类分析

热带果树领域获得NSFC项目资助的21个地区在18个果树领域中的分布情况如表3-70所示，各地区在不同果树领域的资助分布和资助优势差异明显，广东省、海南省在多种果树领域获得的资助数量均排在前列。

有13个地区在香蕉领域获得资助支持，其中，广东省、海南省获得的资助数量排在前列，其次是广西壮族自治区；有9个地区在枇杷领域获得资助支持，其中，浙江省获得的资助数量最多，其次是江苏省、重庆市；有8个地区在荔枝领域获得资助支持，其中，广东省获得的资助数量最多，其次是广西壮族自治区、海南省；有8个地区在菠萝领域获得资助支持，其中，广东省、海南省获得的资助数量最多，其次是四川省；有7个地区在龙眼领域获得资助支持，其中，福建省获得的资助数量最多，其次是广东省；有7个地区在芒果领域获得资助支持，其中，海南省获得的资助数量最多，其次是广东省、广西壮族自治区；有7个地区在黄皮领域获得资助支持，其中，北京市获得的资助数量最多，其次是广东省；分别有6个地区在番石榴、番荔枝、火龙果领域获得资助支持，3个果树领域获得资助数量最多的地区分别是广东省、广东省、贵州省；分别有5个地区在番木瓜、菠萝蜜领域获得资助支持，2个果树领域获得资助数量最多的地区均是海南省；分别有3个地区在澳洲坚果、西番莲领域获得1项资助支持；有2个地区在鳄梨领域获得1～2项资助支持；广东省、福建省分别在木菠萝、莲雾领域获得少量资助支持。

表 3-69　热带果树领域果树种类—二级学科资助分布（学科资助数量≥3 项）

二级学科	资助数量（项）																	
	香蕉	荔枝	龙眼	枇杷	芒果	菠萝	番木瓜	番石榴	番荔枝	黄皮	火龙果	菠萝蜜	杨桃	澳洲坚果	西番莲	鳄梨	木菠萝	莲雾
果树学	36	39	17	16	11	8	2		2	2	9	2		2	1	1	1	
植物病理学	27	2			2		8											
食品贮藏与保鲜	13	8	6	5	4						3							
园艺作物采后生物学	19	3	4	2	2		5										1	
食品微生物学	13	8	6	5	2													
食品营养学		5	6			1		1	1									
中药药效物质				2	1			3	3	1								
作物种质资源学	6	1					2								1			
土壤学	9											1						
天然药物化学			1					2	2	4		1						
食品原料学	1	1	2		2	1	1					1						1
分子探针	1	1		1				3		2		1						
食品生物化学	2	1	2									2						
农学基础		4	1								1							
园林学	1					5												
植物化学保护	2	2			1			1										
食品加工的生物学基础	2	3			1													

（续）

二级学科	资助数量（项）																	
	香蕉	荔枝	龙眼	枇杷	芒果	菠萝	番木瓜	番石榴	番荔枝	黄皮	火龙果	菠萝蜜	杨桃	澳洲坚果	西番莲	鳄梨	木菠萝	莲雾
农业昆虫学		4						1										
机械设计学	5																	
植物营养基础	5																	
作物遗传育种学	3			1														
植物资源学									1	2		1						
植物进化生物学	1			1												2		
环境微生物学	4																	
生物防治		3			1													
经济林学		1		2							1							
中西医结合临床基础								2	1									
代谢性疾病药物药理		1							1				1					
植物形态与发育		1			1				1									
植物检疫与生物入侵	1					1		1										
植物生理学	1	2																
生态系统生态学	2		1															
种群生态学						1		2										
蔬菜学		1					2											
观赏园艺学						3												

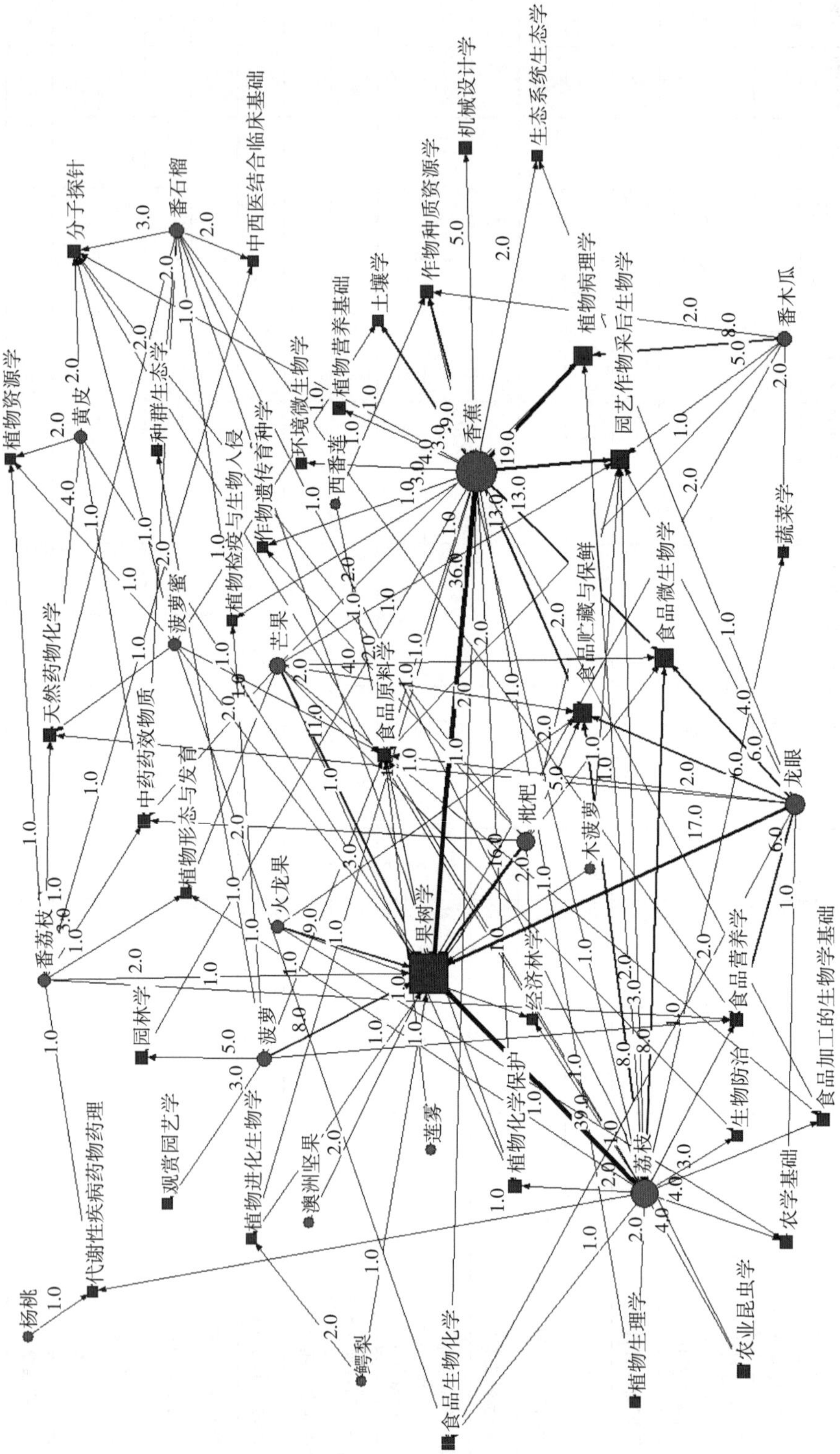

图3-42　热带果树领域果树种类—二级学科资助分布图（学科资助数量≥3项）

表 3-70 热带果树领域各地区—果树种类资助分布

地区	资助数量（项）																	
	香蕉	荔枝	龙眼	枇杷	芒果	菠萝	番木瓜	番石榴	番荔枝	黄皮	火龙果	菠萝蜜	杨桃	澳洲坚果	西番莲	鳄梨	木菠萝	莲雾
广东省	79	75	18	3	9	7	2	7	5	4	2	1		1			2	
海南省	63	12	3		11	7	17			1	1	5			1	1		
广西壮族自治区	14	13	4		7	1					1	1	4	1	1			
福建省	3	2	21	3		3	1		1									1
北京市	3	1			3			5	4	6		2						
浙江省				17		2					1							
贵州省				3	2						9				1			
江苏省	5			6					3									
云南省	3			1	1			3		2				1		2		
四川省			1			5		1		1								
湖北省	1	1	2				2											
山东省	2					2					1							
重庆市				4		1												
江西省			1					1		1		1						
上海市				1					2									
河南省	1				1					1								
吉林省	1	1																
天津市							1		1									
安徽省	1			1														
湖南省		1						1										
甘肃省	1																	

6. 机构—果树种类分析

热带果树领域获得 NSFC 项目资助数量 3 项及以上的 32 家机构在 17 个果树领域中的分布情况如表 3-71 所示，华南农业大学、中国热带农业科学院在多个果树领域获得的资助数量均排在前列。

有 17 家机构在香蕉领域获得资助支持，其中，中国热带农业科学院、华南农业大学获得的资助数量排在前列，其次是海南大学、广东省农业科学院、中国科学院、广西壮族自治区农业科学院；有 16 家机构在荔枝领域获得资助支持，其中，华南农业大学获得的资助数量最多，其次是广东省农业科学院、中国科学院；有 11 家机构在芒果领域获得资助支持，其中，中国热带农业科学院、海南大学获得的资助数量最多；有 11 家机构在菠萝领域获得资助支持，其中，中国热带农业科学院、四川农业大学获得的资助数量较多；有 9 家机构在龙眼领域获得资助支持，其中，福建农林大学获得的资助数量最多；有 9 家机构在枇杷领域获得资助支持，其中，浙江大学获得的资助数量最多；分别有 6 家机构在番石榴、火龙果领域获得资助支持，2 个果树领域获得资助数量最多的机构分别是华南农业大学等、贵州大学；分别有 5 家机构在番木瓜、黄皮领域获得资助支持，2 个果树领域获得资助数量最多的机构分别是中国热带农业科学院、中国医学科学院；有 4 家机构在番荔枝领域获得资助支持，其中，中国医学科学院、中国科学院获得的资助数量最多；有 3 家机构在菠萝蜜领域获得资助支持，其中，中国热带农业科学院获得的资助数量最多；分别有 2 家机构在西番莲、鳄梨领域获得 1～2 项资助支持；广西医科大学、中国热带农业科学院、广东海洋大学分别在杨桃、澳洲坚果、木菠萝领域获得少量资助支持。

表 3-71 热带果树领域各机构—果树种类资助分布（机构资助数量≥3 项）

机构	资助数量（项）																
	香蕉	荔枝	龙眼	枇杷	芒果	菠萝	番木瓜	番石榴	番荔枝	黄皮	火龙果	菠萝蜜	杨桃	澳洲坚果	西番莲	鳄梨	木菠萝
华南农业大学	38	43	7	2		3	2	2			1						
中国热带农业科学院	40	8	1		8	6	12		1		1	5		1	1	1	
海南大学	21	6	2		8	2	4										
中国科学院	12	11	5	3	1			1	4	1						2	
广东省农业科学院	17	13	4		1					2							
福建农林大学	3	1	20	1		3	1										
广西壮族自治区农业科学院	10	2	2		3	1					1						
中国医学科学院					1			2	4	6		2					
浙江大学				11													
广西大学	2	4			3												
贵州大学				1	2						5						
中国农业科学院	3	1		1	2												
中山大学	6				1												
浙江省农业科学院				3		2					1						
南京农业大学	4			1													
广西医科大学		1											4				
西南大学				4		1											
云南大学								2		2							
四川农业大学						4											
广东海洋大学		1										1					2
广东省科学院	1	3															
广西中医药大学		2	1		1												
云南省农业科学院	3																
华中农业大学	1						2										
华南理工大学	1					1		1									
南京中医药大学									3								
暨南大学								2		1							
桂林理工大学	1	1													1		
武汉轻工大学		1	2														
海南省农业科学院		1				2											
贵州省农业科学院											3						
青岛农业大学	1					2											

（八）主题分析

1. 重点主题词分析

基于人工和自然语言处理技术，将热带果树领域 NSFC 所有资助项目的标题、关键词等进行分词、合并与规范化处理，共获取 1 292 个主题词。通过对主题词资助项目数及其占比进行统计分析发现（表 3-72），机理、采后是出现频率最高的主题词，资助数量分别为 40 项、38 项，占比均超过 7%；分子机理、转录因子、作用机制、成熟、功能、调控机理、香蕉枯萎病等的资助数量均在 20 项以上，占比均在 3.8%以上；基因、构效关系、诱导、发育、miRNA、基因克隆、调控、转录调控等的资助数量均在 15 项及以上，占比均在 2.77%及以上。可见，热带果树领域 NSFC 所有资助项目的研究主要集中在果实成熟机理、病害致病机理与综合防控、基因转录调控技术等领域。

表 3-72 热带果树领域高频主题词资助概况

主题词	资助数量（项）	资助数量占比（%）	主题词	资助数量（项）	资助数量占比（%）
机理	40	7.38	种质资源	14	2.58
采后	38	7.01	衰老	14	2.58
分子机理	34	6.27	分子标记	13	2.40
转录因子	30	5.54	多糖	13	2.40
作用机制	27	4.98	结构	13	2.40
成熟	24	4.43	荔枝果实	13	2.40
功能	23	4.24	香蕉果实	13	2.40
调控机理	21	3.87	冷害	12	2.21
香蕉枯萎病	21	3.87	水果	12	2.21
基因	19	3.51	胁迫	12	2.21
构效关系	19	3.51	蛋白互作	12	2.21
诱导	17	3.14	过氧化氢	12	2.21
发育	16	2.95	木质化	11	2.03
miRNA	15	2.77	转录组	11	2.03
基因克隆	15	2.77	功能鉴定	10	1.85
调控	15	2.77	抗肿瘤	10	1.85
转录调控	15	2.77	香蕉枯萎病菌	10	1.85
基因表达	14	2.58			

2. 研究重点分析

利用从热带果树领域 NSFC 所有资助项目中获取的 1 292 个主题词构建主题词共现矩阵，将矩阵导入 VOSviewer 中绘制主题词共现网络图，通过参数调整实现自动聚类。

热带果树领域 NSFC 资助项目的研究主要分为四个主题领域，分别为致病机理及生长调控技术（红色）、功能成分的生物活性与作用机制研究（绿色）、分子育种与遗传多样性研究（蓝色）、果实采后成熟生理与保鲜加工技术（黄色）。其中，在致病机理及生长调控技术获得的资助支持最多；其次是果实采后成熟生理与保鲜加工技术；再次是分子育种与遗传多样性研究、功能成分的生物活性与作用机制研究，两者的资助数量相当（彩图 3-4）。

（1）致病机理及生长调控技术研究领域

该领域包含的核心主题词有转录因子、功能、香蕉枯萎病、诱导、发育、miRNA、基因克隆、调控、胁迫、蛋白互作等，主要研究香蕉枯萎病菌、香蕉穿孔线虫、尖孢镰刀菌古巴专化型、番木瓜环斑病毒、炭疽病菌等病虫害的感染、传播及致病等机理，以及病虫害、干旱、寒冷、微生物多样性、肥料施用、土壤环境、耕作制度等对热带果树生长发育的影响及管理措施，并通过转录因子、miRNA、基因克隆等技术进行抗病、抗虫基因的定位、表达、克隆、转录与分析，开展热带果树对病虫害、非生物胁迫及环境影响的生长调控与综合防控技术研究。

（2）功能成分的生物活性与作用机制研究领域

该领域包含的核心主题词有作用机制、构效关系、基因表达、多糖、结构、抗肿瘤、化合物、活性成分、番石榴叶、番荔枝内酯等，主要围绕从热带果树果实、叶、根、核等部位提取的多糖、番荔枝内酯、淀粉、内源激素、生物碱、黄酮等功能成分，开展功能成分的生理特性、生物活性、化学成分、物理结构、构效关系及作用机制研究，还探讨了功能成分对肿瘤、糖尿病、帕金森病、阿尔茨海默病等疾病的免疫防控及治疗功能。

（3）分子育种与遗传多样性研究研究领域

该领域包含的核心主题词有分子机理、调控机理、基因、种质资源、分子标记、表达、果树、遗传多样性、降解、互作等，主要利用分子标记、基因表达、蛋白质组学、QTL 定位、SNP、全基因组关联研究、基因挖掘、基因调控、基因鉴定等技术开展分子育种与遗传多样性研究，以实现热带果树种质资源的改良与创新。

（4）果实采后成熟生理与保鲜加工技术研究领域

该领域包含的核心主题词有机理、采后、成熟、转录调控、衰老、荔枝果实、香蕉果实、冷害、水果、过氧化氢等，主要以热带果树果实为研究对象，对其成熟衰老机理、采后品质、抗病性、耐逆性、生理机理、生物防治、营养物质合成、代谢途径、贮藏保鲜、加工利用等方面开展研究。

3. 研究趋势分析

热带果树领域 NSFC 各主题领域资助数量年度变化情况如图 3-43 所示。热带果树领域在 4 个主题领域均获得连续性项目支持。致病机理及生长调控技术获得的资助数量于 2000—2002 年在 1～3 项小幅波动变化，2003—2019 年呈先增后降变化趋势，且于 2015 年、2016 年达到最大值 30 项；果实采后成熟生理与保鲜加工技术获得的资助数量于 2000—2010 年在 1～8 项波动变化，2010—2019 年呈波动上升变化趋势，且于 2017 年达到最大值 26 项；分子育种与遗传多样性研究分别于 2000—2002 年、2004—2019 年获得连续性项目资助，资助数量呈先增后降变化趋势，且于 2017 年达到最大值 26 项；功能成分的生物活性与作用机制研究于 2000—2003 年连续获得 1 项资助，2004—2019 年呈先增后降变化趋势，且于 2017 年达到最大值 21 项。对比发现，2000—2018 年致病机理及生长调控技术的资助数量基本排在首位，但 2019 年果实采后成熟生理与保鲜加工技术的资助数量远远高于其他主题领域。可见，4 个主题领域始终是热带果树领域近年来申请 NSFC 的热点，其中，果实采后成熟生理与保鲜加工技术是近年来重点关注的热点主题。

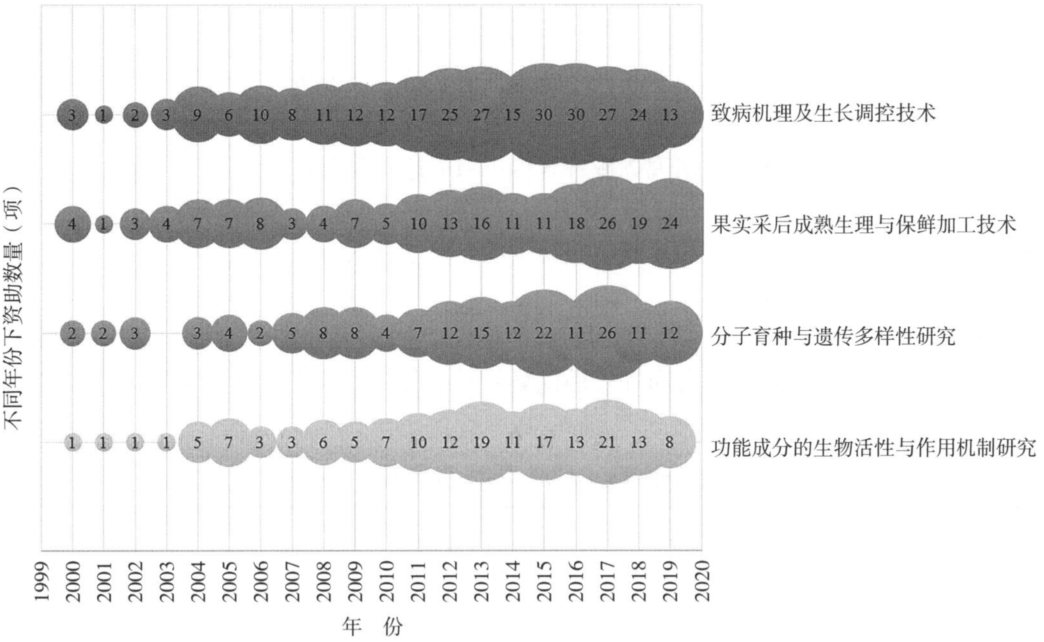

图 3-43 热带果树领域各主题领域资助数量年度分布

4. 研究重点项目类型分析

热带果树领域获得 NSFC 项目资助的 4 个主题领域在各类项目的分布情况如表 3-73 所示。4 个主题领域共在 9 类项目中获得资助支持，各主题领域在不同项目类型的资助分布和资助优势差异显著。

表 3-73 热带果树领域各主题领域—项目类型资助分布

项目类型	资助数量（项）			
	致病机理及生长调控技术	果实采后成熟生理与保鲜加工技术	分子育种与遗传多样性研究	功能成分的生物活性与作用机制研究
面上项目	106	67	60	53
青年科学基金项目	100	74	58	58
地区科学基金项目	64	46	44	44
国际（地区）合作交流项目	7	8	4	4
联合基金项目	3	2	1	4
应急管理项目	1		1	
海外及港澳学者合作研究基金	2	1		
重点项目	2	2	1	1
专项基金项目		1		

4 个主题领域均同时获得了面上项目、青年科学基金项目、地区科学基金项目、国际（地区）合作交流项目、联合基金项目、重点项目 6 类项目支持，其中，在面上项目、青年科学基金项目、地区科学基金项目中资助数量排在首位的主题是致病机理及生长调控技术，其次是果实采后成熟生理与保鲜加工技术；在国际（地区）合作交流项目中，资助数量排在首位的主题是果实采后成熟生理与保鲜加工技术，其次是致病机理及生长调控技术；在重点项目中，致病机理及生长调控技术、果实采后成熟生理与保鲜加工技术领域均获得 2 项资助支持，其他 2 个主题领域各获得 1 项资助支持。另外，致病机理及生长调控技术、分子育种与遗传多样性研究领域各获得 1 项应急管理项目，致病机理及生长调控技术、果实采后成熟生理与保鲜加工技术领域各获得 1～2 项海外及港澳学者合作研究基金；果实采后成熟生理与保鲜加工技术领域获得 1 项专项基金项目。

5. 地区研究重点分析

热带果树领域获得 NSFC 项目资助的地区在 4 个主题领域的分布情况如表 3-74 所示，各地区在不同主题领域的资助分布和资助优势差异显著，广东省、海南省在多个主题领域获得的资助数量均排在前列。

表 3-74　热带果树领域各地区—主题领域资助分布

地区	资助数量（项）			
	致病机理及生长调控技术	果实采后成熟生理与保鲜加工技术	分子育种与遗传多样性研究	功能成分的生物活性与作用机制研究
广东省	120	86	68	63
海南省	76	44	38	22
广西壮族自治区	18	16	20	24
福建省	17	16	9	6
北京市	7	2	2	16
浙江省	9	15	9	4
贵州省	14	4	10	3
江苏省	5	2		7
云南省	5	4	2	2
四川省		3	4	1
湖北省	1	1		3
山东省	3	2	1	
重庆市	1	1	1	
江西省	1	1		4
上海市	1		2	3
河南省	2	1		2
吉林省	1			1
天津市	1	1		1
安徽省	1		1	1

（续）

地区	资助数量（项）			
	致病机理及生长调控技术	果实采后成熟生理与保鲜加工技术	分子育种与遗传多样性研究	功能成分的生物活性与作用机制研究
湖南省	1	1	1	1
甘肃省	1	1	1	

有 20 个地区在致病机理及生长调控技术领域获得资助支持，其中，广东省获得的资助数量最多，其次是海南省，再次是广西壮族自治区、福建省、贵州省；有 18 个地区在功能成分的生物活性与作用机制研究领域获得资助支持，其中，广东省获得的资助数量最多，其次是广西壮族自治区、海南省，再次是北京市；有 18 个地区在果实采后成熟生理与保鲜加工技术领域获得资助支持，其中，广东省获得的资助数量最多，其次是海南省，再次是广西壮族自治区、福建省、浙江省；有 15 个地区在分子育种与遗传多样性研究领域获得资助支持，其中，广东省获得的资助数量最多，其次是海南省，再次是广西壮族自治区、贵州省。

6. 机构研究重点分析

热带果树领域获得 NSFC 项目资助数量 3 项及以上的机构在 4 个主题领域的分布情况如表 3-75 所示，各机构在不同主题领域的资助分布和资助优势差异明显，华南农业大学、中国热带农业科学院在多个主题领域获得的资助数量均排在前列。

表 3-75　热带果树领域各机构—主题领域资助分布（机构资助数量≥3 项）

机构	资助数量（项）			
	致病机理及生长调控技术	果实采后成熟生理与保鲜加工技术	分子育种与遗传多样性研究	功能成分的生物活性与作用机制研究
华南农业大学	64	52	30	21
中国热带农业科学院	55	26	37	16
海南大学	25	21	6	7
中国科学院	14	18	6	17
广东省农业科学院	22	6	16	13
福建农林大学	15	14	8	5
广西壮族自治区农业科学院	12	9	12	5
中国医学科学院	2			15
浙江大学	3	11	6	2
广西大学	5	4	3	2
贵州大学	8	2	6	3
中国农业科学院	4	3	1	
中山大学	6		1	1
浙江省农业科学院	4	3	1	2
南京农业大学	4	1		
广西医科大学			2	5

（续）

机构	资助数量（项）			
	致病机理及生长调控技术	果实采后成熟生理与保鲜加工技术	分子育种与遗传多样性研究	功能成分的生物活性与作用机制研究
西南大学	1	1	1	
云南大学	1	2	1	1
四川农业大学			4	
广东海洋大学		1	2	2
广东省科学院	2	1	2	1
广西中医药大学	1			4
云南省农业科学院	3			
华中农业大学	1			
华南理工大学				2
南京中医药大学				3
暨南大学				2
桂林理工大学		2	1	3
武汉轻工大学		1		3
海南省农业科学院	2		1	1
贵州省农业科学院	3		1	
青岛农业大学	1			

有 24 家机构在致病机理及生长调控技术领域获得资助支持，其中，华南农业大学获得的资助数量最多，其次是中国热带农业科学院，再次是海南大学、广东省农业科学院；有 24 家机构在功能成分的生物活性与作用机制研究领域获得资助支持，其中，华南农业大学获得的资助数量最多，其次是中国科学院、中国热带农业科学院、中国医学科学院、广东省农业科学院；有 22 家机构在分子育种与遗传多样性研究领域获得资助支持，其中，中国热带农业科学院获得的资助数量最多，其次是华南农业大学，再次是广东省农业科学院、广西壮族自治区农业科学院；有 19 家机构在果实采后成熟生理与保鲜加工技术领域获得资助支持，其中，华南农业大学获得的资助数量最多，其次是中国热带农业科学院、海南大学，再次是中国科学院、福建农林大学、浙江大学。

（九）总结

2000—2019 年，热带果树领域 NSFC 项目资助数量和金额呈早期小幅波动上升、中期大幅度上升、后期“W”式波动的变化趋势，面上项目、青年科学基金项目、地区科学基金项目为主要项目类型，比较集中；另外，国际（地区）合作交流项目 19 项、联合基金项目 7 项，相对较多。资助项目以生命科学部中的园艺学与植物营养学、食品科学为主，涵盖了果树学、食品贮藏与保鲜、植物病理学、园艺作物采后生物学、食品微生物学等二级学科。受资助主体以广东省的华南农业大学和广东省农业科学院、海南省的中国热带农业科学院和海南大学为主。香蕉和荔枝领域获得的资助支持力度远高于其他作物。相关研究分为致病机理及生长调控技术、功能成分的生物活性与作用机制研究、分子育种与遗传多样性研究、果实采后成熟生理与保鲜加工技术四个主题领域，近年来果实采后成熟生理与保鲜加工技术是重点和热点主题。

五、香蕉

（一）概况分析

2000—2019 年香蕉领域 NSFC 的资助数量共计 177 项，资助金额累计 7 157.2 万元。从年度分布来看（图 3-44），2000—2019 年香蕉领域 NSFC 资助数量和资助金额的变化趋势基本一致，总体均呈先上涨再逐年减少的趋势。其中，2000—2010 年资助数量和资助金额小幅波动增长，2011—2012 年资助数量和资助金额均大幅度增加；2013—2014 年资助数量和资助金额均有大幅度回落；2015—2017 年资助数量和资助金额稳定发展，略有增加；2017—2019 年资助数量和资助金额均有较大幅度下降。

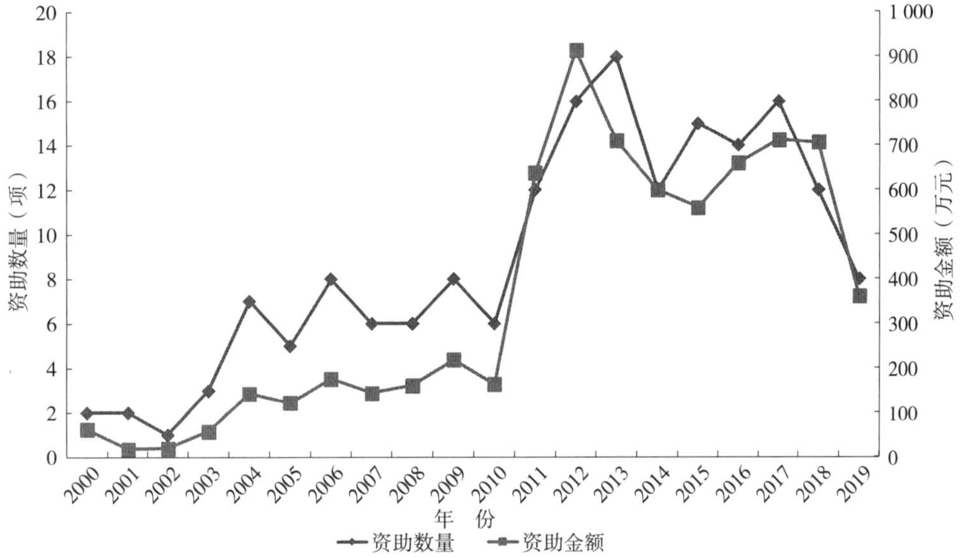

图 3-44　香蕉领域资助数量及资助金额年度变化

（二）项目类型

1. 项目类型资助概况分析

香蕉领域 NSFC 所有资助项目共分布在 7 类项目中（表 3-76），项目类型分布集中，面上项目、青年科学基金项目、地区科学基金项目是主要项目类型。其中，资助数量和资助金额最多的项目是面上项目，资助数量共计 66 项，资助金额累计 3 260 万元，占比分别为 37.29%和 45.55%；青年科学基金项目和地区科学基金项目的资助数量分别为 62 项、41 项，资助金额分别是 1 404 万元、1 481 万元；国际（地区）合作交流项目、联合基金项目、应急管理项目和重点项目的资助数量不多，总占比不足 5%，但资助金额相对较高，总占比达到了 14.14%。

表 3-76　香蕉领域各类项目资助数量、资助金额概况

年份	面上项目		青年科学基金项目		地区科学基金项目		国际（地区）合作交流项目		联合基金项目		应急管理项目		重点项目		合计	
	资助数量（项）	资助金额（万元）	资助数量（项）	资助金额（万元）	资助数量（项）	资助金额（万元）	资助数量（项）	资助金额（万元）	资助数量（项）	资助金额（万元）	资助数量（项）	资助金额（万元）	资助数量（项）	资助金额（万元）	资助数量（项）	资助金额（万元）
2000	1	46			1	16									2	62
2001	1	17					1	1.2							2	18.2
2002					1	20									1	20
2003	2	40	1	18											3	58
2004	4	86	1	20	2	37									7	143
2005	4	98	1	24											5	122
2006	4	111	1	20	2	44	1	2							8	177
2007	2	60	1	20	2	35			1	30					6	145
2008	2	65	1	23	3	74									6	162
2009	6	169			2	50									8	219
2010	3	105	3	59											6	164
2011	2	118	7	169	2	102			1	250					12	639
2012	5	348	6	143	4	193	1	230							16	914
2013	5	378	12	285	1	48									18	711
2014	4	340	4	95	3	150					1	15			12	600
2015	3	193	6	120	6	248									15	561
2016	4	248	7	139	2	74	1	200							14	661
2017	7	427	4	96	5	190									16	713
2018	3	180	5	123	3	120							1	284	12	707
2019	4	231	2	50	2	80									8	361
总计	66	3 260	62	1 404	41	1 481	4	433.2	2	280	1	15	1	284	177	7 157.2

2. 项目类型资助时间变化分析

香蕉领域 NSFC 各类项目资助数量年度变化情况如图 3-45 所示，香蕉领域在面上项目、青年科学基金项目和地区科学基金项目获得较为持续的项目支持，各类项目资助数量均呈现明显的波动状态，2010—2019 年的资助数量明显高于 2000—2009 年。其中，香蕉领域在面上项目获得的资助数量长期在 0～7 项来回波动，且在 2017 达到最大值 7 项；在青年科学基金项目 2003—2008 年获得的资助数量均为 1 项，2010 年之后资助数量有了明显提升，呈现较为明显的波动趋势，在 2013 年达到了最大值 12 项；在地区科学基金项目获得的资助数量长期在 0～6 项来回波动，2015 年达到最大值 6 项。在国际（地区）合作交流项目平均每 4～6 年获得一项资助；在联合基金项目、应急管理项目、重点项目仅分别于 2007 年和 2011 年、2014 年、2018 年获得 1 项资助。

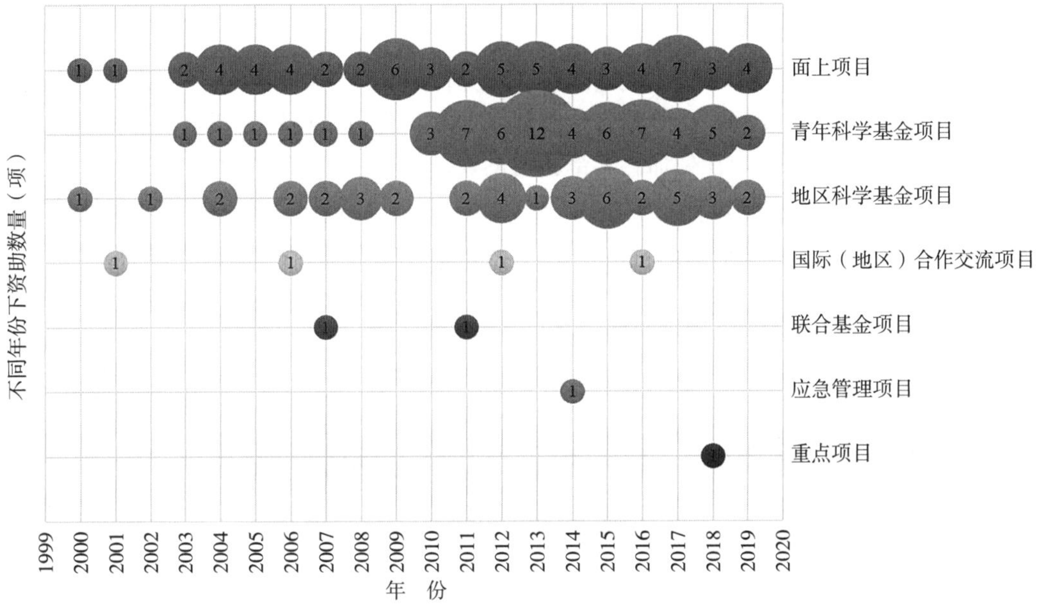

图 3-45　香蕉领域各类项目资助数量年度变化

（三）学科分析

香蕉领域 NSFC 所有资助项目共分布在 6 个科学部、20 个一级学科、40 个二级学科。

1. 科学部分析

（1）科学部资助概况分析

香蕉领域 NSFC 所有资助项目在各科学部的资助概况如表 3-77 所示，科学部分布十分聚焦。其中，香蕉领域在生命科学部获得的资助数量和资助金额均为最多，资助数量共计 156 项，资助金额累计 6 200.2 万元，占比均超过 86%，该科学部是香蕉领域申请 NSFC 的主要科学部；其他 5 个科学部中，地球科学部和工程与材料科学部的资助数量和资助金额相对较多，资助数量均超过 5 项，资助金额均超过 250 万元，化学科学部、数学物理科学部和联合基金战略研究的资助数量和资助金额均不多，资助数量总占比不足 3%，资助金额总占比不足 6%。

表 3-77　香蕉领域各科学部资助数量、资助金额及占比

科学部	资助数量（项）	资助数量占比（%）	资助金额（万元）	资助金额占比（%）
生命科学部	156	88.14	6 200.2	86.63
地球科学部	10	5.65	282	3.94
工程与材料科学部	6	3.39	256	3.58
化学科学部	2	1.13	98	1.37
数学物理科学部	2	1.13	71	0.99
联合基金战略研究	1	0.56	250	3.49
总计	177	100.00	7 157.2	100.00

（2）科学部资助时间变化分析

香蕉领域 NSFC 各科学部资助数量年度变化情况如图 3-46 所示。香蕉领域在生命科学部获得持续性的项目支持，近年来在地球科学部、工程与材料科学部也获得相对较多的项目支持。其中，香蕉领域在生命科学部获得的资助数量于 2000—2011 年在 1～8 项来回小幅波动，2012—2019 年资助数量有了较大提升，且在 2013 年突破 16 项；在地球科学部、工程与材料科学部分别于 2007 年、2011 年首次获得项目资助，且前者资助数量一直在 1～2 项来回小幅波动，后者均为 1 项；在化学科学部和数学物理科学部于 2011—2015 年均获得 2 项资助；在联合基金战略研究仅于 2011 年获得 1 项资助。

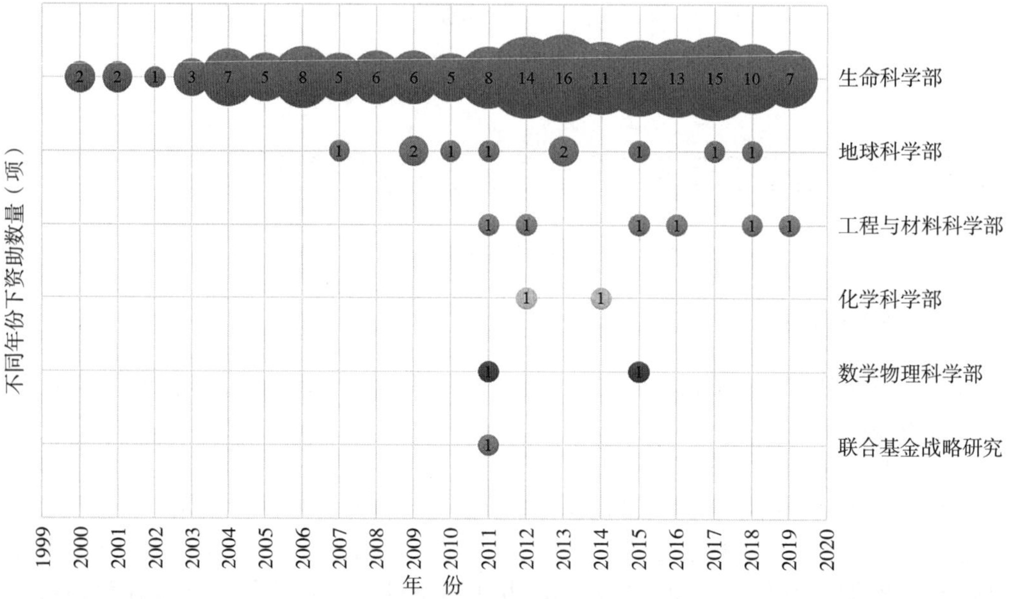

图 3-46　香蕉领域各科学部资助数量年度变化

2. 一级学科分析

（1）一级学科资助概况分析

香蕉领域 NSFC 所有资助项目在各一级学科的资助概况如表 3-78 所示，各一级学科

获得的资助数量和资助金额差异明显，一级学科分布相对聚焦。资助数量和资助金额最多的是园艺学与植物营养学，资助数量共计 62 项，资助金额累计 2 478 万元，占比均超过 30%，其是香蕉领域获得 NSFC 支持力度最大的学科；其次是食品科学、植物保护学，资助数量均不少于 30 项，资助金额占比均在 15%～20%，获得 NSFC 支持力度相对较大；农学基础与作物学、微生物学、环境地球科学、机械工程等学科的资助数量在 5～10 项，资助金额均在 2%～4%；其他学科的资助数量在 1～4 项，获得的 NSFC 支持力度相对较小。

表 3-78 香蕉领域各一级学科资助数量、资助金额及占比

一级学科	资助数量（项）	资助数量占比（%）	资助金额（万元）	资助金额占比（%）
园艺学与植物营养学	62	35.03	2 478	34.62
食品科学	33	18.64	1 365	19.07
植物保护学	30	16.95	1 184	16.54
农学基础与作物学	10	5.65	283	3.95
微生物学	9	5.08	238	3.33
环境地球科学	9	5.08	261	3.65
机械工程	5	2.82	206	2.88
生态学	4	2.26	292	4.08
植物学	2	1.13	42	0.59
遗传学与生物信息学	2	1.13	47	0.66
农业领域	1	0.56	250	3.49
分子生物学与生物技术	1	0.56	19	0.27
化学生物学	1	0.56	48	0.67
发育生物学与生殖生物学	1	0.56	20	0.28
数学	1	0.56	52	0.73
有机高分子材料	1	0.56	50	0.70
林学与草地科学	1	0.56	200	2.79
海洋科学	1	0.56	21	0.29
环境化学	1	0.56	50	0.70
畜牧学	1	0.56	50	0.70
未分类	1	0.56	1.2	0.02
总计	177	100.00	7 157.2	100.00

（2）一级学科资助时间变化分析

香蕉领域 NSFC 重点一级学科（资助数量≥2 项）资助数量年度变化情况如图 3-47 所示。香蕉领域 2007—2019 年在园艺学与植物营养学获得持续性的项目支持，近年来在植物保护学也获得相对持续的项目支持。其中，香蕉领域在园艺学与植物营养学学科获得的资助数量呈现先增加再减少的趋势，在 2012 年达到最大值 10 项，随后逐年减少；在食品科学学科于 2000 年首次获得项目资助，此后除 2001—2002 年、2010 年、2014 年之外均获得资助，2017 年获得 5 项资助，其余年份均为 1～3 项；在植物保护学学科于 2004 年首次获得项目资助，此后除 2011 年之外均获得项目资助，年度资助数量在 1～6 项波动；在机械工程、生态学、植物学、遗传与生物信息学学科均为断断续续获得资助，年度资助数量均不超过 2 项。

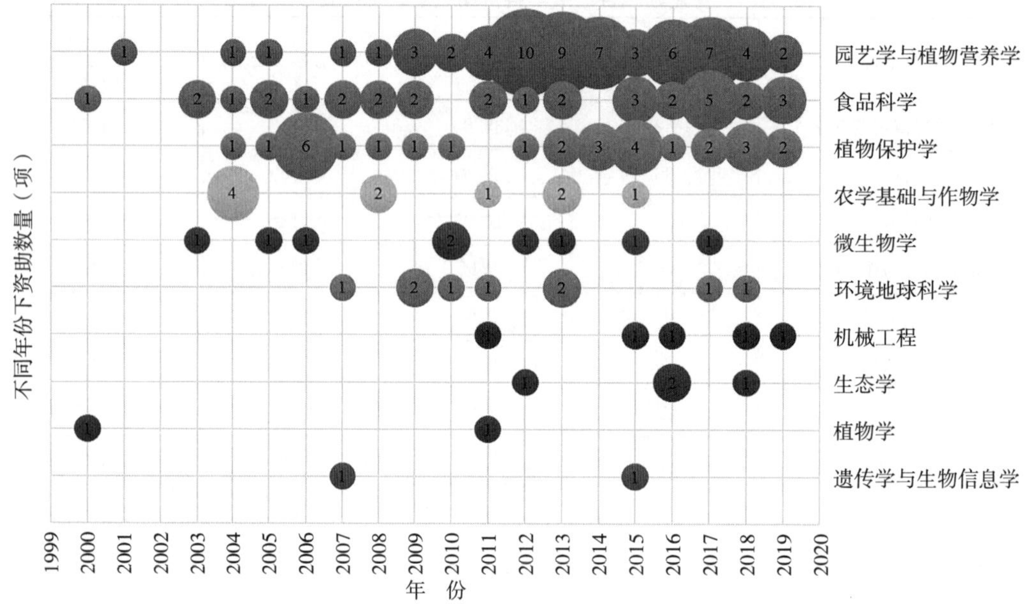

图 3-47　香蕉领域重点一级学科资助数量年度变化（学科资助数量≥2 项）

3. 二级学科分析

(1) 二级学科资助概况分析

香蕉领域 NSFC 所有资助项目在各二级学科的资助概况如表 3-79 所示，各二级学科获得的资助数量和资助金额差异较大，二级学科分布相对聚焦。资助数量和资助金额最多的是果树学，资助数量共计 36 项，资助金额累计 1 150 万元，占比均超过 15%，该学科是香蕉领域获得 NSFC 支持力度最大的二级学科；其次是植物病理学、园艺作物采后生物学，资助数量和资助金额占比均在 10%以上；此外，食品微生物学、食品贮藏与保鲜、土壤学、作物种质资源学、机械设计学、植物营养基础、环境微生物学、作物遗传育种学的资助数量均在 3 项及以上，获得的 NSFC 支持力度相对较大；其他二级学科的资助数量在 1～2 项，获得的 NSFC 支持力度相对较小。

表 3-79　香蕉领域各二级学科资助数量、资助金额及占比

二级学科	资助数量（项）	资助数量占比（%）	资助金额（万元）	资助金额占比（%）
果树学	36	20.34	1 150	16.07

（续）

二级学科	资助数量（项）	资助数量占比（%）	资助金额（万元）	资助金额占比（%）
植物病理学	27	15.25	1 100	15.37
园艺作物采后生物学	19	10.73	996	13.92
食品微生物学	13	7.34	327	4.57
食品贮藏与保鲜	13	7.34	781	10.91
土壤学	9	5.08	261	3.65
作物种质资源学	6	3.39	137	1.91
机械设计学	5	2.82	206	2.88
植物营养基础	5	2.82	286	4.00
环境微生物学	4	2.26	81	1.13
作物遗传育种学	3	1.69	123	1.72
植物化学保护	2	1.13	64	0.89
生态系统生态学	2	1.13	42	0.59
病原真菌学	2	1.13	60	0.84
食品加工的生物学基础	2	1.13	50	0.70
食品安全与质量控制	2	1.13	84	1.17
食品生物化学	2	1.13	100	1.40
作物栽培与耕作学	1	0.56	23	0.32
保护生物学与恢复生态学	1	0.56	230	3.21
分子探针	1	0.56	48	0.67
园林学	1	0.56	23	0.32
基因表达调控与表观遗传学	1	0.56	19	0.27
应用数学方法	1	0.56	52	0.73
微生物多样性、分类与系统发育	1	0.56	39	0.54
林木遗传育种学	1	0.56	200	2.79
植物发育与生殖	1	0.56	20	0.28
植物检疫与生物入侵	1	0.56	20	0.28
植物生理学	1	0.56	16	0.22
植物进化生物学	1	0.56	26	0.36
植物遗传学	1	0.56	28	0.39

（续）

二级学科	资助数量（项）	资助数量占比（%）	资助金额（万元）	资助金额占比（%）
海洋化学	1	0.56	21	0.29
理论环境化学	1	0.56	50	0.70
病原细菌与放线菌生物学	1	0.56	24	0.34
病毒学	1	0.56	34	0.48
组学技术	1	0.56	19	0.27
群落生态学	1	0.56	20	0.28
设施园艺学	1	0.56	23	0.32
食品原料学	1	0.56	23	0.32
饲料学	1	0.56	50	0.70
高分子材料与环境	1	0.56	50	0.70
未分类	2	1.13	251.2	3.51
总计	177	100.00	7 157.2	100.00

（2）二级学科资助时间变化分析

香蕉领域 NSFC 重点二级学科（资助数量≥3 项）资助数量年度变化情况如图 3-48 所示。香蕉领域 2007—2018 年在果树学学科获得持续性的项目支持，2012—2019 年在植物病理学和园艺作物采后生物学学科也获得相对持续的项目支持。其中，香蕉领域在果树

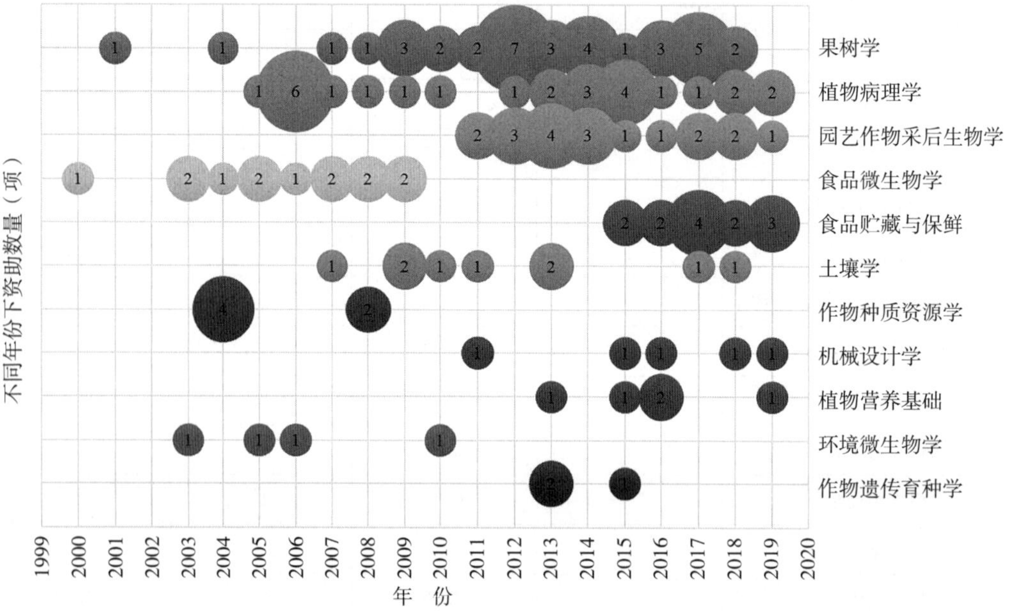

图 3-48　香蕉领域重点二级学科资助数量年度变化（学科资助数量≥3 项）

学学科于 2001 年首次获得项目资助，2007—2019 年资助数量呈波动状态，且于 2012 年达到最大值 7 项；在植物病理学学科于 2005 年首次获得项目资助，此后除 2011 年之外其他年份均获得项目资助，资助数量在 1～6 项；在园艺作物采后生物学学科于 2011 年开始获得连续资助，资助数量在 1～4 项来回波动；在食品微生物学学科于 2000 年首次获得项目资助，在 2003—2009 年获得连续资助，年度资助数量不超过 2 项，此后再未获得资助；在食品贮藏与保鲜学科于 2015—2019 年获得连续资助，资助数量在 2～4 项波动；在作物种质资源学学科仅有 2004 年和 2008 年获得资助，资助数量分别为 4 项和 2 项；在土壤学、机械设计学、植物营养基础等其他二级学科均为间断性地获得 1～2 项资助。

（四）地区分析

1. 地区资助概况分析

香蕉领域获得 NSFC 项目资助的省、自治区、直辖市共计 13 个（表 3-80）。其中，广东省和海南省的资助数量分别为 79 项、63 项，占比均超过了 35%，资助金额分别为 3 543 万元、2 379.2 万元，占比均超过了 30%，远远高于其他地区；其次是广西壮族自治区，资助数量和资助金额分别为 14 项、578 万元。另外，江苏省、云南省、北京市、福建省的资助数量也均在 3 项及以上，资助金额也较多，均累计超过 60 万元。

表 3-80 香蕉领域各地区资助数量、资助金额及占比

地区	资助数量（项）	资助数量占比（%）	资助金额（万元）	资助金额占比（%）
广东省	79	44.63	3 543	49.50
海南省	63	35.59	2 379.2	33.24
广西壮族自治区	14	7.91	578	8.08
江苏省	5	2.82	196	2.74
云南省	3	1.69	86	1.20
北京市	3	1.69	87	1.22
福建省	3	1.69	65	0.91
山东省	2	1.13	112	1.56
吉林省	1	0.56	26	0.36
安徽省	1	0.56	23	0.32
河南省	1	0.56	20	0.28
湖北省	1	0.56	23	0.32
甘肃省	1	0.56	19	0.27
总计	177	100.00	7 157.2	100.00

2. 地区资助时间变化

香蕉领域 NSFC 主要地区（资助数量≥3 项）资助数量年度变化情况如图 3-49 所示。

广东省和海南省均最早于2000年有资助项目，且分别自2003年、2006年以后获得连续资助，资助数量均呈明显波动状态，年度最高资助数量分别为8项、7项；广西壮族自治区于2006年首次获得资助，2014—2019年获得连续资助，资助数量均保持在1～3项，波动幅度不大；江苏省在2011—2019年断断续续获得资助，资助数量均为1项；云南省、北京市和福建省均仅有3年获得资助，年度资助数量均为1项。

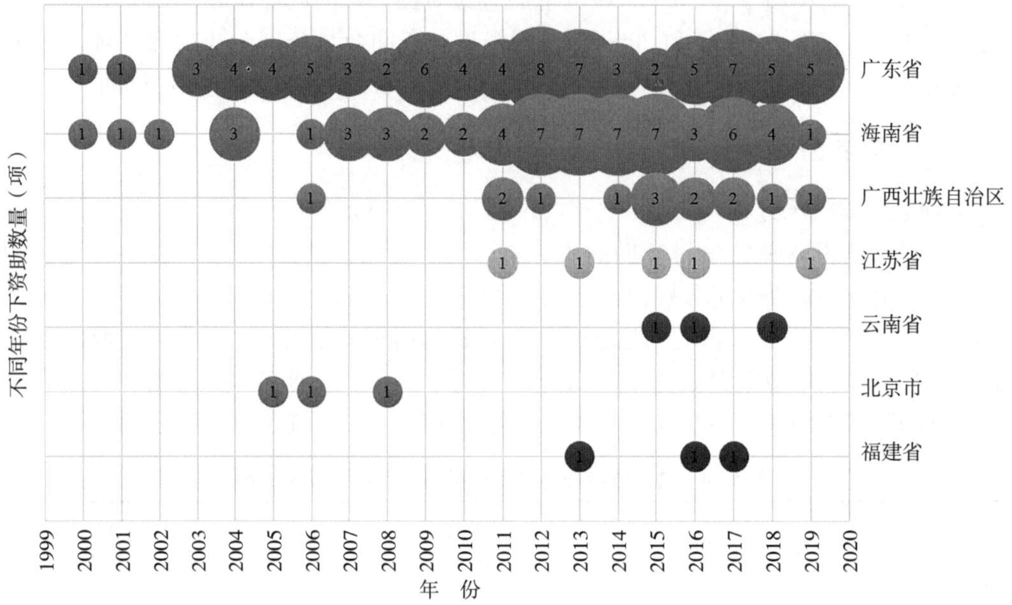

图3-49　香蕉领域主要地区资助数量年度变化（地区资助数量≥3项）

3. 地区—项目类型分析

香蕉领域获得NSFC项目资助的13个地区在各类项目中的分布情况如表3-81所示，13个地区共在7类项目中获得资助支持。

表3-81　香蕉领域地区—项目类型资助分布

地区	资助数量（项）						
	面上项目	青年科学基金项目	地区科学基金项目	国际（地区）合作交流项目	联合基金项目	应急管理项目	重点项目
广东省	46	28		2	2		1
海南省	14	20	26	2		1	
广西壮族自治区			14				
江苏省	2	3					
云南省		2	1				
北京市	3						
福建省		3					

（续）

地区	资助数量（项）						
	面上项目	青年科学基金项目	地区科学基金项目	国际（地区）合作交流项目	联合基金项目	应急管理项目	重点项目
山东省	1	1					
吉林省		1					
安徽省		1					
河南省		1					
湖北省		1					
甘肃省		1					

海南省同时获得了地区科学基金项目、青年科学基金项目和面上项目三类项目资助支持，且获得了最多的地区科学基金项目；除此之外，广东省、海南省、江苏省和山东省 4 个地区同时获得了面上项目和青年科学基金项目；吉林省、安徽省、河南省、湖北省和甘肃省仅获得青年科学基金项目资助。广东省、海南省各获得了 2 项国际（地区）合作交流项目；广东省获得了 2 项联合基金项目和 1 项重点项目；海南省获得了 1 项应急管理项目。

（五）机构分析

1. 机构资助概况分析

香蕉领域获得 NSFC 资助项目的机构共计 29 家，包含 20 家高校、9 家科研院所，如表 3-82 所示。

表 3-82　香蕉领域各机构资助数量、资助金额及占比

机构	资助数量（项）	资助数量占比（%）	资助金额（万元）	资助金额占比（%）
中国热带农业科学院	40	22.60	1 439.2	20.11
华南农业大学	38	21.47	1 793	25.05
海南大学	21	11.86	877	12.25
广东省农业科学院	17	9.60	834	11.65
中国科学院	12	6.78	653	9.12
广西壮族自治区农业科学院	10	5.65	388	5.42
中山大学	6	3.39	118	1.65
南京农业大学	4	2.26	171	2.39
中国农业科学院	3	1.69	87	1.22
云南省农业科学院	3	1.69	86	1.20

（续）

机构	资助数量（项）	资助数量占比（%）	资助金额（万元）	资助金额占比（%）
福建农林大学	3	1.69	65	0.91
广西大学	2	1.13	100	1.40
海南热带海洋学院	2	1.13	63	0.88
东北师范大学	1	0.56	26	0.36
佛山科学技术学院	1	0.56	25	0.35
华中农业大学	1	0.56	23	0.32
华南理工大学	1	0.56	25	0.35
南京师范大学	1	0.56	25	0.35
安徽农业大学	1	0.56	23	0.32
山东省农业科学院	1	0.56	25	0.35
广东省科学院	1	0.56	25	0.35
广东石油化工学院	1	0.56	25	0.35
广东食品药品职业学院	1	0.56	23	0.32
广州大学	1	0.56	22	0.31
桂林理工大学	1	0.56	38	0.53
河南农业大学	1	0.56	20	0.28
玉林师范学院	1	0.56	52	0.73
甘肃农业大学	1	0.56	19	0.27
青岛农业大学	1	0.56	87	1.22
总计	177	100.00	7 157.2	100.00

中国热带农业科学院和华南农业大学获得的资助数量分别为 40 项、38 项，占比均超过了 20%，资助金额分别为 1 439.2 万元、1 793 万元，占比均超过了 20%，远远高于其他机构；海南大学、广东省农业科学院、中国科学院、广西壮族自治区农业科学院获得资助支持也较多，资助数量均不少于 10 项，资助金额均超过 300 万元。另外，中山大学、南京农业大学、中国农业科学院、云南省农业科学院、福建农林大学获得资助项目数量也较多，均不少于 3 项。

2. 机构资助时间变化分析

香蕉领域 NSFC 主要机构（资助数量≥6 项）资助数量年度变化情况如图 3-50 所示。中国热带农业科学院最早于 2000 年获得资助项目，但直到 2006 年以后才获得连续资助，近年来资助数量均在 2～5 项，较为稳定；华南农业大学于 2003 年最早获得资助项目，且直到 2019 年一直保持连续资助，数量在 1～4 项波动；海南大学于 2007 年开始获得资助项目，2011—2019 年获得连续资助，数量在 1～4 项波动；广东省农业科学院于 2001 年首次获得资助项目，2009—2018 年仅有 2015 年未获得资助项目，每年资助数量均不超过 3 项；中国科学院最早于 2000 年获得资助项目，但未能连续获得资助项目，每年资助数量不超过 2 项；广西壮族自治区农业科学院 2006 年、2011 年均获得 1 项资助，2015—2019 年获得连续资助，数量趋于减少；中山大学于 2003—2007 年获得连续资助，资助数量均为 1 项，此后除 2009 年获得 1 项资助外，再未获得资助。

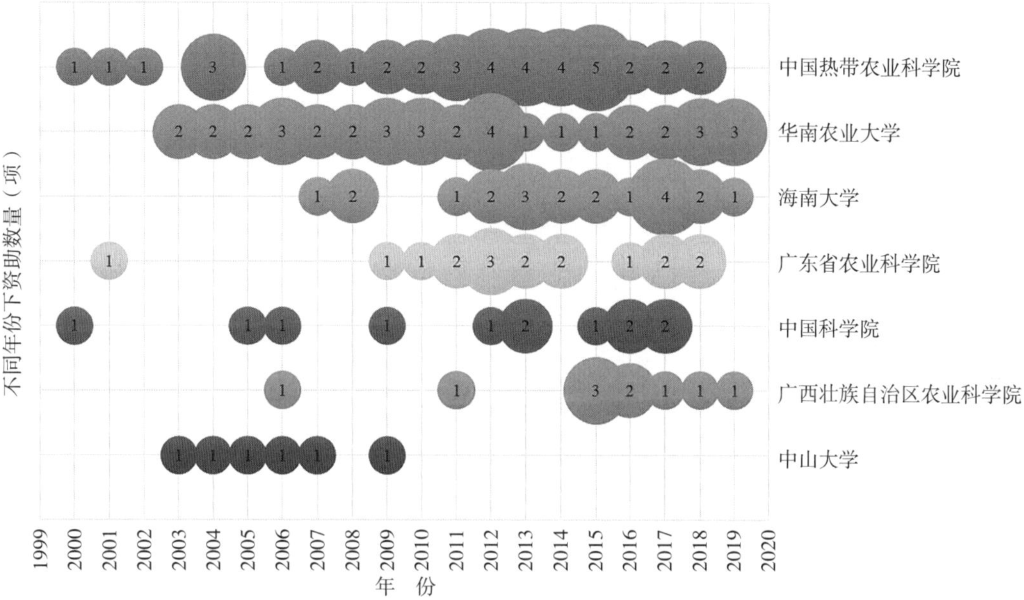

图 3-50 香蕉领域主要机构资助数量年度变化（机构资助数量≥6 项）

3. 机构—项目类型分析

香蕉领域获得 NSFC 项目资助的 29 家机构在各类项目中的分布情况如表 3-83 所示。

表 3-83 香蕉领域机构—项目类型资助分布

机构	资助数量（项）						
	面上项目	青年科学基金项目	地区科学基金项目	国际（地区）合作交流项目	联合基金项目	应急管理项目	重点项目
中国热带农业科学院	11	17	10	2			
华南农业大学	27	9			1		1
海南大学	3	3	15				
广东省农业科学院	8	8			1		
中国科学院	6	4		2			
广西壮族自治区农业科学院			10				
中山大学	4	2					
南京农业大学	2	2					
中国农业科学院	3						

（续）

机构	资助数量（项）						
	面上项目	青年科学基金项目	地区科学基金项目	国际（地区）合作交流项目	联合基金项目	应急管理项目	重点项目
云南省农业科学院		2	1				
福建农林大学		3					
广西大学			2				
海南热带海洋学院			1			1	
东北师范大学		1					
佛山科学技术学院		1					
华中农业大学		1					
华南理工大学		1					
南京师范大学		1					
安徽农业大学		1					
山东省农业科学院		1					
广东省科学院		1					
广东石油化工学院		1					
广东食品药品职业学院		1					
广州大学	1						
桂林理工大学			1				
河南农业大学		1					
玉林师范学院			1				
甘肃农业大学		1					
青岛农业大学	1						

有 7 家机构同时获得面上项目和青年科学基金项目两类项目资助支持，其中，中国热带农业科学院获得青年科学基金项目的资助数量最多，华南农业大学获得面上项目资助数量最多，有 3 家机构仅获得面上项目支持，13 家机构仅获得青年科学基金项目。地区科学基金项目中海南大学获得的资助数量最多，其次为中国热带农业科学院、广西壮族自治区农业科学院，有 4 家机构仅获得地区科学基金项目；中国热带农业科学院和中国科学院各获得了 2 项国际（地区）合作交流项目资助，华南农业大学获得了 1 项联合基金项目和 1 项重点项目，海南热带海洋学院获得了 1 项应急管理项目资助。

4. 机构—学科分析

（1）机构—一级学科分析

通过对香蕉领域获得 NSFC 资助项目的机构和一级学科聚类分析，可以发现该领域 NSFC 资助项目研究重点分布在园艺学与植物营养学科（表 3-84、图 3-51）。

表 3-84　香蕉领域机构——一级学科资助分布

机构	资助数量（项）																			
	园艺学与植物营养学	食品科学	植物保护学	农学基础与作物学	微生物学	环境地球科学	机械工程	生态学	植物学	遗传学与生物信息学	农业领域	分子生物学与生物技术	化学生物学	发育生物学与生殖生物学	数学	有机高分子材料	林学与草地科学	海洋科学	环境化学	畜牧学
中国热带农业科学院	12	4	9	5	1	2		1	1	1				1			1	1		
华南农业大学	8	13	11		2	2	1					1								
海南大学	6		3	2	1	2	4									1			1	1
广东省农业科学院	14		1		1						1									
中国科学院	3	8						1												
广西壮族自治区农业科学院	5	2	2		1															
中山大学	1			1	3					1										
南京农业大学	3					1														
中国农业科学院	1		1	1																
云南省农业科学院			1					2												
福建农林大学	2		1																	
广西大学	2																			
海南热带海洋学院	1												1							
东北师范大学									1											
佛山科学技术学院		1																		

（续）

机构	资助数量（项）																			
	园艺学与植物营养学	食品科学	植物保护学	农学基础与作物学	微生物学	环境地球科学	机械工程	生态学	植物学	遗传学与生物信息学	农业领域	分子生物学与生物技术	化学生物学	发育生物学与生殖生物学	数学	有机高分子材料	林学与草地科学	海洋科学	环境化学	畜牧学
华中农业大学	1																			
华南理工大学		1																		
南京师范大学						1														
安徽农业大学	1																			
山东省农业科学院		1																		
广东省科学院		1																		
广东石油化工学院		1																		
广东食品药品职业学院		1																		
广州大学				1																
桂林理工大学						1														
河南农业大学			1																	
玉林师范学院															1					
甘肃农业大学	1																			
青岛农业大学	1																			

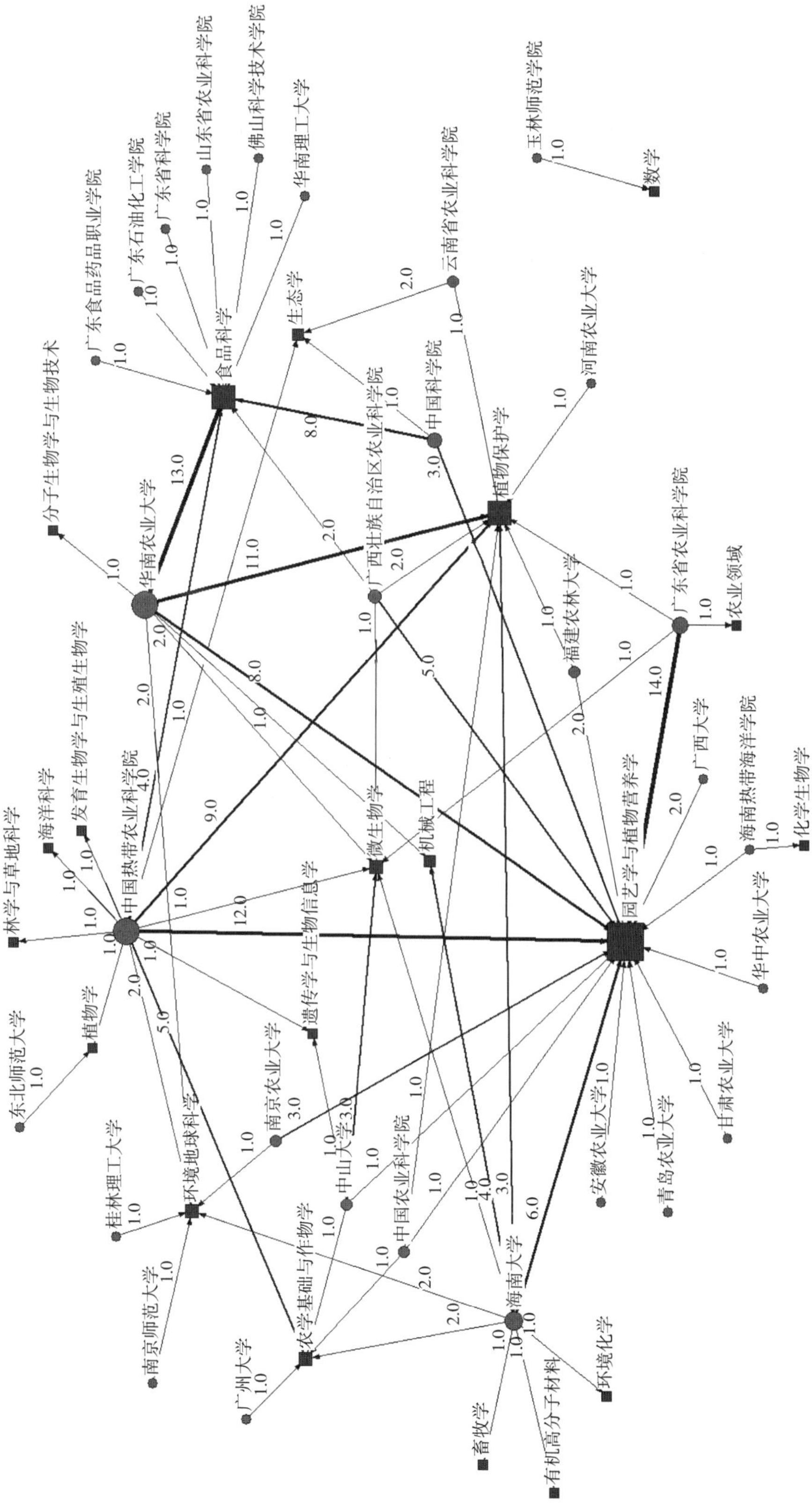

图3-51 香蕉领域机构——一级学科资助分布图

从学科层面看，有 16 家机构在园艺学与植物营养学学科获得资助支持；其次是食品科学、植物保护学、农学基础与作物学、微生物学、环境地球科学等，均有至少 5 家机构在该学科获得资助支持。从机构层面看，中国热带农业科学院和海南大学获得资助支持的学科数量较多，分别为 12 个和 9 个；其次是华南农业大学、广东省农业科学院、广西壮族自治区农业科学院和中山大学，获得资助支持的学科均不少于 4 个。

对比发现，广东省农业科学院在园艺学与植物营养学学科获得的资助数量最多；华南农业大学在食品科学、植物保护等学科获得的资助数量最多；中国热带农业科学院在农学基础与作物学等学科获得的资助数量最多；中山大学在微生物学学科获得资助数量较多。

（2）机构—二级学科分析

香蕉领域获得 NSFC 项目资助的机构在各二级学科（资助数量≥2 项）中的分布情况如表 3-85、图 3-52 所示，各机构在不同二级学科的资助分布和资助优势差异悬殊。

从学科层面看，有 12 家机构在果树学学科获得资助支持；其次是植物病理学、食品贮藏与保鲜、土壤学、园艺作物采后生物学、作物种质资源学，均有至少 5 家机构在该学科获得资助支持。从机构层面看，华南农业大学获得资助支持的学科数量最多，为 11 个；其次是中国热带农业科学院、海南大学，获得资助支持的学科均为 9 个。

对比发现，广东省农业科学院在果树学学科获得资助数量最多；中国热带农业科学院、华南农业大学在植物病理学等学科获得资助数量最多；华南农业大学在园艺作物采后生物学、食品微生物学等学科获得资助数量最多；华南农业大学和中国科学院在食品贮藏与保鲜学科获得资助数量最多。

表 3-85 香蕉领域机构—二级学科资助分布（学科资助数量≥2 项）

机构	资助数量（项）																
	果树学	植物病理学	园艺作物采后生物学	食品微生物学	食品贮藏与保鲜	土壤学	作物种质资源学	机械设计学	植物营养基础	环境微生物学	作物遗传育种学	植物化学保护	生态系统生态学	病原真菌学	食品加工的生物学基础	食品安全与质量控制	食品生物化学
中国热带农业科学院	8	9	4	1		2	2				2				1	2	
华南农业大学	1	9	7	8	4	2		1		1		1		1			1
海南大学	4	2				2	1	4	2		1	1		1			
广东省农业科学院	14	1															
中国科学院			3	4	4												
广西壮族自治区农业科学院	1	2	4		1												1
中山大学	1						1			3							
南京农业大学						1			3								
中国农业科学院		1					1										
云南省农业科学院		1											2				
福建农林大学	2	1															
广西大学	1		1														
海南热带海洋学院	1																
佛山科学技术学院					1												

（续）

机构	资助数量（项）																
	果树学	植物病理学	园艺作物采后生物学	食品微生物学	食品贮藏与保鲜	土壤学	作物种质资源学	机械设计学	植物营养基础	环境微生物学	作物遗传育种学	植物化学保护	生态系统生态学	病原真菌学	食品加工的生物学基础	食品安全与质量控制	食品生物化学
华南理工大学															1		
南京师范大学						1											
安徽农业大学	1																
山东省农业科学院					1												
广东省科学院					1												
广东石油化工学院					1												
广州大学							1										
桂林理工大学						1											
河南农业大学		1															
甘肃农业大学	1																
青岛农业大学	1																

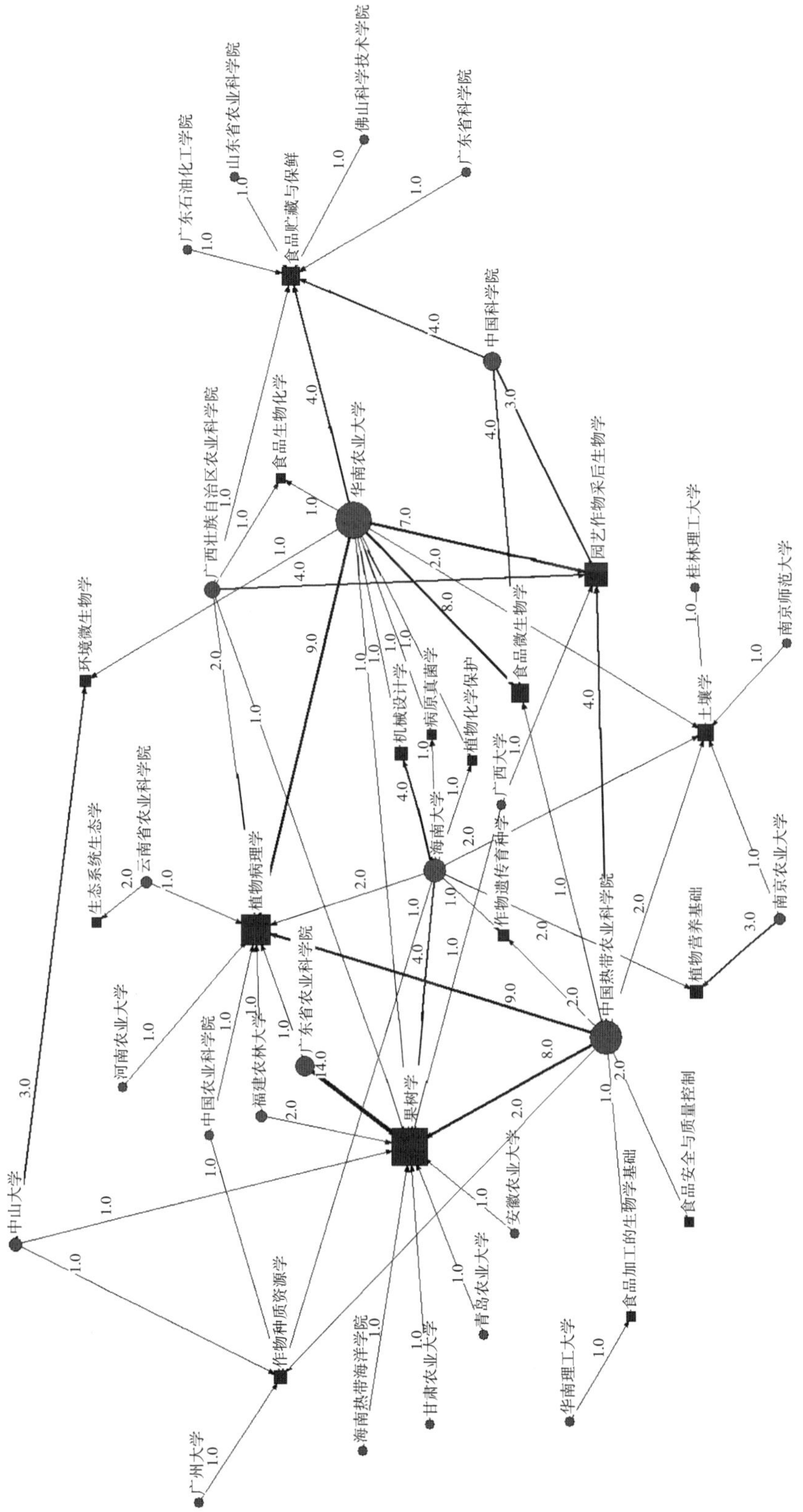

图3-52 香蕉领域机构—二级学科资助分布图（学科资助数量≥2项）

（六）学者分析

1. 学者资助概况分析

香蕉领域共有126位学者作为项目负责人获得NSFC项目，其中，有34位学者获得的资助数量在2项及以上（表3-86）。34位学者都具有高级职称：其中，具有正高级职称的学者有21位，共分布在8家机构；各有7位学者隶属于华南农业大学和中国热带农业科学院，5位学者隶属于广东省农业科学院，地域优势明显。

表3-86 香蕉领域主要学者资助数量、资助金额及职称、机构

学者	资助数量（项）	资助金额（万元）	职称	所属机构
陆旺金	6	520	正高级	华南农业大学
庞学群	4	193	正高级	华南农业大学
段学武	4	115	正高级	中国科学院
刘菊华	3	170	正高级	中国热带农业科学院
张喜瑞	3	105	副高级	海南大学
易干军	3	347	正高级	广东省农业科学院
李新国	3	106	正高级	海南大学
王振中	3	89	正高级	华南农业大学
谢辉	3	80	正高级	华南农业大学
邝健飞	3	145	正高级	华南农业大学
金志强	3	56.2	正高级	中国热带农业科学院
陈建业	3	168	正高级	华南农业大学
云泽	2	88	副高级	中国科学院
付岗	2	79	副高级	广西壮族自治区农业科学院
何全光	2	88	副高级	广西壮族自治区农业科学院
刘志昕	2	57	正高级	中国热带农业科学院
周世宁	2	42	正高级	中山大学
孙健	2	84	正高级	广西壮族自治区农业科学院
彭军	2	260	副高级	中国热带农业科学院
徐碧玉	2	37	正高级	中国热带农业科学院
曾会才	2	103	正高级	中国热带农业科学院
朱虹	2	89	副高级	中国科学院
李敏慧	2	82	副高级	华南农业大学
李春雨	2	115	正高级	广东省农业科学院
李荣	2	92	副高级	南京农业大学
杨乔松	2	85	副高级	广东省农业科学院
汤华	2	74	正高级	海南大学

（续）

学者	资助数量（项）	资助金额（万元）	职称	所属机构
沈宗专	2	79	副高级（1项）、中级（1项）	南京农业大学
盛占武	2	84	副高级	中国热带农业科学院
胡春华	2	73	正高级	广东省农业科学院
裴新梧	2	55	正高级（1项）、副高级（1项）	中国农业科学院
阮云泽	2	141	正高级	海南大学
黄永红	2	102	副高级	广东省农业科学院（1项）、青岛农业大学（1项）
黄霞	2	28	副高级	中山大学

资助数量排在第一位的是陆旺金，隶属于华南农业大学；其次是庞学群、段学武，资助数量均为4项。累计资助金额排在第一位的为华南农业大学的陆旺金，资助金额累计高达520万元，遥遥领先于其他学者；其次为易干军，资助金额为347万元。

2. 学者—项目类型分析

香蕉领域获得NSFC资助数量2项及以上的34位学者在各类项目中的分布情况如表3-87所示。34位学者共在6类项目中获得资助支持，各学者在不同项目类型的资助分布与资助优势不同。其中，段学武获得资助支持的项目类型最多，为3类。

表3-87　香蕉领域主要学者—项目类型资助分布

学者	资助数量（项）					
	面上项目	青年科学基金项目	地区科学基金项目	国际（地区）合作交流项目	联合基金项目	重点项目
陆旺金	5					1
庞学群	3	1				
段学武	2	1		1		
刘菊华	2		1			
张喜瑞		1	2			
易干军	2				1	
李新国			3			
王振中	2				1	
谢辉	3					
邝健飞	2	1				
金志强	2			1		
陈建业	2	1				
云泽	1	1				
付岗			2			

（续）

学者	资助数量（项）					
	面上项目	青年科学基金项目	地区科学基金项目	国际（地区）合作交流项目	联合基金项目	重点项目
何全光			2			
刘志昕	1		1			
周世宁	2					
孙健			2			
彭军	1			1		
徐碧玉			2			
曾会才	1		1			
朱虹	1	1				
李敏慧	1	1				
李春雨	2					
李荣	1	1				
杨乔松	1	1				
汤华			2			
沈宗专	1	1				
盛占武	1	1				
胡春华	1	1				
裴新梧	2					
阮云泽	2					
黄永红	2					
黄霞	1	1				

34 位学者中，有 13 位学者同时获得了面上项目和青年科学基金项目两类项目资助支持，6 位学者仅获得面上项目资助支持；其中，陆旺金、庞学群、谢辉在面上项目获得的资助数量较多，均在 3 项及以上；李新国在地区科学基金项目获得的资助数量最多，为 3 项。另外，有 14 位学者均获得青年科学基金项目，段学武、金志强和彭军均获得 1 项国际（地区）合作交流项目资助，易干军和王振中均获得 1 项联合基金项目资助，陆旺金获得了 1 项重点项目资助。

3. 职称—项目类型分析

香蕉领域获得 NSFC 资助的学者职称主要分为正高级、副高级和中级三类，不同级别职称的学者获得的项目资助在不同项目类型中的分布与优势不同，差异明显（表 3-88）。

表 3-88　香蕉领域学者职称—项目类型资助分布

职称	资助数量（项）						
	面上项目	青年科学基金项目	地区科学基金项目	国际（地区）合作交流项目	联合基金项目	应急管理项目	重点项目
正高级	48	7	23	3	2		1

（续）

职称	资助数量（项）						
	面上项目	青年科学基金项目	地区科学基金项目	国际（地区）合作交流项目	联合基金项目	应急管理项目	重点项目
副高级	18	25	14	1			
中级		30	4			1	

从职称来看，具有正高级职称的学者在除了应急管理项目外的各类项目均获得资助支持，其中，面上项目获得的资助力度最大，数量为 48 项，其次为地区科学基金项目，均远高于其他职称级别获得的资助力度；具有副高级职称的学者获得资助支持的类型主要是青年科学基金项目、面上项目和地区科学基金项目，获得资助数量均在 10 项以上；具有中级职称的学者获得资助支持的类型主要是青年科学基金项目，数量为 30 项，其次为地区科学基金项目，数量为 4 项。

从项目类型来看，青年科学基金项目、地区科学基金项目在具有正高级、副高级及中级职称的学者中均有分布，但地区科学基金项目主要分布在具有正高级、副高级职称的学者中，而青年科学基金项目主要资助对象为具有中级和副高级职称的学者。

（七）主题分析

1. 重点主题词分析

基于人工和自然语言处理技术，将香蕉领域 NSFC 所有资助项目的标题、关键词等进行分词、合并与规范化处理，共获取 451 个主题词。通过对主题词资助项目数及其占比进行统计分析发现（表 3-89），香蕉枯萎病、成熟、转录因子、香蕉果实、香蕉枯萎病菌是出现频率最高的主题词，资助数量均在 10 项及以上，占比均在 5.5%以上；尖孢镰刀菌古巴专化型、采后、miRNA、微生物、基因克隆等的资助数量均在 6 项及以上，占比均在 3%及以上；分子机理、功能鉴定、基因、微生物多样性、枯萎病等的资助数量均在 4 项及以上，占比均在 2%及以上。可见，香蕉领域 NSFC 所有资助项目的研究主要集中在抗病遗传育种领域。

表 3-89 香蕉领域高频主题词资助概况

主题词	资助数量（项）	资助数量占比（%）	主题词	资助数量（项）	资助数量占比（%）
香蕉枯萎病	21	11.86	基因克隆	7	3.95
成熟	18	10.17	耐冷性	7	3.95
转录因子	13	7.34	芭蕉科	7	3.95
香蕉果实	13	7.34	调控机理	7	3.95
香蕉枯萎病菌	10	5.65	功能	6	3.39
尖孢镰刀菌古巴专化型	9	5.08	机理	6	3.39
采后	9	5.08	致病基因	6	3.39
miRNA	8	4.52	诱导	6	3.39
微生物	8	4.52	香蕉穿孔线虫	6	3.39

（续）

主题词	资助数量（项）	资助数量占比（%）	主题词	资助数量（项）	资助数量占比（%）
分子机理	5	2.82	基因功能	3	1.69
功能鉴定	5	2.82	微生物群落	3	1.69
基因	5	2.82	抗病基因	3	1.69
微生物多样性	5	2.82	抗病性	3	1.69
枯萎病	5	2.82	效应蛋白	3	1.69
水果	5	2.82	有机肥	3	1.69
种质资源	5	2.82	杂交	3	1.69
钙信号	5	2.82	果实品质	3	1.69
降解	5	2.82	根际微生物	3	1.69
乙烯	4	2.26	结构	3	1.69
互作	4	2.26	胁迫	3	1.69
冷害	4	2.26	致病机理	3	1.69
基因沉默	4	2.26	蛋白质组学	3	1.69
淀粉	4	2.26	表达	3	1.69
蛋白互作	4	2.26	衰老	3	1.69
蛋白质	4	2.26	转录调控	3	1.69
转录组	4	2.26	软化	3	1.69
一氧化氮	3	1.69	过氧化氢	3	1.69
信号传导	3	1.69	遗传多样性	3	1.69
农业机械	3	1.69	青皮熟	3	1.69
分子标记	3	1.69	香蕉束顶病毒	3	1.69

2. 研究重点分析

利用从香蕉领域NSFC所有资助项目中获取的451个主题词构建主题词共现矩阵，将矩阵导入VOSviewer中绘制主题词共现网络图，通过参数调整实现自动聚类。

香蕉领域NSFC所有资助项目的研究分为四个主题领域，分别为果实成熟衰老的调控机理研究（红色）、抗性种质资源及其改良研究（绿色）、病原菌及害虫的致病机理研究（蓝色）、根际微生物及抗病机制研究（黄色）。其中，在果实成熟衰老的调控机理研究获得的资助支持最多，其次是抗性种质资源及其改良研究，再次是病原菌及害虫的致病机理研究、根际微生物及抗病机制研究（彩图3-5）。

（1）果实成熟衰老的调控机理研究领域

该领域包含的核心主题词有成熟、转录因子、香蕉果实、采后、miRNA、调控机理、分子机理、功能鉴定、基因、水果等，主要研究乙烯、水杨酸、一氧化氮、过氧化氢等物质及各种转录因子对香蕉果实品质、成熟及衰老过程的影响及调控研究，并开展不同基因的功能鉴定及表达研究。

（2）抗性种质资源及其改良研究领域

该领域包含的核心主题词有香蕉枯萎病、尖孢镰刀菌古巴专化型、基因克隆、耐冷性、芭蕉科、机理、诱导、枯萎病、种质资源等，主要开展香蕉种质资源的鉴定、评价与利用研究，利用基因克隆、分子标记、杂交、GC-MS 等技术开展香蕉种质资源的抗枯萎病、耐冷基因挖掘、抗病突变体的鉴定等研究。

（3）病原菌及害虫的致病机理研究领域

该领域包含的核心主题词有香蕉枯萎病菌、功能、致病基因、香蕉穿孔线虫、效应蛋白、致病机理、RNA 干扰、克隆、基因敲除等，主要利用克隆、基因编辑、基因测序等技术开展香蕉枯萎病菌、穿孔线虫的致病基因挖掘、致病机理、寄主互作研究。

（4）根际微生物及抗病机制研究领域

该领域包含的核心主题词有微生物、微生物多样性、有机肥、根际微生物、杀线虫剂、根际理化性质、连作障碍、作物产量等，主要开展有机肥、土壤根际微生物、杀线虫剂等对土壤根际理化性质、抑菌作用、作物产量的影响研究。

3. 研究趋势分析

香蕉领域 NSFC 各主题领域资助数量年度变化情况如图 3-53 所示。香蕉领域在果实成熟衰老的调控机理研究、抗性种质资源及其改良研究领域均最早获得资助支持，且获得了持续性的项目支持。其中，果实成熟衰老的调控机理研究领域的资助数量在 2015 年、2017 年达到了最大值 11 项；抗性种质资源及其改良研究领域的资助数量在 2012 年达到了最大值 9 项；病原菌及害虫的致病机理研究领域最早于 2004 年获得项目资助，之后断断续续地获得项目资助，资助数量均不超过 4 项；根际微生物及抗病机制研究领域于 2009 年首次获得项目资助，之后除 2012 年、2017 年和 2018 年没有获得资助外，其余年

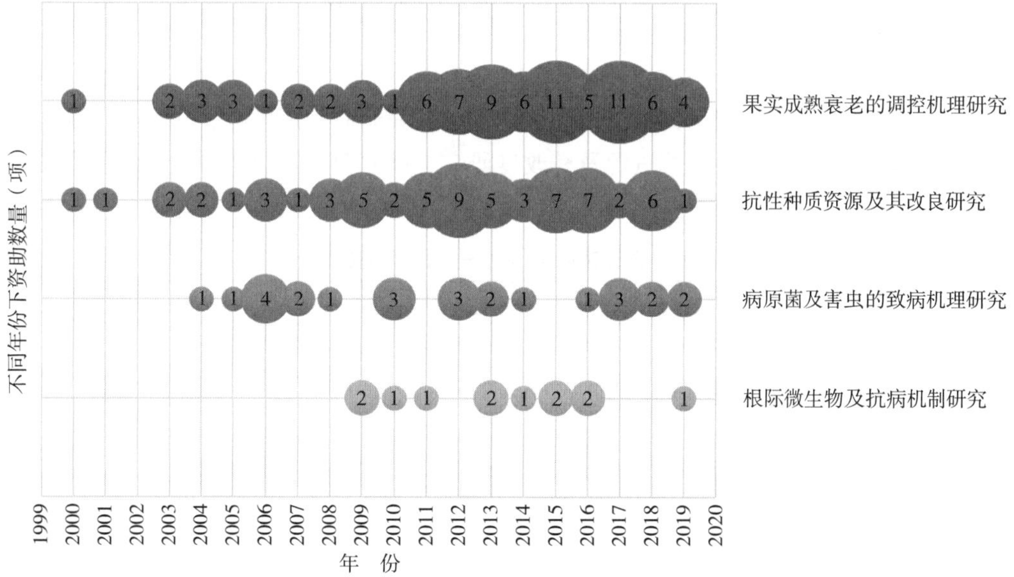

图 3-53 香蕉领域各主题领域资助数量年度分布

份均获得了 1～2 项资助。可见，果实成熟衰老的调控机理研究、抗性种质资源及其改良研究始终是香蕉领域申请 NSFC 的热点主题。

4. 研究重点项目类型分析

香蕉领域获得 NSFC 项目资助的 4 个主题领域在各类项目的分布情况如表 3-90 所示。4 个主题领域共在 6 类项目中获得资助支持，各主题领域在不同项目类型的资助分布和资助优势差异明显。

表 3-90　香蕉领域各主题领域—项目类型资助分布

项目类型	资助数量（项）			
	果实成熟衰老的调控机理研究	抗性种质资源及其改良研究	病原菌及害虫的致病机理研究	根际微生物及抗病机制研究
面上项目	34	24	13	5
青年科学基金项目	27	29	5	5
地区科学基金项目	20	10	7	2
国际（地区）合作交流项目		2		
联合基金项目	1	1	1	
重点项目	1			

4 个主题领域同时获得了面上项目、青年科学基金项目、地区科学基金项目三类项目支持，果实成熟衰老的调控机理研究、抗性种质资源及其改良研究领域在这三类项目获得的资助数量均排在前两位，其中，果实成熟衰老的调控机理研究领域在面上项目、地区科学基金项目获得的资助数量最多，抗性种质资源及其改良研究领域在青年科学基金项目获得的资助数量最多。除此之外，果实成熟衰老的调控机理研究、抗性种质资源及其改良研究、病原菌及害虫的致病机理研究领域还同时获得了联合基金项目的支持，抗性种质资源及其改良研究、果实成熟衰老的调控机理研究领域分别获得 2 项国际(地区)合作交流项目、1 项重点项目。

5. 地区研究重点分析

香蕉领域获得 NSFC 项目资助的 12 个地区在 4 个主题领域的分布情况如表 3-91 所示，各地区在不同主题领域的资助分布和资助优势差异明显，广东省、海南省在果实成熟衰老的调控机理研究、抗性种质资源及其改良研究、病原菌及害虫的致病机理研究领域获得的资助数量均排在前列。

表 3-91　香蕉领域各地区—主题领域资助分布

地区	资助数量（项）			
	果实成熟衰老的调控机理研究	抗性种质资源及其改良研究	病原菌及害虫的致病机理研究	根际微生物及抗病机制研究
广东省	41	30	12	2
海南省	28	21	10	5
广西壮族自治区	9	3	1	
江苏省		1		5
云南省	1	3		
北京市	1	2	1	

（续）

地区	资助数量（项）			
	果实成熟衰老的调控机理研究	抗性种质资源及其改良研究	病原菌及害虫的致病机理研究	根际微生物及抗病机制研究
福建省	2	1		
山东省	1	2	1	
吉林省		1		
安徽省		1		
河南省			1	
甘肃省		1		

有 11 个地区在抗性种质资源及其改良研究领域获得资助支持，其中，广东省获得的资助数量最多，其次是海南省；有 7 个地区在果实成熟衰老的调控机理研究领域获得资助支持，其中，广东省获得的资助数量最多，其次是海南省、广西壮族自治区；有 6 个地区在病原菌及害虫的致病机理研究领域获得资助支持，其中，广东省获得的资助数量最多，其次是海南省；另外，有 3 个地区根际微生物及抗病机制研究领域获得资助支持，其中，海南省和江苏省在该主题领域获得的资助数量最多。

6. 机构研究重点分析

香蕉领域获得 NSFC 项目资助的 26 家机构在 4 个主题领域的分布情况如表 3-92 所示，各机构在不同主题领域的资助分布和资助优势差异明显，中国热带农业科学院、华南农业大学、海南大学、广东省农业科学院、中国科学院、广西壮族自治区农业科学院在果实成熟衰老的调控机理研究、抗性种质资源及其改良研究领域获得的资助数量排在前列。

表 3-92 香蕉领域各机构—主题领域资助分布

机构	资助数量（项）			
	果实成熟衰老的调控机理研究	抗性种质资源及其改良研究	病原菌及害虫的致病机理研究	根际微生物及抗病机制研究
中国热带农业科学院	20	14	6	2
华南农业大学	23	11	10	2
海南大学	7	7	4	3
广东省农业科学院	4	12	2	
中国科学院	9	3		
广西壮族自治区农业科学院	7	3	1	
中山大学		3		
南京农业大学		1		4
中国农业科学院	1	2	1	
云南省农业科学院	1	3		
福建农林大学	2	1		
广西大学	1			
海南热带海洋学院	1			

（续）

机构	资助数量（项）			
	果实成熟衰老的调控机理研究	抗性种质资源及其改良研究	病原菌及害虫的致病机理研究	根际微生物及抗病机制研究
东北师范大学		1		
佛山科学技术学院	1			
南京师范大学				1
安徽农业大学		1		
山东省农业科学院	1	1		
广东省科学院	1			
广东石油化工学院	1	1		
广东食品药品职业学院	1			
广州大学	1			
桂林理工大学	1			
河南农业大学			1	
甘肃农业大学		1		
青岛农业大学		1	1	

有 18 家机构在果实成熟衰老的调控机理研究领域获得资助支持，其中，华南农业大学获得的资助数量最多，其次是中国热带农业科学院、中国科学院；有 17 家机构在抗性种质资源及其改良研究领域获得资助支持，其中，中国热带农业科学院获得的资助数量最多，其次是广东省农业科学院、华南农业大学；有 8 家机构在病原菌及害虫的致病机理研究领域获得资助支持，其中，华南农业大学获得的资助数量最多，其次是中国热带农业科学院、海南大学；有 5 家机构在根际微生物及抗病机制研究领域获得资助支持，其中，南京农业大学获得的资助数量最多，其次是海南大学。

（八）总结

香蕉领域 NSFC 项目资助数量和金额历年来的变化趋势保持高度一致，经历了早期小幅波动、中期快速增长、后期逐渐减少的变化趋势；面上项目、青年科学基金项目、地区科学基金项目是主要项目类型。

资助项目以生命科学部中的园艺学与植物营养学学科为主，涵盖了果树学、植物病理学、园艺作物采后生物学等二级学科和植物真菌病害、果树分子生物学、食品微生物学基础、果树生理与栽培学等学科研究方向。

受资助主体以海南省的中国热带农业科学院和海南大学、广东省的华南农业大学和广东省农业科学院以及中国科学院为主。

项目分布在果实成熟衰老的调控机理研究、抗性种质资源及其改良研究、病原菌及害虫的致病机理研究、根际微生物及抗病机制研究四个主题领域；近年来，相关项目涉及的主题领域相对稳定，其中，果实成熟衰老的调控机理研究、抗性种质资源及其改良研究是持续的热点主题。

六、荔枝

(一) 概况分析

2000—2019 年荔枝领域 NSFC 的资助数量共计 106 项，资助金额累计 3 847.4 万元。从年度分布来看（图 3-54），2000—2019 年荔枝领域 NSFC 资助数量和资助金额的变化趋势基本一致，总体均呈逐年波动变化的趋势。其中，2000—2010 年资助数量和资助金额小幅波动增长，2011 年资助数量和资助金额均大幅度增加，2014 年资助数量和资助金额有所回落，2016 年资助数量和资助金额开始上升，2017 年达到近年来资助数量和资助金额的峰值，之后又迎来资助金额和资助数量的回落。

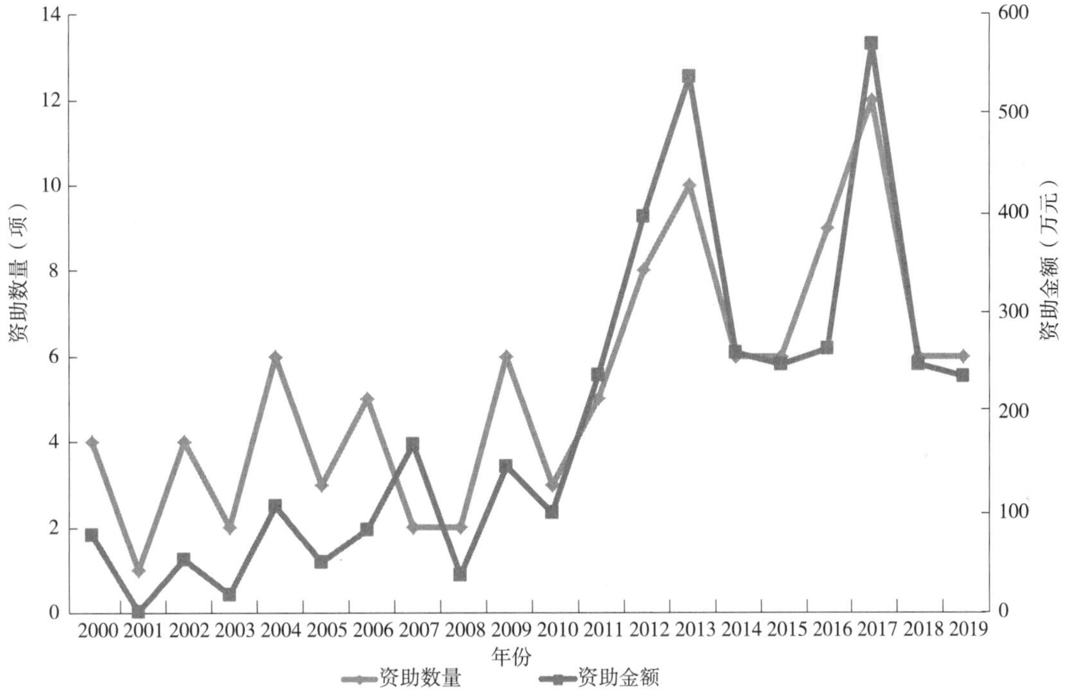

图 3-54 荔枝领域资助数量及资助金额年度变化

(二) 项目类型

1. 项目类型资助概况分析

荔枝领域 NSFC 所有资助项目共分布在 7 类项目中（表 3-93），各类项目的资助数量和资助金额差距悬殊，项目类型分布集中，面上项目、青年科学基金项目、地区科学基金项目是主要项目类型。其中，荔枝领域资助数量和资助金额最多的项目是面上项目，资助数量共计 43 项，资助金额累计 2 073 万元，占比分别为 40.57%和 53.88%；面上项目和联合基金项目的资助数量差异较大，面上项目资助数量是联合基金项目数量的近 22 倍，但资助金额只相差 4 倍；青年科学基金项目的资助数量较多，资助金额不多，资助数量占比超过 28.30%，资助金额占比为 17.18%。

表 3-93 荔枝领域各类项目资助数量、资助金额概况

年份	面上项目		青年科学基金项目		地区科学基金项目		国际（地区）合作交流项目		联合基金项目		专项基金项目		应急管理项目		合计	
	资助数量（项）	资助金额（万元）	资助数量（项）	资助金额（万元）	资助数量（项）	资助金额（万元）	资助数量（项）	资助金额（万元）	资助数量（项）	资助金额（万元）	资助数量（项）	资助金额（万元）	资助数量（项）	资助金额（万元）	资助数量（项）	资助金额（万元）
2000	1	50			1	18	1	4			1	6			4	78
2001							1	0.8							1	0.8
2002	1	17	1	21	1	15	1	0.5							4	53.5
2003	1	18					1	0.3							2	18.3
2004	2	42	1	25	2	38	1	2.5							6	107.5
2005	1	28			1	21	1	1.8							3	50.8
2006	3	79					2	4							5	83
2007	1	29							1	140					2	169
2008	2	37													2	37
2009	2	63	3	59	1	24									6	146
2010	3	100													3	100
2011	3	162	1	24	1	52									5	238
2012	4	290	3	62	1	45									8	397
2013	2	90	4	89	2	96	1	2.5	1	260					10	537.5
2014	2	165	4	96											6	261
2015	3	189	3	60											6	249
2016	1	60	4	81	3	109							1	15	9	265
2017	7	420	2	48	3	102									12	570
2018	3	176	3	73											6	249
2019	1	58	1	23	4	156									6	237
总计	43	2 073	30	661	20	676	9	16.4	2	400	1	6	1	15	106	3 847.4

2. 项目类型资助时间变化分析

荔枝领域 NSFC 各类项目资助数量年度变化情况如图 3-55 所示，荔枝领域在面上项目和青年科学基金项目获得持续性的项目支持。其中，荔枝领域在面上项目获得的资助数量于 2002—2016 年在 1～4 项来回小幅波动，且在 2017 年达到最大值 7 项；在青年科学基金项目最早于 2002 年获得项目资助，于 2011 年开始获得持续项目资助，且每年获得的资助数量均在 1～4 项来回小幅波动；在地区科学基金项目于 2000—2013 年陆续获得 1～2 项资助，近年来陆续获得 3～4 项资助；在国际（地区）合作交流项目最早于 2000 年获得项目资助，且在 2000—2006 年持续获得 1～2 项资助，后续只在 2013 年获得 1 项资助；在联合基金项目分别于 2007 年、2013 年获得 1 项资助；在专项基金项目于 2000 年获得 1 项资助；在应急管理项目于 2016 年获得 1 项资助。

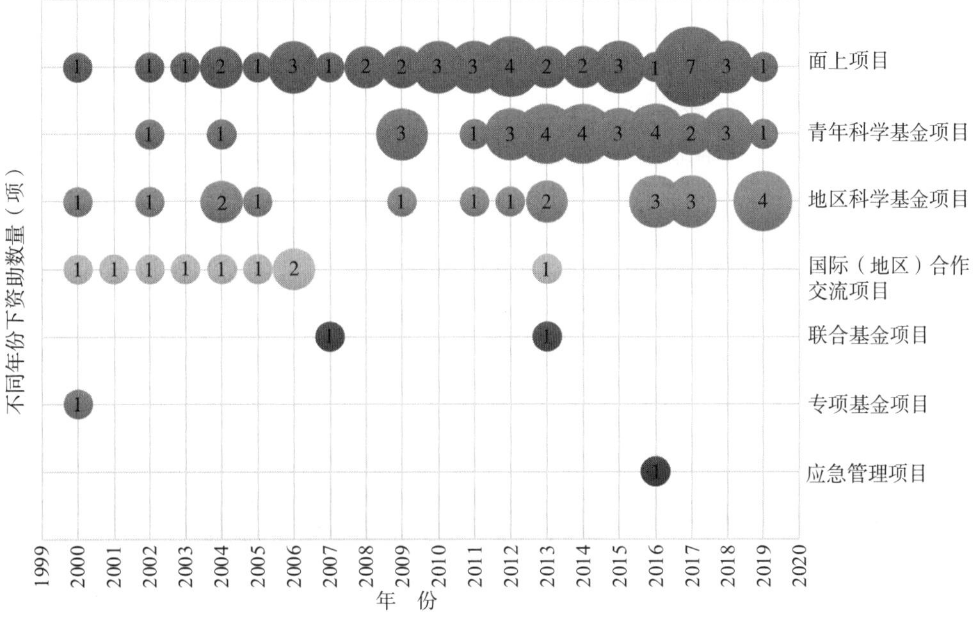

图 3-55　荔枝领域各类项目资助数量年度变化

（三）学科分析

荔枝领域 NSFC 所有资助项目共分布在 7 个科学部、15 个一级学科、30 个二级学科。

1. 科学部分析

（1）科学部资助概况分析

荔枝领域 NSFC 所有资助项目在各科学部的资助概况如表 3-94 所示，各科学部的资助数量和资助金额差异悬殊，科学部分布十分聚焦。其中，荔枝领域在生命科学部获得的资助数量和资助金额均为最多，资助数量共计 93 项，资助金额累计 3 181.4 万元，占比均超过 82%，该科学部是荔枝领域申请 NSFC 的主要科学部；其次是医学科学部，资助数量共计 7 项，资助金额累计 314 万元；其他 5 个科学部中，在联合基金战略研究获得的资助金额相对较多，资助金额超过了 200 万元，在工程与材料科学部获得的资助数量较多，为 2 项，其余科学部获得的资助数量和资助金额均不超过 1%。

表 3-94 荔枝领域各科学部资助数量、资助金额及占比

科学部	资助数量（项）	资助数量占比（%）	资助金额（万元）	资助金额占比（%）
生命科学部	93	87.74	3 181.4	82.69
医学科学部	7	6.60	314	8.16
工程与材料科学部	2	1.89	24	0.62
化学科学部	1	0.94	28	0.73
地球科学部	1	0.94	21	0.55
管理科学部	1	0.94	19	0.49
联合基金战略研究	1	0.94	260	6.76
总计	106	100.00	3 847.4	100.00

（2）科学部资助时间变化分析

荔枝领域 NSFC 各科学部资助数量年度变化情况如图 3-56 所示。荔枝领域在生命科学部获得持续性的项目支持。其中，荔枝领域在生命科学部获得的资助数量于 2000—2019 年呈现早期 1～6 项、中期 5～7 项、后期 5～12 项的波动式增长态势，在 2017 年达到最大值 12 项，2018 年开始回落；在医学科学部于 2013 年首次获得项目资助，资助数量为 3 项，后期在 2016 年和 2019 年陆续获得 1～3 项资助；在工程与材料科学部于 2000 年获得 2 项资助；在化学科学部、地球科学部、管理科学部、联合基金战略研究分别于 2006 年、2013 年、2012 年、2013 年获得 1 项资助。

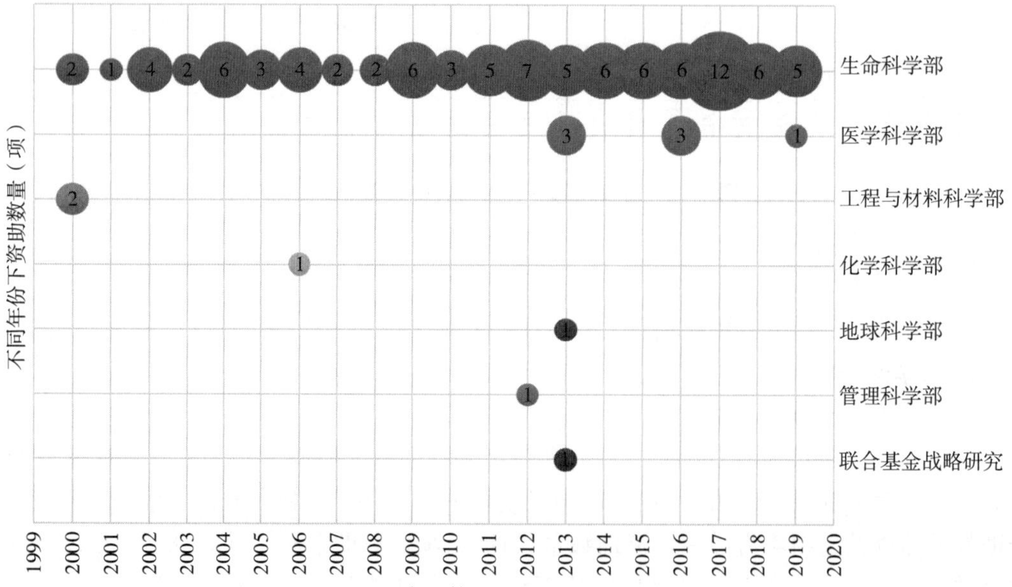

图 3-56 荔枝领域各科学部资助数量年度变化

2. 一级学科分析

（1）一级学科资助概况分析

荔枝领域 NSFC 所有资助项目在各一级学科的资助概况如表 3-95 所示，各一级学科获得的资助数量和资助金额差异明显，一级学科分布聚焦。荔枝领域资助数量和资助金额最多的是园艺学与植物营养学，资助数量共计 44 项，资助金额累计 1 547.6 万元，占比均超过 40%；其次是食品科学和植物保护学，资助数量均超过 10 项，资助金额均超过 8%，获得 NSFC 支持力度相对较大；之后是农学基础与作物学、中药学、林学与草地科学、植物学、中医学、工程热物理与能源利用，资助数量均在 2～5 项，资助金额占比均在 0.62%～4.55%；其他学科的资助数量为 1 项，获得的 NSFC 支持力度相对较小。

表 3-95　荔枝领域各一级学科资助数量、资助金额及占比

一级学科	资助数量（项）	资助数量占比（%）	资助金额（万元）	资助金额占比（%）
园艺学与植物营养学	44	41.51	1 547.6	40.22
食品科学	26	24.53	983.8	25.57
植物保护学	11	10.38	317	8.24
农学基础与作物学	5	4.72	175	4.55
中药学	3	2.83	162	4.21
林学与草地科学	3	2.83	106	2.76
植物学	3	2.83	48	1.25
中医学	2	1.89	83	2.16
工程热物理与能源利用	2	1.89	24	0.62
内分泌系统-代谢和营养支持	1	0.94	35	0.91
农业领域	1	0.94	260	6.76
化学生物学	1	0.94	28	0.73
地理学	1	0.94	21	0.55
经济科学	1	0.94	19	0.49
药理学	1	0.94	34	0.88
未分类	1	0.94	4	0.10
总计	106	100.00	3 847.4	100.00

（2）一级学科资助时间变化分析

荔枝领域 NSFC 各一级学科资助数量年度变化情况如图 3-57 所示。荔枝领域在园艺学与植物营养学获得持续性的项目支持，近年来在食品科学也获得相对持续的项目支持。其中，荔枝领域在园艺学与植物营养学获得的资助数量于 2007—2019 年在 1～6 项来回小幅波动，且于 2017 年达到最大值 6 项；在食品科学于 2000 年首次获得项目资助，2000—2013 年陆续受到项目资助，且每次资助数量在 1～3 项浮动，自 2015 年受到持续项目资助，且资助数量在 1～4 项小幅波动，且于 2017 年达到最大值 4 项；在植物保护学、植物学均于 2004 年首次获得项目资助，其他年份间断性地获得 1～2 项资助；在农学基础与作物学、中药学、林学与草地科学、中医学、工程热物理与能源利用、内分泌系统-代谢和营养支持、农业领域、化学生物学、地理学、经济科学、药理学分别于 2002 年、2013 年、2012 年、2013 年、2000 年、2016 年、2013 年、2006 年、2013 年、2012 年、2019 年首次获得项目资助，其他年份偶有资助。

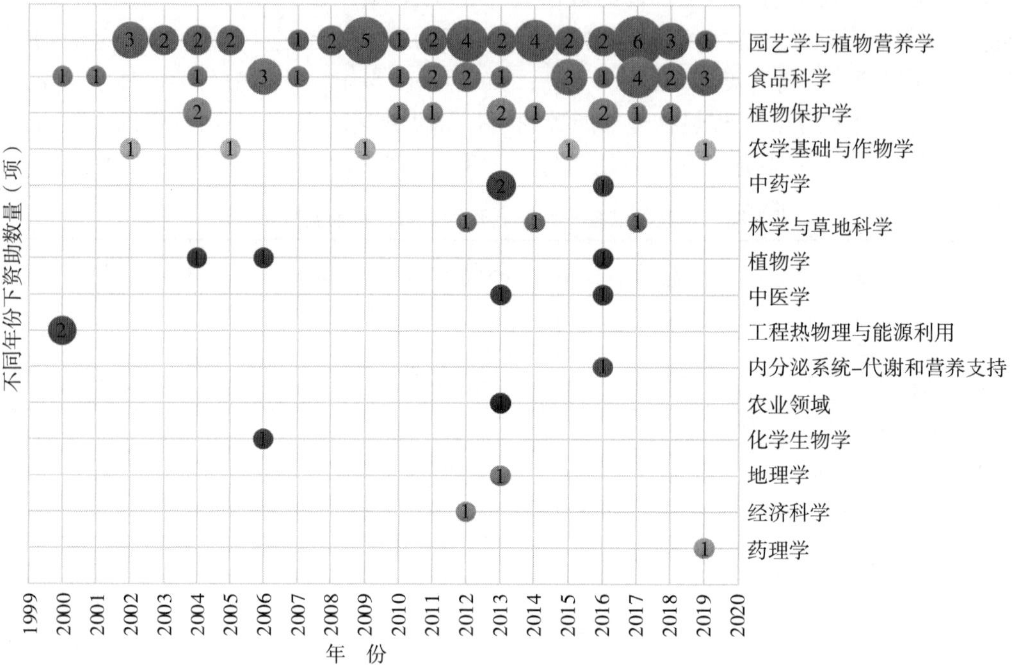

图 3-57 荔枝领域各一级学科资助数量年度变化

3. 二级学科分析

（1）二级学科资助概况分析

荔枝领域 NSFC 所有资助项目在各二级学科的资助概况如表 3-96 所示，各二级学科获得的资助数量和资助金额之间差异较大，二级学科分布相对聚焦。荔枝领域资助数量和资助金额最多的二级学科是果树学，资助数量共计 39 项，资助金额累计 1 414.1 万元，占比均超过 36%，该学科是荔枝领域获得 NSFC 支持力度最大的二级学科；其次是食品微生物学、食品贮藏与保鲜，资助数量和资助金额占比均在 7.5%以上；此外，食品营养学、农业昆虫学、农学基础、园艺作物采后生理学、生物防治、食品加工的生物学基础获得的资助数量均在 3 项及以上，获得的 NSFC 支持力度相对较大；其他二级学科的资助数量为 1～2 项，获得的 NSFC 支持力度相对较小。

表 3-96 荔枝领域各二级学科资助数量、资助金额及占比

二级学科	资助数量（项）	资助数量占比（%）	资助金额（万元）	资助金额占比（%）
果树学	39	36.79	1 414.1	36.75
食品微生物学	8	7.55	308.8	8.03

（续）

二级学科	资助数量（项）	资助数量占比（%）	资助金额（万元）	资助金额占比（%）
食品贮藏与保鲜	8	7.55	298	7.75
食品营养学	5	4.72	217	5.64
农业昆虫学	4	3.77	141	3.66
农学基础	4	3.77	160	4.16
园艺作物采后生物学	3	2.83	112	2.91
生物防治	3	2.83	61	1.59
食品加工的生物学基础	3	2.83	112	2.91
中医内科	2	1.89	83	2.16
传热传质学	2	1.89	24	0.62
植物化学保护	2	1.89	30	0.78
植物生理学	2	1.89	27	0.70
植物病理学	2	1.89	85	2.21
中药内分泌及代谢药理	1	0.94	75	1.95
中药抗肿瘤药理	1	0.94	38	0.99
中药消化与呼吸药理	1	0.94	49	1.27
代谢性疾病药物药理	1	0.94	34	0.88
作物种质资源学	1	0.94	15	0.39
农林经济管理	1	0.94	19	0.49
分子探针	1	0.94	28	0.73
树木生物学	1	0.94	22	0.57
森林培育学	1	0.94	24	0.62
植物形态与发育	1	0.94	21	0.55
糖尿病	1	0.94	35	0.91
经济林学	1	0.94	60	1.56
蔬菜学	1	0.94	19	0.49
遥感机理与方法	1	0.94	21	0.55
食品原料学	1	0.94	23	0.60
食品生物化学	1	0.94	25	0.65
未分类	3	2.83	266.5	6.93
总计	106	100.00	3 847.4	100.00

（2）二级学科资助时间变化分析

荔枝领域 NSFC 重点二级学科（资助数量≥2 项）资助数量年度变化情况如图 3-58

所示。荔枝领域2007—2019年在果树学获得持续性的项目支持，且于2017年达到最大值6项，其余年份在1～4项。其中，在食品微生物学和食品贮藏与保鲜分别于2000年、2011年首次获得项目资助，且分别于2006年、2017年资助数量达到最大值3项，其余年份陆续获得1项资助；在食品营养学、农业昆虫学、农学基础、园艺作物采后生物学、生物防治、食品加工的生物学基础、中医内科、传热传质学、植物化学保护、植物生理学、植物病理学分别于2011年、2010年、2005年、2008年、2004年、2010年、2013年、2000年、2013年、2004年、2016年首次获得项目资助，后续年份偶有资助。

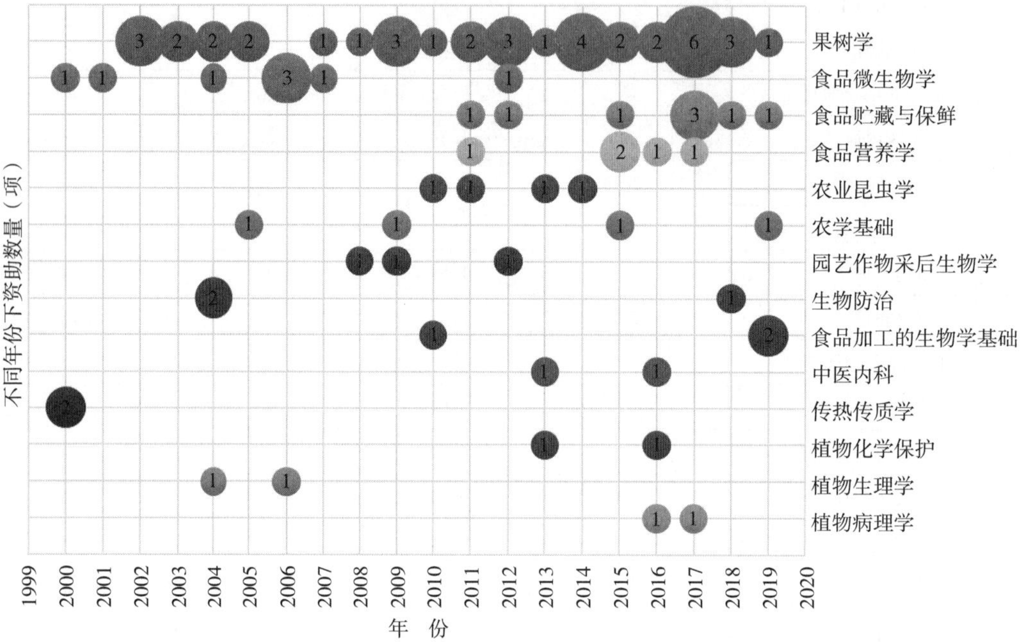

图3-58　荔枝领域重点二级学科资助数量年度变化（学科资助数量≥2项）

（四）地区分析

1. 地区资助概况分析

荔枝领域获得NSFC项目资助的省、自治区、直辖市共计8个，各地区获得的资助数量和资助金额之间差距很大（表3-97）。其中，广东省的资助数量和资助金额分别为75项、2 763.4万元，占比分别为70.75%、71.83%，均远远高于其他地区；其次是广西壮族自治区，资助数量和资助金额分别为13项和399万元；另外，海南省的资助数量也较多，为12项，资助金额也较多，超过400万元；其他地区的资助数量在1～2项，获得的资助力度相对较小。

表3-97　荔枝领域各地区资助数量、资助金额及占比

地区	资助数量（项）	资助数量占比（%）	资助金额（万元）	资助金额占比（%）
广东省	75	70.75	2 763.4	71.83

（续）

地区	资助数量（项）	资助数量占比（%）	资助金额（万元）	资助金额占比（%）
广西壮族自治区	13	12.26	399	10.37
海南省	12	11.32	459	11.93
福建省	2	1.89	49	1.27
北京市	1	0.94	60	1.56
吉林省	1	0.94	75	1.95
湖北省	1	0.94	19	0.49
湖南省	1	0.94	23	0.60
总计	106	100.00	3 847.4	100.00

2. 地区资助时间变化

荔枝领域 NSFC 各地区资助数量年度变化情况如图 3-59 所示。广东省最早于 2000 年有资助项目，且以后获得连续资助，资助数量呈明显波动增长，于 2017 年达到年度最高资助数量 8 项；广西壮族自治区最早于 2000 年获得项目资助，后续间断性获得项目资助，资助数量在 1～3 项波动；海南省最早于 2004 年获得项目资助，后续间断性获得项目资助，近年来较为连续获得资助，资助数量在 1～2 项波动；福建省分别于 2006 年和 2018 年获得 1 项资助；北京市、吉林省、湖北省、湖南省分别于 2016 年、2013 年、2015 年、2013 年获得 1 项资助。

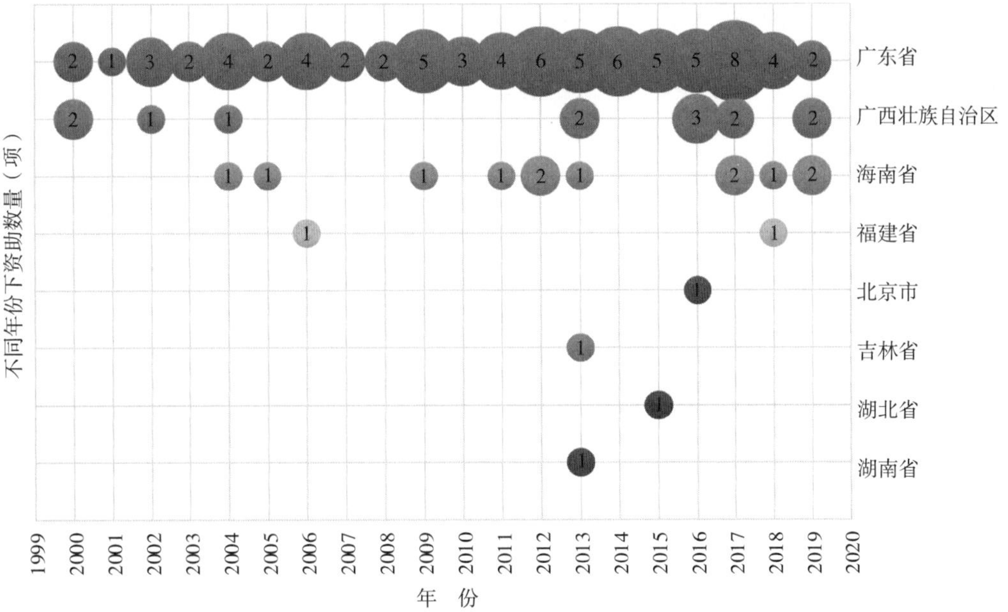

图 3-59 荔枝领域各地区资助数量年度变化

3. 地区—项目类型分析

荔枝领域获得 NSFC 项目资助的 8 个地区在各类项目中的分布情况如表 3-98 所示，8

个地区共在 7 类项目中获得资助支持，各地区在不同项目类型的资助分布和资助优势差异悬殊。

表 3-98 荔枝领域地区—项目类型资助分布

地区	资助数量（项）						
	面上项目	青年科学基金项目	地区科学基金项目	国际（地区）合作交流项目	联合基金项目	专项基金项目	应急管理项目
广东省	38	25		9	2		1
广西壮族自治区			12			1	
海南省	2	2	8				
福建省	1	1					
北京市	1						
吉林省	1						
湖北省		1					
湖南省		1					

大部分地区获得了面上项目或青年科学基金项目资助；广东省同时获得了面上项目、青年科学基金项目、国际（地区）合作交流项目、联合基金项目和应急管理项目等 5 类项目资助支持，且 5 类项目数量均位于首位；广西壮族自治区同时获得了地区科学基金项目和专项基金项目的资助支持，且 2 类项目数量均位于首位；海南省同时获得了面上项目、青年科学基金项目和地区科学基金项目等 3 类项目资助支持；福建省同时获得了面上项目和青年科学基金项目的资助支持，且支持数量各 1 项；北京市和吉林省仅获得面上项目资助支持，且支持项目各 1 项；湖北省和湖南省仅获得青年科学基金项目支持，且支持项目各 1 项。

（五）机构分析

1. 机构资助概况分析

荔枝领域获得 NSFC 资助项目的机构共计 23 家，包含 15 家高校、8 家科研院所，各机构获得的资助数量和资助金额差距较大，如表 3-99 所示。

表 3-99 荔枝领域各机构资助数量、资助金额及占比

机构	资助数量（项）	资助数量占比（%）	资助金额（万元）	资助金额占比（%）
华南农业大学	43	40.57	1 449.6	37.68
广东省农业科学院	13	12.26	759	19.73
中国科学院	11	10.38	265.8	6.91
中国热带农业科学院	8	7.55	302	7.85
海南大学	6	5.66	239	6.21
广西大学	4	3.77	81	2.11

（续）

机构	资助数量（项）	资助数量占比（%）	资助金额（万元）	资助金额占比（%）
广东省科学院	3	2.83	104	2.70
广西中医药大学	2	1.89	83	2.16
广西壮族自治区农业科学院	2	1.89	41	1.07
中国农业科学院	1	0.94	60	1.56
中国林业科学研究院	1	0.94	24	0.62
右江民族医学院	1	0.94	35	0.91
广东海洋大学	1	0.94	70	1.82
广州大学	1	0.94	20	0.52
广西医科大学	1	0.94	38	0.99
桂林医学院	1	0.94	49	1.27
桂林理工大学	1	0.94	38	0.99
武汉轻工大学	1	0.94	19	0.49
海南省农业科学院	1	0.94	23	0.60
湘潭大学	1	0.94	23	0.60
福建农林大学	1	0.94	24	0.62
长春中医药大学	1	0.94	75	1.95
闽江学院	1	0.94	25	0.65
总计	106	100.00	3 847.4	100.00

华南农业大学获得的资助数量和资助金额均排在首位，资助数量共计 43 项，资助金额累计 1 449.6 万元，占比分别高达 40.57%、37.68%；广东省农业科学院获得资助支持也较多，资助数量高于 10 项，资助金额超过 700 万元；另外，中国科学院、中国热带农业科学院、海南大学获得资助数量也较多，均不少于 5 项，资助金额也较多，均超过 200 万元。

2. 机构资助时间变化分析

荔枝领域 NSFC 主要机构（资助数量≥2 项）资助数量年度变化情况如图 3-60 所示。华南农业大学最早于 2000 年获得资助项目，此后获得连续资助，资助数量在 1～6 项波动，在 2017 年达到资助数量的最大值 6 项；广东省农业科学院于 2007 年最早获得资助项目，且 2011—2016 年持续获得项目资助，项目数量基本维持在 1～2 项；中国科学院于 2003 年最早获得资助项目，后续间断性获得项目资助，数量在 1～3 项波动；中国热带农业科学院、海南大学、广西大学、广东省科学院、广西中医药大学、广西壮族自治区农业科学院分别于 2004 年、2005 年、2000 年、2011 年、2013 年、2002 年最早获得资助项目，后续间断性获得项目资助，获得资助的项目数量基本维持在 1～2 项。

3. 机构—项目类型分析

荔枝领域获得 NSFC 项目资助的 23 家机构在各类项目中的分布情况如表 3-100 所示，23 家机构共在 7 类项目中获得资助支持，各机构在不同项目类型的资助分布和资助优势差异悬殊。

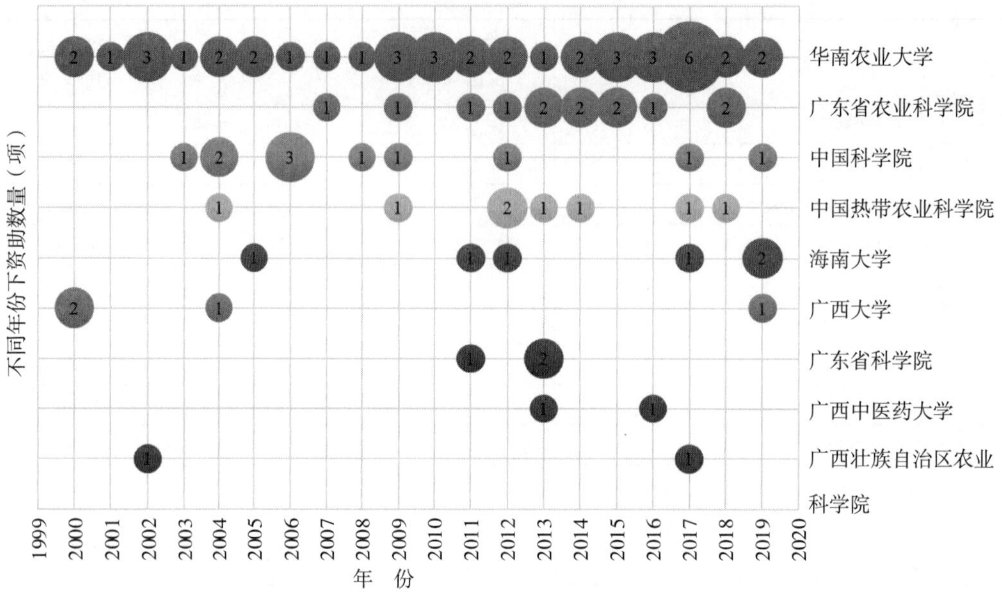

图 3-60 荔枝领域主要机构资助数量年度变化（机构资助数量≥2 项）

表 3-100 荔枝领域机构—项目类型资助分布

机构	资助数量（项）						
	面上项目	青年科学基金项目	地区科学基金项目	国际（地区）合作交流项目	联合基金项目	专项基金项目	应急管理项目
华南农业大学	26	12		5			
广东省农业科学院	4	6			2		1
中国科学院	5	1	1	4			
中国热带农业科学院	3	3	2				
海南大学			6				
广西大学			3			1	
广东省科学院	1	2					
广西中医药大学			2				
广西壮族自治区农业科学院			2				
中国农业科学院	1						
中国林业科学研究院		1					
右江民族医学院			1				
广东海洋大学	1						
广州大学		1					
广西医科大学			1				
桂林医学院			1				
桂林理工大学			1				

（续）

机构	资助数量（项）						
	面上项目	青年科学基金项目	地区科学基金项目	国际（地区）合作交流项目	联合基金项目	专项基金项目	应急管理项目
武汉轻工大学		1					
海南省农业科学院		1					
湘潭大学		1					
福建农林大学	1						
长春中医药大学	1						
闽江学院		1					

有 2 家机构同时获得 4 类项目资助，有 2 家机构同时获得 3 类项目资助支持，有 5 家机构同时获得面上项目和青年科学基金项目资助支持，有 2 家机构同时获得青年科学基金项目和地区科学基金项目资助支持。其中，华南农业大学获得面上项目、青年科学基金项目和国际（地区）合作交流项目的资助数量最多，海南大学获得的地区科学基金项目的资助数量最多，仅广东省农业科学院获得联合基金项目和应急管理项目的资助，仅广西大学获得专项基金项目资助，16 家机构仅获得 1～2 项面上项目、青年科学基金项目或地区科学基金项目中的一类项目资助支持。

4. 机构—学科分析

（1）机构——一级学科分析

荔枝领域获得 NSFC 项目资助的机构在各一级学科中的分布情况如表 3-101、图 3-61 所示，该领域 NSFC 资助项目研究重点分布在园艺学与植物营养学学科和食品科学学科，各机构在不同一级学科的资助分布和资助优势差异明显。

从学科层面看，有 13 家机构在食品科学学科获得资助支持；其次是园艺学与植物营养学、植物保护学、农学基础与作物学、中药学、林地与草地科学，均有至少 3 家机构在该学科获得资助支持。从机构层面看，华南农业大学获得资助支持的学科数量较多，为 7 个；其次是中国科学院，获得资助支持的学科数量为 6 个。

对比发现，华南农业大学在园艺学与植物营养学、食品科学、农学基础与作物学等学科获得的资助数量最多，在食品科学学科中，广东省农业科学院也位于前列，在园艺学与植物营养学中，中国热带农业科学院也位于前列；广东省农业科学院在植物保护学学科获得的资助数量最多。

表 3-101 荔枝领域机构——级学科资助分布

机构	资助数量（项）														
	园艺学与植物营养学	食品科学	植物保护学	农学基础与作物学	中药学	林学与草地科学	植物学	中医学	工程热物理与能源利用	内分泌系统-代谢和营养支持	农业领域	化学生物学	地理学	经济科学	药理学
华南农业大学	25	8	3	3		1	1							1	

（续）

机构	资助数量（项）														
	园艺学与植物营养学	食品科学	植物保护学	农学基础与作物学	中药学	林学与草地科学	植物学	中医学	工程热物理与能源利用	内分泌系统-代谢和营养支持	农业领域	化学生物学	地理学	经济科学	药理学
广东省农业科学院	3	5	4								1				
中国科学院	5	1				1	2					1			1
中国热带农业科学院	7	1													
海南大学	2	3		1											
广西大学		1	1						2						
广东省科学院			2										1		
广西中医药大学								2							
广西壮族自治区农业科学院	1			1											
中国农业科学院			1												
中国林业科学研究院						1									
右江民族医学院										1					
广东海洋大学		1													
广州大学		1													
广西医科大学					1										
桂林医学院					1										
桂林理工大学		1													
武汉轻工大学		1													
海南省农业科学院	1														
湘潭大学		1													
福建农林大学		1													
长春中医药大学					1										
闽江学院		1													

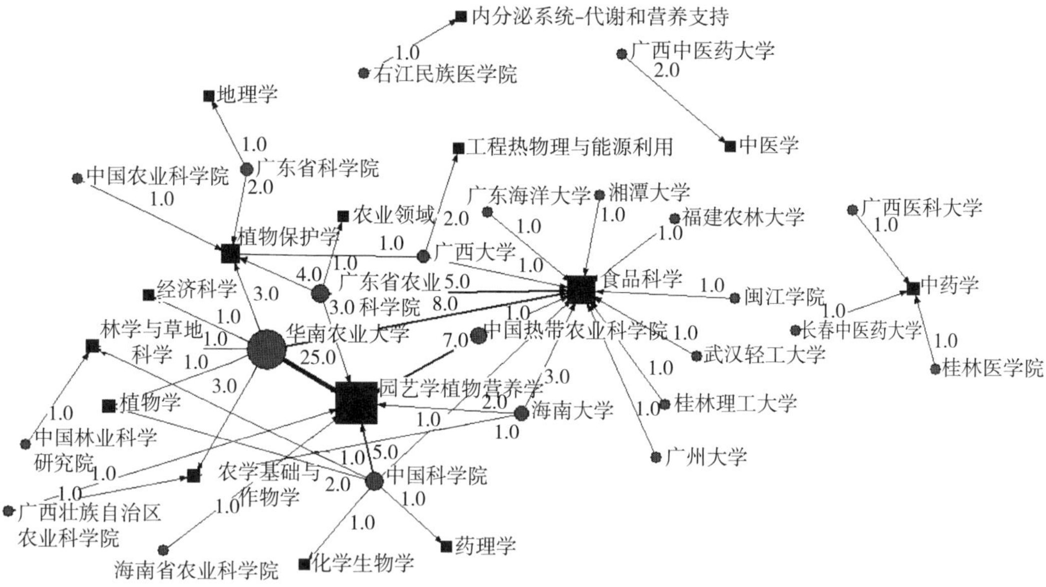

图 3-61　荔枝领域机构——一级学科资助分布图

（2）机构—二级学科分析

荔枝领域获得 NSFC 项目资助的机构在主要二级学科（资助数量≥2 项）中的分布情况如表 3-102、图 3-62 所示，各机构在不同二级学科的资助分布和资助优势差异悬殊。

表 3-102　荔枝领域机构—二级学科资助分布（学科资助数量≥2 项）

机构	资助数量（项）													
	果树学	食品微生物学	食品贮藏与保鲜	食品营养学	农业昆虫学	农学基础	园艺作物采后生物学	生物防治	食品加工的生物学基础	中医内科	传热传质学	植物化学保护	植物生理学	植物病理学
华南农业大学	23	3	3	1	1	3		1	1					1
广东省农业科学院	3	1	1	2	1			1				2		
中国科学院	2	1					3						2	
中国热带农业科学院	7	1												
海南大学	2	1	1			1			1					
广西大学								1	1		2			
广东省科学院					2									
广西中医药大学										2				
广西壮族自治区农业科学院	1													
中国农业科学院														1
广东海洋大学			1											
广州大学				1										
桂林理工大学			1											
武汉轻工大学				1										
海南省农业科学院	1													

（续）

机构	资助数量（项）													
	果树学	食品微生物学	食品贮藏与保鲜	食品营养学	农业昆虫学	农学基础	园艺作物采后生物学	生物防治	食品加工的生物学基础	中医内科	传热传质学	植物化学保护	植物生理学	植物病理学
福建农林大学		1												
闽江学院			1											

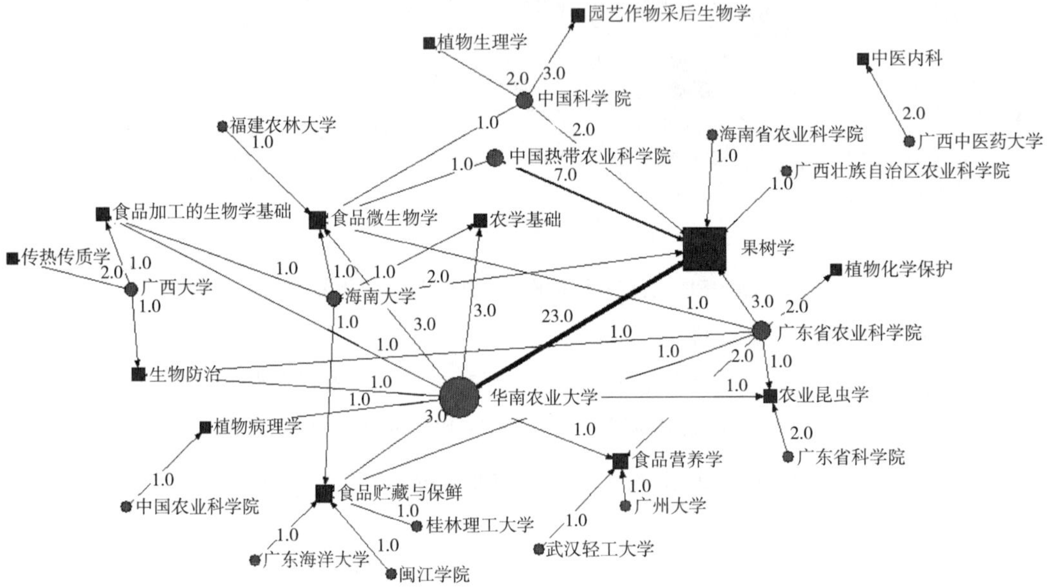

图 3-62　荔枝领域机构—二级学科资助分布图（学科资助数量≥2 项）

从学科层面看，7 家机构在果树学学科获得资助支持，6 家机构在食品微生物学和食品贮藏与保鲜学科获得资助支持；其次是食品营养学，有 4 家机构在该学科获得资助支持。从机构层面看，华南农业大学、广东省农业科学院和海南大学获得资助支持的学科数量较多，分别为 9 个、7 个和 5 个。

对比发现，华南农业大学在果树学、食品微生物学、食品贮藏与保鲜、农学基础等学科获得资助数量最多；中国科学院在园艺作物采后生物学学科获得资助数量最多。

（六）学者分析

1. 学者资助概况分析

荔枝领域共有 74 位学者作为项目负责人获得 NSFC 项目，其中，有 17 位学者获得的资助数量在 2 项及以上（表 3-103）。17 位学者都具有高级职称，其中，具有正高级职称的学者有 16 位，共分布在 7 家机构；有 7 位学者隶属于华南农业大学，3 位学者隶属于中国热带农业科学院，各有 2 位学者隶属于广东省农业科学院和中国科学院，地域优势明显。

资助数量排在第一位的是周碧燕、屈红霞、李建国，均获得了 5 项资助，隶属于华南农业大学和中国科学院；其次是蒋跃明、刘成明等，资助数量均在 3 项及以上。累计资助金额排在第一位的为华南农业大学的李建国，资助金额累计高达 238 万元，遥遥领先于其他学者；其次为周碧燕，资助金额为 189.5 万元。

表 3-103　荔枝领域主要学者资助数量、资助金额及职称、机构

学者	资助数量（项）	资助金额（万元）	职称	所属机构
周碧燕	5	189.5	正高级（4 项）、副高级（1 项）	华南农业大学
屈红霞	5	139	正高级	中国科学院
李建国	5	238	正高级	华南农业大学
蒋跃明	4	64.8	正高级	中国科学院
刘成明	3	47.8	正高级	华南农业大学
庞学群	3	87.5	正高级	华南农业大学
王家保	3	119	正高级	中国热带农业科学院
王惠聪	3	130	正高级	华南农业大学
吕恩利	2	82	正高级	华南农业大学
周开兵	2	95	正高级	海南大学
孙海滨	2	30	正高级	广东省农业科学院
孙进华	2	78	中级	中国热带农业科学院
张瑞芬	2	118	正高级	广东省农业科学院
梁兴泉	2	24	正高级	广西大学
罗伟生	2	83	正高级	广西中医药大学
舒波	2	84	副高级	中国热带农业科学院
黄旭明	2	82	正高级	华南农业大学

2. 学者—项目类型分析

荔枝领域获得 NSFC 资助数量 2 项及以上的 17 位学者在各类项目中的分布情况如表 3-104 所示。17 位学者共在 6 类项目中获得资助支持，各学者在不同项目类型的资助分布与资助优势不同。其中，屈红霞获得资助支持的项目类型最多，为 3 类。

表 3-104　荔枝领域主要学者—项目类型资助分布

学者	资助数量（项）					
	面上项目	青年科学基金项目	地区科学基金项目	国际（地区）合作交流项目	专项基金项目	应急管理项目
周碧燕	4			1		
屈红霞	3	1		1		
李建国	5					
蒋跃明	1			3		
刘成明	2			1		
庞学群	2			1		
王家保	1		2			
王惠聪	2	1				
吕恩利	1	1				
周开兵			2			

（续）

学者	资助数量（项）					
	面上项目	青年科学基金项目	地区科学基金项目	国际（地区）合作交流项目	专项基金项目	应急管理项目
孙海滨	1					1
孙进华	1	1				
张瑞芬	2					
梁兴泉			1		1	
罗伟生			2			
舒波	1	1				
黄旭明	2					

17 位学者中，有 5 位学者同时获得了面上项目和青年科学基金项目两类项目资助支持，3 位学者仅获得面上项目资助支持。李建国、周碧燕、屈红霞在面上项目获得的资助数量较多，均在 3 项及以上；王家保、周开兵、罗伟生在地区科学基金项目获得的资助数量最多，为 2 项；有 5 位学者获得青年科学基金项目；蒋跃明获得 3 项国际（地区）合作交流项目资助；孙海滨获得了 1 项应急管理项目资助；梁兴泉获得了 1 项专项基金项目资助。

3. 职称—项目类型分析

荔枝领域获得 NSFC 资助的学者职称主要分为正高级、副高级和中级三类，不同级别职称的学者获得的项目资助在不同项目类型中的分布与优势不同，差异明显（表 3-105）。

表 3-105　荔枝领域学者职称—项目类型资助分布

职称	资助数量（项）						
	面上项目	青年科学基金项目	地区科学基金项目	国际（地区）合作交流项目	联合基金项目	专项基金项目	应急管理项目
正高级	36	3	11	9	2	1	1
副高级	6	12	8				
中级	1	15	1				

从职称来看，具有正高级职称的学者在各类项目均获得资助支持，其中，面上项目获得的资助力度最大，数量为 36 项，其次为地区科学基金项目，均高于其他职称级别获得的资助力度；具有副高级职称的学者获得资助支持的项目类型主要是青年科学基金项目、地区科学基金项目和面上项目，获得资助数量均在 5 项以上；具有中级职称的学者获得资助支持的项目类型主要是青年科学基金项目，数量为 15 项，其次为地区科学基金项目和面上项目，数量为 1 项。

从项目类型来看，面上项目、青年科学基金项目、地区科学基金项目在具有正高级、副高级及中级职称的学者中均有分布，但面上项目和地区科学基金项目主要分布在具有正高级、副高级的学者中，而青年科学基金项目主要资助对象为具有中级和副高级职称的学者。

（七）主题分析

1. 重点主题词分析

基于人工和自然语言处理技术，将荔枝领域 NSFC 所有资助项目的标题、关键词等进行分词、合并与规范化处理，共获取 386 个主题词。通过对主题词资助项目数及其占比进行统计分析发现（表 3-106），分子机理、荔枝果实、采后、机理是出现频率最高的主题词，资助数量均在 10 项及以上，占比均在 9%以上；作用机制、荔枝蒂蛀虫、发育、荔枝果肉、保鲜、功能等的资助数量均在 6 项及以上，占比均在 5%以上；荔枝核、衰老、褐变、调控机理、龙眼、内源激素、分子标记等的资助数量均在 4 项及以上，占比均在 3%以上。可见，荔枝领域 NSFC 所有资助项目的研究主要集中在保鲜贮存领域。

表 3-106 荔枝领域高频主题词资助概况

主题词	资助数量（项）	资助数量占比（%）	主题词	资助数量（项）	资助数量占比（%）
分子机理	13	12.26	转录因子	4	3.77
荔枝果实	13	12.26	转录组	4	3.77
采后	12	11.32	miRNA	3	2.83
机理	10	9.43	代谢机理	3	2.83
作用机制	9	8.49	分化	3	2.83
荔枝蒂蛀虫	8	7.55	发育方向	3	2.83
发育	7	6.60	基因	3	2.83
荔枝果肉	7	6.60	基因表达	3	2.83
保鲜	6	5.66	成熟	3	2.83
功能	6	5.66	果皮褐变	3	2.83
荔枝核	5	4.72	种质资源	3	2.83
衰老	5	4.72	肝纤维化	3	2.83
褐变	5	4.72	胁迫信号	3	2.83
调控机理	5	4.72	花色素苷	3	2.83
龙眼	5	4.72	荔枝霜疫霉	3	2.83
内源激素	4	3.77	落果	3	2.83
分子标记	4	3.77	调控	3	2.83
多糖	4	3.77	转录调控	3	2.83
抗病性	4	3.77	过氧化氢	3	2.83
荔枝果皮	4	3.77	黄酮	3	2.83
诱导	4	3.77			

2. 研究重点分析

利用从荔枝领域 NSFC 所有资助项目中获取的 386 个主题词构建主题词共现矩阵，将矩阵导入 VOSviewer 中绘制主题词共现网络图，通过参数调整实现自动聚类。

荔枝领域 NSFC 资助项目的研究主要分为四个主题领域，分别为果实成熟衰老的调控机理研究领域（红色）、加工及其营养成分利用研究领域（绿色）、病原菌及害虫的致病机理研究领域（蓝色）、抗性种质资源及其改良研究领域（黄色）。其中，在果实成熟衰老的调控机理研究获得的资助支持最多，其次是加工及其营养成分利用研究，再次是病原菌及害虫的致病机理研究领域、抗性种质资源及其改良研究领域（彩图 3-6）。

（1）果实成熟衰老的调控机理研究领域

该领域包含的核心主题词有分子机理、荔枝果实、采后、机理、保鲜、衰老、褐变、内源激素、抗病性、荔枝果皮等，主要研究荔枝果实品质、成熟及衰老过程的影响因素及调控方法，并开展不同基因的功能鉴定及表达研究。

（2）加工及其营养成分利用研究领域

该领域包含的核心主题词有作用机制、荔枝果肉、荔枝核、龙眼、多糖、miRNA、肝纤维化、黄酮、乳酸菌发酵、化合物、原花青素等，主要开展荔枝的加工特性、生物活性及作用机制研究。

（3）病原菌及害虫的致病机理研究领域

该领域包含的核心主题词有荔枝蒂蛀虫、功能、调控机理、转录组、代谢机理、荔枝霜疫霉、分子生理、基因鉴定、微环境、溴氰菊酯等，主要开展荔枝蒂蛀虫、荔枝霜疫霉的致病基因挖掘、致病机理研究。

（4）抗性种质资源及其改良研究领域

该领域包含的核心主题词有发育、分子标记、分化、发育方向、基因、种质资源、胁迫信号、过氧化氢、QTL 定位等，主要利用分子标记、QTL 定位、遗传图谱等技术开展抗性基因的定位、克隆、表达、调控与分析，以实现荔枝抗性新品种的改良与创新。

3. 研究趋势分析

荔枝领域 NSFC 各主题领域资助数量年度变化情况如图 3-63 所示。荔枝领域在果实成熟衰老的调控机理研究、加工及其营养成分利用研究、病原菌及害虫的致病机理研究领域均最早获得资助支持，且四个主题均获得了相对持续的项目支持。其中，果实成熟衰老的调控机理研究领域的资助数量在 2017 年达到了最大值 7 项；加工及其营养成分利用研究领域的资助数量在 2013 年、2016 年达到了最大值 4 项；病原菌及害虫的致病机理研究领域的资助数量在 2017 年达到了最大值 4 项；抗性种质资源及其改良研究领域于 2002 年首次获得项目资助，之后在 2007—2015 年获得了连续资助，年度资助数量均为 1～2 项，在 2017 年达到了最大值 4 项。可见，这四个主题始终是荔枝领域申请 NSFC 的热点主题，近几年暂无其他新兴研究主题出现。

4. 研究重点项目类型分析

荔枝领域获得 NSFC 项目资助的 4 个主题领域在各类项目的分布情况如表 3-107 所示。4 个主题领域共在 7 类项目中获得资助支持，各主题领域在不同项目类型的资助分布和资助优势差异明显。

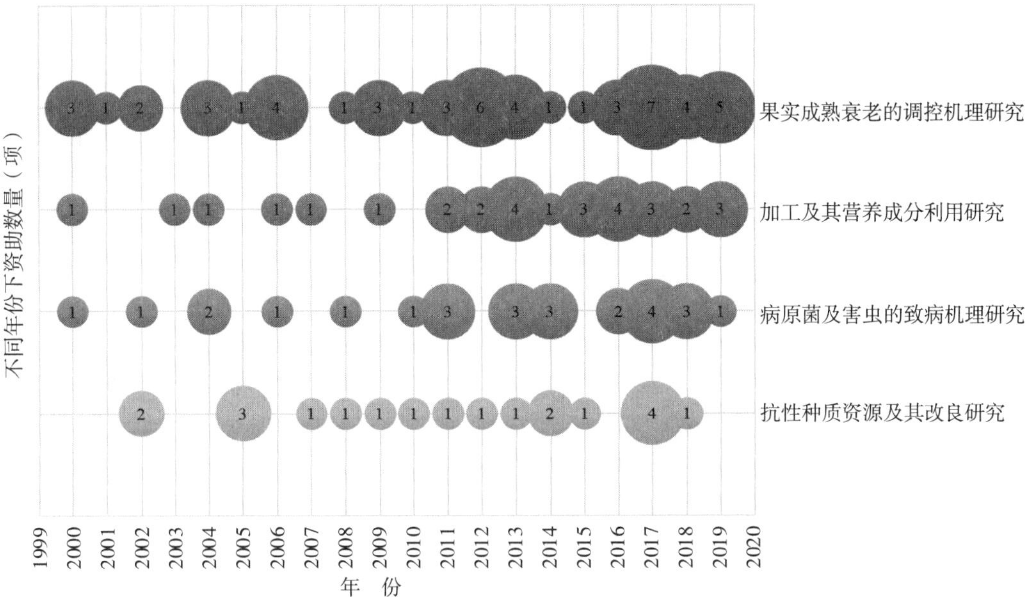

图 3-63 荔枝领域各主题领域资助数量年度分布图

表 3-107 荔枝领域各主题领域—项目类型资助分布

项目类型	资助数量（项）			
	果实成熟衰老的调控机理研究	加工及其营养成分利用研究	病原菌及害虫的致病机理研究	抗性种质资源及其改良研究
面上项目	20	8	11	12
青年科学基金项目	13	7	11	3
地区科学基金项目	14	10	3	3
国际（地区）合作交流项目	5	3		2
联合基金项目		2		
专项基金项目	1			
应急管理项目			1	

4 个主题领域同时获得了面上项目、青年科学基金项目、地区科学基金项目三类项目支持，果实成熟衰老的调控机理研究领域在三类项目获得的资助数量均排在首位。除此之外，果实成熟衰老的调控机理研究、加工及其营养成分利用研究、抗性种质资源及其改良研究领域还同时获得了国际（地区）合作交流项目的支持，加工及其营养成分利用研究、果实成熟衰老的调控机理研究、病原菌及害虫的致病机理研究领域分别获得 2 项联合基金项目、1 项专项基金项目、1 项应急管理项目。

5. 地区研究重点分析

荔枝领域获得 NSFC 项目资助的地区在 4 个主题领域的分布情况如表 3-108 所示，各地区在不同主题领域的资助分布和资助优势差异明显，广东省在 4 个主题领域获得的资助数量均排在首位。

表 3-108　荔枝领域各地区—主题领域资助分布

地区	资助数量（项）			
	果实成熟衰老的调控机理研究	加工及其营养成分利用研究	病原菌及害虫的致病机理研究	抗性种质资源及其改良研究
广东省	33	18	20	16
广西壮族自治区	7	5	3	2
海南省	10	5	2	2
福建省	2		1	
吉林省		1		
湖北省		1		
湖南省	1			

有 5 个地区在果实成熟衰老的调控机理研究领域获得资助支持，其中，广东省获得的资助数量最多，其次是海南省；有 5 个地区在加工及其营养成分利用研究领域获得资助支持，其中，广东省获得的资助数量最多，其次是广西壮族自治区、海南省；有 4 个地区在病原菌及害虫的致病机理研究领域获得资助支持，其中，广东省获得的资助数量最多，其次是广西壮族自治区；另外，有 3 个地区在抗性种质资源及其改良研究领域获得资助支持，其中，广东省在该主题领域获得的资助数量最多。

6. 机构研究重点分析

荔枝领域获得 NSFC 项目资助的机构在 4 个主题领域的分布情况如表 3-109 所示，各机构在不同主题领域的资助分布和资助优势差异明显，华南农业大学在 4 个主题领域获得的资助数量均排在首位。

表 3-109　荔枝领域各机构—主题领域资助分布

机构	资助数量（项）			
	果实成熟衰老的调控机理研究	加工及其营养成分利用研究	病原菌及害虫的致病机理研究	抗性种质资源及其改良研究
华南农业大学	20	8	10	13
广东省农业科学院	2	6	4	3
中国科学院	9	4	1	
中国热带农业科学院	5		4	
海南大学	6	5		1
广西大学	3		2	
广东省科学院	1		2	
广西中医药大学		2		
广西壮族自治区农业科学院	1			2
广东海洋大学	1			
广州大学		1	1	
广西医科大学	1	1		
桂林医学院		1		

（续）

机构	资助数量（项）			
	果实成熟衰老的调控机理研究	加工及其营养成分利用研究	病原菌及害虫的致病机理研究	抗性种质资源及其改良研究
桂林理工大学	1		1	
武汉轻工大学		1		
海南省农业科学院				1
湘潭大学	1			
福建农林大学	1			
长春中医药大学		1		
闽江学院	1		1	

有 14 家机构在果实成熟衰老的调控机理研究领域获得资助支持，其中，华南农业大学获得的资助数量最多，其次是中国科学院、海南大学、中国热带农业科学院；有 10 家机构在加工及其营养成分利用研究领域获得资助支持，其中，华南农业大学获得的资助数量最多，其次是广东省农业科学院、海南大学；有 9 家机构在病原菌及害虫的致病机理研究领域获得资助支持，其中，华南农业大学获得的资助数量最多，其次是广东省农业科学院、中国热带农业科学院；有 5 家机构在抗性种质资源及其改良研究领域获得资助支持，其中，华南农业大学获得的资助数量最多，其次是广东省农业科学院。

（八）总结

荔枝领域 NSFC 项目资助数量和金额历年来的变化趋势保持高度一致，经历了早期小幅波动式增长、中期大幅波动增长、后期逐渐回落的变化趋势；面上项目、青年科学基金项目、地区科学基金项目是主要项目类型，在联合基金项目、专项基金项目和应急管理项目也有立项。资助项目以生命科学部中的园艺学与植物营养学学科为主，涵盖了果树学、食品微生物学、食品贮藏与保鲜等二级学科，学科优势显著突出。

受资助主体以华南农业大学为主，广东省农业科学院、中国科学院、中国热带农业科学院和海南大学紧随其后，广西大学、海南省农业科学院也有项目资助。

研究分为果实成熟衰老的调控机理研究领域、加工及其营养成分利用研究领域、病原菌及害虫的致病机理研究领域、抗性种质资源及其改良研究领域四个主题领域；长期以来相关项目涉及的主题领域相对稳定，四个主题差别不大。

七、热带香料饮料作物

（一）概况分析

2000—2019 年热带香料饮料作物领域 NSFC 的资助数量共计 107 项，资助金额累计 4 346.4万元。从年度分布来看（图 3-64），2000—2019 年该领域资助数量和资助金额的变化趋势基本一致，总体均呈波动上升趋势。其中，2004—2008 年资助数量和资助金额小幅波动下降，2009—2016 年资助数量和资助金额均有了较大幅度的增长，其中后期波动幅度略大；2017年资助数量和资助金额均大幅度回落，随后两年则快速增长，基本回到2016年的水平。

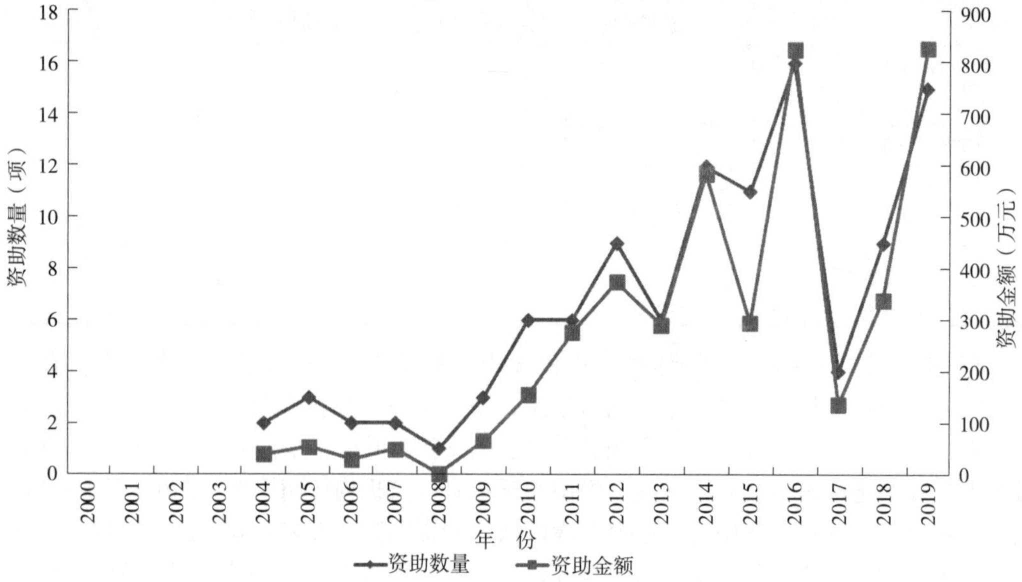

图3-64　热带香料饮料作物领域资助数量及资助金额年度变化

（二）项目类型

1. 项目类型资助概况分析

热带香料饮料作物领域NSFC资助项目共分布在6类项目中（表3-110），各类项目的资助数量和资助金额差距悬殊，项目类型主要集中在面上项目、青年科学基金项目和地区科学基金项目。其中，资助数量和资助金额最多的是面上项目，资助数量38项，资助金额2 003万元，占比分别为35.51%和46.08%；青年科学基金项目和地区科学基金项目的资助数量分别为35项、25项，资助金额分别是741万元、944万元；联合基金项目、应急管理项目和国际（地区）合作交流项目资助数量不多，总占比不足10%，但资助金额相对较高，总占比达到15.15%。

2. 项目类型资助时间变化分析

热带香料饮料作物领域NSFC各类项目资助数量年度变化情况如图3-65所示，该领域2010—2019年在面上项目、青年科学基金项目和地区科学基金项目获得持续的项目支持，各类项目资助数量均呈现明显的波动状态，资助数量明显高于2000—2009年。其中，在面上项目最早于2004年获得资助，数量长期在0～7项来回波动，且在2016达到最大值7项；在青年科学基金项目最早于2005年获得资助，2010—2019年获得资助数量均在1～7项波动，在2015年达到最大值7项；在地区科学基金项目最早于2004年获得资助，数量长期在1～5项来回波动，2019年达到最大值5项；在联合基金项目、应急管理项目、国际（地区）合作交流项目分别于2016年、2014年、2008年首次获得资助，此后均仅有一年获得资助，数量均在1～3项。

表 3-110 热带香料饮料作物领域各类项目资助数量、资助金额概况

年份	面上项目		青年科学基金项目		地区科学基金项目		联合基金项目		应急管理项目		国际（地区）合作交流项目		合计	
	资助数量（项）	资助金额（万元）	资助数量（项）	资助金额（万元）	资助数量（项）	资助金额（万元）	资助数量（项）	资助金额（万元）	资助数量（项）	资助金额（万元）	资助数量（项）	资助金额（万元）	资助数量（项）	资助金额（万元）
2000													0	0
2001													0	0
2002													0	0
2003													0	0
2004	1	20			1	19							2	39
2005	2	36	1	18									3	54
2006			1	8	1	21							2	29
2007	1	32			1	17							2	49
2008											1	1.4	1	1.4
2009	2	40			1	25							3	65
2010	3	94	2	38	1	23							6	155
2011	3	171	1	25	1	50					1	30	6	276
2012	4	232	4	94	1	49							9	375
2013	2	145	2	44	2	102							6	291
2014	4	323	4	99	3	147			1	15			12	584
2015	1	57	7	129	3	109							11	295
2016	7	395	4	77	2	75	1	250	2	30			16	827
2017	1	55	2	44	1	38							4	137
2018	3	173	4	92	2	75							9	340
2019	4	230	3	73	5	194	3	332					15	829
总计	38	2 003	35	741	25	944	4	582	3	45	2	31.4	107	4 346.4

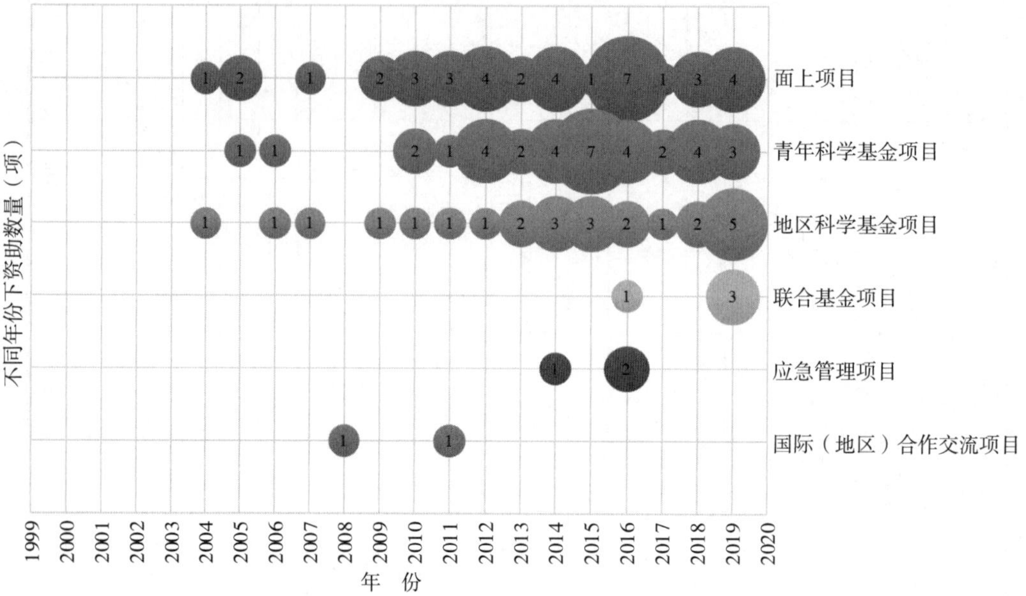

图 3-65 热带香料饮料作物领域各类项目资助数量年度变化

（三）学科分析

热带香料饮料作物领域 NSFC 所有资助项目共分布在 6 个科学部、28 个一级学科和 57 个二级学科。

1. 科学部分析

（1）科学部资助概况分析

热带香料饮料作物领域 NSFC 所有资助项目在各科学部的资助概况如表 3-111 所示，各科学部的资助数量和资助金额差异悬殊，科学部分布十分聚焦。其中，在生命科学部获得的资助数量和资助金额均为最多，资助数量 67 项，资助金额 2 406.4 万元，占比均超过 55%，生命科学部是该领域申请 NSFC 的主要科学部；其次是医学科学部，资助数量和资助金额分别为 25 项和 926 万元，占比均超过 20%。其他 4 个科学部资助数量均不超过 6 项，占比均在 6%以下；资助金额方面，联合基金战略研究资助金额达到 582 万元，其余均在 250 万元以下，占比均不足 6%。

表 3-111 热带香料饮料作物领域各科学部资助数量、资助金额及占比

科学部	资助数量（项）	资助数量占比（%）	资助金额（万元）	资助金额占比（%）
生命科学部	67	62.62	2 406.4	55.37
医学科学部	25	23.36	926	21.30
化学科学部	6	5.61	234	5.38
联合基金战略研究	4	3.74	582	13.39
工程与材料科学部	3	2.80	133	3.06

（续）

科学部	资助数量（项）	资助数量占比（%）	资助金额（万元）	资助金额占比（%）
地球科学部	2	1.87	65	1.50
总计	107	100.00	4 346.4	100.00

（2）科学部资助时间变化分析

热带香料饮料作物领域 NSFC 各科学部资助数量年度变化情况如图 3-66 所示。该领域在生命科学部获得持续性的项目支持。其中，在生命科学部最早于 2004 年获得资助，2007—2019 年资助数量波动增长，2016 年达到最大值 11 项；在医学科学部最早于 2004 年获得资助，2009—2019 年获得相对持续性的资助，资助数量在 1～5 项波动，于 2012 年达到最大值 5 项；在化学科学部最早于 2006 年获得资助，此后在 2010—2016 年断断续续获得资助，年资助数量均为 1 项，未能突破；在联合基金战略研究分别于 2016 年和 2019 年获得资助，资助数量分别为 1 项和 3 项；在工程与材料科学部分别于 2011 年、2014 年和 2019 年获得资助，资助数量均为 1 项；在地球科学部仅于 2019 年获得 2 项资助。

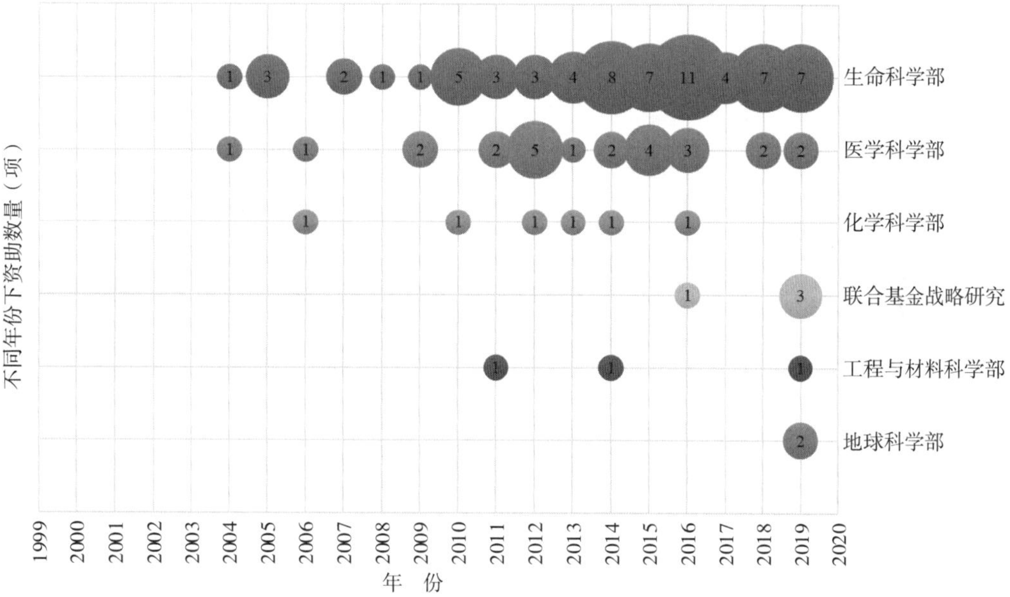

图 3-66 热带香料饮料作物领域各科学部资助数量年度变化

2. 一级学科分析

（1）一级学科资助概况分析

热带香料饮料作物领域 NSFC 各资助项目在各一级学科的资助概况如表 3-112 所示，各一级学科获得的资助数量和资助金额差异明显，一级学科分布相对分散。资助数量和资助金额最多的是食品科学，资助数量 19 项，资助金额 791 万元，占比均超过 17%，其是该领域获得支持力度最大的学科；其次是中药学、植物学，资助数量均大于 10 项，资助金额占比均在 10%～15%，获得支持力度相对较大；农学基础与作物学、园艺学与植物营养学、植物保护学学科的资助数量在 5～10 项，资助金额均在 5%～10%；其他学科的资助数量在 1～4 项，获得支持力度相对较小。

表 3-112 热带香料饮料作物领域各一级学科资助数量、资助金额及占比

一级学科	资助数量（项）	资助数量占比（%）	资助金额（万元）	资助金额占比（%）
食品科学	19	17.76	791	18.20
中药学	13	12.15	440	10.12
植物学	12	11.21	501.4	11.54
农学基础与作物学	10	9.35	263	6.05
园艺学与植物营养学	9	8.41	257	5.91
植物保护学	8	7.48	247	5.68
化学生物学	4	3.74	176	4.05
林学与草地科学	4	3.74	142	3.27
人口与健康领域	3	2.80	356	8.19
水利科学与海洋工程	3	2.80	133	3.06
药物学	3	2.80	174	4.00
药理学	3	2.80	116	2.67
中医学	1	0.93	18	0.41
中西医结合	1	0.93	20	0.46
兽医学	1	0.93	84	1.93
分子生物学与生物技术	1	0.93	25	0.58
化学测量学	1	0.93	8	0.18
口腔颅颌面科学	1	0.93	36	0.83
合成化学	1	0.93	50	1.15
微生物学	1	0.93	67	1.54
海洋科学	1	0.93	40	0.92
环境地球科学	1	0.93	25	0.58
生态学	1	0.93	19	0.44
生物多样性保护领域	1	0.93	226	5.20
生物物理与生物化学	1	0.93	10	0.23
皮肤及其附属器	1	0.93	35	0.81
神经系统和精神疾病	1	0.93	57	1.31
肿瘤学	1	0.93	30	0.69
总计	107	100.00	4 346.4	100.00

（2）一级学科资助时间变化分析

热带香料饮料作物领域 NSFC 重点一级学科（资助数量≥3 项）资助数量年度变化情况如图 3-67 所示。该领域 2010—2019 年在食品科学、中药学、植物学、农学基础与作物学学科获得相对持续性的项目支持。其中，食品科学学科最早于 2011 年获得资助，此后资助数量呈现波动趋势，在 2018 年达到最大值 4 项；中药学学科于 2009 年首次获得项目资助，于 2012 年获得最多 4 项资助，此后资助数量呈现波动减少的趋势；植物学学科最早于 2005 年首次获得项目资助，此后获得相对持续性的资助，年度资助数量在 1～2 项波动；农学基础与作物学、植物保护学学科分别于 2010 年、2007 年首次获得资助，此后断断续续获得资助，数量均不超过 2 项；园艺学与植物营养学学科仅于 2012—2016 年获得连续资助，数量均不超过 3 项；化学生物学、林学与草地科学、人口与健康领域、水利科学与海洋工程、药物学、药理学等学科获得资助的年份数量均不超过 4 个，年度资助数量均为 1～2 项。

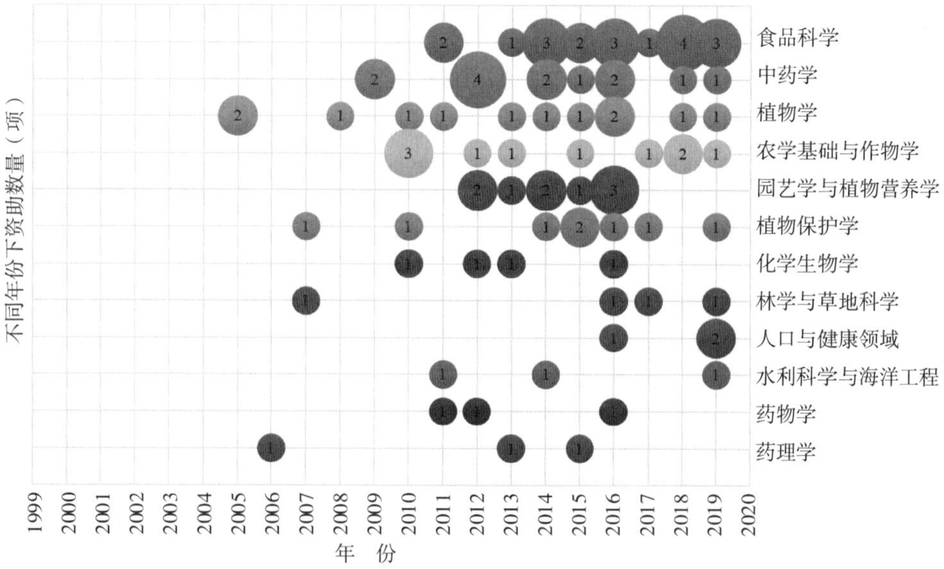

图 3-67 热带香料饮料作物领域重点一级学科资助数量年度变化（学科资助数量≥3 项）

3. 二级学科分析

（1）二级学科资助概况分析

热带香料饮料作物领域 NSFC 所有资助项目在各二级学科的资助概况如表 3-113 所示，各二级学科获得的资助数量和资助金额差异较大，二级学科分布较分散。资助数量最多的是作物遗传育种学，资助数量 7 项，但资助金额为 144 万元，食品原料学和植物资源学资助数量分别为 6 项和 5 项，资助金额分别为 263 万元和 236 万元，以上三个学科是该领域获得支持力度较大的二级学科。分子探针、植物病理学、设施园艺学等学科资助数量均为 4 项，天然药物化学、食品安全与质量控制、食品微生物学、农业水利、食品生物化学、植物生理学等学科的资助金额均在 100 万元以上，获得支持力度相对较大。其他二级学科的资助数量在 3 项及以下，获得支持力度相对较小。

表 3-113 热带香料饮料作物领域各二级学科资助数量、资助金额及占比

二级学科	资助数量（项）	资助数量占比（%）	资助金额（万元）	资助金额占比（%）
作物遗传育种学	7	6.54	144	3.31

（续）

二级学科	资助数量（项）	资助数量占比（%）	资助金额（万元）	资助金额占比（%）
食品原料学	6	5.61	263	6.05
植物资源学	5	4.67	236	5.43
分子探针	4	3.74	176	4.05
植物病理学	4	3.74	98	2.25
设施园艺学	4	3.74	140	3.22
农业水利	3	2.80	133	3.06
天然药物化学	3	2.80	174	4.00
植物营养基础	3	2.80	67	1.54
食品安全与质量控制	3	2.80	102	2.35
食品微生物学	3	2.80	136	3.13
食品生物化学	3	2.80	124	2.85
中药抗炎与免疫药理	2	1.87	91	2.09
中药抗肿瘤药理	2	1.87	46	1.06
中药药效物质	2	1.87	102	2.35
作物栽培与耕作学	2	1.87	79	1.82
心脑血管药物药理	2	1.87	51	1.17
植物生理学	2	1.87	121	2.78
植物进化生物学	2	1.87	86	1.98
生物防治	2	1.87	75	1.73
食品营养学	2	1.87	113	2.60
食品贮藏与保鲜	2	1.87	53	1.22
中兽医学	1	0.93	84	1.93
中医口腔科	1	0.93	18	0.41
中药心脑血管药理	1	0.93	18	0.41
中药抗病毒与感染药理	1	0.93	17	0.39
中药炮制	1	0.93	16	0.37
中药神经精神药理	1	0.93	8	0.18
中药质量评价	1	0.93	20	0.46
中药资源	1	0.93	73	1.68
中西医结合临床基础	1	0.93	20	0.46
作物种质资源学	1	0.93	40	0.92
其他前沿生物技术	1	0.93	25	0.58
养分管理	1	0.93	25	0.58
农业昆虫学	1	0.93	55	1.27

（续）

二级学科	资助数量（项）	资助数量占比（%）	资助金额（万元）	资助金额占比（%）
化学分析与应用	1	0.93	8	0.18
土壤学	1	0.93	25	0.58
抗炎与免疫药物药理	1	0.93	65	1.50
有机合成	1	0.93	50	1.15
森林保护学	1	0.93	17	0.39
森林资源学	1	0.93	39	0.90
植物分类学	1	0.93	18	0.41
植物化学保护	1	0.93	19	0.44
植物学研究的新技术、新方法	1	0.93	39	0.90
植物形态与发育	1	0.93	1.4	0.03
民族药学	1	0.93	49	1.13
牙周及口腔黏膜疾病	1	0.93	36	0.83
生物海洋学与海洋生物资源	1	0.93	40	0.92
生理生态学	1	0.93	19	0.44
病毒学	1	0.93	67	1.54
皮肤形态、结构和功能异常	1	0.93	35	0.81
经济林学	1	0.93	62	1.43
肥料与施肥	1	0.93	25	0.58
肿瘤化学药物治疗	1	0.93	30	0.69
脑血管结构、功能异常及相关疾病	1	0.93	57	1.31
草地科学	1	0.93	24	0.55
蛋白质与多肽生物化学	1	0.93	10	0.23
未分类	4	3.74	582	13.39
总计	107	100.00	4 346.4	100.00

（2）二级学科资助时间变化分析

热带香料饮料作物领域NSFC重点二级学科（资助数量≥3项）资助数量年度变化情况如图3-68所示。其中，作物遗传育种学学科于2010年首次获得项目资助，2012—2017年断断续续获得资助，数量均为1项；食品原料学学科于2014年首次获得3项资助，此后在2015年和2018年分别获得2项、1项资助；植物资源学、分子探针、植物病理学、设施园艺学学科分别于2013年、2010年、2007年、2012年首次获得资助，后续均有3年获得资助，年度资助数量在1～2项；农业水利、天然药物化学、食品微生物学学科均于2011年首次获得项目资助，后续均有2年获得资助，年度资助数量均为1项；植物营养基础、食品安全与质量控制、食品生物化学学科均仅有2年获得项目资助，年度资助数量均在1～2项。

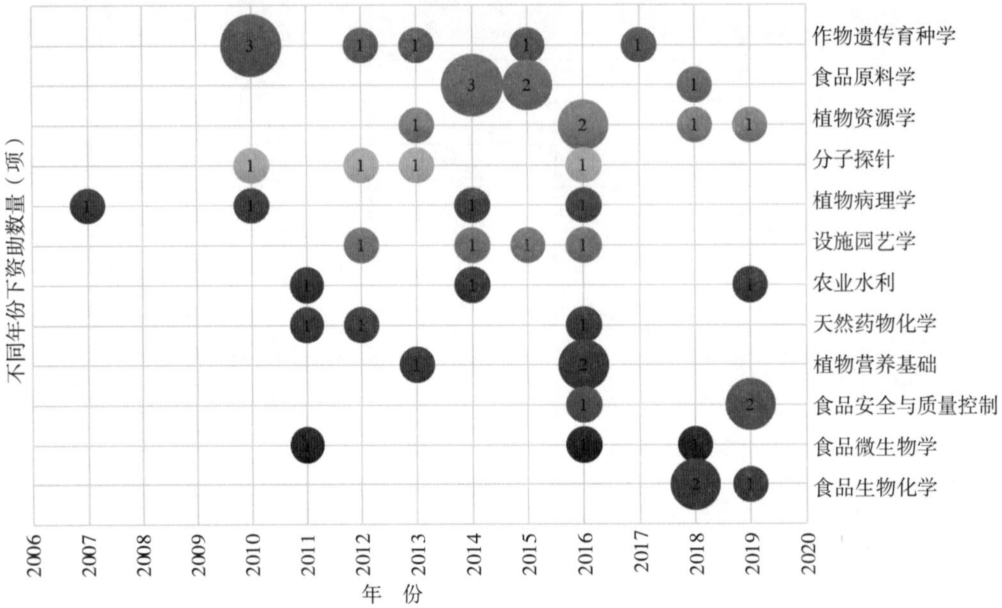

图 3-68 热带香料饮料作物领域重点二级学科资助数量年度变化（学科资助数量≥3项）

（四）地区分析

1. 地区资助概况分析

热带香料饮料作物领域获得NSFC项目资助的省、自治区、直辖市共计19个，各地区获得的资助数量和资助金额差距较大（表3-114）。其中，海南省的资助数量和资助金额分别为36项、1 123万元，占比均超过25%，远远高于其他地区；其次是云南省和北京市，资助数量均为15项，资助金额分别为860万元、609万元。另外，广东省、湖北省、上海市等地区的资助数量也均在3项及以上，资助金额也较多，累计均超过30万元。

表 3-114 热带香料饮料作物领域各地区资助数量、资助金额及占比

地区	资助数量（项）	资助数量占比（%）	资助金额（万元）	资助金额占比（%）
海南省	36	33.64	1 123	25.84
云南省	15	14.02	860	19.79
北京市	15	14.02	609	14.01
广东省	6	5.61	196.4	4.52
湖北省	4	3.74	213	4.90
上海市	3	2.80	295	6.79
广西壮族自治区	3	2.80	106	2.44
新疆维吾尔自治区	3	2.80	101	2.32

（续）

地区	资助数量（项）	资助数量占比（%）	资助金额（万元）	资助金额占比（%）
江苏省	3	2.80	143	3.29
河南省	3	2.80	153	3.52
浙江省	3	2.80	33	0.76
辽宁省	3	2.80	143	3.29
山东省	2	1.87	44	1.01
江西省	2	1.87	88	2.02
黑龙江省	2	1.87	109	2.51
吉林省	1	0.93	36	0.83
四川省	1	0.93	55	1.27
宁夏回族自治区	1	0.93	19	0.44
重庆市	1	0.93	20	0.46
总计	107	100.00	4 346.4	100.00

2. 地区资助时间变化

热带香料饮料作物领域 NSFC 主要地区（资助数量≥3 项）资助数量年度变化情况如图 3-69 所示。海南省最早于 2009 年首次获得项目资助，此后连续获得资助，资助数量呈现先增后减的趋势，在 2016 年达到最大值 8 项；云南省最早于 2011 年首次获得项目资助，此后除 2017 年外其他年份均获得资助，资助数量呈波动增长趋势，2019 年达到最大

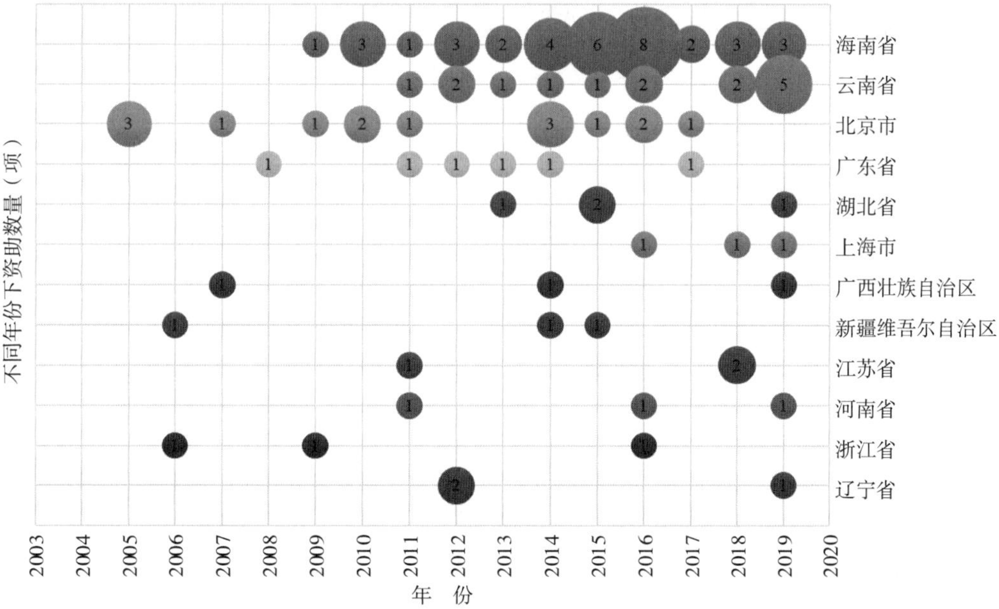

图 3-69 热带香料饮料作物领域主要地区资助数量年度变化（地区资助数量≥3 项）

值5项；北京市于2005年首次获得项目资助，此后断断续续获得资助，年度资助数量不超过3项；广东省最早于2008年首次获得项目资助，此后在2011—2014年连续获得资助，资助数量均为1项，2017年最后一次获得资助；湖北省、上海市、广西壮族自治区、新疆维吾尔自治区、河南省、浙江省均有3年获得项目资助，年度资助数量均为1～2项；江苏省、辽宁省均仅有2年获得项目资助，年度资助数量均为1～2项。

3. 地区—项目类型分析

热带香料饮料作物领域获得NSFC项目资助的19个地区在各类项目中的分布情况如表3-115所示，19个地区共在6类项目中获得资助支持，各地区在不同项目类型的资助分布和资助优势差异悬殊。

表3-115 热带香料饮料作物领域地区—项目类型资助分布

地区	资助数量（项）					
	面上项目	青年科学基金项目	地区科学基金项目	联合基金项目	应急管理项目	国际（地区）合作交流项目
海南省	9	19	5		3	
云南省	3	1	10	1		
北京市	11	3				1
广东省	2	3				1
湖北省	3	1				
上海市		2		1		
广西壮族自治区			3			
新疆维吾尔自治区			3			
江苏省	2	1				
河南省	2			1		
浙江省	1	2				
辽宁省	2			1		
山东省	1	1				
江西省			2			
黑龙江省	1	1				
吉林省			1			
四川省	1					
宁夏回族自治区			1			
重庆市		1				

海南省同时获得面上项目、青年科学基金项目、地区科学基金项目和应急管理项目四类项目资助支持，且获得最多的是青年科学基金项目；云南省同时获得面上项目、青年科

学基金项目、地区科学基金项目和联合基金项目四类项目资助支持，且获得最多的是地区科学基金项目；北京市同时获得面上项目、青年科学基金项目和国际（地区）合作交流项目资助支持，且获得最多的是面上项目。此外，海南省、云南省、北京市、广东省、湖北省、江苏省等 9 个地区同时获得面上项目和青年科学基金项目；广西壮族自治区、新疆维吾尔自治区、江西省、吉林省、宁夏回族自治区等 5 个地区仅获得地区科学基金项目资助。云南省、上海市、河南省和辽宁省等 4 个地区各获得 1 项联合基金项目资助；北京市、广东省各获得 1 项国际（地区）合作交流项目。

（五）机构分析

1. 机构资助概况分析

热带香料饮料作物领域获得 NSFC 资助项目的机构共计 46 家，包含 34 家高校、8 家科研院所及 4 家其他机构，各机构获得的资助数量和资助金额差距较大，如表 3-116 所示。

表 3-116 热带香料饮料作物领域各机构资助数量、资助金额及占比

机构	资助数量（项）	资助数量占比（%）	资助金额（万元）	资助金额占比（%）
中国热带农业科学院	29	27.10	909	20.91
中国科学院	8	7.48	564.4	12.99
海南大学	7	6.54	214	4.92
中国农业科学院	5	4.67	200	4.60
云南农业大学	4	3.74	159	3.66
中国医学科学院	3	2.80	174	4.00
昆明理工大学	3	2.80	133	3.06
郑州大学	3	2.80	153	3.52
北京大学	2	1.87	62	1.43
华中科技大学	2	1.87	137	3.15
南京农业大学	2	1.87	120	2.76
广州中医药大学	2	1.87	46	1.06
新疆医科大学	2	1.87	51	1.17
武汉大学	2	1.87	76	1.75
沈阳药科大学	2	1.87	127	2.92
上海交通大学	1	0.93	25	0.58
上海市食品药品监督管理局	1	0.93	20	0.46
东北农业大学	1	0.93	84	1.93
中国中医科学院西苑医院	1	0.93	10	0.23
中国人民解放军第二军医大学	1	0.93	250	5.75

（续）

机构	资助数量（项）	资助数量占比（%）	资助金额（万元）	资助金额占比（%）
九江学院	1	0.93	52	1.20
云南中医学院	1	0.93	49	1.13
云南省农业科学院	1	0.93	39	0.90
云南省热带作物科学研究所	1	0.93	39	0.90
云南省第一人民医院	1	0.93	35	0.81
伊犁师范学院	1	0.93	50	1.15
北京中医药大学	1	0.93	18	0.41
北京市植物园	1	0.93	18	0.41
华南农业大学	1	0.93	24	0.55
南京财经大学	1	0.93	23	0.53
南昌大学	1	0.93	36	0.83
哈尔滨工业大学	1	0.93	25	0.58
宁夏大学	1	0.93	19	0.44
山东大学	1	0.93	20	0.46
广西大学	1	0.93	17	0.39
广西科学院	1	0.93	40	0.92
延边大学	1	0.93	36	0.83
成都中医药大学	1	0.93	55	1.27
暨南大学	1	0.93	65	1.50
桂林理工大学	1	0.93	49	1.13
浙江大学	1	0.93	8	0.18
浙江省医学科学院	1	0.93	17	0.39
温州医科大学	1	0.93	8	0.18
西南林业大学	1	0.93	50	1.15
辽宁中医药大学	1	0.93	16	0.37
青岛农业大学	1	0.93	24	0.55
总计	107	100.00	4 346.4	100.00

中国热带农业科学院获得的资助数量和资助金额分别为 29 项和 909 万元，占比均超过 20%，远远高于其他机构；中国科学院、海南大学、中国农业科学院获得资助支持也较多，资助数量均不少于 5 项，资助金额均超过 200 万元；另外，中国医学科学院、昆明理工大学、郑州大学获得资助项目数量也较多，均不少于 3 项。

2. 机构资助时间变化分析

热带香料饮料作物领域 NSFC 主要机构（资助数量≥2 项）资助数量年度变化情况如图 3-70 所示。中国热带农业科学院最早于 2010 年获得资助项目，2012 年之后获得连续资助，资助数量呈现先增后减的趋势，在 2016 年达到最大值 7 项；中国科学院、海南大学、中国农业科学院分别于 2005 年、2009 年、2007 年首次获得项目资助，此后均断断续续获得项目资助，年度资助数量均为 1 项；云南农业大学、中国医学科学院、昆明理工大学、郑州大学均有 3 年获得项目资助，年度资助数量均为 1～2 项；北京大学、华中科技大学、南京农业大学、广州中医药大学、新疆医科大学、武汉大学、沈阳药科大学均仅有 2 年获得项目资助，年度资助数量均为 1 项。

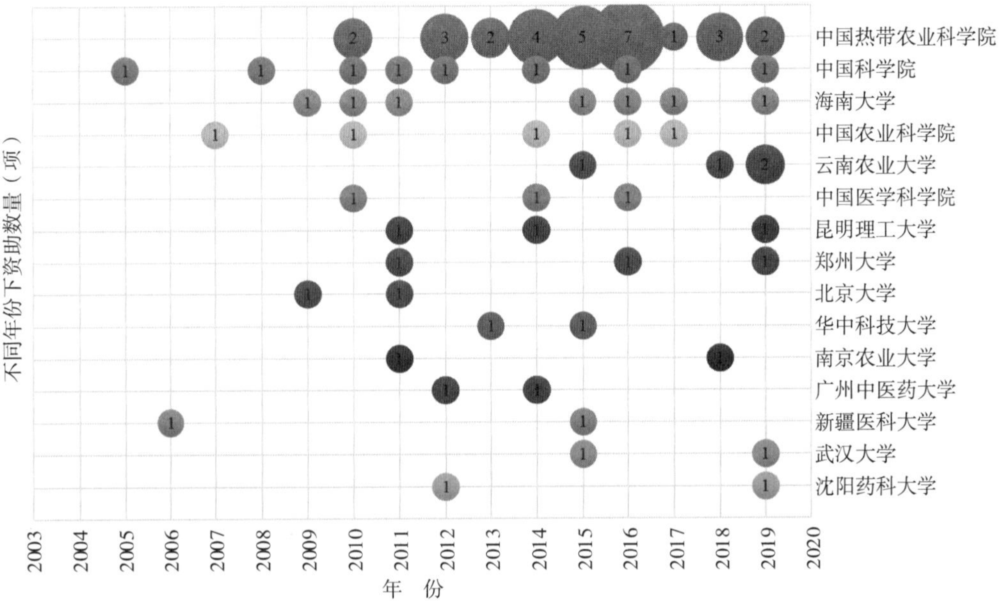

图 3-70 热带香料饮料作物领域主要机构资助数量年度变化（机构资助数量≥2 项）

3. 机构—项目类型分析

热带香料饮料作物领域获得 NSFC 项目资助的 46 家机构在各类项目中的分布情况如表 3-117 所示，46 家机构共在 6 类项目中获得资助支持，各机构在不同项目类型的资助分布和资助优势差异悬殊。

表 3-117 热带香料饮料作物领域机构—项目类型资助分布

机构	资助数量（项）					
	面上项目	青年科学基金项目	地区科学基金项目	联合基金项目	应急管理项目	国际（地区）合作交流项目
中国热带农业科学院	9	18			2	
中国科学院	6			1		1
海南大学		1	5		1	

（续）

机构	资助数量（项）					
	面上项目	青年科学基金项目	地区科学基金项目	联合基金项目	应急管理项目	国际（地区）合作交流项目
中国农业科学院	3	2				
云南农业大学			4			
中国医学科学院	3					
昆明理工大学	1	1	1			
郑州大学	2			1		
北京大学	1					1
华中科技大学	2					
南京农业大学	2					
广州中医药大学		2				
新疆医科大学			2			
武汉大学	1	1				
沈阳药科大学	1			1		
上海交通大学		1				
上海市食品药品监督管理局		1				
东北农业大学	1					
中国中医科学院西苑医院	1					
中国人民解放军第二军医大学				1		
九江学院			1			
云南中医学院			1			
云南省农业科学院			1			
云南省热带作物科学研究所			1			
云南省第一人民医院			1			
伊犁师范学院			1			
北京中医药大学		1				
北京市植物园		1				
华南农业大学		1				

（续）

机构	资助数量（项）					
	面上项目	青年科学基金项目	地区科学基金项目	联合基金项目	应急管理项目	国际（地区）合作交流项目
南京财经大学		1				
南昌大学			1			
哈尔滨工业大学		1				
宁夏大学			1			
山东大学	1					
广西大学			1			
广西科学院			1			
延边大学			1			
成都中医药大学	1					
暨南大学	1					
桂林理工大学			1			
浙江大学		1				
浙江省医学科学院		1				
温州医科大学	1					
西南林业大学			1			
辽宁中医药大学	1					
青岛农业大学		1				

有 4 家机构同时获得面上项目和青年科学基金项目资助支持，其中，中国热带农业科学院在两类基金项目获得的资助数量均最多；有 10 家机构仅获得面上项目支持，11 家机构仅获得青年科学基金项目。地区科学基金项目中海南大学获得的资助数量最多，其次为云南农业大学、新疆医科大学。中国热带农业科学院和海南大学分别获得 2 项、1 项应急管理项目资助；中国科学院和北京大学各获得 1 项国际（地区）合作交流项目；中国科学院、郑州大学、沈阳药科大学、中国人民解放军第二军医大学各获得 1 项联合基金项目资助。

4. 机构—学科分析

（1）机构——一级学科分析

热带香料饮料作物领域获得 NSFC 项目资助数量 2 项及以上的机构在各一级学科中的分布情况如表 3-118、图 3-71 所示，可发现该领域资助项目研究重点分布在食品科学学科，各机构在不同一级学科的资助分布和资助优势差异明显。

表 3-118　热带香料饮料作物领域机构——一级学科资助分布

机构	资助数量（项）																	
	食品科学	中药学	植物学	农学基础与作物学	园艺学与植物营养学	植物保护学	化学生物学	林学与草地科学	人口与健康领域	水利科学与海洋工程	药物学	药理学	中医学	分子生物学与生物技术	微生物学	生物多样性保护领域	神经系统和精神疾病	肿瘤学
中国热带农业科学院	6		1	8	9	4		1										
中国科学院			6								1					1		
海南大学	4		1	1										1				
中国农业科学院						4									1			
云南农业大学	3			1														
中国医学科学院		1					2											
昆明理工大学										3								
郑州大学									1		2							
北京大学		1																1
华中科技大学			1														1	
南京农业大学	2																	
广州中医药大学		2																
新疆医科大学												2						
武汉大学			1										1					
沈阳药科大学		1							1									

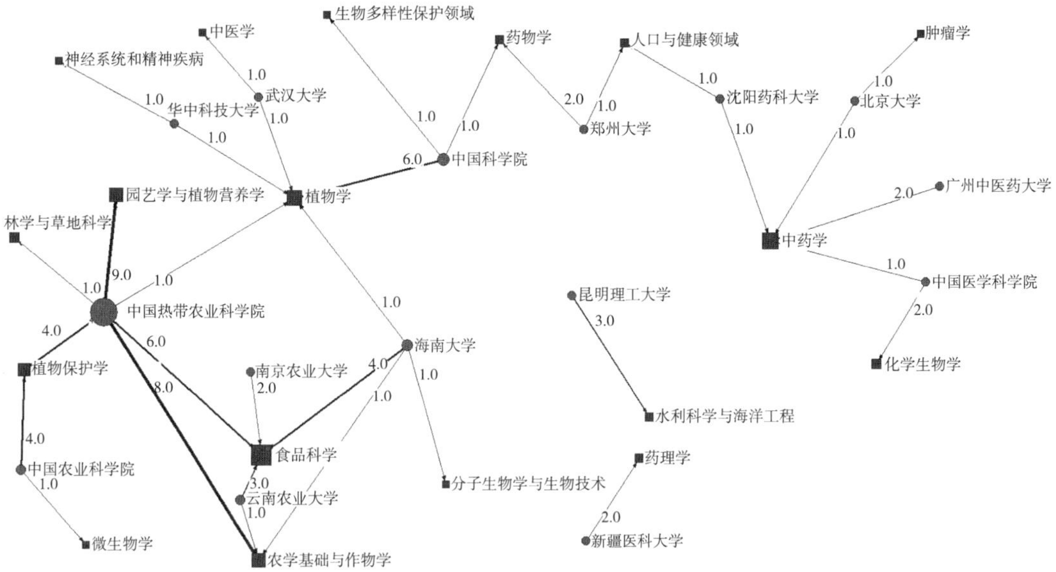

图 3-71　热带香辛饮料作物领域机构—一级学科资助分布图（机构资助数量≥2 项）

从学科层面看，有 5 家机构在植物学学科获得资助；其次是食品科学、中药学、农学基础与作物学等，均有至少 3 家机构在该学科获得资助。从机构层面看，中国热带农业科学院获得资助支持的学科数量最多，达到 6 个；其次是海南大学、中国科学院，获得资助支持的学科均不少于 3 个。

对比发现，中国热带农业科学院在食品科学、农学基础与作物学、园艺学与植物营养学学科获得资助数量最多；中国科学院在植物学学科获得资助数量最多；中国热带农业科学院和中国农业科学院在植物保护学学科获得资助数量较多；昆明理工大学在水利科学与海洋工程学科获得资助数量较多。

（2）机构—二级学科分析

热带香料饮料作物领域获得 NSFC 项目资助数量 2 项及以上的机构在各二级学科（资助数量≥2 项）中的分布情况如表 3-119、图 3-72 所示，各机构在不同二级学科的资助分布和资助优势差异悬殊。

从学科层面看，有 4 家机构在植物资源学学科获得资助，有 3 家机构在食品生物化学学科获得资助，其余学科均仅有 2 家及以下机构获得资助。从机构层面看，中国热带农业科学院获得资助支持的学科数量最多，为 10 个；其次是中国科学院、海南大学，获得资助支持的学科均为 4 个。

对比发现，中国热带农业科学院在作物遗传育种学、食品原料学、设施园艺学、植物营养基础、作物栽培与耕作学、生物防治学科获得资助数量最多；中国科学院在植物生理学、植物进化生物学等学科获得资助数量最多；中国农业科学院在植物病理学学科获得资助数量最多；昆明理工大学在农业水利学科获得资助数量最多。

表 3-119 热带香料饮料作物领域机构—二级学科资助分布（机构、学科资助数量≥2 项）

机构	资助数量（项）																			
	作物遗传育种学	食品原料学	植物资源学	分子探针	植物病理学	设施园艺学	农业水利	天然药物化学	植物营养基础	食品安全与质量控制	食品微生物学	食品生物化学	中药抗肿瘤药理	中药药效物质	作物栽培与耕作学	心脑血管药物药理	植物生理学	植物进化生物学	生物防治	食品贮藏与保鲜
中国热带农业科学院	6	4	1		1	4			3		1	1			2				2	
中国科学院			1					1									2	2		
海南大学	1									1	1									2
中国农业科学院					3															
云南农业大学		1								1		1								
中国医学科学院				2																
昆明理工大学							3													
郑州大学								2												
北京大学														1						
华中科技大学			1																	
南京农业大学												1								
广州中医药大学													2							
新疆医科大学																2				
武汉大学			1																	
沈阳药科大学														1						

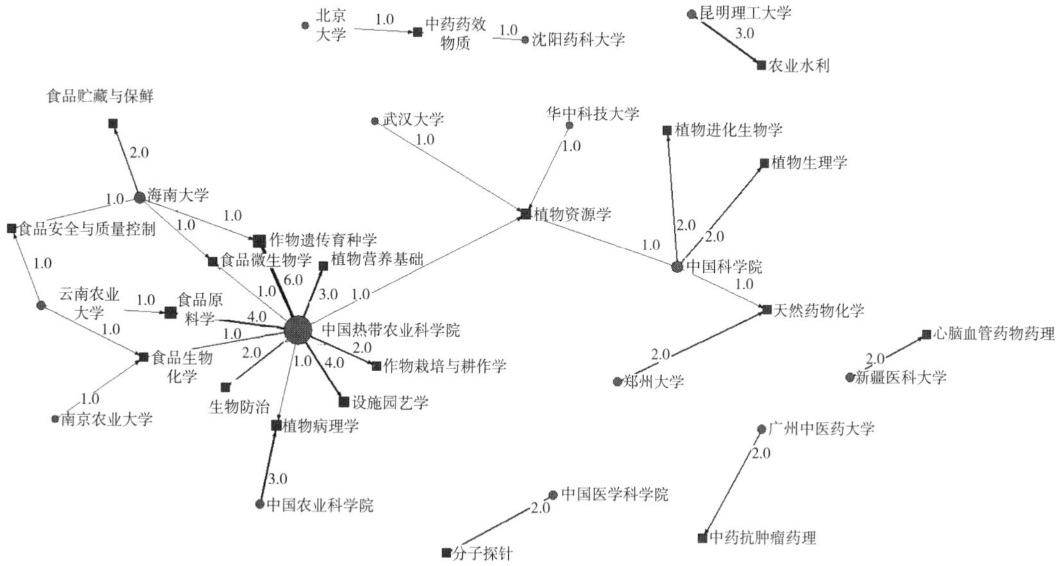

图 3-72　热带香料饮料作物领域机构—二级学科资助分布图（机构、学科资助数量≥2 项）

（六）学者分析

1. 学者资助概况分析

热带香料饮料作物领域共有 92 位学者获得 NSFC 项目，其中，13 位学者获得资助的数量在 2 项及以上（表 3-120）。13 位学者均具有中级和高级职称，其中，具有正高级职称的学者有 6 位；共分布在 8 家机构，4 位隶属于中国热带农业科学院，分别有 2 位隶属于中国农业科学院和中国科学院。

表 3-120　热带香料饮料作物领域主要学者资助数量、资助金额及职称、机构

学者	资助数量（项）	资助金额（万元）	职称	所属机构
刘小刚	3	133	正高级	昆明理工大学
董文江	3	93	副高级	中国热带农业科学院
孙怡	2	120	副高级	南京农业大学
张志想	2	93	副高级	中国农业科学院
李付鹏	2	84	副高级	中国热带农业科学院
杨秀伟	2	62	正高级	北京大学
柳继锋	2	99	副高级	郑州大学
王国栋	2	121	正高级	中国科学院
王雪峰	2	60	正高级	中国农业科学院
赵青云	2	50	副高级	中国热带农业科学院
邱明华	2	286	正高级	中国科学院
陈文学	2	53	正高级	海南大学
高圣风	2	75	副高级	中国热带农业科学院

资助数量排在第一位的是刘小刚和董文江，分别隶属于昆明理工大学和中国热带农业科学院；其次是孙怡、张志想、李付鹏、杨秀伟、柳继锋等，资助数量均为 2 项。累计资助金额排在第一位的为中国科学院的邱明华，资助金额累计高达 286 万元，遥遥领先于其他学者；其次为刘小刚，资助金额为 133 万元。

2. 学者—项目类型分析

热带香料饮料作物领域获得 NSFC 资助数量 2 项及以上的 13 位学者在各类项目中的分布情况如表 3-121 所示。13 位学者在 6 类项目中获得资助支持，各学者在不同项目类型的资助分布与资助优势不同。其中，刘小刚和董文江获得资助支持的项目类型最多，为 3 类。

表 3-121　热带香料饮料作物领域主要学者—项目类型资助分布

学者	资助数量（项）					
	面上项目	青年科学基金项目	地区科学基金项目	联合基金项目	应急管理项目	国际（地区）合作交流项目
刘小刚	1	1	1			
董文江	1	1			1	
孙怡	2					
张志想	1	1				
李付鹏	1	1				
杨秀伟	1					1
柳继锋	1			1		
王国栋	2					
王雪峰		1	1			
赵青云	1	1				
邱明华	1			1		
陈文学			1		1	
高圣风	1	1				

13 位学者中，有 6 位同时获得面上项目和青年科学基金项目两类项目资助支持，2 位仅获得面上项目资助；其中，孙怡、王国栋在面上项目获得的资助数量较多，均为 2 项。有 7 位获得青年科学基金项目，刘小刚、王雪峰和陈文学均获得 1 项地区科学基金项目资助，柳继锋和邱明华均获得 1 项联合基金项目资助，董文江和陈文学均获得 1 项应急管理项目资助，杨秀伟获得 1 项国际（地区）合作交流项目资助。

3. 职称—项目类型分析

热带香料饮料作物领域获得 NSFC 资助的学者职称主要分为正高级、副高级、中级和初级四类，不同级别职称的学者获得的项目资助在不同项目类型中的分布与优势不同，差异明显（表 3-122）。

表 3-122　热带香料饮料作物领域学者职称—项目类型资助分布

职称	资助数量（项）					
	面上项目	青年科学基金项目	地区科学基金项目	联合基金项目	应急管理项目	国际（地区）合作交流项目
正高级	23	5	11	2	1	2
副高级	12	12	12	2	1	
中级	3	17	2		1	
初级		1				

从职称来看，具有正高级职称的学者在各类项目均获得资助，其中，在面上项目获得的资助力度最大，数量为 23 项，远高于其他职称级别获得的资助力度，其次为地区科学基金项目，数量为 11 项；具有副高级职称的学者获得资助支持的类型主要是面上项目、青年科学基金项目和地区科学基金项目，获得资助数量均为 12 项；具有中级职称的学者获得资助支持的类型主要是青年科学基金项目，数量为 17 项；具有初级职称的学者仅获得 1 项青年科学基金项目。

从项目类型来看，青年科学基金项目在具有正高级、副高级、中级和初级职称的学者中均有分布，但面上项目和地区科学基金项目主要分布在具有正高和副高级职称学者中，而青年科学基金项目主要资助对象为具有中级和副高级职称的学者。

（七）作物种类分析

1. 作物种类资助概况分析

热带香料饮料作物领域获得 NSFC 资助项目的作物有胡椒、咖啡、啤酒花、八角、肉豆蔻、辣木等十四种，各种作物获得的资助数量和资助金额差距明显，如表 3-123 所示。其中，胡椒领域获得的资助数量和资助金额均为最多，资助数量 27 项，资助金额 1 028万元，占比均在 23%以上，是热带香料饮料作物领域获得资助支持最多的作物；其次是咖啡领域，资助数量 18 项，资助金额 824 万元，占比均在 16%以上，获得的资助力度相对较大；再次是啤酒花、八角领域，两者的资助数量相差不大，啤酒花领域的资助金额相对较高。

表 3-123　热带香料饮料作物领域作物种类资助数量、资助金额及占比

作物种类	资助数量（项）	资助数量占比（%）	资助金额（万元）	资助金额占比（%）
胡椒	27	25.23	1 028	23.65
咖啡	18	16.82	824	18.96
啤酒花	10	9.35	622	14.31
八角	9	8.41	420	9.66
肉豆蔻	7	6.54	174.4	4.01
辣木	7	6.54	242	5.57
丁香	6	5.61	269	6.19

（续）

作物种类	资助数量（项）	资助数量占比（%）	资助金额（万元）	资助金额占比（%）
罗勒	6	5.61	142	3.27
香草兰	5	4.67	192	4.42
可可	4	3.74	124	2.85
苦丁茶冬青	4	3.74	163	3.75
肉桂	2	1.87	90	2.07
香茅	1	0.93	17	0.39
鹧鸪茶	1	0.93	39	0.90
总计	107	100.00	4 346.4	100.00

2. 作物种类资助时间变化分析

热带香料饮料作物领域 NSFC 所有作物种类资助数量年度变化情况如图 3-73 所示。近年来，胡椒、咖啡领域获得相对持续的项目支持。其中，胡椒领域最早于 2006 年获得项目资助，2009—2019 年获得连续性项目资助，资助数量在 1～4 项变化，且于 2012 年、2015 年、2016 年达到最大值 4 项；咖啡领域最早于 2010 年首次获得资助，2014—2019 年获得连续性项目资助，2019 年达到最大值 4 项；啤酒花、八角、肉豆蔻领域于 2007 年、2007 年、2008 年首次获得项目资助，随后间断性地获得项目资助，年度资助数量在 1～2 项；丁香、罗勒领域均于 2004 年首次获得项目资助，此后断断续续获得资助，年度资助数量在 1～2 项；辣木领域 2015 年首次获得项目资助，近年来资助数量稳步增长；香草兰、可可、苦丁茶冬青领域分别于 2012 年、2013 年、2009 年首次获得资助，随后断断续续获得资助；肉桂、香茅、鹧鸪茶领域均仅有 1～2 年获得资助。

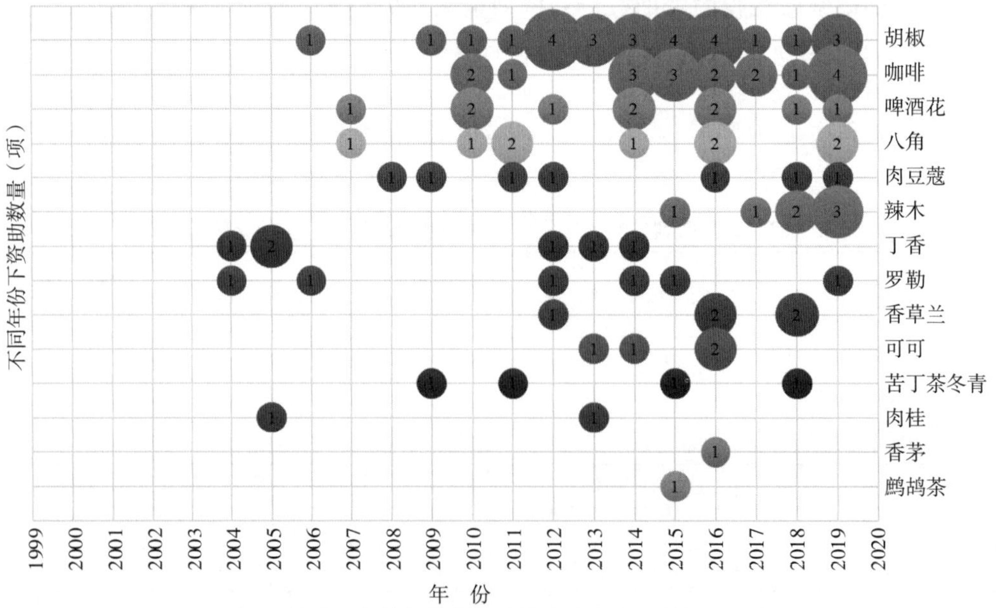

图 3-73 热带香料饮料作物领域作物种类资助数量年度变化

3. 作物种类—项目类型分析

热带香料饮料作物领域获得NSFC项目资助的14种作物在各类项目中的分布情况如表3-124所示，14种作物共在6类项目中获得资助支持，14种作物在不同项目类型的资助优势差异明显。

胡椒、咖啡、肉豆蔻、丁香、罗勒、苦丁茶冬青领域均同时获得地区科学基金项目、面上项目和青年科学基金项目三类项目资助支持，其中，胡椒领域在三类项目中的资助数量均排在首位，资助优势明显。咖啡、八角领域在面上项目的资助数量较多，咖啡、啤酒花领域在青年科学基金项目的资助数量较多，辣木领域在地区科学基金项目的资助数量较多。咖啡、八角、啤酒花领域获得1～2项联合基金项目；胡椒、咖啡和可可领域分别获得1项应急管理项目资助；肉豆蔻领域获得2项国际（地区）合作交流项目资助。

表3-124 热带香料饮料作物领域作物种类—项目类型资助分布

作物	资助数量（项）					
	面上项目	青年科学基金项目	地区科学基金项目	联合基金项目	应急管理项目	国际（地区）合作交流项目
胡椒	9	10	7		1	
咖啡	6	8	2	1	1	
啤酒花	4	4		2		
八角	5		3	1		
肉豆蔻	2	1	2			2
辣木		2	5			
丁香	3	1	2			
罗勒	1	3	2			
香草兰	3	2				
可可	1	2			1	
苦丁茶冬青	2	1	1			
肉桂	2					
香茅		1				
鹧鸪茶			1			

4. 作物种类—学科分析

（1）作物种类—一级学科分析

热带香料饮料作物领域获得NSFC项目资助的14种作物在各一级学科（资助数量≥2项）中的分布情况如表3-125、图3-74所示，14种作物在不同一级学科的资助分布和资助优势差异明显。

从学科层面看，有 10 种作物在植物学获得资助，其中，获得资助数量最多的是丁香和啤酒花；有 8 种作物在食品科学获得资助，其中，获得资助数量较多的是咖啡、胡椒和辣木；有 7 种作物在中药学获得资助，其中，数量较多的是肉豆蔻和胡椒；有 5 种作物在农学基础与作物学获得资助，其中，资助数量最多的是咖啡；其他学科均有 1～4 种作物获得资助。从作物种类层面看，胡椒领域获得资助支持的一级学科数量最多，为 9 个；其次是咖啡、八角、啤酒花、辣木等领域，获得资助支持的一级学科数量差别不大，均为 1～7 个。

对比发现，胡椒领域在园艺学与植物营养学、植物保护学等学科获得的资助数量最多；咖啡领域在食品科学、农学基础与作物学、水利科学与海洋工程等学科获得的资助数量最多；啤酒花领域在植物学、人口与健康领域获得的资助数量最多；肉豆蔻领域在中药学获得的资助数量最多。

表 3-125　热带香料饮料作物领域作物种类—一级学科资助分布（学科资助数量≥2 项）

作物种类	资助数量（项）											
	食品科学	中药学	植物学	农学基础与作物学	园艺学与植物营养学	植物保护学	化学生物学	林学与草地科学	人口与健康领域	水利科学与海洋工程	药物学	药理学
胡椒	4	3	1	2	5	4	1				1	1
咖啡	5	1	1	5	1	1				3		
啤酒花	1		2			3	1		2			
八角	1		1				2	1	1		2	
肉豆蔻		4	1					1				
辣木	3		1	1				1				
丁香	1	1	2									
罗勒		2										2
香草兰	2			1	2							
可可			1	1	1			1				
苦丁茶冬青	2	1										
肉桂			1									
香茅		1										
鹧鸪茶			1									

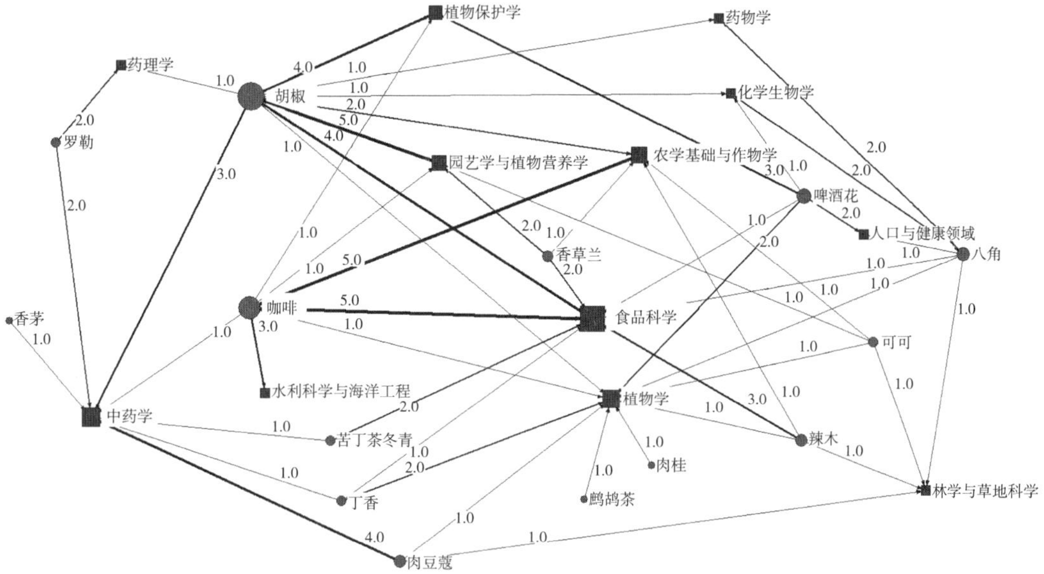

图 3-74　热带香料饮料作物领域作物种类—一级学科资助分布图（学科资助数量≥2 项）

（2）作物种类—二级学科分析

热带香料饮料作物领域获得 NSFC 项目资助的 12 种作物在各二级学科（资助数量≥2 项）中的分布情况如表 3-126、图 3-75 所示，不同作物在不同二级学科的资助分布和资助优势差异较大。

从学科层面看，有 4 种作物在植物资源学获得资助，资助数量均为 1 项；有 4 种作物在食品原料学获得资助，其中，资助数量最多的是咖啡；有 3 种作物在作物遗传育种学获得资助，其中，资助数量最多的是咖啡；此外，分子探针、食品微生物学、食品生物化学等学科也均有 3 种作物获得资助；植物病理学、设施园艺学、天然药物化学、食品安全与质量控制、中药抗炎与免疫药理等学科均仅有 1～2 种作物获得资助。从作物种类层面看，胡椒领域获得资助支持的二级学科数量最多，为 12 个；其次是咖啡领域，为 7 个；啤酒花、八角、肉豆蔻等领域获得资助支持的二级学科数量差别不大，均为 1～4 个。

对比发现，胡椒领域在设施园艺学、植物营养基础、生物防治、食品贮藏与保鲜学科获得资助数量最多；咖啡领域在作物遗传育种学、食品原料学、农业水利、食品安全与质量控制等学科获得资助数量最多；啤酒花领域在植物病理学、植物生理学获得的资助数量最多。

5. 地区—作物种类分析

热带香料饮料作物领域获得 NSFC 项目资助的 19 个地区在 14 个作物领域中的分布情况如表 3-127 所示，各地区在不同作物领域的资助分布和资助优势差异明显，海南省在多个作物领域获得的资助数量均排在前列。其中，有 7 个地区在胡椒领域获得资助，其中，海南省的资助数量最多，其次是云南省；有 6 个地区在啤酒花领域获得资助，其中，北京市的资助数量最多；有 6 个地区在肉豆蔻领域获得资助，其中，北京市的资助数量最多；有 5 个地区在丁香领域获得资助，其中，北京市的资助数量最多；其他作物领域均仅有 1～4 个地区获得资助。

表 3-126　热带香料饮料作物领域作物种类—二级学科资助分布（学科资助数量≥2 项）

作物种类	资助数量（项）																					
	作物遗传育种学	食品原料学	植物资源学	分子探针	植物病理学	设施园艺学	农业水利	天然药物化学	植物营养基础	食品安全与质量控制	食品微生物学	食品生物化学	中药抗炎与免疫药理	中药抗肿瘤药理	中药药效物质	作物栽培与耕作学	心脑血管药物药理	植物生理学	植物进化生物学	生物防治	食品营养学	食品贮藏与保鲜
胡椒	2	1	1	1	1	3		1	2		1		1							2		2
咖啡	4	3	1			1	3			2						1						
啤酒花				1	3						1							2				
八角		1		2				2											1			
肉豆蔻													1		1							
辣木		1	1							1		1										
丁香															1				1		1	
罗勒														2			2					
香草兰									1		1	1				1						
可可	1		1																			
苦丁茶冬青												1									1	

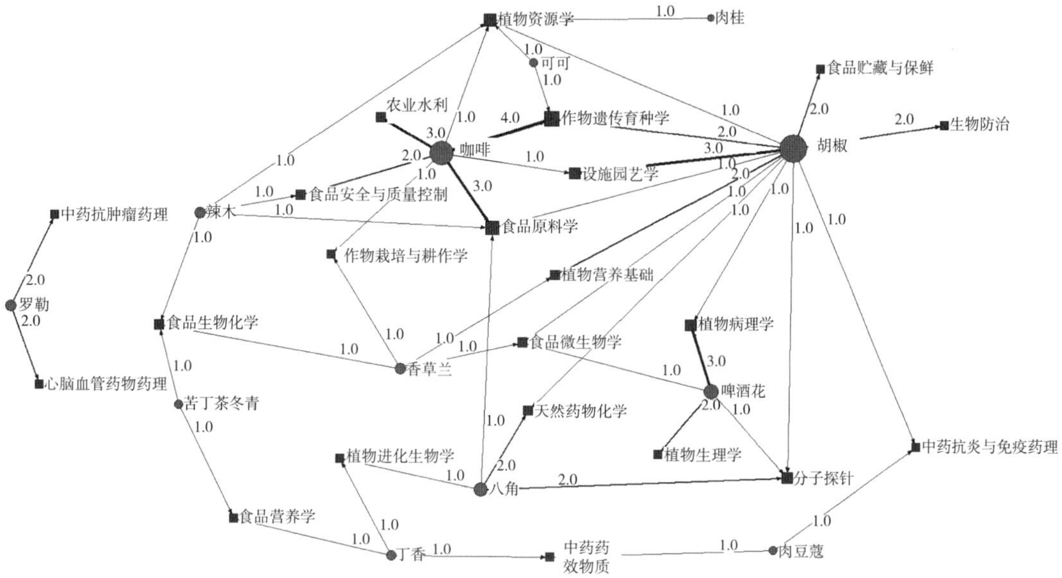

图 3-75　热带香料饮料作物领域作物种类—二级学科资助分布图（学科资助数量≥2 项）

表 3-127　热带香料饮料作物领域各地区—作物种类资助分布

地区	资助数量（项）													
	胡椒	咖啡	啤酒花	八角	肉豆蔻	辣木	丁香	罗勒	香草兰	可可	苦丁茶冬青	肉桂	香茅	鹧鸪茶
海南省	15	10							5	4	1			1
云南省	4	6			1	4								
北京市		2	5	2	2		2				1	1		
广东省	1			1	1	1		2						
湖北省	3											1		
上海市			1		1			1						
广西壮族自治区				3										
新疆维吾尔自治区	1							2						
江苏省						1					2			
河南省				3										
浙江省	2												1	
辽宁省			1		1		1							
山东省			1					1						
江西省						1	1							
黑龙江省			1				1							
吉林省					1									
四川省	1													

（续）

地区	资助数量（项）													
	胡椒	咖啡	啤酒花	八角	肉豆蔻	辣木	丁香	罗勒	香草兰	可可	苦丁茶冬青	肉桂	香茅	鹧鸪茶
宁夏回族自治区							1							
重庆市			1											

6. 机构—作物种类分析

热带香料饮料作物领域获得 NSFC 资助数量 2 项及以上的机构在 13 个作物领域中的分布情况如表 3-128 所示，各机构在不同作物领域的资助分布和资助优势差异明显，中国热带农业科学院在胡椒、咖啡、可可、香草兰等多个作物领域获得的资助数量均排在前列。

表 3-128 热带香料饮料作物领域各机构—作物种类资助分布（机构资助数量≥2 项）

机构	资助数量（项）												
	胡椒	咖啡	啤酒花	八角	肉豆蔻	辣木	丁香	罗勒	香草兰	可可	苦丁茶冬青	肉桂	鹧鸪茶
中国热带农业科学院	11	9							5	4			
中国科学院	1	2	2	1	1		1						
海南大学	4	1									1		1
中国农业科学院		1	4										
云南农业大学						4							
中国医学科学院		1		2									
昆明理工大学		3											
郑州大学				3									
北京大学					2								
华中科技大学	1											1	
南京农业大学											2		
广州中医药大学								2					
新疆医科大学								2					
武汉大学	2												
沈阳药科大学			1				1						

有 6 家机构在咖啡领域获得资助，其中，中国热带农业科学院获得的资助数量最多，其次是昆明理工大学、中国科学院；有 5 家机构在胡椒领域获得资助，其中，中国热带农业科学院获得的资助数量最多，其次是海南大学；有 3 家机构在啤酒花领域获得资助，其中，中国农业科学院获得的资助数量最多，其次是中国科学院；有 3 家机构在八角领域获得资助，其中，郑州大学获得的资助数量最多，其次是中国医学科学院；其他作物领域均仅有 1～2 家机构获得资助。

（八）主题分析

1. 重点主题词分析

基于人工和自然语言处理技术，将热带香料饮料作物领域 NSFC 所有资助项目的标题、关键词等进行分词、合并与规范化处理，共获取 345 个主题词。通过对主题词资助项目数及其占比进行统计分析发现（表 3-129），化合物、机理、作用机制、胡椒碱是出现频率最高的主题词，资助数量均在 5 项以上，占比均在 5%以上；八角属、遗传多样性、互作、代谢组学等的资助数量均在 4 项及以上，占比均在 3%以上；分子机理、分子标记、合成、微生物等资助数量均在 3 项及以下，占比均不足 3%。可以看出，该领域所有资助项目的研究主要集中在作物活性成分的挖掘及应用研究。

表 3-129 热带香料饮料作物领域高频主题词资助概况

主题词	资助数量（项）	资助数量占比（%）	主题词	资助数量（项）	资助数量占比（%）
化合物	9	8.41	分子标记	3	2.80
机理	9	8.41	合成	3	2.80
作用机制	8	7.48	微生物	3	2.80
胡椒碱	6	5.61	抑菌机理	3	2.80
八角属	5	4.67	构效关系	3	2.80
遗传多样性	5	4.67	根系分泌物	3	2.80
互作	4	3.74	根际微生物	3	2.80
代谢组学	4	3.74	植物	3	2.80
性状	4	3.74	罗勒多糖	3	2.80
有效成分	4	3.74	转录组	3	2.80
种质资源	4	3.74	辣木叶	3	2.80
分子机理	3	2.80			

2. 研究重点分析

利用从热带香料饮料作物领域 NSFC 所有资助项目中获取的 345 个主题词构建主题词共现矩阵，将矩阵导入 VOSviewer 中绘制主题词共现网络图，通过参数调整实现自动聚类。

该领域资助项目的研究主要分为作物根际生态及病害防治研究（红色）、药用成分挖掘及活性研究（绿色）、种质资源与遗传育种研究（蓝色）三个主题领域；其中，在作物根际生态及病害防治研究领域获得的资助最多，其次是药用成分挖掘及活性研究领域、种质资源与遗传育种研究领域（彩图 3-7）。

（1）作物根际生态及病害防治研究领域

该领域包含的核心主题词有机理、互作、代谢组学、有效成分、微生物、根系分泌物、根际微生物、转录组、丁香叶、作用靶点、冬青苦丁茶、化学计量学、咖啡豆等，主要研究作物根际生态环境、病毒性病害的致病机理及其防治方法。

(2) 药用成分挖掘及活性研究领域

该领域包含的核心主题词有化合物、作用机制、胡椒碱、八角属、抑菌机理、构效关系、辣木叶、3T3-L1前体脂肪细胞、二萜、云南、保鲜、倍半萜内酯等，主要开展作物药用成分挖掘、活性物质在多种疾病中的作用机制研究。

(3) 种质资源与遗传育种研究领域

该领域包含的核心主题词有遗传多样性、性状、种质资源、分子机理、分子标记、合成、SNP、β淀粉样蛋白、可可脂、成药性等，主要通过分子标记、遗传图谱等技术，开展作物遗传多样性分析、抗性种质资源鉴定及利用研究。

3. 研究趋势分析

热带香料饮料作物领域NSFC各主题领域资助数量年度变化情况如图3-76所示。热带香料饮料作物领域在种质资源与遗传育种研究领域最早获得资助，作物根际生态及病害防治研究领域、药用成分挖掘及活性研究领域稍晚获得资助，且持续性较好。其中，作物根际生态及病害防治研究领域于2007年首次获得资助，资助数量呈现逐年波动趋势，在2014年、2016年和2018年都达到最大值6项；药用成分挖掘及活性研究领域于2007年首次获得资助，且2009年之后获得了持续资助，数量波动增长，在2019年达到最大值9项；种质资源与遗传育种研究领域于2004年首次获得项目资助，此后资助数量呈现波动变化，于2016年达到最大值5项。可见，种质资源与遗传育种研究领域热度近年来有所降低，其余主题始终是热带香料饮料作物领域的热点主题。

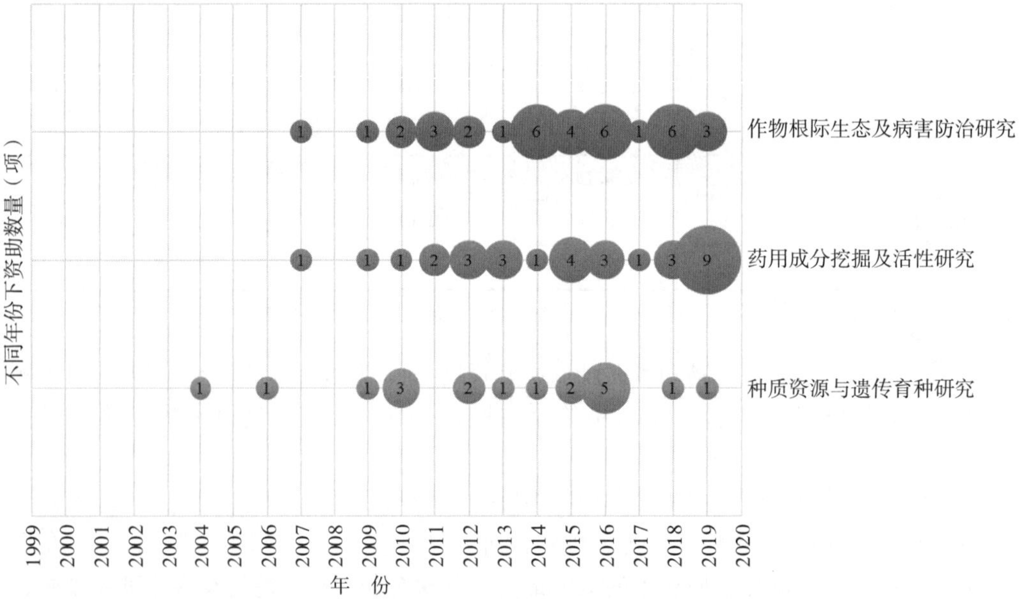

图3-76　热带香料饮料作物领域各主题领域资助数量年度分布

4. 研究重点项目类型分析

热带香料饮料作物领域获得NSFC项目资助的3个主题领域在各类项目的分布情况如表3-130所示。3个主题领域共在6类项目中获得资助支持，各主题领域在不同项目类型的资助分布和资助优势差异明显。

表 3-130 热带香料饮料作物领域各主题领域—项目类型资助分布

项目类型	资助数量（项）		
	作物根际生态及病害防治研究	药用成分挖掘及活性研究	种质资源与遗传育种研究
面上项目	15	15	3
青年科学基金项目	16	3	7
地区科学基金项目	3	10	7
联合基金项目		3	1
应急管理项目	1	1	1
国际（地区）合作交流项目	1		

3 个主题领域均同时获得面上项目、青年科学基金项目、地区科学基金项目、应急管理项目四类项目资助，其中，作物根际生态及病害防治研究领域在面上项目获得的资助数量最多，药用成分挖掘及活性研究领域在面上项目和地区科学基金项目获得的资助数量最多，种质资源与遗传育种研究领域在青年科学基金项目和地区科学基金项目获得的资助数量较多。除此之外，药用成分挖掘及活性研究领域、种质资源与遗传育种研究领域各获得 3 项、1 项联合基金项目资助，作物根际生态及病害防治研究领域获得 1 项国际（地区）合作交流项目。

5. 地区研究重点分析

热带香料饮料作物领域获得 NSFC 项目资助的地区在 3 个主题领域的分布情况如表 3-131 所示，各地区在不同主题领域的资助分布和资助优势差异明显，海南省在作物根际生态及病害防治研究领域、种质资源与遗传育种研究领域获得的资助数量均排在首位。

表 3-131 热带香料饮料作物领域各地区—主题领域资助分布

地区	资助数量（项）		
	物根际生态及病害防治研究	药用成分挖掘及活性研究	种质资源与遗传育种研究
海南省	16	4	10
云南省	1	8	2
北京市	8	3	
广东省	1	1	
湖北省		4	
上海市			2
广西壮族自治区		2	
新疆维吾尔自治区	1		1
江苏省	3	2	
河南省		3	

（续）

地区	资助数量（项）		
	物根际生态及病害防治研究	药用成分挖掘及活性研究	种质资源与遗传育种研究
浙江省	1	1	1
辽宁省	1	2	
山东省	1		
江西省		1	
黑龙江省	1		1
吉林省	1		1
四川省		1	
宁夏回族自治区			1
重庆市	1		

有 12 个地区在作物根际生态及病害防治研究领域获得资助，其中，海南省获得的资助数量最多，其次是北京市和江苏省；有 12 个地区在药用成分挖掘及活性研究领域获得资助，其中，云南省获得的资助数量最多，其次是海南省和湖北省；有 8 个地区在种质资源与遗传育种研究领域获得资助，其中，海南省获得的资助数量最多，其次是云南省和上海市。

6. 机构研究重点分析

热带香料饮料作物领域获得 NSFC 资助数量 2 项及以上的机构在 3 个主题领域的分布情况如表 3-132 所示，各机构在不同主题领域的资助分布和资助优势差异明显，中国热带农业科学院在作物根际生态及病害防治研究领域、种质资源与遗传育种研究领域获得的资助数量均排在首位。

表 3-132　热带香料饮料作物领域各机构—主题领域资助分布（机构资助数量≥2 项）

机构	资助数量（项）		
	作物根际生态及病害防治研究	药用成分挖掘及活性研究	种质资源与遗传育种研究
中国热带农业科学院	15	2	7
中国科学院	2	3	1
海南大学	1	2	3
中国农业科学院	4		
云南农业大学		3	
中国医学科学院		2	
昆明理工大学	1		
郑州大学		3	
北京大学	2		
华中科技大学		2	

（续）

机构	资助数量（项）		
	作物根际生态及病害防治研究	药用成分挖掘及活性研究	种质资源与遗传育种研究
南京农业大学	2	1	
新疆医科大学	1		
武汉大学		2	
沈阳药科大学	1	1	

有 10 家机构在药用成分挖掘及活性研究领域获得资助，其中，中国科学院、云南农业大学和郑州大学获得的资助数量最多；有 9 家机构在作物根际生态及病害防治研究领域获得资助，其中，中国热带农业科学院获得的资助数量最多，其次是中国农业科学院；有 3 家机构在种质资源与遗传育种研究领域获得资助，其中，中国热带农业科学院获得的资助数量最多，其次是海南大学。

（九）总结

热带香料饮料作物领域 NSFC 项目资助数量和金额历年变化趋势保持高度一致，经历了早期小幅波动、中期快速增长、后期波动增长的变化趋势；面上项目、青年科学基金项目、地区科学基金项目是主要项目类型。资助项目以生命科学部中的食品科学为主，涵盖作物遗传育种学、食品原料学、植物资源学等二级学科，学科优势显著突出。

受资助主体以海南省的中国热带农业科学院、海南大学以及北京市的中国科学院和中国农业科学院为主。热带香料饮料作物领域 NSFC 项目研究包括种质资源与遗传育种研究、作物根际生态及病害防治研究、药用成分挖掘及活性研究三个主题领域，近年来涉及的主题领域相对稳定，主要为种质资源与遗传育种研究。

八、热带棕榈作物

（一）概况分析

2000—2019 年热带棕榈作物领域 NSFC 的资助数量共计 39 项，资助金额累计 1 570 万元。从年度分布来看（图 3-77），2000—2019 年热带棕榈作物领域 NSFC 资助数量和资助金额的变化趋势基本一致，总体均呈逐年波动发展的趋势。2005 年热带棕榈作物领域首次获得 1 项资助，2005—2009 年资助数量和资助金额小幅波动变化；2010—2014 年资助数量和资助金额稳定波动发展，2013 年资助数量和资助金额均达到最大值；2015 年没有获得项目资助；2016—2019 年资助数量和资助金额大幅波动变化。

（二）项目类型

1. 项目类型资助概况分析

热带棕榈作物领域 NSFC 所有资助项目共分布在地区科学基金项目、面上项目、青年科学基金项目 3 类项目中（表 3-133），各类项目的资助数量和资助金额差距明显，项目类型分

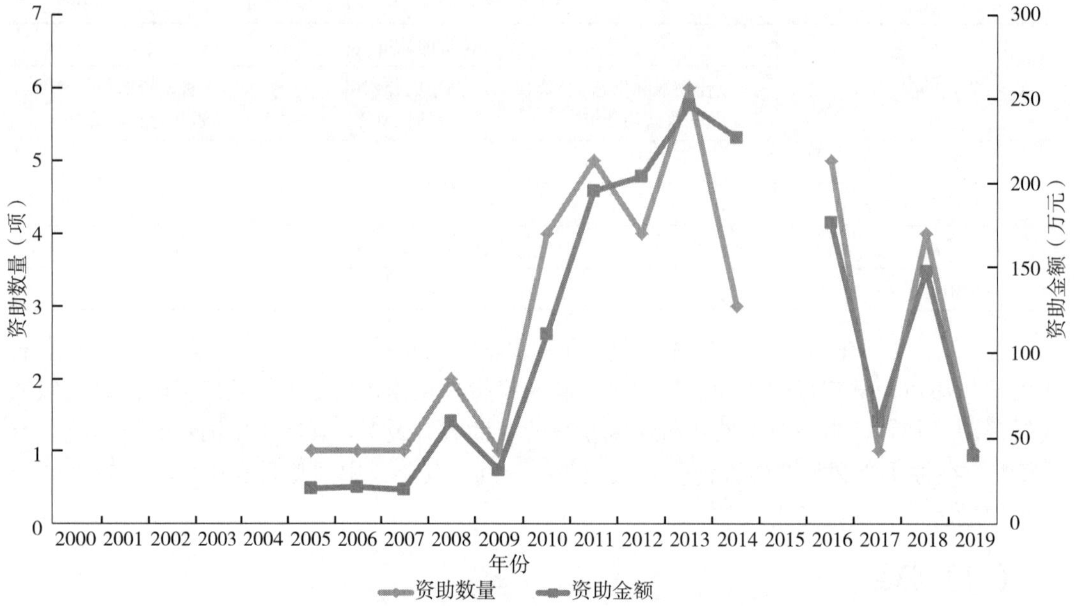

图 3-77　热带棕榈作物领域资助数量及资助金额年度变化

布集中。其中，热带棕榈作物领域资助数量最多的项目是地区科学基金项目，资助数量共计 18 项，占比 46.15%；面上项目和青年科学基金项目的资助数量相当，仅相差 1 项。热带棕榈作物领域资助金额最多的项目也是地区科学基金项目，资助金额累计 700 万元，占比 44.59%；面上项目的资助金额与地区科学基金项目差距不大，资助金额累计 643 万元，占比 40.96%；青年科学基金项目的资助金额远远低于前两类项目，占比仅 14.46%。

表 3-133　热带棕榈作物领域各类项目资助数量、资助金额概况

年份	地区科学基金项目		面上项目		青年科学基金项目		合计	
	资助数量（项）	资助金额（万元）	资助数量（项）	资助金额（万元）	资助数量（项）	资助金额（万元）	资助数量（项）	资助金额（万元）
2000							0	0
2001							0	0
2002							0	0
2003							0	0
2004							0	0
2005	1	21					1	21
2006	1	22					1	22
2007	1	20					1	20
2008			2	60			2	60
2009			1	32			1	32
2010	3	76	1	36			4	112
2011	3	152			2	44	5	196
2012	2	100	1	82	1	23	4	205

（续）

年份	地区科学基金项目		面上项目		青年科学基金项目		合计	
	资助数量（项）	资助金额（万元）	资助数量（项）	资助金额（万元）	资助数量（项）	资助金额（万元）	资助数量（项）	资助金额（万元）
2013	2	101	1	75	3	71	6	247
2014	1	50	2	178			3	228
2015							0	0
2016	2	78	1	60	2	40	5	178
2017			1	60			1	60
2018	1	40	1	60	2	49	4	149
2019	1	40					1	40
总计	18	700	11	643	10	227	39	1 570

2. 项目类型资助时间变化分析

热带棕榈作物领域 NSFC 各类项目资助数量年度变化情况如图 3-78 所示。近年来，热带棕榈作物领域在三类项目中均没有获得持续性的项目支持。其中，在地区科学基金项目最早于 2005—2007 年连续获得项目资助，2010—2014 年资助数量从 3 项减少至 1 项，2016 年获得 2 项资助，2018 年和 2019 年各获得 1 项资助；在面上项目最早于 2008—2010 年连续获得项目资助，2012—2014 年资助数量从 1 项增加至 2 项，2016—2018 年连续获得 1 项资助；在青年科学基金项目最早于 2011—2013 年连续获得项目资助，2016 年、2018 年各获得 2 项资助。

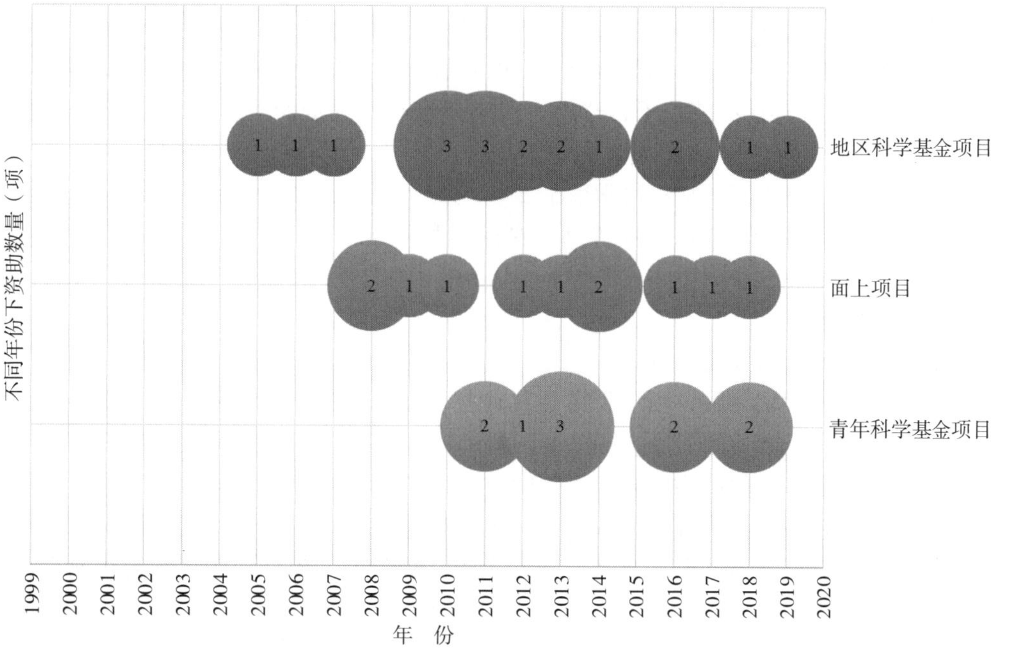

图 3-78 热带棕榈作物领域各类项目资助数量年度变化

（三）学科分析

热带棕榈作物领域 NSFC 所有资助项目共分布在 4 个科学部、11 个一级学科、20 个二级学科。

1. 科学部分析

（1）科学部资助概况分析

热带棕榈作物领域 NSFC 所有资助项目在各科学部的资助概况如表 3-134 所示，各科学部的资助数量和资助金额差异悬殊，科学部分布十分聚焦。其中，在生命科学部获得的资助数量和资助金额均为最多，资助数量共计 32 项，资助金额累计 1 292 万元，占比均超过 82%，该科学部是热带棕榈作物领域申请 NSFC 的主要科学部；工程与材料科学部、化学科学部、医学科学部的资助数量和资助金额均不多，资助数量在 2～3 项，资助金额在 50 万～121 万元。

表 3-134 热带棕榈作物领域各科学部资助数量、资助金额及占比

科学部	资助数量（项）	资助数量占比（%）	资助金额（万元）	资助金额占比（%）
生命科学部	32	82.05	1 292	82.29
工程与材料科学部	3	7.69	121	7.71
化学科学部	2	5.13	50	3.18
医学科学部	2	5.13	107	6.82
总计	39	100.00	1 570	100.00

（2）科学部资助时间变化分析

热带棕榈作物领域 NSFC 各科学部资助数量年度变化情况如图 3-79 所示。近年来，热带棕榈作物领域在生命科学部获得持续性的项目支持。热带棕榈作物领域在生命科学部最早于 2005—2006 年连续获得项目资助，2008 年获得 2 项资助，2010—2014 年资助数量在 2～4 项变化，2016—2019 年资助数量波动变化，且 2016 年达到最大值 5 项，但 2019 年又跌落至 1 项；在工程与材料科学部于 2007 年、2011 年、2013 年各获得 1 项资助；在化学科学部仅于 2010 年获得 2 项资助；在医学科学部于 2009 年、2013 年各获得 1 项资助。

2. 一级学科分析

（1）一级学科资助概况分析

热带棕榈作物领域 NSFC 所有资助项目在各一级学科的资助概况如表 3-135 所示，各一级学科获得的资助数量和资助金额差异明显，一级学科分布相对聚焦。热带棕榈作物领域获得资助数量最多的是植物保护学，资助金额最多的是林学与草地科学，两者资助数量与资助金额均相差不大，两者资助数量与资助金额总占比分别为 48.72%和 56.81%，其是热带棕榈作物领域获得 NSFC 支持力度最大的一级学科。此外，园艺学与植物营养学、农学基础与作物学、无机非金属材料、食品科学的资助数量均在 3～5 项，资助金额在 69 万～137 万元，获得 NSFC 支持力度也相对较大；其他学科的资助数量在 1～2 项，获得的 NSFC 支持力度相对较小。

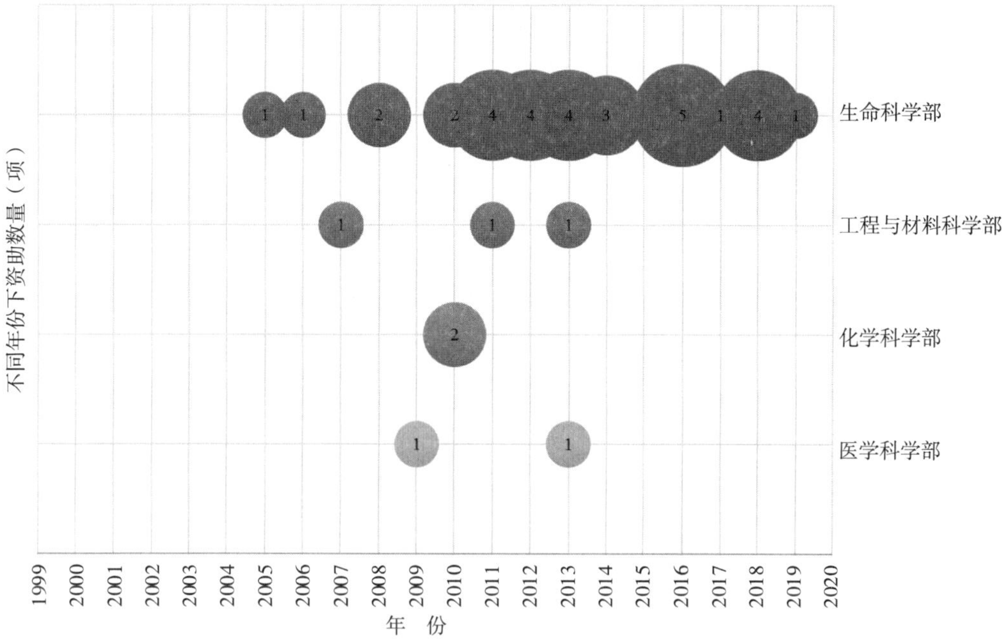

图 3-79　热带棕榈作物领域各科学部资助数量年度变化

表 3-135　热带棕榈作物领域各一级学科资助数量、资助金额及占比

一级学科	资助数量（项）	资助数量占比（%）	资助金额（万元）	资助金额占比（%）
植物保护学	10	25.64	434	27.64
林学与草地科学	9	23.08	458	29.17
园艺学与植物营养学	5	12.82	137	8.73
农学基础与作物学	3	7.69	69	4.39
无机非金属材料	3	7.69	121	7.71
食品科学	3	7.69	129	8.22
中药学	2	5.13	107	6.82
催化与表界面化学	1	2.56	27	1.72
合成化学	1	2.56	23	1.46
植物学	1	2.56	40	2.55
畜牧学	1	2.56	25	1.59
总计	39	100.00	1 570	100.00

（2）一级学科资助时间变化分析

热带棕榈作物领域 NSFC 重点一级学科（资助数量≥2 项）资助数量年度变化情况如图 3-80 所示。近年来，热带棕榈作物领域在林学与草地科学获得相对持续性的项目支持。热带棕榈作物领域在植物保护学最早于 2006 年获得项目资助，2008 年、2016 年各获得 1 项资助，2010—2014 年资助数量在 1～2 项变化；在林学与草地科学最早于 2008 年获得项目资助，2011—2014 年资助数量在 0～2 项变化，2016—2018 年连续获得项目资助，且于 2018 年达到最大值 2 项；在园艺学与植物营养学于 2005 年首次获得项目资助，其他年份间断性地获得 1～2 项资助，且于 2016 年获得最高项目资助数量；在农学基础与作物学、无机非金属材料、食品科学、中药学分别于 2011 年、2007 年、2011 年、2009 年首次获得项目资助，且在其他年份偶有项目资助。

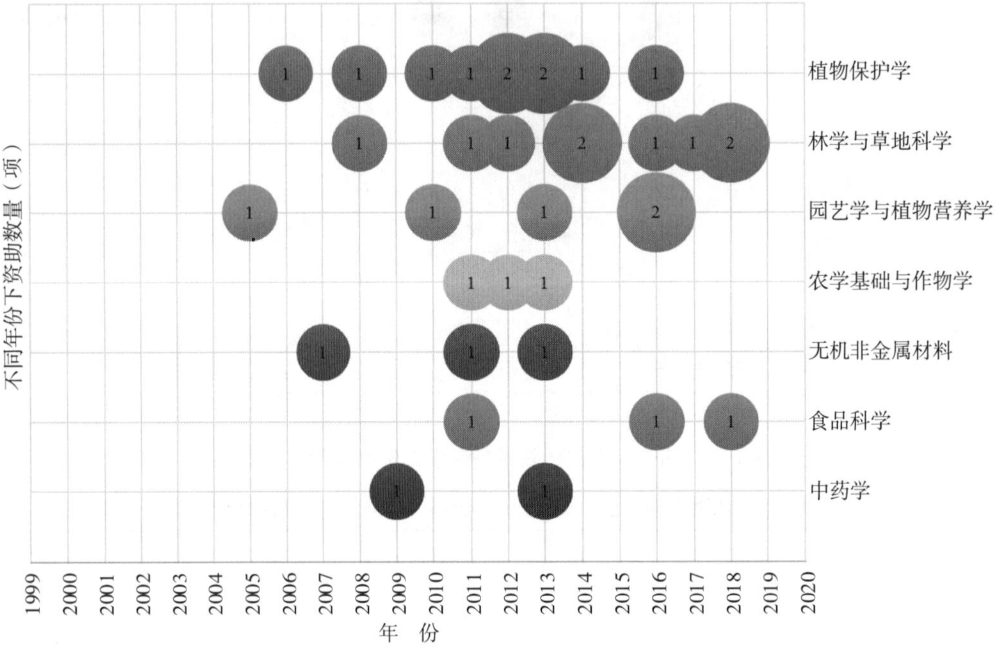

图 3-80 热带棕榈作物领域重点一级学科资助数量年度变化（学科资助数量≥2 项）

3. 二级学科分析

（1）二级学科资助概况分析

热带棕榈作物领域 NSFC 所有资助项目在各二级学科的资助概况如表 3-136 所示，各二级学科获得的资助数量和资助金额差异较大，二级学科分布相对分散。热带棕榈作物领域获得资助数量和资助金额均排在首位的是植物检疫与生物入侵，资助数量为 6 项，资助金额为 316 万元，资助数量和资助金额占比均超过 15%，其是热带棕榈作物领域获得 NSFC 支持力度最大的二级学科；其次是经济林学，资助数量为 5 项，资助金额为 251 万元，资助数量和资助金额占比均超过 12%。此外，果树学、作物遗传育种学、碳素材料与超硬材料的资助数量均在 3 项及以上，获得的 NSFC 支持力度相对较大；其他二级学科的资助数量在 1～2 项，获得的 NSFC 支持力度相对较小。

表 3-136 热带棕榈作物领域各二级学科资助数量、资助金额及占比

二级学科	资助数量（项）	资助数量占比（%）	资助金额（万元）	资助金额占比（%）
植物检疫与生物入侵	6	15.38	316	20.13
经济林学	5	12.82	251	15.99

（续）

二级学科	资助数量（项）	资助数量占比（%）	资助金额（万元）	资助金额占比（%）
果树学	4	10.26	117	7.45
作物遗传育种学	3	7.69	69	4.39
碳素材料与超硬材料	3	7.69	121	7.71
中药炮制	2	5.13	107	6.82
农业昆虫学	2	5.13	73	4.65
林产化学	2	5.13	153	9.75
催化化学	1	2.56	27	1.72
园林学	1	2.56	30	1.91
无机合成	1	2.56	23	1.46
木材物理学	1	2.56	24	1.53
植物生理学	1	2.56	40	2.55
植物病理学	1	2.56	22	1.40
植物营养基础	1	2.56	20	1.27
生物防治	1	2.56	23	1.46
畜牧学基础	1	2.56	25	1.59
食品加工的生物学基础	1	2.56	50	3.18
食品微生物学	1	2.56	39	2.48
食品贮藏与保鲜	1	2.56	40	2.55
总计	39	100.00	1 570	100.00

（2）二级学科资助时间变化分析

热带棕榈作物领域 NSFC 重点二级学科（资助数量≥2 项）资助数量年度变化情况如图 3-81 所示。近年来，热带棕榈作物领域在二级学科均没有获得持续性的项目支持。其中，在植物检疫与生物入侵最早于 2008 年获得项目资助，2010 年、2016 年各获得 1 项资助，2012—2014 年获得连续性项目资助；在经济林学最早于 2011—2012 年获得连续性项目资助，2014—2018 年间断性地获取项目资助；在果树学最早于 2005 年获得项目资助，2010—2016 年间断性地获取项目资助；在作物遗传育种学于 2011—2013 年获得项目资助；在碳素材料与超硬材料、中药炮制、农业昆虫学、林产化学分别于 2007 年、2009 年、2012 年、2014 年首次获得项目资助，且在其他年份偶有项目资助。

（四）地区分析

1. 地区资助概况分析

热带棕榈作物领域获得 NSFC 项目资助的省、自治区、直辖市共计 8 个，各地区获得的资助数量和资助金额差距明显（表 3-137）。其中，海南省的资助数量和资助金额分别为 24 项、827 万元，占比分别为 61.54%、52.68%，均远远高于其他地区；其次是福建

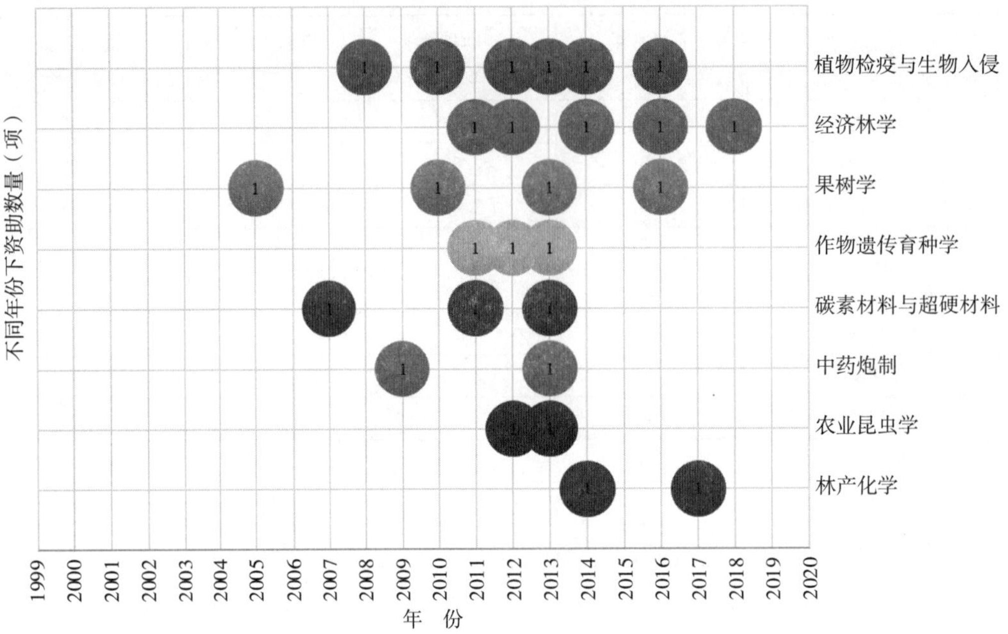

图 3-81　热带棕榈作物领域重点二级学科资助数量年度变化（学科资助数量≥2 项）

省，资助数量为 7 项，资助金额为 340 万元，获得的资助力度相对较大；此外，其他地区的资助数量在 1～2 项，获得的资助力度相对较小。

表 3-137　热带棕榈作物领域各地区资助数量、资助金额及占比

地区	资助数量（项）	资助数量占比（%）	资助金额（万元）	资助金额占比（%）
海南省	24	61.54	827	52.68
福建省	7	17.95	340	21.66
四川省	2	5.13	107	6.82
广西壮族自治区	2	5.13	90	5.73
云南省	1	2.56	23	1.46
北京市	1	2.56	30	1.91
广东省	1	2.56	93	5.92
江苏省	1	2.56	60	3.82
总计	39	100.00	1 570	100.00

2. 地区资助时间变化

热带棕榈作物领域 NSFC 各地区资助数量年度变化情况如图 3-82 所示。海南省最早于 2005—2007 年获得连续性项目资助，2010—2014 年资助数量在 1～5 项波动变化，且于 2011 年达到最大值 5 项，2016 年获得 4 项资助，2018—2019 年获得持续性项目资助；福建省于 2008 年首次获得项目资助，2012—2014 年获得连续性项目资助，在其他年份间断性地获取项目资助；四川省、广西壮族自治区分别于 2009 年、2012 年初次获得项目资助，但此后偶有项目资助；云南省、北京市、广东省、江苏省仅于 2010 年、2008 年、2014 年、2017 年获得 1 项资助。

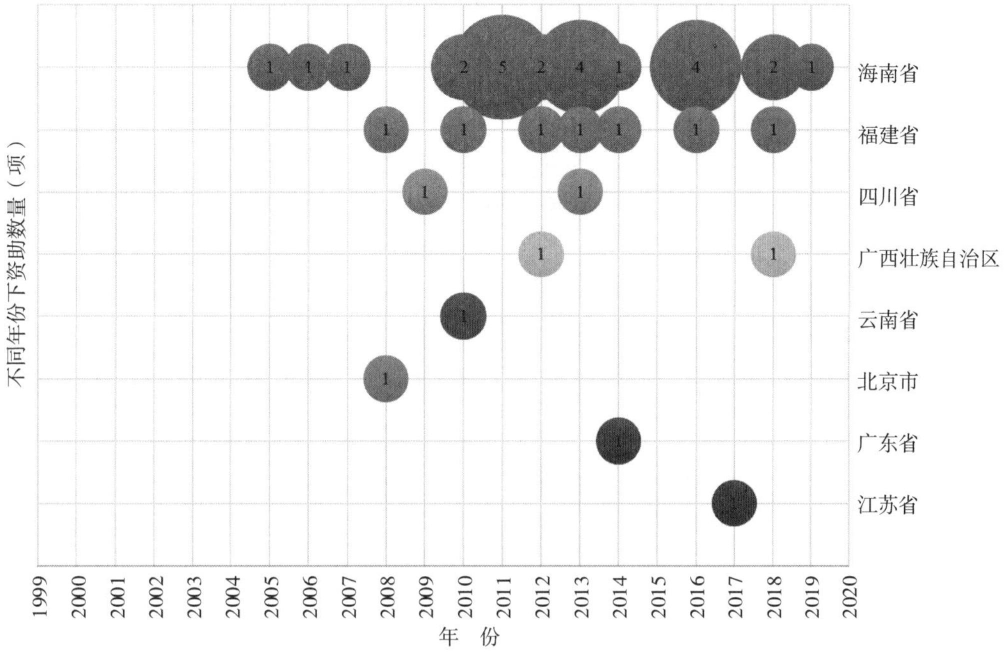

图 3-82 热带棕榈作物领域各地区资助数量年度变化

3. 地区—项目类型分析

热带棕榈作物领域获得 NSFC 项目资助的 8 个地区在各类项目中的分布情况如表 3-138 所示，8 个地区共在 3 类项目中获得资助支持，各地区在不同项目类型的资助分布和资助优势差异明显。

表 3-138 热带棕榈作物领域地区—项目类型资助分布

地区	资助数量（项）		
	地区科学基金项目	面上项目	青年科学基金项目
海南省	15	1	8
福建省		5	2
四川省		2	
广西壮族自治区	2		
云南省	1		
北京市		1	
广东省		1	
江苏省		1	

海南省、福建省同时获得了面上项目和青年科学基金项目两类项目资助支持，其中，海南省在青年科学基金项目的资助数量最多，福建省在面上项目的资助数量最多，四川省、北京市、广东省、江苏省各获得 1～2 项的面上项目资助。此外，海南省、广西壮族自治区、云南省均获得了地区科学基金项目资助，其中，海南省获得的资助数量远超其他地区。

（五）机构分析

1. 机构资助概况分析

热带棕榈作物领域获得 NSFC 资助项目的机构共计 10 家，包含 8 家高校、2 家科研院所，各机构获得的资助数量和资助金额差距较大，如表 3-139 所示。

海南大学获得的资助数量和资助金额均排在首位，资助数量共计 14 项，资助金额累计 565 万元，占比均在 35%以上；中国热带农业科学院、福建农林大学获得资助支持也较多，其中，中国热带农业科学院的资助数量排在第二位，福建农林大学的资助金额排在第二位，两者的资助数量和资助金额占比均在 16%以上；另外，其他机构的资助数量在 1～2 项，获得的资助力度相对较小。

表 3-139　热带棕榈作物领域各机构资助数量、资助金额及占比

机构	资助数量（项）	资助数量占比（%）	资助金额（万元）	资助金额占比（%）
海南大学	14	35.90	565	35.99
中国热带农业科学院	10	25.64	262	16.69
福建农林大学	7	17.95	340	21.66
成都中医药大学	2	5.13	107	6.82
中国林业科学研究院	1	2.56	60	3.82
北京林业大学	1	2.56	30	1.91
华南理工大学	1	2.56	93	5.92
广西大学	1	2.56	50	3.18
昆明理工大学	1	2.56	23	1.46
贺州学院	1	2.56	40	2.55
总计	39	100.00	1 570	100.00

2. 机构资助时间变化分析

热带棕榈作物领域 NSFC 各机构资助数量年度变化情况如图 3-83 所示。海南大学最早于 2005 年首次获得项目资助，2010—2014 年资助数量在 1～3 项波动变化，在其他年份间断性地获得项目资助；中国热带农业科学院于 2006 年首次获得项目资助，2011—2013 年获得连续性项目资助，2016 年、2018 年各获得 2 项资助；福建农林大学于 2008 年首次获得项目资助，2012—2014 年获得连续性项目资助，在其他年份间断性地获得项目资助；成都中医药大学于 2009 年首次获得项目资助，但此后仅 2013 年获得 1 项资助；中国林业科学研究院、北京林业大学、华南理工大学、广西大学、昆明理工大学、贺州学院仅分别于 2017 年、2008 年、2014 年、2012 年、2010 年、2018 年各获得 1 项资助。

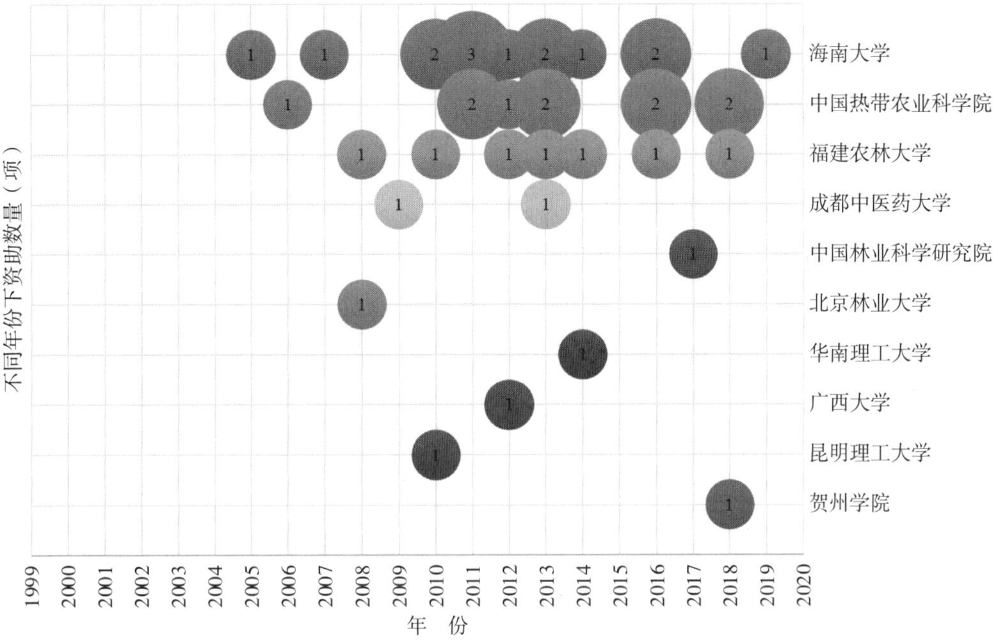

图 3-83　热带棕榈作物领域各机构资助数量年度变化

3. 机构—项目类型分析

热带棕榈作物领域获得 NSFC 项目资助的 10 家机构在各类项目中的分布情况如表 3-140 所示，10 家机构共在 3 类项目中获得资助支持，各机构在不同项目类型的资助分布和资助优势差异明显。

表 3-140　热带棕榈作物领域机构—项目类型资助分布

机构	资助数量（项）		
	地区科学基金项目	面上项目	青年科学基金项目
海南大学	14		
中国热带农业科学院	1	1	8
福建农林大学		5	2
成都中医药大学		2	
中国林业科学研究院		1	
北京林业大学		1	
华南理工大学		1	
广西大学	1		
昆明理工大学	1		
贺州学院	1		

中国热带农业科学院、福建农林大学同时获得了面上项目和青年科学基金项目两类项目资助支持，其中，中国热带农业科学院在青年科学基金项目的资助数量最多，福建农林大学在面上项目的资助数量最多。成都中医药大学、中国林业科学研究院、北京林业大学、华南理工大学各获得 1～2 项的面上项目资助。此外，海南大学、中国热带农业科学院、广西大学、昆明理工大学、贺州学院均获得了地区科学基金项目资助，其中，海南大学获得的资助数量远超其他地区。

4. 机构—学科分析

（1）机构——一级学科分析

热带棕榈作物领域获得 NSFC 项目资助的机构在各一级学科中的分布情况如表 3-141、图 3-84 所示，各机构在不同一级学科的资助分布和资助优势差异明显。

表 3-141 热带棕榈作物领域机构——一级学科资助分布

机构	资助数量（项）										
	植物保护学	林学与草地科学	园艺学与植物营养学	农学基础与作物学	无机非金属材料	食品科学	中药学	催化与表界面化学	合成化学	植物学	畜牧学
海南大学		4	3		3	2		1		1	
中国热带农业科学院	3	1	2	3							1
福建农林大学	6	1									
成都中医药大学							2				
中国林业科学研究院		1									
北京林业大学		1									
华南理工大学		1									
广西大学	1										
昆明理工大学									1		
贺州学院						1					

从学科层面看，有 6 家机构在林学与草地科学获得资助支持；其次是植物保护学，有 3 家机构在该学科获得资助支持；在其他一级学科获得资助支持的机构均只有 1～2 家。从机构层面看，海南大学、中国热带农业科学院获得资助支持的一级学科数量较多，分别为 6 个和 5 个；其他机构获得资助支持的一级学科均只有 1～2 个。

对比发现，福建农林大学在植物保护学获得的资助数量最多；海南大学在林学与草地科学、园艺学与植物营养学、无机非金属材料、食品科学等学科获得的资助数量最多；中国热带农业科学院在农学基础与作物学获得的资助数量最多；成都中医药大学在中药学获得的资助数量最多。

（2）机构——二级学科分析

热带棕榈作物领域获得 NSFC 项目资助的机构在各二级学科中的分布情况如

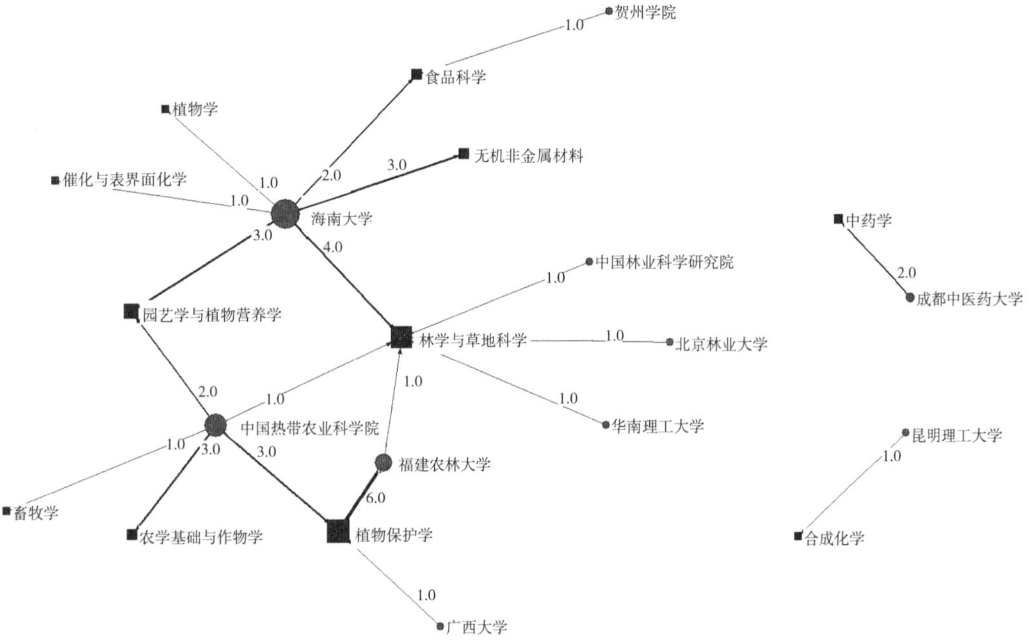

图 3-84　热带棕榈作物领域机构——一级学科资助分布图

表 3-142、图 3-85 所示，各机构在不同二级学科的资助分布和资助优势差异明显。

从学科层面看，分别有 2 家机构在经济林学、果树学、农业昆虫学、林产化学获得资助支持；在其他二级学科均只有 1 家机构获得资助支持。从机构层面看，中国热带农业科学院、海南大学获得资助支持的二级学科数量较多，分别为 8 个和 7 个；其他机构获得资助支持的二级学科均只有 1～2 个。

对比发现，福建农林大学在植物检疫与生物入侵获得资助数量最多；海南大学在经济林学、果树学、碳素材料与超硬材料等学科获得资助数量最多；中国热带农业科学院在作物遗传育种学获得的资助数量最多；成都中医药大学在中药炮制获得的资助数量最多。

（六）学者分析

1. 学者资助概况分析

热带棕榈作物领域共有 28 位学者作为项目负责人获得 NSFC 项目，其中，有 6 位学者获得的资助数量在 2 项及以上（表 3-143）。28 位学者大多具有高级职称，其中，具有正高级职称的学者有 11 位，具有副高级职称的学者有 11 位；共分布在 10 家机构，有 10 位学者隶属于中国热带农业科学院，7 位学者隶属于海南大学，地域优势明显。

表 3-142　热带棕榈作物领域机构—二级学科资助分布

机构	资助数量（项）																			
	植物检疫与生物入侵	经济林学	果树学	作物遗传育种学	碳素材料与超硬材料	中药炮制	农业昆虫学	林产化学	催化化学	园林学	无机合成	木材物理学	植物生理学	植物病理学	植物营养基础	生物防治	畜牧学基础	食品加工的生物学基础	食品微生物学	食品贮藏与保鲜
海南大学		4	3		3				1				1					1	1	
中国热带农业科学院		1	1	3			1							1	1	1	1			
福建农林大学	6											1								
成都中医药大学						2														
中国林业科学研究院								1												
北京林业大学										1										
华南理工大学								1												
广西大学							1													
昆明理工大学											1									
贺州学院																				1

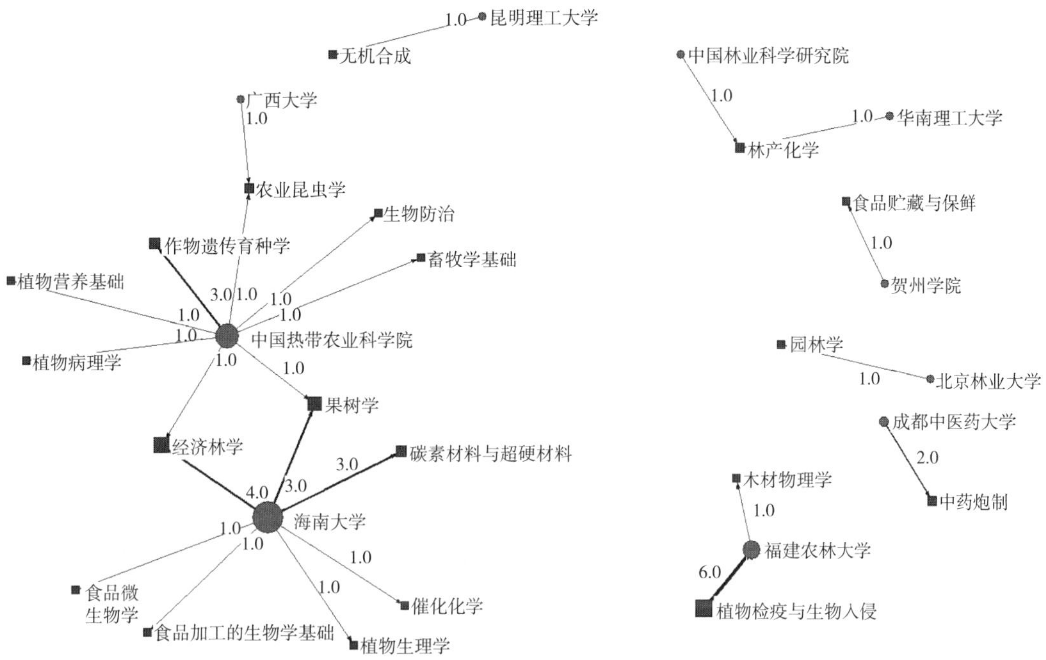

图 3-85 热带棕榈作物领域机构—二级学科资助分布图

表 3-143 热带棕榈作物领域各学者资助数量、资助金额及职称、机构

学者	资助数量（项）	资助金额（万元）	职称	所属机构
李东栋	5	188	正高级	海南大学
侯有明	4	233	正高级	福建农林大学
陈永	3	121	正高级	海南大学
吴纯洁	2	107	正高级	成都中医药大学
郑育声	2	100	副高级	海南大学
汤宝珍	2	83	中级	福建农林大学
王习文	1	93	副高级	华南理工大学
孙康	1	60	副高级	中国林业科学研究院
杨耀东	1	60	副高级	中国热带农业科学院
任立云	1	50	副高级	广西大学
白新鹏	1	50	正高级	海南大学
万迎朗	1	40	正高级	海南大学
商飞飞	1	40	副高级	贺州学院
刘四新	1	39	正高级	海南大学
陈瑞丹	1	30	副高级	北京林业大学
熊春荣	1	27	正高级	海南大学
夏薇	1	25	副高级	中国热带农业科学院

（续）

学者	资助数量（项）	资助金额（万元）	职称	所属机构
施力光	1	25	副高级	中国热带农业科学院
刘文地	1	24	中级	福建农林大学
吕宝乾	1	23	正高级	中国热带农业科学院
李玮	1	23	正高级	昆明理工大学
李科明	1	23	中级	中国热带农业科学院
王永	1	23	副高级	中国热带农业科学院
罗大全	1	22	正高级	中国热带农业科学院
肖勇	1	21	副高级	中国热带农业科学院
周丽霞	1	20	中级	中国热带农业科学院
王灿	1	20	中级	中国热带农业科学院
总计	39	1 570		

资助数量排在第一位的是海南大学的李东栋，资助数量共计 5 项；其次是侯有明、陈永，资助数量分别为 4 项和 3 项。累计资助金额排在第一位的为福建农林大学的侯有明，资助金额累计高达 233 万元；其次为李东栋、陈永、吴纯洁、郑育声，资助金额累计均不低于 100 万元。

2. 学者—项目类型分析

热带棕榈作物领域获得 NSFC 资助的 28 位学者在各类项目中的分布情况如表 3-144 所示。28 位学者共在 3 类项目中获得资助支持，各学者在不同项目类型的资助分布与资助优势不同。其中，汤宝珍获得资助支持的项目类型最多，为 2 类。

表 3-144　热带棕榈作物领域学者—项目类型资助分布

学者	资助数量（项）		
	地区科学基金项目	面上项目	青年科学基金项目
李东栋	5		
侯有明		4	
陈永	3		
吴纯洁		2	
汤宝珍		1	1
郑育声	2		
万迎朗	1		
任立云	1		
刘四新	1		
刘文地			1
吕宝乾			1
周丽霞			1

（续）

学者	资助数量（项）		
	地区科学基金项目	面上项目	青年科学基金项目
商飞飞	1		
夏薇			1
孙康		1	
施力光			1
李玮	1		
李科明			1
杨耀东		1	
熊春荣	1		
王习文		1	
王永			1
王灿			1
白新鹏	1		
罗大全	1		
肖勇			1
陈瑞丹		1	

有11位学者获得了地区科学基金项目资助支持，其中，李东栋获得的资助数量最多，其次是陈永、郑育声；有7位学者获得了面上项目资助支持，其中，侯有明获得的资助数量最多，其次是吴纯洁；有10位学者各获得了1项青年科学基金项目资助支持。

3. 职称—项目类型分析

热带棕榈作物领域获得NSFC资助的学者职称主要分为正高级、副高级、中级三类，不同级别职称的学者获得的项目资助在不同项目类型中的分布与优势不同，差异明显（表3-145）。

表3-145 热带棕榈作物领域学者职称—项目类型资助分布

职称	资助数量（项）		
	地区科学基金项目	面上项目	青年科学基金项目
正高级	14	6	1
副高级	4	4	4
中级		1	5

从职称来看，具有正高级和副高级职称的学者在三类项目均获得资助支持，其中，具有正高级职称的学者在地区科学基金项目获得的资助力度最大，数量为14项，其次为面上项目，均高于具有其他职称的学者获得的资助力度，同时也获得了1项青年科学基金项目资助；具有副高级职称的学者在三类项目中获得的资助数量相同，数量均为4项；另外，具有中级职称的学者获得资助支持的类型主要是青年科学基金项目，数量为5项，同

时也获得了 1 项面上项目资助。

从项目类型来看，面上项目、青年科学基金项目在具有正高级、副高级及中级职称的学者中均有分布，而地区科学基金项目主要资助对象为具有正高级、副高级职称的学者。

（七）作物种类分析

1. 作物种类资助概况分析

热带棕榈作物领域获得 NSFC 资助项目的作物有椰子、油棕、槟榔、棕榈四种，各种作物获得的资助数量和资助金额差距明显，如表 3-146 所示。其中，椰子领域获得的资助数量和资助金额均为最多，资助数量共计 20 项，资助金额累计 774 万元，占比均在 50％左右，其是热带棕榈作物领域获得资助支持最多的作物；其次是油棕领域，资助数量为 8 项，资助金额为 320 万元，占比均在 20％以上，获得的资助力度相对较大；再次是槟榔、棕榈领域，两者的资助数量和资助金额相差不大，槟榔领域的资助数量相对较高，棕榈领域的资助金额相对较高。

表 3-146　热带棕榈作物领域作物种类资助数量、资助金额及占比

作物种类	资助数量（项）	资助数量占比（％）	资助金额（万元）	资助金额占比（％）
椰子	20	51.28	774	49.30
油棕	8	20.51	320	20.38
槟榔	6	15.38	229	14.59
棕榈	5	12.82	247	15.73
总计	39	100.00	1 570	100.00

2. 作物种类资助时间变化分析

热带棕榈作物领域 NSFC 所有作物种类资助数量年度变化情况如图 3-86 所示。近年来，热带棕榈作物领域在椰子领域获得相对持续性的项目支持。其中，热带棕榈作物领域在椰子领域最早于 2005 年获得项目资助，2007—2008 年获得连续性项目资助，2010—2014 年资助数量在 1～4 项变化，且于 2010 年、2013 年达到最大值 4 项，2016—2018 年资助数量由 3 项减少至 1 项；在油棕领域最早于 2011—2014 年获得连续性项目资助，2016 年、2018 年各获得 1 项资助；在槟榔领域于 2006 年首次获得项目资助，2018—2019 年获得连续性项目资助，在其他年份间断性地获取项目资助；在棕榈领域于 2008 年首次获得项目资助，2011—2012 年获得连续性项目资助，在其他年份偶有项目资助。

3. 作物种类—项目类型分析

热带棕榈作物领域获得 NSFC 项目资助的 4 种作物在各类项目中的分布情况如表 3-147 所示，4 种作物共在 3 类项目中获得资助支持，4 种作物在不同项目类型的资助分布一致，但资助优势差异明显。

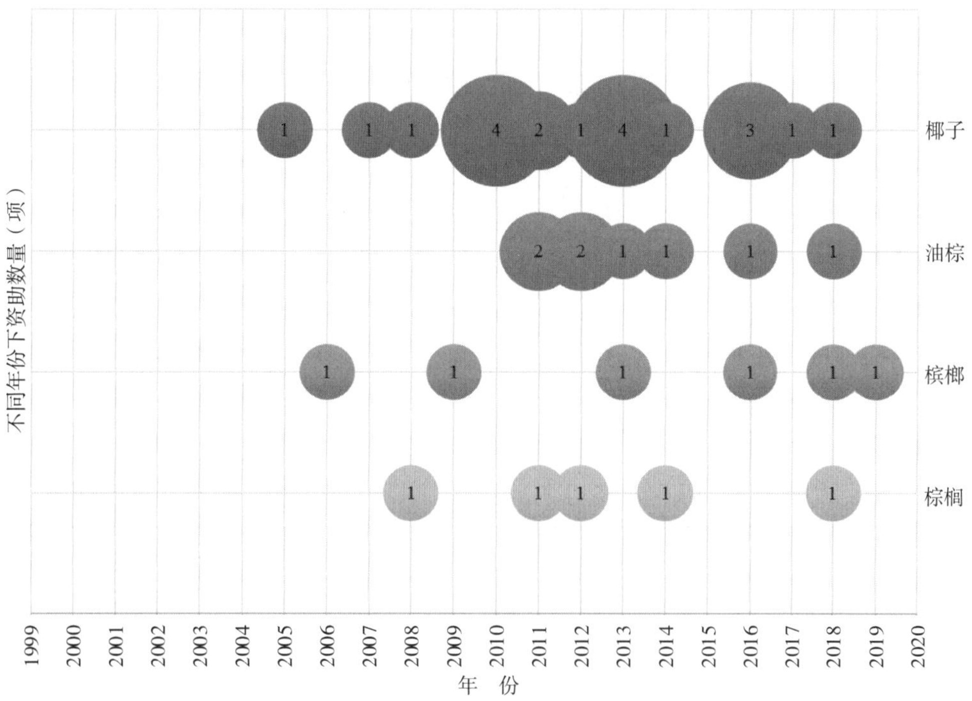

图 3-86 热带棕榈作物领域作物种类资助数量年度变化

表 3-147 热带棕榈作物领域作物种类—项目类型资助分布

项目类型	资助数量（项）			
	椰子	油棕	槟榔	棕榈
地区科学基金项目	9	4	3	2
面上项目	6	1	2	2
青年科学基金项目	5	3	1	1

椰子、油棕、槟榔、棕榈领域均同时获得了地区科学基金项目、面上项目和青年科学基金项目三类项目资助支持，其中，椰子领域在三类项目中的资助数量均排在首位，资助优势明显；油棕领域在地区科学基金项目、青年科学基金项目的资助数量较多；槟榔、棕榈领域在面上项目的资助数量相对较多。

4. 作物种类—学科分析

（1）作物种类—一级学科分析

热带棕榈作物领域获得 NSFC 项目资助的 4 种作物在各一级学科中的分布情况如表 3-148、图 3-87 所示，4 种作物在不同一级学科的资助分布和资助优势差异明显。

表 3-148 热带棕榈作物领域作物种类—一级学科资助分布

一级学科	资助数量（项）			
	椰子	油棕	槟榔	棕榈
植物保护学	8		1	1

（续）

一级学科	资助数量（项）			
	椰子	油棕	槟榔	棕榈
林学与草地科学	1	5		3
园艺学与植物营养学	4		1	
农学基础与作物学		3		
无机非金属材料	3			
食品科学	1		1	1
中药学			2	
催化与表界面化学	1			
合成化学	1			
植物学			1	
畜牧学	1			

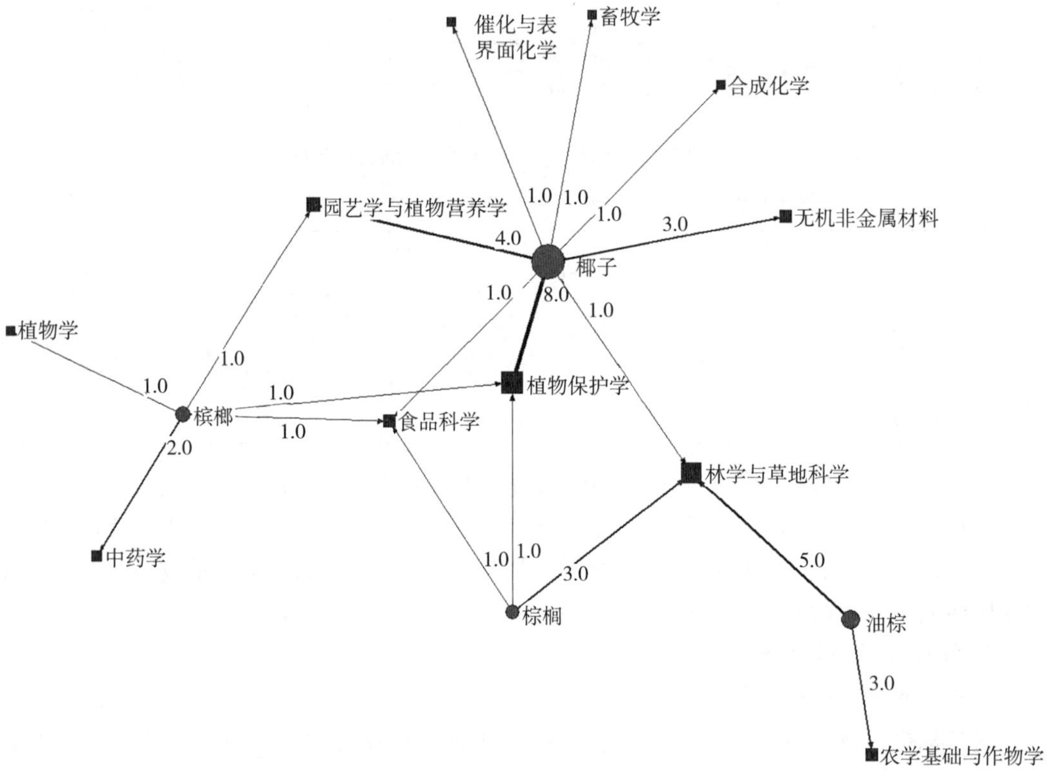

图 3-87　热带棕榈作物领域作物种类——一级学科资助分布图

从学科层面看，分别有 3 种作物在植物保护学、林学与草地科学、食品科学获得资助支持；其次是园艺学与植物营养学，有 2 种作物在该学科获得资助支持；在其他一级学科均只有 1 种作物获得资助支持。从作物种类层面看，椰子领域获得资助支持的一级学科数量最多，为 8 个；其次是槟榔领域，获得资助支持的一级学科数量为 5 个；油棕、棕榈领域获得资助支持的一级学科只有 2～3 个。

对比发现，椰子领域在植物保护学、园艺学与植物营养学、无机非金属材料等学科获得的资助数量最多；油棕领域在林学与草地科学、农学基础与作物学等学科获得的资助数量最多；槟榔领域在中药学获得的资助数量最多；棕榈领域在林学与草地科学获得的资助数量较多。

（2）作物种类—二级学科分析

热带棕榈作物领域获得 NSFC 项目资助的 4 种作物在各二级学科中的分布情况如表 3-149、图 3-88 所示，4 种作物在不同二级学科的资助分布和资助优势差异较大。

表 3-149　热带棕榈作物领域作物种类—二级学科资助分布

二级学科	资助数量（项）			
	椰子	油棕	槟榔	棕榈
植物检疫与生物入侵	6			
经济林学		5		
果树学	4			
作物遗传育种学		3		
碳素材料与超硬材料	3			
中药炮制			2	
农业昆虫学	1			1
林产化学	1			1
催化化学	1			
园林学				1
无机合成	1			
木材物理学				1
植物生理学			1	
植物病理学			1	
植物营养基础			1	
生物防治	1			
畜牧学基础	1			
食品加工的生物学基础				1
食品微生物学	1			
食品贮藏与保鲜			1	

从学科层面看，分别有 2 种作物在农业昆虫学、林产化学获得资助支持；在其他二级学科均只有 1 种作物获得资助支持。从作物种类层面看，椰子领域获得资助支持的二级学科数量最多，为 10 个；其次是槟榔、棕榈领域，获得资助支持的学科均为 5 个；油棕领域获得资助支持的二级学科只有 2 个。

对比发现，椰子领域在植物检疫与生物入侵、果树学、碳素材料与超硬材料等学科获

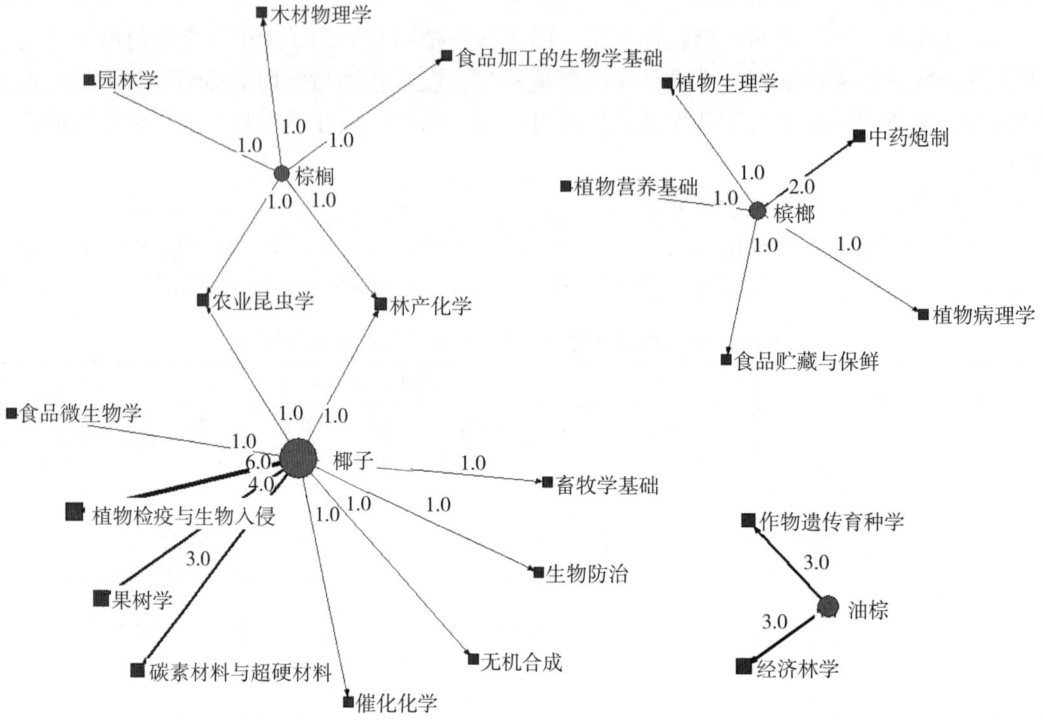

图 3-88　热带棕榈作物领域作物种类—二级学科资助分布图

得资助数量最多；油棕领域在经济林学、作物遗传育种学等学科获得资助数量最多；槟榔领域在中药炮制学科获得的资助数量最多。

5. 地区—作物种类分析

热带棕榈作物领域获得 NSFC 项目资助的 8 个地区在 4 个作物领域中的分布情况如表 3-150 所示，各地区在不同作物领域的资助分布和资助优势差异明显，海南省在多个作物领域获得的资助数量均排在前列。其中，有 5 个地区在棕榈领域各获得 1 项资助支持；有 4 个地区在椰子领域获得资助支持，其中，海南省的资助数量最多，其次是福建省；有 3 个地区在槟榔领域获得资助支持，其中，海南省的资助数量最多，其次是四川省；仅海南省在油棕领域获得 8 项资助支持，资助优势明显。

表 3-150　热带棕榈作物领域各地区—作物种类资助分布

地区	资助数量（项）			
	椰子	油棕	槟榔	棕榈
海南省	12	8	3	1
福建省	6			1
四川省			2	
广西壮族自治区			1	1
云南省	1			
北京市				1

（续）

地区	资助数量（项）			
	椰子	油棕	槟榔	棕榈
广东省				1
江苏省	1			

6. 机构—作物种类分析

热带棕榈作物领域获得 NSFC 项目资助的 10 家机构在 4 个作物领域中的分布情况如表 3-151 所示，各机构在不同作物领域的资助分布和资助优势差异明显，海南大学在多个作物领域获得的资助数量均排在前列。

表 3-151 热带棕榈作物领域各机构—作物种类资助分布

机构	资助数量（项）			
	椰子	油棕	槟榔	棕榈
海南大学	8	4	1	1
中国热带农业科学院	4	4	2	
福建农林大学	6			1
成都中医药大学			2	
中国林业科学研究院	1			
北京林业大学				1
华南理工大学				1
广西大学				1
昆明理工大学	1			
贺州学院			1	

有 5 家机构在椰子领域获得资助支持，其中，海南大学获得的资助数量最多，其次是福建农林大学、中国热带农业科学院；有 5 家机构在棕榈领域各获得 1 项资助支持；有 4 家机构在槟榔领域获得资助支持，其中，中国热带农业科学院、成都中医药大学获得的资助数量较多；仅海南大学、中国热带农业科学院在油棕领域各获得 4 项资助支持。

（八）主题分析

1. 重点主题词分析

基于人工和自然语言处理技术，将热带棕榈作物领域 NSFC 所有资助项目的标题、关键词等进行分词、合并与规范化处理，共获取 140 个主题词。通过对主题词资助项目数及其占比进行统计分析发现（表 3-152），水椰八角铁甲、调控机理是出现频率最高的主题词，资助数量为 5 项，占比均为 12.82%；脂肪酸的资助数量为 4 项，占比为 10.26%；功能、椰壳基炭材料、椰扁甲啮小蜂、胚乳、表达谱等的资助数量均在 3 项，占比均在 7.69%。可见，热带棕榈作物领域 NSFC 所有资助项目的研究主要集中在生长机理与病虫害防控领域。

表 3-152　热带棕榈作物领域高频主题词资助概况

主题词	资助数量（项）	资助数量占比（%）	主题词	资助数量（项）	资助数量占比（%）
水椰八角铁甲	5	12.82	基因	2	5.13
调控机理	5	12.82	改性	2	5.13
脂肪酸	4	10.26	杂交	2	5.13
功能	3	7.69	果皮	2	5.13
椰壳基炭材料	3	7.69	植物	2	5.13
椰扁甲啮小蜂	3	7.69	椰壳	2	5.13
胚乳	3	7.69	椰心叶甲	2	5.13
表达谱	3	7.69	物质基础	2	5.13
miRNA	2	5.13	结构	2	5.13
关联分析	2	5.13	脂代谢	2	5.13
分子机理	2	5.13	转录因子	2	5.13

2. 研究重点分析

利用从热带棕榈作物领域 NSFC 所有资助项目中获取的 140 个主题词构建主题词共现矩阵，将矩阵导入 VOSviewer 中绘制主题词共现网络图，通过参数调整实现自动聚类。

热带棕榈作物领域 NSFC 资助项目的研究主要分为三个主题领域，分别为基因调控与遗传育种技术（红色）、生长机理与病虫害防控技术（绿色）、副产品加工与利用技术（蓝色）。其中，在基因调控与遗传育种技术领域获得的资助支持最多，在生长机理与病虫害防控技术、副产品加工与利用技术领域获得资助数量相当（彩图 3-8）。

（1）基因调控与遗传育种技术研究领域

该领域包含的核心主题词有调控机理、脂肪酸、功能、胚乳、表达谱、miRNA、关联分析、基因、杂交、果皮等，主要利用表达谱、miRNA、关联分析、基因、杂交、转录因子、SSR 等基因定位、表达、克隆、转录、调控与分析等技术，以实现油棕、椰子等热带棕榈作物新品种的改良与创新。

（2）生长机理与病虫害防控技术研究领域

该领域包含的核心主题词有水椰八角铁甲、椰扁甲啮小蜂、分子机理、植物、椰心叶甲、RNA 干扰、交配行为、传播媒介、低温胁迫、低温驯化等，主要研究水椰八角铁甲、椰扁甲啮小蜂、椰心叶甲、椰心叶甲啮小蜂等害虫的交配行为、繁殖特性及病虫害、干旱、寒冷等生物与非生物胁迫对热带棕榈作物生长发育的影响机理、免疫应答与综合防控技术。

（3）副产品加工与利用技术研究领域

该领域包含的核心主题词有椰壳基炭材料、改性、椰壳、物质基础、结构、中孔活性炭、代谢组学、作用机制、共价固载、制浆造纸等，主要以椰壳等副产品为原材料，开展椰壳基炭材料、中孔活性炭、多硫化物、树脂复合材料等材料制品的加工与利用研究。

3. 研究趋势分析

热带棕榈作物领域 NSFC 各主题领域资助数量年度变化情况如图 3-89 所示。近年来，热带棕榈作物领域在基因调控与遗传育种技术领域获得相对持续性的项目支持。其中，基因调控与遗传育种技术领域于 2005 年首次获得资助项目，分别于 2010—2014 年、2018—2019 年获得连续性资助项目，资助数量于 2012 年、2013 年达到最大值 3 项；生长机理与病虫害防控技术领域于 2008 年首次获得 2 项资助，于 2010—2014 年获得连续性资助项目；副产品加工与利用技术领域于 2007 年首次获得资助项目，分别于 2010—2011 年、2017—2018 年获得连续性资助项目。可见，近年来热带棕榈作物领域 NSFC 涉及的主题领域波动变化，基因调控与遗传育种技术是热带棕榈作物领域近年来申请 NSFC 的热点主题。

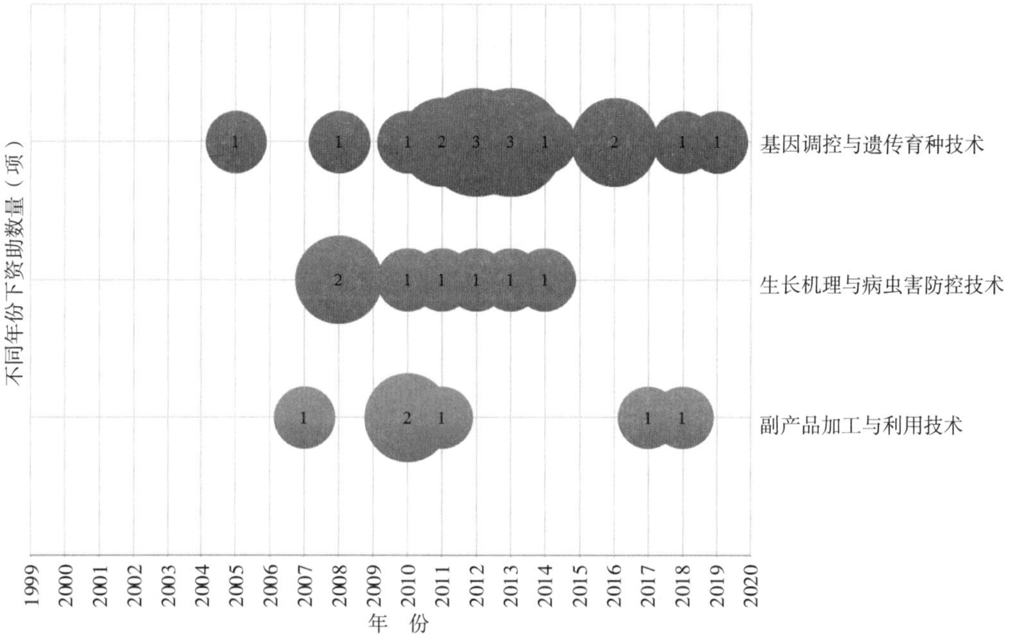

图 3-89　热带棕榈作物领域各主题领域资助数量年度分布

4. 研究重点项目类型分析

热带棕榈作物领域获得 NSFC 项目资助的 3 个主题领域在各类项目的分布情况如表 3-153 所示。3 个主题领域共在 3 类项目中获得资助支持，各主题领域在不同项目类型的资助分布和资助优势差异明显。

表 3-153　热带棕榈作物领域各主题领域—项目类型资助分布

项目类型	资助数量（项）		
	基因调控与遗传育种技术	生长机理与病虫害防控技术	副产品加工与利用技术
地区科学基金项目	8		4
面上项目	3	5	1
青年科学基金项目	5	2	1

3 个主题领域均同时获得了面上项目、青年科学基金项目两类项目支持，其中，基因调控与遗传育种技术领域在青年科学基金项目获得的资助数量最多，生长机理与病虫害防控技术领域在面上项目获得的资助数量排在首位；基因调控与遗传育种技术、副产品加工

与利用技术领域均获得了地区科学基金项目，前者获得的资助数量是后者的 2 倍。

5. 地区研究重点分析

热带棕榈作物领域获得 NSFC 项目资助的地区在 3 个主题领域的分布情况如表 3-154 所示，各地区在不同主题领域的资助分布和资助优势差异明显，海南省在多个主题领域获得的资助数量均排在前列。有 4 个地区在副产品加工与利用技术领域获得资助支持，其中，海南省获得的资助数量最多；有 3 个地区在生长机理与病虫害防控技术领域获得资助支持，其中，福建省获得的资助数量最多；有 3 个地区在基因调控与遗传育种技术领域获得资助支持，其中，海南省获得的资助数量最多。

表 3-154　热带棕榈作物领域各地区—主题领域资助分布

地区	资助数量（项）		
	基因调控与遗传育种技术	生长机理与病虫害防控技术	副产品加工与利用技术
海南省	14	1	3
福建省	1	5	1
云南省			1
北京市	1	1	
江苏省			1

6. 机构研究重点分析

热带棕榈作物领域获得 NSFC 项目资助的机构在 3 个主题领域的分布情况如表 3-155 所示，各机构在不同主题领域的资助分布和资助优势差异明显，海南大学在多个主题领域获得的资助数量均排在前列。

有 4 家机构在副产品加工与利用技术领域获得资助支持，其中，海南大学获得的资助数量最多；有 4 家机构在基因调控与遗传育种技术领域获得资助支持，其中，海南大学获得的资助数量最多，其次是中国热带农业科学院；有 3 家机构在生长机理与病虫害防控技术领域获得资助支持，其中，福建农林大学获得的资助数量最多。

表 3-155　热带棕榈作物领域各机构—主题领域资助分布

机构	资助数量（项）		
	基因调控与遗传育种技术	生长机理与病虫害防控技术	副产品加工与利用技术
海南大学	8		3
中国热带农业科学院	6	1	
福建农林大学	1	5	1
中国林业科学研究院			1
北京林业大学	1	1	
昆明理工大学			1

（九）总结

热带棕榈作物领域 NSFC 项目资助数量和金额历年来的变化趋势基本一致，经历了早期小幅波动、中期平稳发展、后期大幅波动的变化趋势；资助项目共分布在地区科学基金项目、面上项目、青年科学基金项目3类项目中。资助项目以生命科学部中的植物保护学、林学与草地科学为主，涵盖了植物检疫与生物入侵、经济林学、果树学等二级学科。

受资助主体以海南省的中国热带农业科学院和海南大学为主。热带棕榈作物领域NSFC项目资助的作物主要有椰子、油棕、槟榔、棕榈四种，在椰子领域获得的资助支持力度远高于其他作物。相关研究分为基因调控与遗传育种技术、生长机理与病虫害防控技术、副产品加工与利用技术三个主题领域；近年来，基因调控与遗传育种技术是热点主题。

九、热带药用作物

（一）概况分析

2000—2019年，热带药用作物领域NSFC的资助数量共计208项，资助金额累计7 911.5万元。从年度分布来看（图3-90），2000—2019年热带药用作物领域NSFC资助数量和资助金额的变化趋势基本一致，总体均呈逐年波动变化的趋势。其中，2000—2007年，资助数量和资助金额小幅波动；2008年，资助数量和资助金额开始上升；2011年，资助数量和资助金额开始大幅上升，并于2011年资助数量达到峰值，于2019年资助金额达到峰值；近年来，资助金额稳定增长，资助数量有所回落。

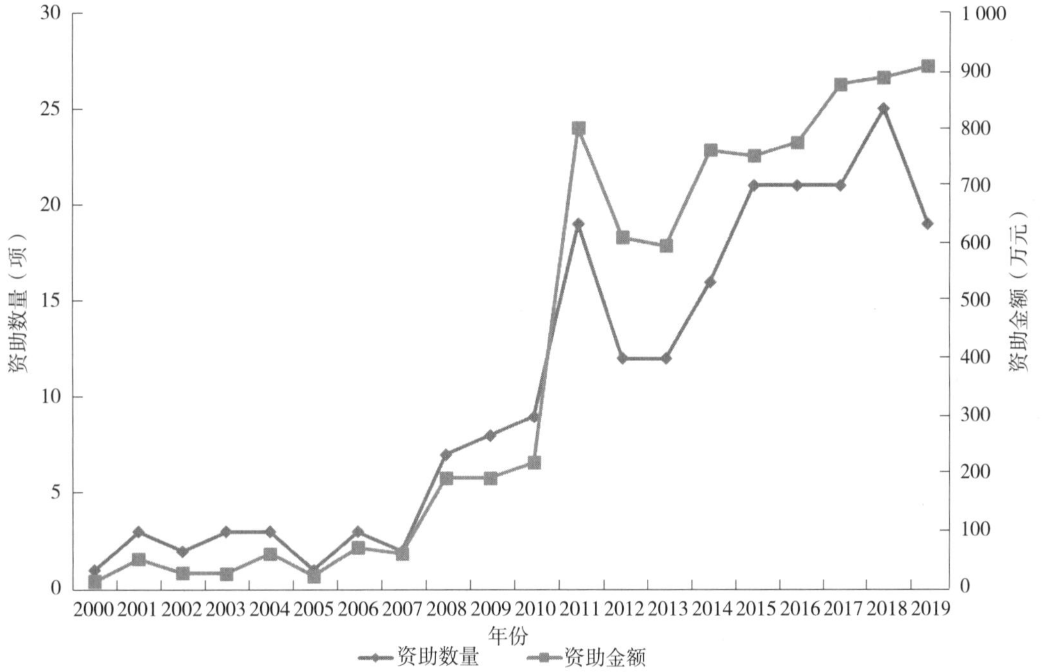

图3-90 热带药用作物领域资助数量及资助金额年度变化

（二）项目类型

1. 项目类型资助概况分析

热带药用作物领域NSFC所有资助项目共分布在7类项目中（表3-156），各类项目

表 3-156　热带药用作物领域各类项目资助数量、资助金额概况

年份	面上项目		青年科学基金项目		地区科学基金项目		联合基金项目		专项基金项目		国际（地区）合作交流项目		应急管理项目		合计	
	资助数量（项）	资助金额（万元）	资助数量（项）	资助金额（万元）	资助数量（项）	资助金额（万元）	资助数量（项）	资助金额（万元）	资助数量（项）	资助金额（万元）	资助数量（项）	资助金额（万元）	资助数量（项）	资助金额（万元）	资助数量（项）	资助金额（万元）
2000	1	14													1	14
2001	3	53													3	53
2002	2	28													2	28
2003	2	27									1	0.5			3	27.5
2004	3	62													3	62
2005	1	23													1	23
2006	1	28			2	45									3	73
2007	2	62													2	62
2008	3	98	1	19	2	46			1	30					7	193
2009	4	103	2	39	2	51									8	193
2010	3	103	6	117											9	220
2011	7	410	8	187	4	203									19	800
2012	8	516	4	94											12	610
2013	5	325	3	69	4	202									12	596
2014	6	458	7	166	3	137									16	761
2015	8	411	7	131	5	194							1	15	21	751
2016	8	444	8	144	5	187									21	775
2017	5	283	11	244	4	149	1	200							21	876
2018	7	402	12	270	6	215									25	887
2019	4	224	5	110	9	326	1	247							19	907
总计	83	4 074	74	1 590	46	1 755	2	447	1	30	1	0.5	1	15	208	7 911.5

的资助数量和资助金额差距悬殊，项目类型分布集中，面上项目、青年科学基金项目、地区科学基金项目是主要项目类型。其中，资助数量和资助金额最多的项目是面上项目，资助数量共计 83 项，资助金额累计 4 074 万元，占比分别为 39.90%和 51.50%；面上项目、青年科学基金项目和地区科学基金项目的资助数量远高于联合基金项目，是后者的 20～40 倍，但资助金额与联合基金项目只相差 3～8 倍；专项基金项目、国际（地区）合作交流项目和应急管理项目的资助数量和资助金额均不多，占比均不超过 0.5%。

2. 项目类型资助时间变化分析

热带药用作物领域 NSFC 各类项目资助数量年度变化情况如图 3-91 所示，热带药用作物领域在面上项目、青年科学基金项目和地区科学基金项目获得持续性的项目支持。其中，在面上项目获得的资助数量于 2000—2010 年在 1～4 项来回小幅波动，且于 2012 年、2015 年、2016 年达到最大值 8 项；在青年科学基金项目最早于 2008 年获得项目资助，此后开始获得持续项目资助，且于 2018 年达到资助数量的最大值 12 项，近年来资助数量有回落现象；在地区科学基金项目最早于 2006 年获得项目资助，于 2013 年获得持续性的项目资助，且呈现波动增长态势，且于 2019 年达到项目资助数量的最大值 9 项；在联合基金项目分别于 2017 年和 2019 年获得 1 项资助；在专项基金项目于 2008 年获得 1 项资助；在国际（地区）合作交流项目于 2003 年获得 1 项资助；在应急管理项目于 2015 年获得 1 项资助。

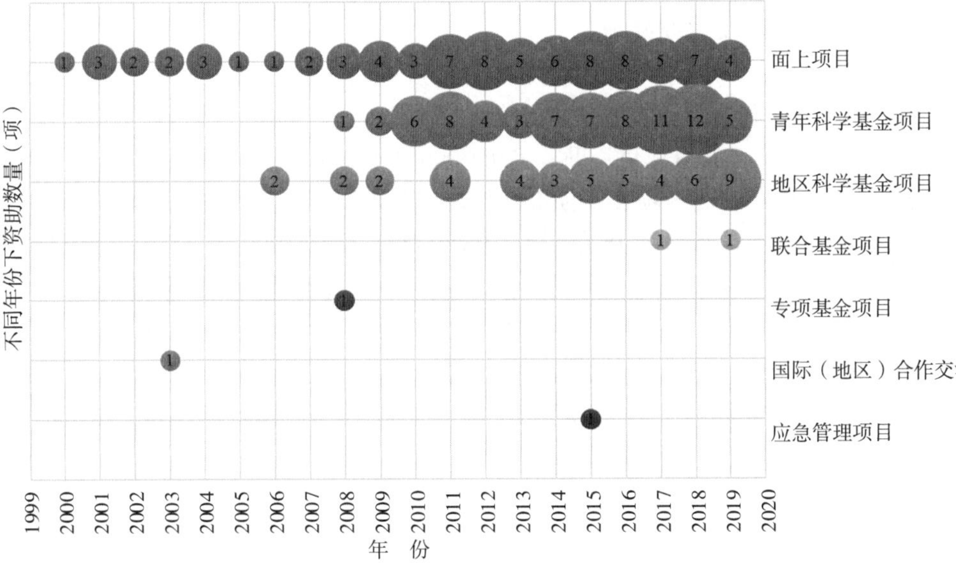

图 3-91 热带药用作物领域各类项目资助数量年度变化

（三）学科分析

热带药用作物领域 NSFC 所有资助项目共分布在 5 个科学部、23 个一级学科、67 个二级学科。

1. 科学部分析

（1）科学部资助概况分析

热带药用作物领域 NSFC 所有资助项目在各科学部的资助概况如表 3-152 所示，各科学部的资助数量和资助金额差异悬殊，科学部分布十分聚焦。其中，在医学科学部获得的资助数量和资助金额均为最多，资助数量共计116项，资助金额累计4 461万元，占比均超过55%，该科学部是热带药用作物领域申请NSFC的主要科学部；其次是生命科学部，资助数量共计81项，资助金额累计2 967.5万元；其他3个科学部中，化学科学部和联合基金战略研究的资助金额相对较多，资助金额超过了200万元，且化学科学部的资助数量较多，为9项，信息科学部的资助数量和资助金额均不超过0.5%。

表3-157 热带药用作物领域各科学部资助数量、资助金额及占比

科学部	资助数量（项）	资助数量占比（%）	资助金额（万元）	资助金额占比（%）
医学科学部	116	55.77	4 461	56.39
生命科学部	81	38.94	2 967.5	37.51
化学科学部	9	4.33	250	3.16
信息科学部	1	0.48	33	0.42
联合基金战略研究	1	0.48	200	2.53
总计	208	100.00	7 911.5	100.00

（2）科学部资助时间变化分析

热带药用作物领域NSFC各科学部资助数量年度变化情况如图3-92所示。热带药用作物领域在医学科学部和生命科学部获得持续性的项目支持。其中，热带药用作物领域在医学科学部最早于2001年获得项目资助，且于2006年开始获得持续性项目资助，且在持续获得资助期间呈现早期1～3项、中期5～7项、后期7～16项的波动式增长态势，在2016年达到最大值16项，2017年开始回落；在生命科学部于2000年首次获得项目资助，资助数量为1项，此后持续获得项目资助，在2000—2010年获得的资助数量在1～3项小幅度波动，于2011年快速增长到12项，2012年开始回落，自此开始波动式增长，且于2018年达到资助数量最大值14项；在化学科学部于2006年首次获得项目资助，后续陆续受到项目资助，且资助数量在1～2项波动；在信息科学部于2009年获得1项资助；在联合基金战略研究于2017年获得1项资助。

2. 一级学科分析

（1）一级学科资助概况分析

热带药用作物领域NSFC所有资助项目在各一级学科的资助概况如表3-158所示，各一级学科获得的资助数量和资助金额差异明显，一级学科分布聚焦。热带药用作物领域资助数量和资助金额最多的是中药学，资助数量共计91项，资助金额累计3 514万元，占比均超过43%；其次是植物学，资助数量达到40项，资助金额超过17%，获得NSFC支持力度相对较大；之后是林学与草地科学、中西医结合、园艺学与植物营养学、化学生物学、微生物学、药理学、药物学，资助数量均在5～12项，资助金额占比均在1.86%～6.24%；其他学科的资助数量为1～4项，获得的NSFC支持力度相对较小。

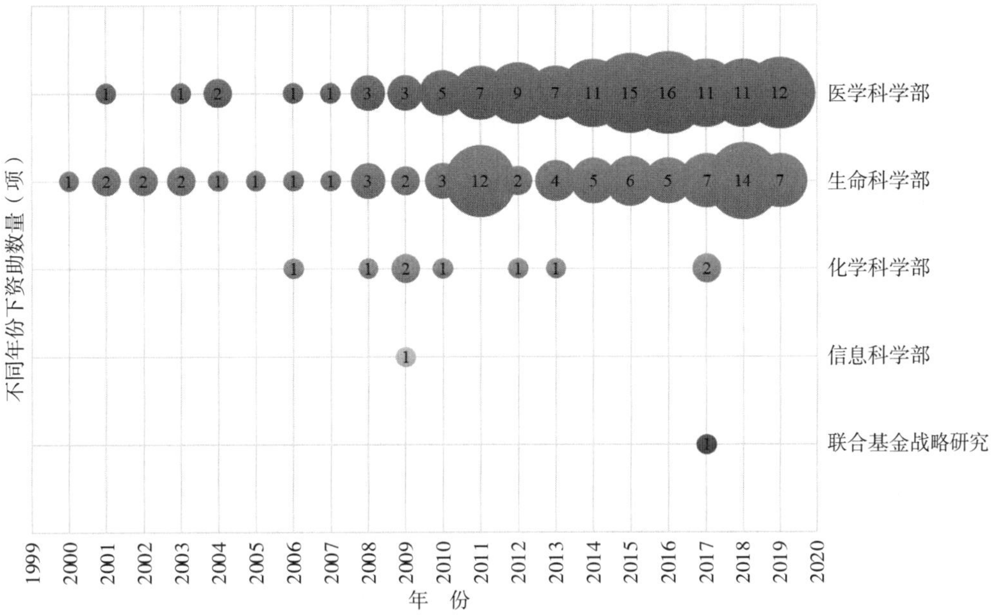

图 3-92　热带药用作物领域各科学部资助数量年度变化

表 3-158　热带药用作物领域各一级学科资助数量、资助金额及占比

一级学科	资助数量（项）	资助数量占比（%）	资助金额（万元）	资助金额占比（%）
中药学	91	43.75	3 514	44.42
植物学	40	19.23	1 403.5	17.74
林学与草地科学	12	5.77	494	6.24
中西医结合	10	4.81	323	4.08
园艺学与植物营养学	9	4.33	341	4.31
化学生物学	6	2.88	187	2.36
微生物学	6	2.88	202	2.55
药理学	6	2.88	275	3.48
药物学	5	2.40	147	1.86
生态学	4	1.92	174	2.20
中医学	3	1.44	169	2.14
兽医学	2	0.96	63	0.80
农学基础与作物学	2	0.96	79	1.00
遗传学与生物信息学	2	0.96	95	1.20
食品科学	2	0.96	85	1.07
动物学	1	0.48	7	0.09
化学工程与工业化学	1	0.48	19	0.24
化学理论与机制	1	0.48	25	0.32

（续）

一级学科	资助数量（项）	资助数量占比（%）	资助金额（万元）	资助金额占比（%）
合成化学	1	0.48	19	0.24
康复医学	1	0.48	33	0.42
植物保护学	1	0.48	24	0.30
生物多样性保护领域	1	0.48	200	2.53
自动化	1	0.48	33	0.42
总计	208	100.00	7 911.5	100.00

（2）一级学科资助时间变化分析

热带药用作物领域 NSFC 重点一级学科（资助数量≥2 项）资助数量年度变化情况如图 3-93 所示。热带药用作物领域在中药学和植物学获得较为持续的项目支持。其中，在中药学于 2001 年首次获得项目资助，自 2008 年开始获得持续性项目资助，且整体呈现波动增长态势，于 2016 年达到资助数量最大值 14 项，近年来有所回落；在植物学于 2000 年首次获得项目资助，后续陆续获得项目资助，数量在 0～5 项波动，自 2013 年开始持续获得项目资助，整体呈现逐步增长态势，于 2018 年达到最大值 7 项，2019 年有所回落；在林学与草地科学、中西医结合、园艺学与植物营养学分别于 2001 年、2007 年、2004 年首次获得项目资助，后续陆续获得 1～3 项资助；在化学生物学、微生物学、药理学、药物学、生态学、中医学、兽医学、农学基础与作物学、遗传学与生物信息学、食品科学分别于 2006 年、2001 年、2004 年、2008 年、2014 年、2014 年、2017 年、2018 年、2012 年、2011 年首次获得项目资助，其他年份偶有资助。

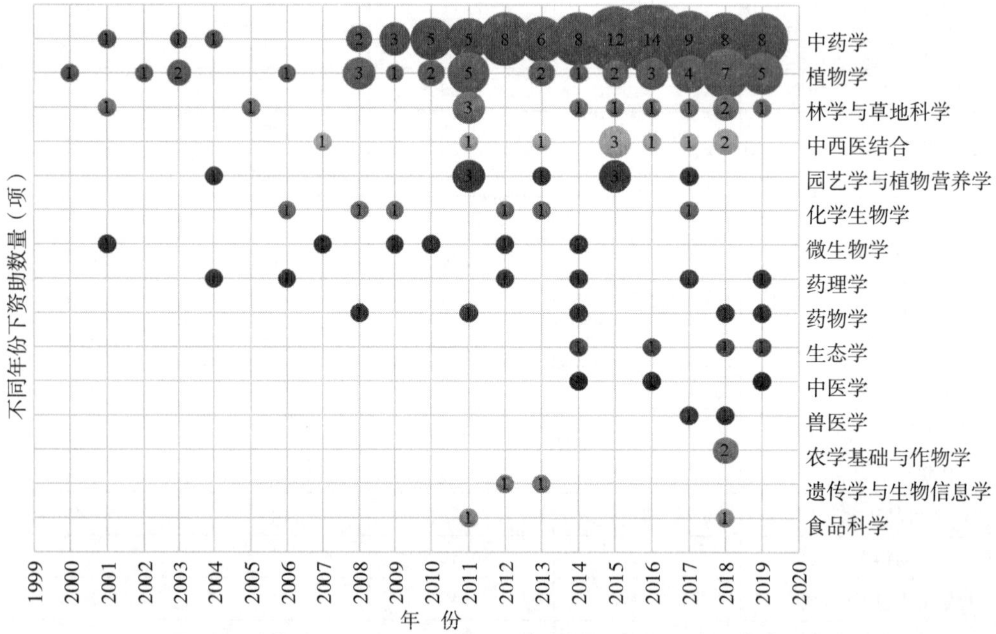

图 3-93　热带药用作物领域重点一级学科资助数量年度变化（学科资助数量≥2 项）

3. 二级学科分析

(1) 二级学科资助概况分析

热带药用作物领域 NSFC 所有资助项目在各二级学科的资助概况如表 3-159 所示，各二级学科获得的资助数量和资助金额差异较大，二级学科分布相对聚焦。热带药用作物领域资助数量和资助金额最多的是中药资源，资助数量共计 35 项，资助金额累计 1 569 万元，占比均超过 16%，其是热带药用作物领域获得 NSFC 支持力度最大的二级学科；其次是植物资源学，资助数量和资助金额占比均在 12%以上。此外，中药药效物质、观赏园艺学、中药鉴定、民族药学、中药心脑血管药理、中药炮制、植物生理学获得的资助数量均在 5 项及以上，获得的 NSFC 支持力度相对较大；其他二级学科的资助数量为 1～4 项，获得的 NSFC 支持力度相对较小。

表 3-159 热带药用作物领域各二级学科资助数量、资助金额及占比

二级学科	资助数量（项）	资助数量占比（%）	资助金额（万元）	资助金额占比（%）
中药资源	35	16.83	1 569	19.83
植物资源学	27	12.98	1 003	12.68
中药药效物质	8	3.85	314	3.97
观赏园艺学	8	3.85	317	4.01
中药鉴定	7	3.37	165	2.09
民族药学	6	2.88	266	3.36
中药心脑血管药理	5	2.40	182	2.30
中药炮制	5	2.40	179	2.26
植物生理学	5	2.40	90	1.14
中药内分泌及代谢药理	4	1.92	157	1.98
中药学其他科学问题	4	1.92	133	1.68
中西医结合临床基础	4	1.92	111	1.40
中西医结合基础理论	4	1.92	141	1.78
分子探针	4	1.92	105	1.33
园林学	4	1.92	202	2.55
微生物多样性、分类与系统发育	4	1.92	152	1.92
中医内科	3	1.44	169	2.14
中药神经精神药理	3	1.44	73	0.92
中药质量评价	3	1.44	69	0.87
天然药物化学	3	1.44	89	1.12
植物分类学	3	1.44	98.5	1.25
植物进化生物学	3	1.44	127	1.61
神经精神药物药理	3	1.44	111	1.40
中兽医学	2	0.96	63	0.80

（续）

二级学科	资助数量（项）	资助数量占比（%）	资助金额（万元）	资助金额占比（%）
中医药学研究新技术和新方法	2	0.96	71	0.90
中药抗肿瘤药理	2	0.96	77	0.97
中药泌尿与生殖药理	2	0.96	59	0.75
中药消化与呼吸药理	2	0.96	73	0.92
微生物生理与生物化学	2	0.96	50	0.63
植物遗传学	2	0.96	95	1.20
经济林学	2	0.96	84	1.06
中药抗炎与免疫药理	1	0.48	18	0.23
中药抗病毒与感染药理	1	0.48	70	0.88
中药药代动力学	1	0.48	47	0.59
中药药性理论	1	0.48	45	0.57
中药资源	1	0.48	18	0.23
代谢性疾病药物药理	1	0.48	34	0.43
作物栽培与耕作学	1	0.48	24	0.30
作物生理学	1	0.48	55	0.70
保护生物学与恢复生态学	1	0.48	20	0.25
动物资源与利用	1	0.48	7	0.09
化学信息学	1	0.48	25	0.32
康复医学	1	0.48	33	0.42
微生物药物	1	0.48	33	0.42
抗肿瘤药物药理	1	0.48	75	0.95
有机合成	1	0.48	19	0.24
木材物理学	1	0.48	63	0.80
林产化学	1	0.48	62	0.78
树木生物学	1	0.48	23	0.29
检测技术及装置	1	0.48	33	0.42
森林土壤学	1	0.48	16	0.20
森林培育学	1	0.48	20	0.25
森林资源学	1	0.48	24	0.30
植物化学保护	1	0.48	24	0.30
植物学研究的新技术、新方法	1	0.48	50	0.63
植物形态与发育	1	0.48	35	0.44
植物营养基础	1	0.48	24	0.30
污染生态学	1	0.48	39	0.49

（续）

二级学科	资助数量（项）	资助数量占比（%）	资助金额（万元）	资助金额占比（%）
生物分子的化学生物学	1	0.48	55	0.70
生物化工与轻化工	1	0.48	19	0.24
种群生态学	1	0.48	26	0.33
老年病药物药理	1	0.48	55	0.70
药物化学生物学	1	0.48	27	0.34
药物资源	1	0.48	25	0.32
进化生物学	1	0.48	89	1.12
食品生物化学	1	0.48	60	0.76
食品营养学	1	0.48	25	0.32
未分类	1	0.48	200	2.53
总计	208	100.00	7 911.5	100.00

（2）二级学科资助时间变化分析

热带药用作物领域 NSFC 重点二级学科（资助数量≥4 项）资助数量年度变化情况如图 3-94 所示。热带药用作物领域 2010—2019 年在中药资源获得持续性的项目支持，其间早期获得的项目资助数量在 1～3 项波动，中期开始增长较为明显，且于 2016 年达到最大值 9 项，近期有回落；在植物资源学自 2013 年开始受到连续资助，且资助数量大多在1～2 项波动，近年来增长趋势较为明显，且于 2018 年达到最大值 6 项；在观赏园艺学于

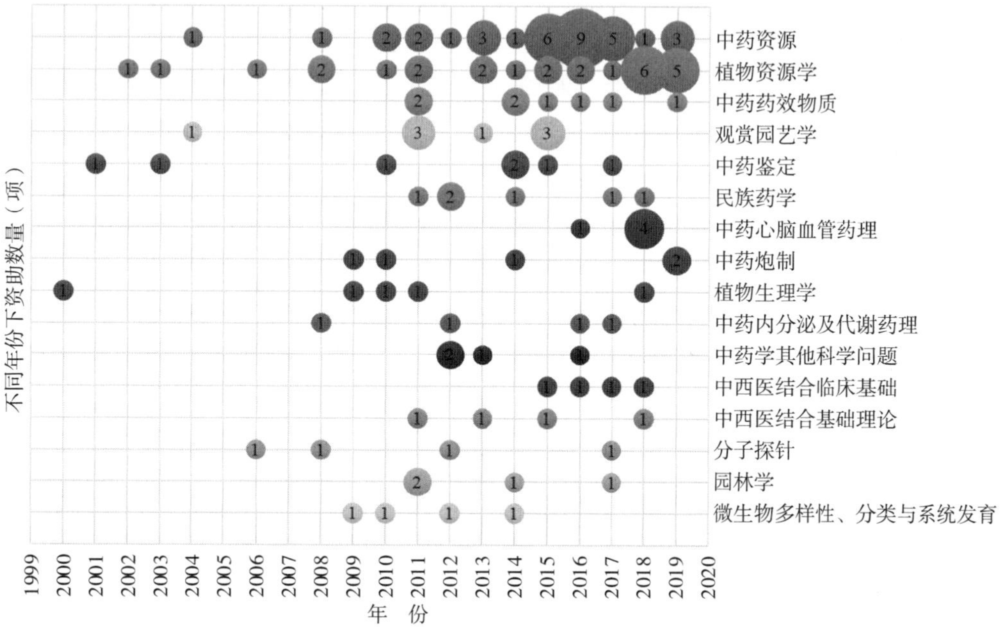

图 3-94 热带药用作物领域重点二级学科资助数量年度变化（学科资助数量≥4 项）

2004年首次获得项目资助，后续间断性获得1～3项资助；在中药心脑血管药理于2016年首次获得项目资助，且于2018年获得4项资助；在中药药效物质、中药鉴定、民族药学、中药炮制、中药学其他科学问题、园林学等学科分别于2011年、2001年、2011年、2009年、2012年、2011年首次获得项目资助，后续间断性获得1～2项资助；在植物生理学、中药内分泌及代谢药理、中西医结合临床基础、中西医结合基础理论、分子探针以及微生物多样性、分类与系统发育等学科分别于2000年、2008年、2015年、2011年、2006年以及2009年首次获得项目资助，除中西医结合临床基础学科2015—2018年获得连续项目资助外，其余学科均间断性获得1项资助。

（四）地区分析

1. 地区资助概况分析

热带药用作物领域获得NSFC项目资助的省、自治区、直辖市共计20个，各地区获得的资助数量和资助金额差距很大（表3-160）。其中，北京市的资助数量和资助金额分别为47项、1 898万元，占比分别为22.60%、23.99%，均远高于其他地区；其次是广东省和海南省，前者的资助数量和资助金额分别为32项和923.5万元，后者为26项和967万元；浙江省、云南省和贵州省的资助数量和资助金额也较多，资助数量均在15项及以上，资助金额均超过500万元；此外，安徽省的资助数量虽仅9项，但是资助金额超过了600万元，位于前列。

表3-160　热带药用作物领域各地区资助数量、资助金额及占比

地区	资助数量（项）	资助数量占比（%）	资助金额（万元）	资助金额占比（%）
北京市	47	22.60	1 898	23.99
广东省	32	15.38	923.5	11.67
海南省	26	12.50	967	12.22
浙江省	17	8.17	564	7.13
云南省	15	7.21	741	9.37
贵州省	15	7.21	529	6.69
江苏省	10	4.81	280	3.54
安徽省	9	4.33	624	7.89
四川省	8	3.85	359	4.54
广西壮族自治区	8	3.85	316	3.99
上海市	5	2.40	218	2.76
江西省	3	1.44	88	1.11
湖北省	3	1.44	106	1.34
福建省	3	1.44	94	1.19
吉林省	2	0.96	68	0.86
新疆维吾尔自治区	1	0.48	46	0.58

（续）

地区	资助数量（项）	资助数量占比（%）	资助金额（万元）	资助金额占比（%）
河南省	1	0.48	20	0.25
湖南省	1	0.48	23	0.29
辽宁省	1	0.48	23	0.29
陕西省	1	0.48	24	0.30
总计	208	100.00	7 911.5	100.00

2. 地区资助时间变化

热带药用作物领域 NSFC 主要地区（资助数量≥2 项）资助数量年度变化情况如图 3-95 所示。北京市、广东省、海南省、浙江省、云南省、贵州省、江苏省近年来均获得较连续的项目资助，其中，北京市最早于 2001 年有资助项目，且自 2009 年后获得连续资助，资助数量呈明显波动增长态势，于 2015 年达到年度最高资助数量 7 项，近年来有所回落；广东省最早于 2000 年获得项目资助，2007—2019 年获得较连续的项目资助，除 2016 年外，其余年份获得项目资助的数量大多在 1～4 项小幅度波动，且于 2011 年达到资助数量的最大值 7 项；海南省最早于 2008 年获得项目资助，且从 2011 年开始获得连续项目资助，资助数量在 1～6 项波动，且在 2018 年达到资助数量的最大值 6 项，2019 年有所回落；浙江省最早于 2006 年获得项目资助，自 2015 年开始获得连续资助，且在 2018 年达到资助数量的最大值 5 项；云南省最早于 2008 年获得项目资助，自 2012 年开始获得连续资助，资助数量在 1～4 项小幅度波动；贵州省最早于 2006 年获得项目资助，自 2014 年开始获得连续资助，资助数量在 1～3 项小幅度波动；江苏省最早于 2001 年获

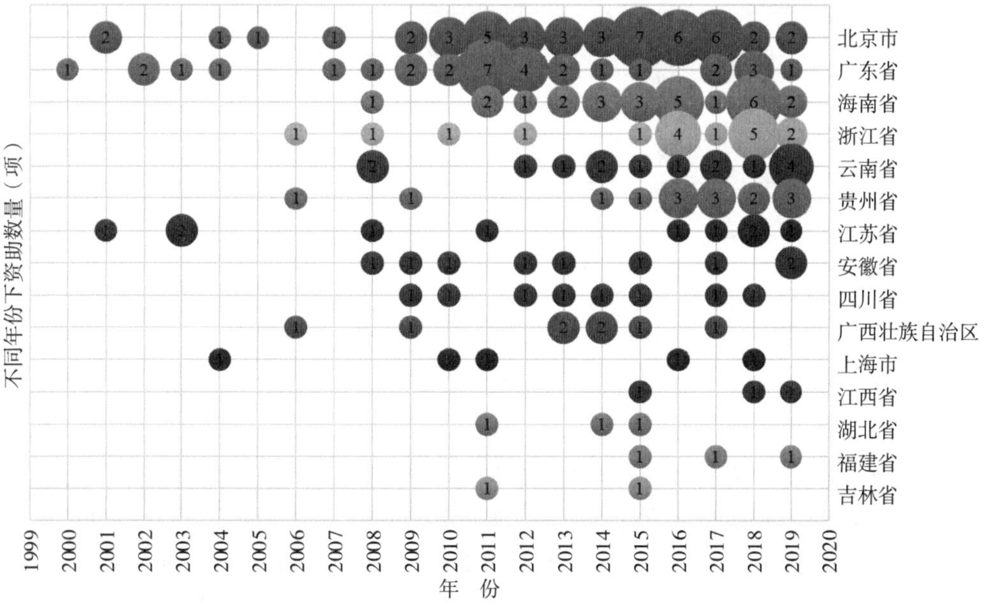

图 3-95 热带药用作物领域主要地区资助数量年度变化（地区资助数量≥2 项）

得项目资助，近4年开始获得连续资助，资助数量在1～2项小幅度波动。安徽省、四川省、广西壮族自治区、上海市、江西省、湖北省、福建省、吉林省最早分别于2008年、2009年、2006年、2004年、2015年、2011年、2015年、2011年获得项目资助，后续间断性受到1～2项资助。

3. 地区—项目类型分析

热带药用作物领域获得NSFC项目资助的20个地区在各类项目中的分布情况如表3-161所示，20个地区共在7类项目中获得资助支持，各地区在不同项目类型的资助分布和资助优势差异悬殊。

表3-161 热带药用作物领域地区—项目类型资助分布

地区	资助数量（项）						
	面上项目	青年科学基金项目	地区科学基金项目	联合基金项目	专项基金项目	国际（地区）合作交流项目	应急管理项目
北京市	30	17					
广东省	14	15			1	1	1
海南省	3	7	16				
浙江省	8	9					
云南省	2	4	8	1			
贵州省	2	3	10				
江苏省	6	4					
安徽省	6	2		1			
四川省	6	2					
广西壮族自治区			8				
上海市	4	1					
江西省		1	2				
湖北省	1	2					
福建省	1	2					
吉林省		1	1				
新疆维吾尔自治区			1				
河南省		1					
湖南省		1					
辽宁省		1					
陕西省		1					

大部分地区获得了面上项目或青年科学基金项目资助；广东省同时获得了面上项目、青年科学基金项目、专项基金项目、国际（地区）合作交流项目和应急管理项目等5类项目资助支持，且各类项目数量均位于前列；海南省、贵州省同时获得了面上项目、青年科学基金项目和地区科学基金项目等3类项目资助支持，且海南省的地区科学基金项目的数量位于首位，贵州省的地区科学基金项目数量仅次于海南省，云南省除了获得上述3类项

目资助支持外，还获得了1项联合基金项目的资助支持；北京市、浙江省、江苏省、四川省、上海市、湖北省、福建省同时获得了面上项目和青年科学基金项目2类项目的资助支持，且北京市各类项目数量均位于首位，安徽省除了获得上述2类项目资助支持外，还获得了1项联合基金项目的资助支持；江西省和吉林省同时获得了青年科学基金项目和地区科学基金项目等2类项目的资助支持；新疆维吾尔自治区仅获得1项地区科学基金项目支持；河南省、湖南省、辽宁省、陕西省各仅获得1项青年科学基金项目支持。

（五）机构分析

1. 机构资助概况分析

热带药用作物领域获得NSFC资助项目的机构共计70家，包含61家高校、9家科研院所，各机构获得的资助数量和资助金额差距较大，如表3-162所示。中国医学科学院获得的资助数量和资助金额均排在首位，资助数量共计32项，资助金额累计1 227万元，占比分别高达15.38%、15.51%；中国科学院和海南医学院获得资助支持也较多，资助数量均高于10项，资助金额均超过500万元；另外，中国热带农业科学院、遵义医学院、北京中医药大学、南京师范大学获得资助项目数量也较多，均不少于6项，资助金额也较多，均超过200万元。

表3-162 热带药用作物领域各机构资助数量、资助金额及占比

机构	资助数量（项）	资助数量占比（%）	资助金额（万元）	资助金额占比（%）
中国医学科学院	32	15.38	1 227	15.51
中国科学院	15	7.21	501.5	6.34
海南医学院	14	6.73	571	7.22
中国热带农业科学院	9	4.33	263	3.32
遵义医学院	8	3.85	321	4.06
北京中医药大学	6	2.88	254	3.21
南京师范大学	6	2.88	216	2.73
广州中医药大学	6	2.88	196	2.48
合肥工业大学	5	2.40	212	2.68
上海中医药大学	4	1.92	158	2.00
云南大学	4	1.92	362	4.58
华南师范大学	4	1.92	115	1.45
杭州师范大学	4	1.92	119	1.50
浙江农林大学	4	1.92	121	1.53
浙江工业大学	4	1.92	159	2.01
云南农业大学	3	1.44	132	1.67
北京林业大学	3	1.44	148	1.87
广东省科学院	3	1.44	66	0.83

（续）

机构	资助数量（项）	资助数量占比（%）	资助金额（万元）	资助金额占比（%）
广西大学	3	1.44	106	1.34
成都中医药大学	3	1.44	124	1.57
海南大学	3	1.44	133	1.68
福建中医药大学	3	1.44	94	1.19
中国林业科学研究院	2	0.96	39	0.49
中山大学	2	0.96	31	0.39
云南师范大学	2	0.96	63	0.80
广东省农业科学院	2	0.96	48	0.61
广东药科大学	2	0.96	80	1.01
广西中医药大学	2	0.96	92	1.16
广西壮族自治区药用植物园	2	0.96	77	0.97
暨南大学	2	0.96	93	1.18
江西中医药大学	2	0.96	68	0.86
浙江中医药大学	2	0.96	96	1.21
皖西学院	2	0.96	132	1.67
西南交通大学	2	0.96	95	1.20
贵州大学	2	0.96	54	0.68
贵阳中医学院	2	0.96	55	0.70
上海交通大学	1	0.48	60	0.76
东南大学	1	0.48	7	0.09
中国农业大学	1	0.48	82	1.04
中国农业科学院	1	0.48	18	0.23
中国科学技术大学	1	0.48	33	0.42
中国药科大学	1	0.48	17	0.21
丽水学院	1	0.48	24	0.30
云南中医药大学	1	0.48	34	0.43
华中农业大学	1	0.48	60	0.76
华中科技大学	1	0.48	21	0.27
华南农业大学	1	0.48	21	0.27
华南理工大学	1	0.48	25	0.32
南京中医药大学	1	0.48	21	0.27
南京医科大学	1	0.48	19	0.24
四川农业大学	1	0.48	24	0.30

（续）

机构	资助数量（项）	资助数量占比（%）	资助金额（万元）	资助金额占比（%）
安徽中医药大学	1	0.48	247	3.12
广东医科大学	1	0.48	75	0.95
广东工业大学	1	0.48	20	0.25
延边大学	1	0.48	50	0.63
新疆维吾尔自治区维吾尔医药研究所	1	0.48	46	0.58
昆明医科大学	1	0.48	24	0.30
昆明学院	1	0.48	20	0.25
江西农业大学	1	0.48	20	0.25
沈阳药科大学	1	0.48	23	0.29
浙江大学	1	0.48	20	0.25
浙江理工大学	1	0.48	25	0.32
湖北中医药大学	1	0.48	25	0.32
湖南师范大学	1	0.48	23	0.29
西北农林科技大学	1	0.48	24	0.30
西南林业大学	1	0.48	63	0.80
贵州中医药大学	1	0.48	21	0.27
贵州医科大学	1	0.48	39	0.49
遵义医科大学	1	0.48	39	0.49
郑州大学	1	0.48	20	0.25
总计	208	100.00	7 911.5	100.00

2. 机构资助时间变化分析

热带药用作物领域 NSFC 主要机构（资助数量≥4 项）资助数量年度变化情况如图 3-96 所示。中国医学科学院最早于 2001 年获得资助项目，自 2009 年开始获得连续资助，在 1～4 项小幅度波动；中国科学院最早于 2000 年获得资助项目，在 2013—2016 年有较持续的项目资助，但资助数量不多，维持在 1～2 项；遵义医学院最早于 2006 年获得资助项目，在 2014—2018 年有较持续的项目资助，但资助数量不多，维持在 1～2 项；北京中医药大学最早于 2012 年获得资助项目，在 2014—2017 年有较持续的项目资助，但资助数量不多，维持在 1～2 项；中国热带农业科学院、南京师范大学、广州中医药大学、合肥工业大学、上海中医药大学、云南大学、华南师范大学、杭州师范大学、浙江农林大学、浙江工业大学分别于 2008 年、2003 年、2007 年、2008 年、2004 年、2014 年、2009 年、2006 年、2016 年、2016 年最早获得资助项目，后续间断性获得项目资助，获得资助项目数量基本维持在 1～3 项。

3. 机构—项目类型分析

热带药用作物领域获得 NSFC 项目资助的 22 家机构（资助数量≥3 项）在各类项目

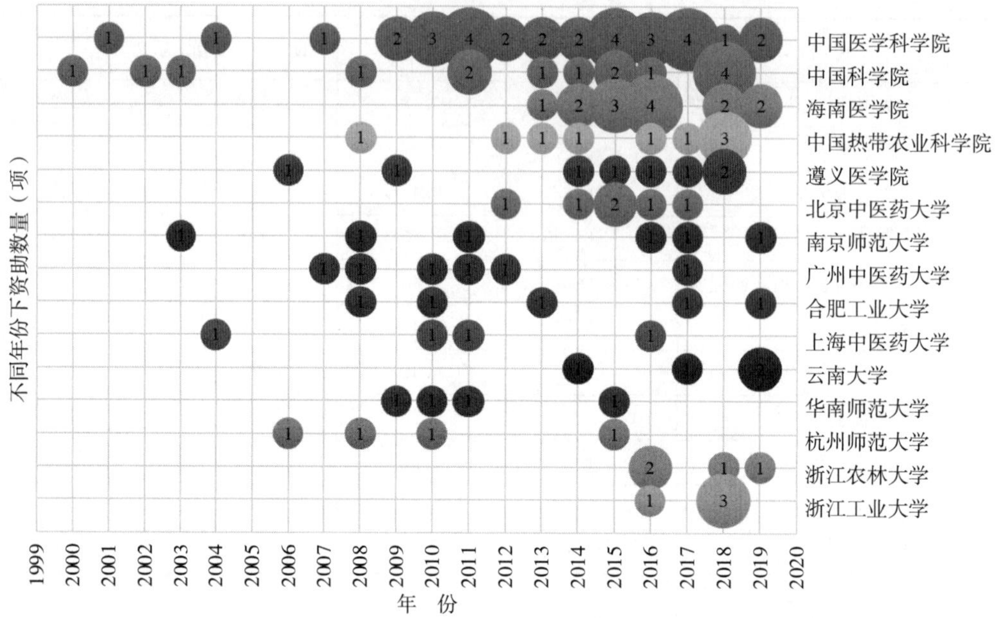

图 3-96　热带药用作物领域主要机构资助数量年度变化（机构资助数量≥4 项）

中的分布情况如表 3-163 所示，22 家机构共在 7 类项目中获得资助支持，各机构在不同项目类型的资助分布和资助优势差异明显。

有 1 家机构同时获得 4 类项目资助，有 3 家机构同时获得 3 类项目资助支持，有 13 家机构同时获得面上项目和青年科学基金项目资助支持。其中，中国医学科学院获得面上项目和青年科学基金项目的资助最多，海南医学院获得的地区科学基金项目的资助最多，仅云南大学获得联合基金项目的资助，仅广州中医药大学获得专项基金项目资助，仅中国科学院获得国际（地区）合作交流项目资助，仅华南师范大学获得应急管理项目资助。

表 3-163　热带药用作物领域机构—项目类型资助分布（机构资助数量≥3 项）

机构	资助数量（项）						
	面上项目	青年科学基金项目	地区科学基金项目	联合基金项目	专项基金项目	国际（地区）合作交流项目	应急管理项目
中国医学科学院	19	13					
中国科学院	8	5	1			1	
海南医学院	1		13				
中国热带农业科学院	2	6	1				
遵义医学院	2		6				
北京中医药大学	3	3					
南京师范大学	4	2					
广州中医药大学	2	3			1		
合肥工业大学	3	2					
上海中医药大学	3	1					
云南大学	1		2	1			

（续）

机构	资助数量（项）						
	面上项目	青年科学基金项目	地区科学基金项目	联合基金项目	专项基金项目	国际（地区）合作交流项目	应急管理项目
华南师范大学	3						1
杭州师范大学	3	1					
浙江农林大学	1	3					
浙江工业大学	2	2					
云南农业大学			3				
北京林业大学	3						
广东省科学院		3					
广西大学			3				
成都中医药大学	2	1					
海南大学		1	2				
福建中医药大学	1	2					

4. 机构—学科分析

（1）机构——一级学科分析

热带药用作物领域获得 NSFC 项目资助的 22 家机构（资助数量≥3 项）在各一级学科中的分布情况如表 3-164、图 3-97 所示，可以发现该领域 NSFC 资助项目研究重点分布在中药学和植物学学科。

从学科层面看，有 14 家机构和 12 家机构分别在中药学和植物学学科获得资助支持；其次是林学与草地科学、园艺学与植物营养学、中西医结合、微生物学、药理学，均有至少 3 家机构在该学科获得资助支持。从机构层面看，中国科学院获得资助支持的学科数量较多，为 6 个；其次是海南医学院，获得资助支持的学科为 5 个。

对比发现，中国医学科学院在中药学学科获得资助数量最多；中国科学院在植物学学科获得资助数量最多；海南医学院在中西医结合和中医学学科获得资助数量最多；遵义医学院在药理学学科获得资助数量最多。

（2）机构——二级学科分析

热带药用作物领域获得 NSFC 项目资助的 22 家机构在各二级学科（机构资助数量≥3 项，学科资助数量≥3 项）中的分布情况如表 3-165、图 3-98 所示，各机构在不同二级学科的资助分布和资助优势差异明显。

从学科层面看，有 10 家机构在植物资源学学科获得资助支持，有 9 家机构在中药资源学科获得资助支持；其次是中药药效物质和观赏园艺学学科，均有 4 家机构获得资助支持。从机构层面看，中国医学科学院、海南医学院和中国科学院获得资助支持的学科数量较多，分别为 11 个、6 个和 6 个。

对比发现，中国医学科学院在中药资源、中药鉴定、植物生理学、中药学其他科学问题等学科获得资助数量最多；南京师范大学在植物资源学学科获得资助数量最多；浙江工业大学在中药心脑血管药理学学科获得资助数量最多。

表 3-164 热带药用作物领域机构——一级学科资助分布（机构资助数量≥3 项）

机构	资助数量（项）																	
	中药学	植物学	林学与草地科学	中西医结合	园艺学与植物营养学	化学生物学	微生物学	药理学	药物学	生态学	中医学	兽医学	农学基础与作物学	化学工程与工业化学	化学理论与机制	合成化学	康复医学	生物多样性保护领域
中国医学科学院	25	3					3	1										
中国科学院	1	9			2		1			1			1					
海南医学院	5			5				1			2						1	
中国热带农业科学院	5	1	2												1			
遵义医学院	4	1						3										
北京中医药大学	6																	
南京师范大学		5			1													
广州中医药大学	3	1		2														
合肥工业大学		2				2								1				
上海中医药大学	4																	
云南大学		1							1	1								1
华南师范大学		1			2		1											
杭州师范大学	1	3																
浙江农林大学	1	2	1															
浙江工业大学	4																	
云南农业大学	1	2																
北京林业大学			2		1													
广东省科学院	1		1													1		
广西大学						3												
成都中医药大学	3																	
海南大学			1		1							1						
福建中医药大学				2							1							

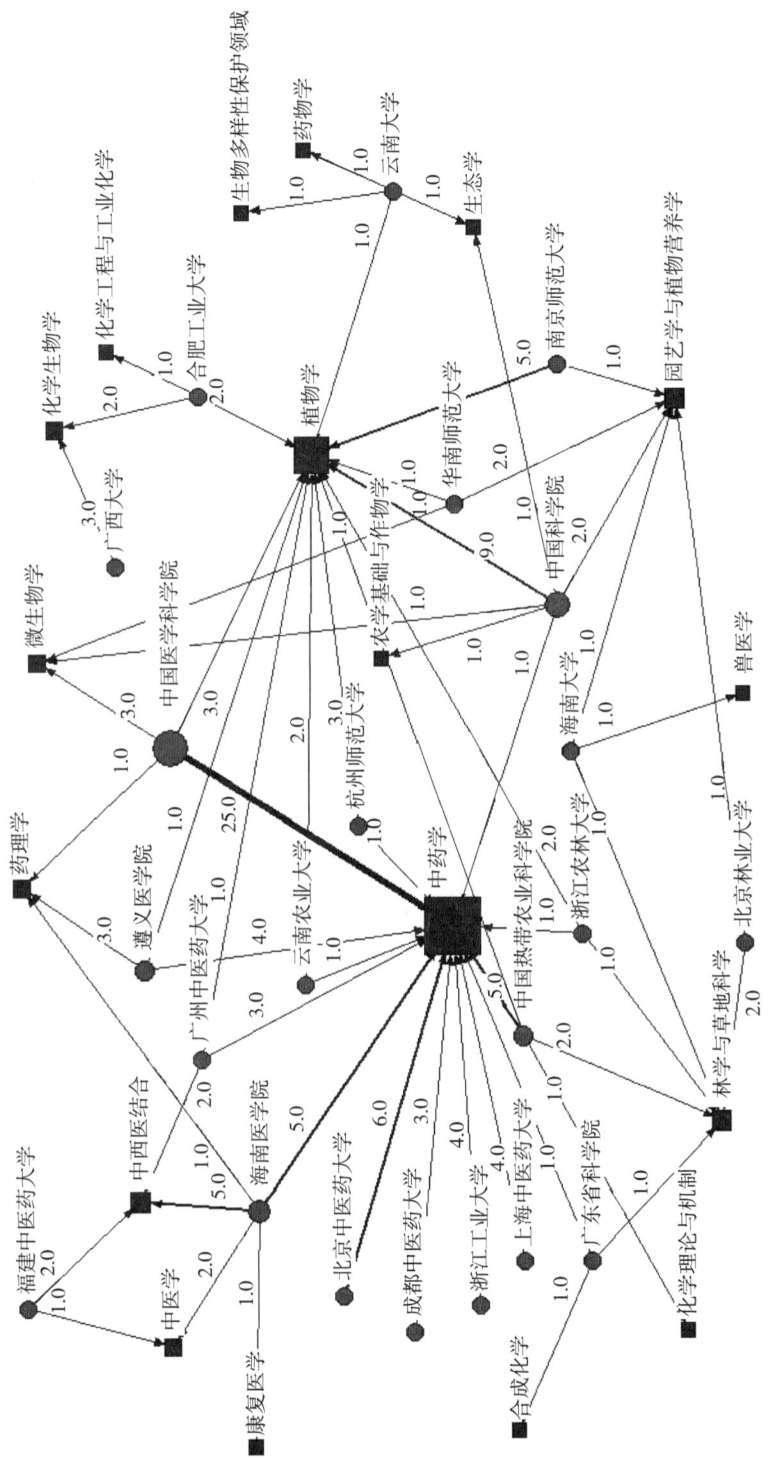

图3-97 热带药用作物领域机构——一级学科资助分布图（机构资助数量≥3项）

表 3-165　热带药用作物领域机构—二级学科资助分布（机构资助数量≥3，学科资助数量≥3 项）

机构	资助数量（项）																					
	中药资源	植物资源学	中药药效物质	观赏园艺学	中药鉴定	民族药学	中药心脑血管药理	中药炮制	植物生理学	中药内分泌及代谢药理	中药学其他科学问题	中西医结合临床基础	中西医结合基础理论	分子探针	园林学	微生物多样性、分类与系统发育	中医内科	中药神经精神药理	中药质量评价	植物分类学	植物进化生物学	神经精神药物药理
中国医学科学院	15	1	1		3	1			2		3					1		1	1			1
中国科学院		4		2					2							1				2	1	
海南医学院	2		1			1						2	2				2					
中国热带农业科学院	4	1																	1			
遵义医学院		1								1												2
北京中医药大学	1		1			2																
南京师范大学		5																				
广州中医药大学	1									2			1								1	
合肥工业大学		2												2								
上海中医药大学	2		1																1			
云南大学		1																				
华南师范大学				2					1							1						
杭州师范大学	1	2																				
浙江农林大学	1	2																				
浙江工业大学							4															
云南农业大学	1	1																			1	
北京林业大学				1											1							
广东省科学院											1											
广西大学														1								
成都中医药大学								3														
海南大学				1											1							
福建中医药大学												2					1					

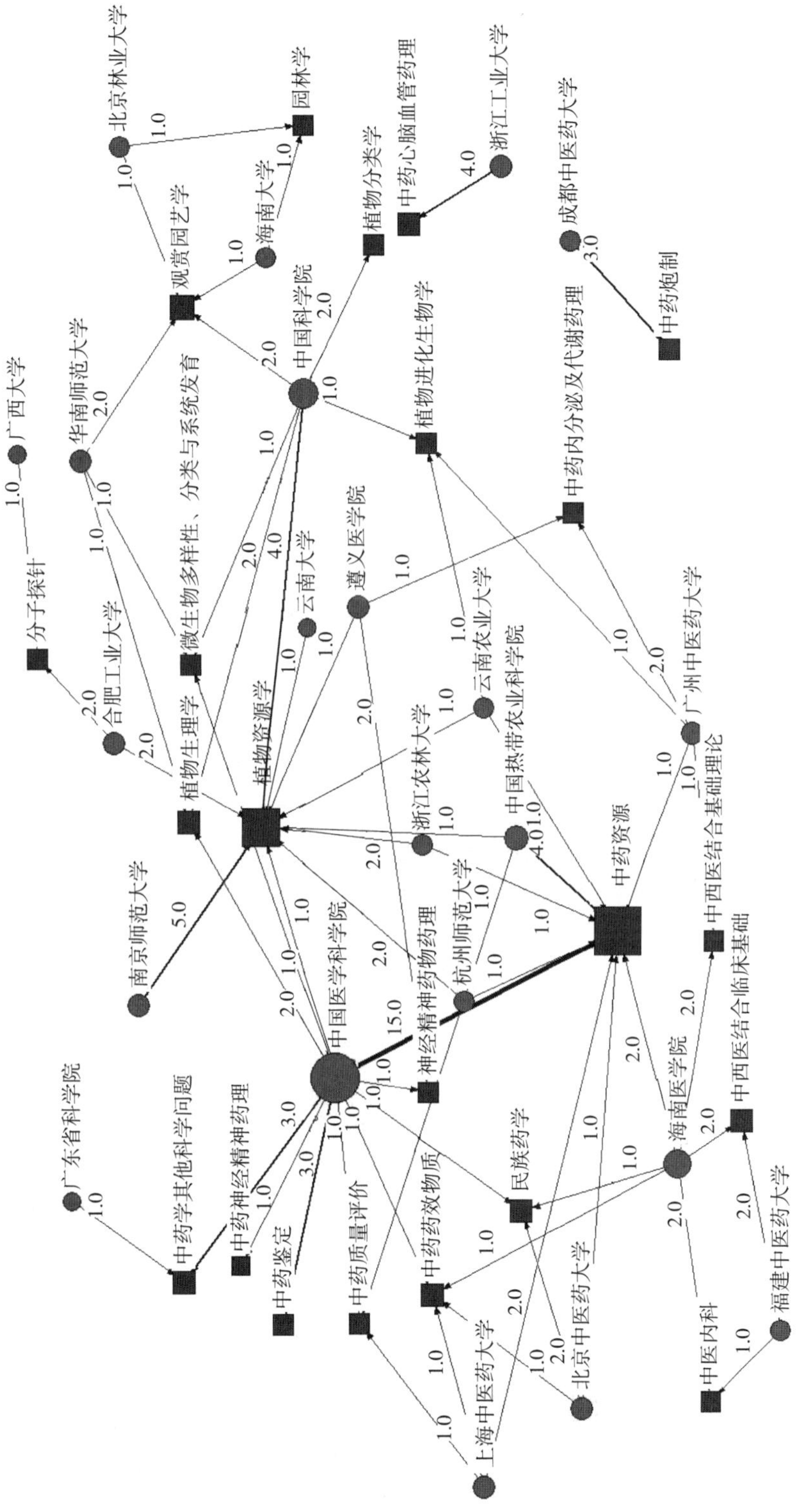

图3-98 热带药用作物领域机构—二级学科资助分布图（机构资助数量≥3，学科资助数量≥3项）

（六）学者分析

1. 学者资助概况分析

热带药用作物领域共有173位学者作为项目负责人获得NSFC项目，其中，有28位学者获得的资助数量在2项及以上（表3-166）。28位学者都具有高级职称，其中，具有正高级职称的学者有22位；共分布在17家机构，有9位学者隶属于中国医学科学院，3位学者隶属于海南医学院，地域优势明显。

资助数量排在第一位的是丁小余，获得了4项资助，隶属于南京师范大学；其次是林翠梧、王慧中、石京山、郭顺星、陈娟等人，资助数量均在3项及以上。累计资助金额排在第一位的为云南大学的高江云，资助金额累计高达289万元，遥遥领先于其他学者；其次为丁小余，资助金额为168万元。

表3-166　热带药用作物领域主要学者资助数量、资助金额及职称、机构

学者	资助数量（项）	资助金额（万元）	职称	所属机构
丁小余	4	168	正高级	南京师范大学
林翠梧	3	106	正高级	广西大学
王慧中	3	101	正高级	杭州师范大学
石京山	3	146	正高级	遵义医学院
郭顺星	3	112	正高级	中国医学科学院
陈娟	3	129	副高级	中国医学科学院
刘新民	2	51	正高级	中国医学科学院
姚辉	2	103	正高级	中国医学科学院
官玲亮	2	74	副高级	中国热带农业科学院
张争	2	75	副高级	中国医学科学院
张俊清	2	70	正高级	海南医学院
徐艳红	2	86	副高级	中国医学科学院
戚树源	2	14.5	正高级	中国科学院
朱叶	2	73	正高级	海南医学院
李标	2	133	正高级	中国医学科学院
梁山	2	75	副高级	华南师范大学
段俊	2	70	正高级	中国科学院
王万军	2	95	正高级	西南交通大学
罗建平	2	89	正高级	合肥工业大学
胡昌江	2	104	正高级	成都中医药大学
谢毅强	2	125	正高级	海南医学院
陈乃东	2	132	正高级	皖西学院
陈素红	2	116	正高级	浙江工业大学

（续）

学者	资助数量（项）	资助金额（万元）	职称	所属机构
陈连庆	2	39	正高级	中国林业科学研究院
高志晖	2	78	副高级	中国医学科学院
高江云	2	289	正高级	云南大学
魏小勇	2	100	正高级	广州中医药大学
魏建和	2	122	正高级	中国医学科学院

2. 学者—项目类型分析

热带药用作物领域获得 NSFC 资助数量 2 项及以上的 28 位学者在各类项目中的分布情况如表 3-167 所示。28 位学者共在 7 类项目中获得资助支持，各学者在不同项目类型的资助分布与资助优势不同。其中，石京山、陈娟、官玲亮、张争等学者获得资助支持的项目类型最多，为 2 类。

表 3-167 热带药用作物领域主要学者—项目类型资助分布（学者资助数量≥2 项）

学者	资助数量（项）						
	面上项目	青年科学基金项目	地区科学基金项目	联合基金项目	专项基金项目	国际（地区）合作交流项目	应急管理项目
丁小余	4						
林翠梧			3				
王慧中	3						
石京山	2		1				
郭顺星	3						
陈娟	2	1					
刘新民	2						
姚辉	2						
官玲亮	1	1					
张争	1	1					
张俊清			2				
徐艳红	1	1					
戚树源	1					1	
朱叶			2				
李标	2						
梁山	1						1
段俊	2						
王万军	2						
罗建平	2						
胡昌江	2						

（续）

学者	资助数量（项）						
	面上项目	青年科学基金项目	地区科学基金项目	联合基金项目	专项基金项目	国际（地区）合作交流项目	应急管理项目
谢毅强	1		1				
陈乃东	2						
陈素红	2						
陈连庆	2						
高志晖	1	1					
高江云	1			1			
魏小勇	1				1		
魏建和	2						

28 位学者中，有 5 位学者同时获得了面上项目和青年科学基金项目 2 类项目资助支持，有 2 位学者同时获得了面上项目和地区科学基金项目 2 类项目资助支持；有 14 位学者仅获得面上项目资助支持，且资助数量大多在 2 项及以上；有 3 位学者仅获得地区科学基金项目资助支持，且资助数量均为 2～3 项。其中，丁小余在面上项目获得的资助数量最多，为 4 项；林翠梧在地区科学基金项目获得的资助数量最多，为 3 项；各学者在其他类型基金项目中获得的资助数量的最大值均为 1 项。

3. 职称—项目类型分析

热带药用作物领域获得 NSFC 资助的学者职称主要分为正高级、副高级、中级和初级四类，不同级别职称的学者获得的项目资助在不同项目类型中的分布与优势不同，差异明显（表 3-168）。

表 3-168 热带药用作物领域学者职称—项目类型资助分布

职称	资助数量（项）						
	面上项目	青年科学基金项目	地区科学基金项目	联合基金项目	专项基金项目	国际（地区）合作交流项目	应急管理项目
正高级	65	2	24	2	1	1	
副高级	17	32	20				1
中级	1	39	2				
初级		1					

从职称来看，除应急管理项目外，具有正高级职称的学者在其他各类项目均获得资助支持，其中，面上项目获得的资助力度最大，数量为 65 项，其次为地区科学基金项目，均高于其他职称级别获得的资助力度；具有副高级职称的学者获得资助支持的类型主要是青年科学基金项目、地区科学基金项目和面上项目，获得资助数量均在 15 项以上；具有中级职称的学者获得资助支持的类型主要是青年科学基金项目，数量为 39 项，其次为地区科学基金项目和面上项目，数量分别为 2 项和 1 项；具有初级职称的学者仅在青年科学基金项目中获得 1 项资助支持。

从项目类型来看，面上项目、青年科学基金项目、地区科学基金项目在具有正高级、副高级、中级职称的学者中均有分布，但面上项目和地区科学基金项目主要分布在具有正高级、副高级的学者中，而青年科学基金项目主要资助对象为具有副高级和中级职称的学者。

（七）作物种类分析

1. 作物种类资助概况分析

热带药用作物领域获得 NSFC 资助项目的作物有石斛、白木香、益智、艾纳香、高良姜、余甘子、砂仁、罗望子、美丽崖豆藤、野菠萝十种，各种作物获得的资助数量和资助金额差距明显，如表 3-169 所示。其中，石斛领域获得的资助数量和资助金额均为最多，资助数量共计 118 项，资助金额累计 4 777 万元，占比均超过 56%，其是热带药用作物领域获得资助支持最多的作物；其次是白木香领域，资助数量为 29 项，资助金额为 995.5 万元，占比均在 12%以上，获得的资助力度相对较大；再次是益智、艾纳香、高良姜、余甘子、砂仁领域，资助数量和资助金额获得的支持力度较小，但占比均超过 1.6%。

表 3-169 热带药用作物领域作物种类资助数量、资助金额及占比

作物种类	资助数量（项）	资助数量占比（%）	资助金额（万元）	资助金额占比（%）
石斛	118	56.73	4 777	60.38
白木香	29	13.94	995.5	12.58
益智	25	12.02	865	10.93
艾纳香	12	5.77	383	4.84
高良姜	9	4.33	352	4.45
余甘子	6	2.88	229	2.89
砂仁	5	2.40	131	1.66
罗望子	2	0.96	122	1.54
美丽崖豆藤	1	0.48	34	0.43
野菠萝	1	0.48	23	0.29
总计	208	100.00	7 911.5	100.00

2. 作物种类资助时间变化分析

热带药用作物领域 NSFC 各种作物资助数量年度变化情况如图 3-99 所示。近年来，石斛、益智领域获得相对持续性的项目支持。其中，石斛领域最早于 2001 年获得项目资助，2003—2019 年获得连续性项目资助，在该阶段资助数量呈现波动增长态势，早期资助数量在 1～2 项变化，中期资助数量在 6～11 项变化，后期资助数量在 11～17 项变化，且于 2018 年达到最大值 17 项；白木香领域最早于 2000 年获得项目资助，且于 2009—2018 年获得连续性项目资助，在该阶段资助数量呈现小幅度波动增长态势，且于 2017 年达到最大项 6 项，2019 年无项目资助；益智领域于 2004 年首次获得项目资助，2013—2019 年获得连续性项目资助，在该阶段资助数量在 1～5 项小幅度波动，且于 2019 年达

到最大项 5 项；艾纳香领域最早于 2006 年获得项目资助，且 2016—2019 年获得连续性项目资助，且每年资助数量均为 1 项；高良姜领域最早于 2010—2016 年获得连续性项目资助，且每年资助数量均为 1 项，后续 2018 年获得 2 项资助；余甘子、砂仁、罗望子领域分别最早于 2011 年、2002 年、2016 年首次获得项目资助，在其他年份间断性获得项目资助，且资助数量大多在 1～2 项；美丽崖豆藤、野菠萝领域仅于 2017 年、2012 年各获得 1 项资助。

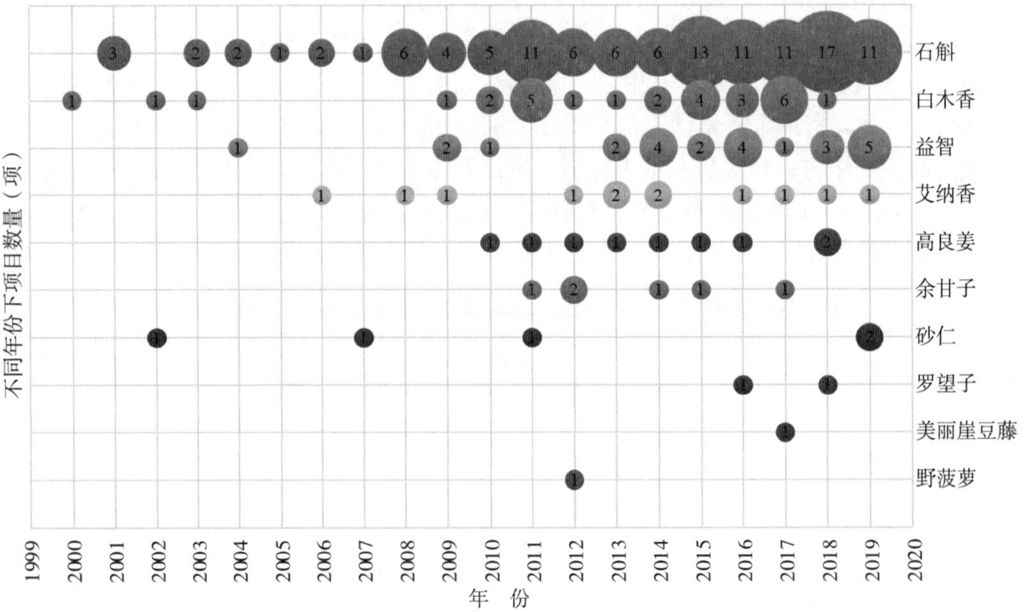

图 3-99 热带药用作物领域各种作物资助数量年度变化

3. 作物种类—项目类型分析

热带药用作物领域获得 NSFC 项目资助的 10 种作物在各类项目中的分布情况如表 3-170 所示，10 种作物共在 7 类项目中获得资助支持，10 种作物在不同项目类型的资助分布和资助优势差异明显。

表 3-170 热带药用作物领域作物种类—项目类型资助分布

项目类型	资助数量（项）									
	石斛	白木香	益智	艾纳香	高良姜	余甘子	砂仁	罗望子	美丽崖豆藤	野菠萝
面上项目	56	12	6	1	2	2	2	2		
青年科学基金项目	38	15	9	4	2	4	1			1
地区科学基金项目	20	1	10	7	5		2		1	
联合基金项目	2									
专项基金项目	1									
国际（地区）合作交流项目		1								
应急管理项目	1									

有 5 种作物同时获得了面上项目、青年科学基金项目和地区科学基金项目三类项目资助支持，其中，石斛领域在三类项目中的资助数量均排在首位，资助优势明显，白木香领域在面上项目、青年科学基金项目获得的资助数量较多，益智和艾纳香领域在地区科学基金项目获得的资助数量相对较多。石斛领域除在国际（地区）合作交流项目未获得项目资助外，在其余项目均获得资助；仅白木香领域获得国际（地区）合作交流项目资助。余甘子领域同时获得了面上项目和青年科学基金项目资助支持。罗望子、美丽崖豆藤、野菠萝领域分别仅获得面上项目、地区科学基金项目和青年科学基金项目资助支持。

4. 作物种类—学科分析

（1）作物种类——一级学科分析

热带药用作物领域获得 NSFC 项目资助的 10 种作物在各一级学科中的分布情况如表 3-171、图 3-100 所示，10 种作物在不同一级学科的资助分布和资助优势差异明显。

表 3-171　热带药用作物领域作物种类——一级学科资助分布

一级学科	资助数量（项）									
	石斛	白木香	益智	艾纳香	高良姜	余甘子	砂仁	罗望子	美丽崖豆藤	野菠萝
中药学	41	18	14	5	5	3	3		1	1
植物学	31	6		1	1	1				
林学与草地科学	7	3	1					1		
中西医结合	4		4		1		1			
园艺学与植物营养学	9									
化学生物学	3			3						
微生物学	5				1					
药理学	3		2		1					
药物学	3	1		1						
生态学	3			1						
中医学	1		2							
兽医学			1	1						
农学基础与作物学	2									
遗传学与生物信息学	2									
食品科学						1		1		
动物学							1			
化学工程与工业化学	1									
化学理论与机制	1									
合成化学		1								
康复医学			1							
植物保护学						1				
生物多样性保护领域	1									
自动化	1									

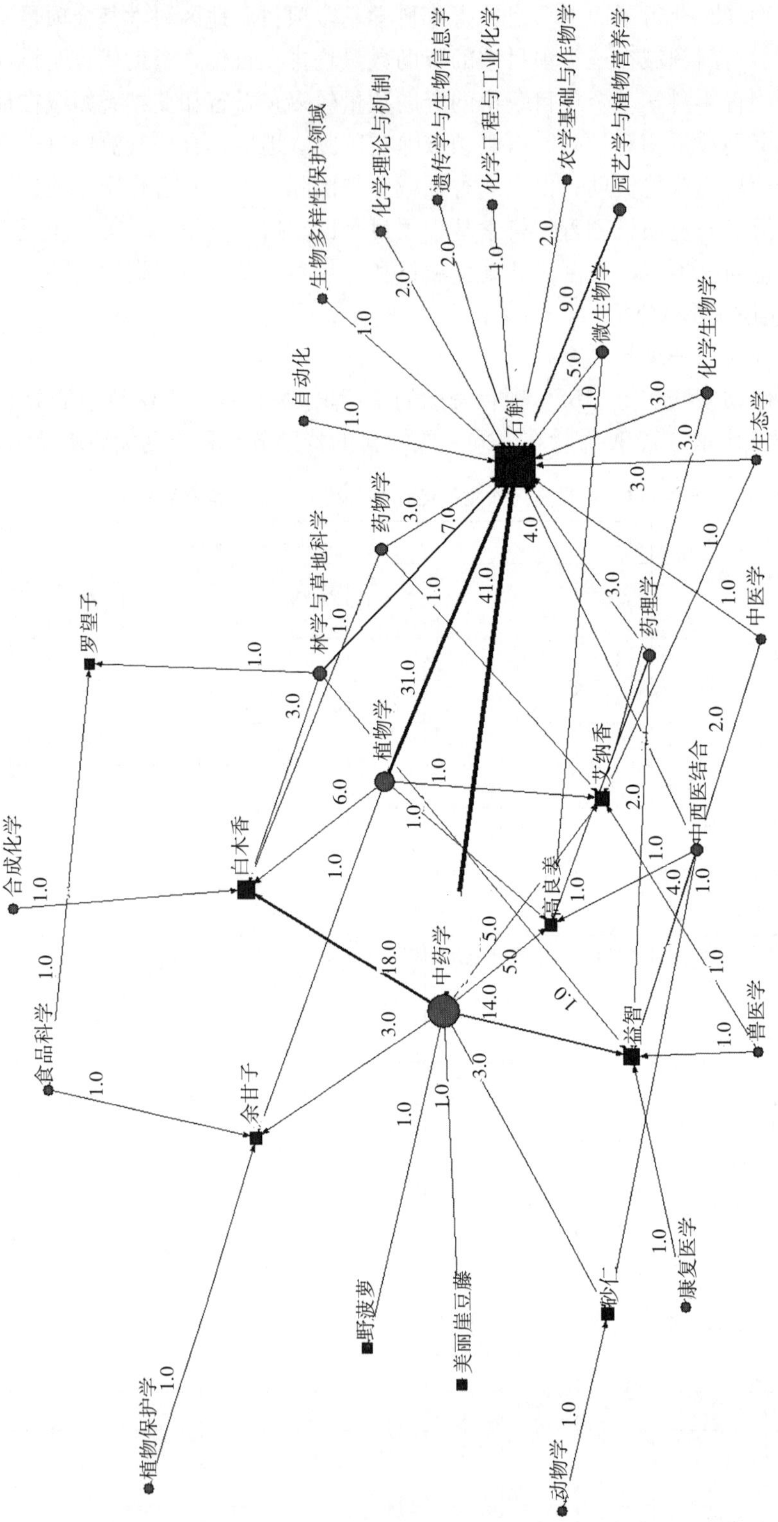

图3-100 热带药用作物领域作物种类——一级学科资助分布图

从学科层面看，有 9 种作物在中药学获得资助支持；有 5 种作物在植物学获得资助支持；有 4 种作物在林学与草地科学、中西医结合获得资助支持；有 3 种作物在药理学、药物学获得资助支持；有 2 种作物在化学生物学、微生物学、生态学、中医学、兽医学、食品科学获得资助支持；在其他一级学科均只有 1 种作物获得资助支持。从作物种类层面看，石斛领域获得资助支持的一级学科数量最多，为 17 个；其次是益智领域，获得资助支持的一级学科数量为 7 个；白木香、艾纳香、高良姜领域获得资助支持的一级学科只有 5～6 个。

对比发现，石斛领域除中医学外，其他一级学科获得的资助数量均最多；白木香领域在中药学学科获得的资助数量较多；益智领域在中药学获得的资助数量较多。

(2) 作物种类—二级学科分析

热带药用作物领域获得 NSFC 项目资助的 9 种作物在各二级学科（资助数量≥3）中的分布情况如表 3-172、图 3-101 所示，9 种作物在不同二级学科的资助分布和资助优势差异较大。

表 3-172 热带药用作物领域作物种类—二级学科资助分布（学科资助数量≥3 项）

二级学科	资助数量（项）								
	石斛	白木香	益智	艾纳香	高良姜	余甘子	砂仁	美丽崖豆藤	野菠萝
中药资源	18	10	2	4				1	
植物资源学	23	1		1	1	1			
中药药效物质	2	1	3		1		1		
观赏园艺学	8								
中药鉴定	5	2							
民族药学		1			2	2			1
中药心脑血管药理	4				1				
中药炮制			4				1		
植物生理学	2	3							
中药内分泌及代谢药理	4								
中药学其他科学问题	1	2	1						
中西医结合临床基础	2		2						
中西医结合基础理论	2		1		1				
分子探针	3			1					
园林学	4								
微生物多样性、分类与系统发育	3				1				
中医内科	1		2						
中药神经精神药理	1		2						
中药质量评价	2			1					
天然药物化学	2			1					
植物分类学	1	2							
植物进化生物学	3								
神经精神药物药理	2		1						

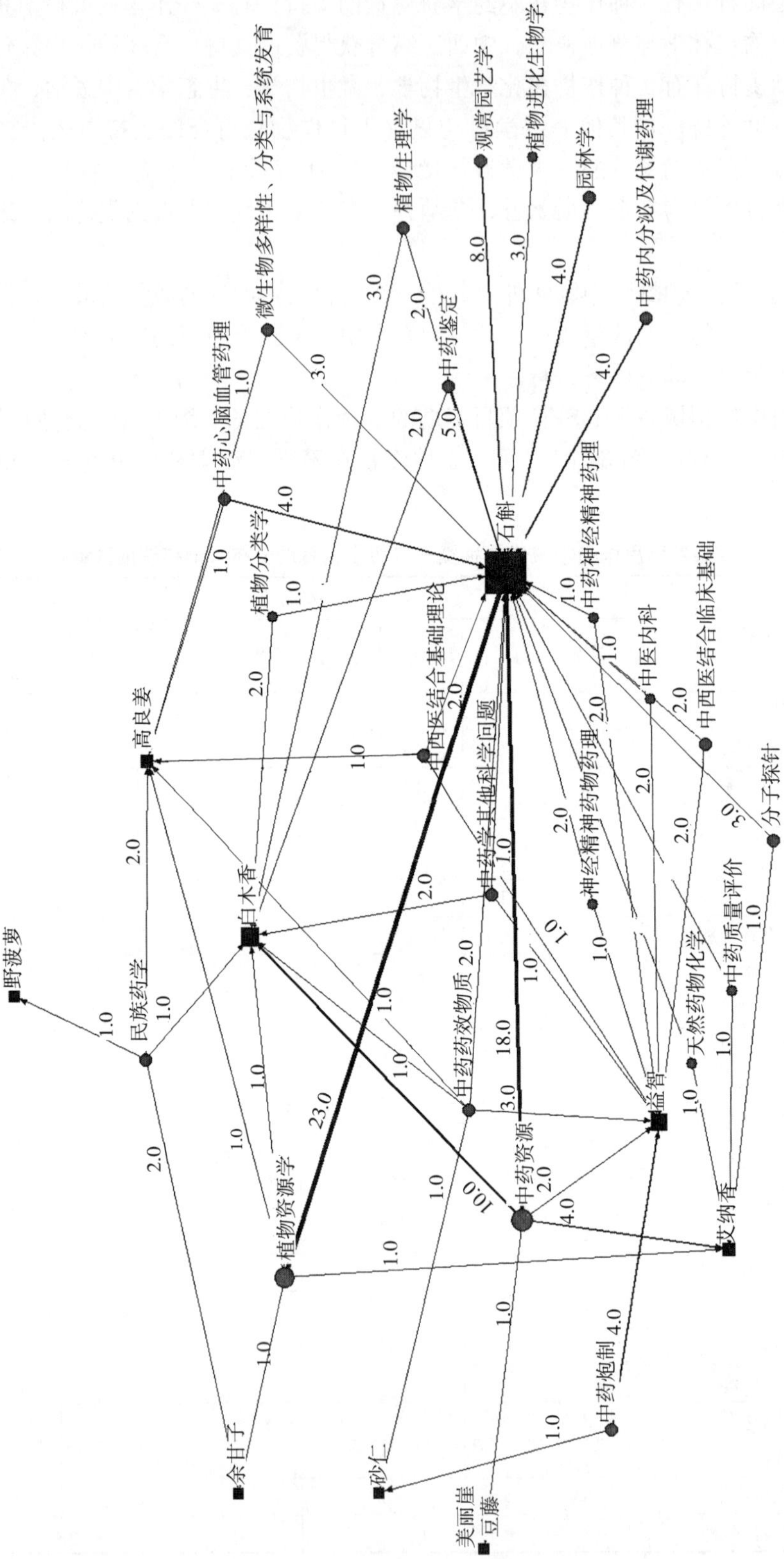

图3-101 热带药用作物领域作物种类—二级学科资助分布图（学科资助数量≥3项）

从学科层面看，分别有 5 种作物在中药资源、植物资源学、中药药效物质等学科获得资助支持；有 4 种作物在民族药学学科获得资助支持；有 3 种作物在中药学其他科学问题、中西医结合基础理论等学科获得资助支持；在其他二级学科均只有 1～2 种作物获得资助支持。从作物种类层面看，石斛领域获得资助支持的二级学科数量最多，为 21 个；其次是益智、白木香、高良姜、艾纳香领域，获得资助支持的学科分别为 9 个、8 个、6 个和 5 个；其他作物领域获得资助支持的学科均只有 1～2 个。

对比发现，石斛领域除中药药效物质、植物生理学、中药学其他科学问题、中医内科、中药神经精神药理、植物分类学等学科外，其他二级学科获得资助数量均最多；白木香领域在中药资源学科获得资助数量较多。

5. 地区—作物种类分析

热带药用作物领域获得 NSFC 项目资助的 20 个地区在 10 个作物领域中的分布情况如表 3-173 所示，各地区在不同作物领域的资助分布和资助优势差异明显，北京市、海南省在多个作物领域获得的资助数量均排在前列。有 15 个地区在石斛领域获得资助支持，其中，北京市的资助数量最多，其次是浙江省、广东省、云南省、贵州省、江苏省、安徽省等；有 8 个地区在益智领域获得资助支持，其中，海南省的资助数量最多，其次是北京市、四川省；有 6 个地区在高良姜领域获得资助支持，其中，海南省的资助数量最多；有 5 个地区在白木香领域获得资助支持，其中，北京市的资助数量最多，其次是广东省；有 4 个地区在余甘子领域获得资助支持，其中，广东省的资助数量最多；有 3 个地区在艾纳香、砂仁领域获得资助，其中，海南省在艾纳香领域获得的资助数量最多，广东省在砂仁领域获得的资助数量最多；其他领域只有 1～2 个地区获得资助支持。

表 3-173　热带药用作物领域各地区—作物种类资助分布

地区	资助数量（项）									
	石斛	白木香	益智	艾纳香	高良姜	余甘子	砂仁	罗望子	美丽崖豆藤	野菠萝
北京市	22	19	3			1		1		1
广东省	15	7	2		2	3	3			
海南省	3	1	13	6	3					
浙江省	16		1							
云南省	13	1					1			
贵州省	11	1	1	2						
江苏省	10									
安徽省	9									
四川省	5		3							
广西壮族自治区	2			4	1				1	
上海市	4							1		
江西省	1					1	1			
湖北省	2				1					

（续）

地区	资助数量（项）									
	石斛	白木香	益智	艾纳香	高良姜	余甘子	砂仁	罗望子	美丽崖豆藤	野菠萝
福建省	3									
吉林省	2									
新疆维吾尔自治区					1					
河南省			1							
湖南省					1					
辽宁省			1							
陕西省						1				

6. 机构—作物种类分析

热带药用作物领域获得 NSFC 项目资助数量 2 项以上的 36 家机构在 10 个作物领域中的分布情况如表 3-174 所示，各机构在不同作物领域的资助分布和资助优势差异明显，中国医学科学院在多个作物领域获得的资助数量均排在前列。

有 27 家机构在石斛领域获得资助支持，其中，中国医学科学院获得的资助数量最多，其次是中国科学院、遵义医学院；有 7 家机构在白木香、益智领域获得资助支持，其中，中国医学科学院在白木香领域获得的资助数量最多，海南医学院在益智领域获得的资助数量最多；有 4 家机构在艾纳香领域获得资助支持，其中，中国热带农业科学院在艾纳香领域获得的资助数量最多；有 3 家机构在高良姜、砂仁领域获得的资助支持，其中，海南医学院在高良姜领域获得的资助数量最多，中山大学在砂仁领域获得的资助数量最多；其余作物领域均只有 1～2 家机构获得项目资助。

表 3-174 热带药用作物领域各机构—作物种类资助分布（机构资助数量≥2 项）

机构	资助数量（项）									
	石斛	白木香	益智	艾纳香	高良姜	余甘子	砂仁	罗望子	美丽崖豆藤	野菠萝
中国医学科学院	14	14	3							1
中国科学院	12	3								
海南医学院			11		3					
中国热带农业科学院	1	1	1	6						
遵义医学院	8									
北京中医药大学		5				1				
南京师范大学	6									
广州中医药大学	5						1			
合肥工业大学	5									
上海中医药大学	4									
云南大学	4									

（续）

机构	资助数量（项）									
	石斛	白木香	益智	艾纳香	高良姜	余甘子	砂仁	罗望子	美丽崖豆藤	野菠萝
华南师范大学	3				1					
杭州师范大学	4									
浙江农林大学	4									
浙江工业大学	4									
云南农业大学	3									
北京林业大学	2							1		
广东省科学院		3								
广西大学				3						
成都中医药大学			3							
海南大学	2		1							
福建中医药大学	3									
中国林业科学研究院	2									
中山大学							2			
云南师范大学	2									
广东省农业科学院	2									
广东药科大学		1	1							
广西中医药大学	1				1					
广西壮族自治区药用植物园				1					1	
暨南大学			1			1				
江西中医药大学	1						1			
浙江中医药大学	2									
皖西学院	2									
西南交通大学	2									
贵州大学	1			1						
贵阳中医学院	1	1								

（八）主题分析

1. 重点主题词分析

基于人工和自然语言处理技术，将热带药用作物领域 NSFC 所有资助项目的标题、关键词等进行分词、合并与规范化处理，共获取 537 个主题词。通过对主题词资助项目数及其占比进行统计分析发现（表 3-175），机理、多糖、作用机制、生物碱、信号通路、分子机理、菌根真菌等是出现频率较高的主题词，资助数量均在 10 项及以上，占比均在 4.81％及以上；活性成分、调控机理、构效关系、药用植物、分子标记、基因、糖尿病肾病等的资助数量均在 5 项及以上，占比均在 2.40％及以上。可见，热带药用作物领域 NSFC 所有资助项目的研究主要集中在活性成分和药用机制领域。

表 3-175　热带药用作物领域高频主题词资助概况

主题词	资助数量（项）	资助数量占比（%）	主题词	资助数量（项）	资助数量占比（%）
机理	19	9.13	生物合成	5	2.40
多糖	16	7.69	结构	5	2.40
作用机制	15	7.21	2-苯乙基色酮	4	1.92
生物碱	11	5.29	miRNA	4	1.92
信号通路	10	4.81	倍半萜	4	1.92
分子机理	10	4.81	内生真菌	4	1.92
菌根真菌	10	4.81	内生菌	4	1.92
活性成分	9	4.33	发育	4	1.92
调控机理	8	3.85	抗肿瘤	4	1.92
构效关系	7	3.37	改善	4	1.92
药用植物	7	3.37	真菌	4	1.92
分子标记	6	2.88	转录因子	4	1.92
基因	6	2.88	遗传学	4	1.92
糖尿病肾病	6	2.88	鉴定方法	4	1.92
合成	5	2.40	高良姜素	4	1.92
多样性	5	2.40			

2. 研究重点分析

利用从热带药用作物领域NSFC所有资助项目中获取的536个主题词构建主题词共现矩阵，将矩阵导入VOSviewer中绘制主题词共现网络图，通过参数调整实现自动聚类。热带药用作物领域NSFC资助项目的研究主要分为三个主题领域，分别为功能成分的合成与作用机制研究（红色）、活性成分及其构效关系研究（绿色）、种植与种质资源研究（黄色）。其中，在功能成分的合成与作用机制研究领域获得的资助支持最多，其次是种植与种质资源研究领域，再次是活性成分及其构效关系研究领域（彩图3-9）。

（1）功能成分的合成与作用机制研究领域

该领域包含的核心主题词有机理、多糖、作用机制、生物碱、信号通路、分子机理等，主要研究运用化学、现代药理学和分子生物学技术，确定热带药用植物的活性成分，对活性成分的合成机制与分子作用机制过程进行研究。

（2）活性成分及其构效关系研究领域

该领域包含的核心主题词有活性成分、构效关系、药用植物、结构、内生真菌、内生菌、抗肿瘤等，主要研究从热带药用作物活性部位分离的活性化合物，并进行结构修饰或合成系列化合物，也开展活性筛选及构效关系、作用机理研究。

（3）种植与种质资源研究领域

该领域包含的核心主题词有菌根真菌、调控机理、分子标记、基因、多样性、生物合成等，主要开展热带药用作物的生长种植研究与种质遗传资源研究。

3. 研究趋势分析

热带药用作物领域NSFC各主题领域资助数量年度变化情况如图3-102所示。热带药用作物领域在种植与种质资源研究领域最早获得资助支持，且三个主题领域均获得了相对持续的项目支持。种植与种质资源研究领域和功能成分的合成与作用机制研究领域自2006年开始持续受到项目资助。其中，种植与种质资源研究领域最早于2000年首次获得项目资助，在连续受资助时期，早期每年数量维持在1～3项小幅度波动，于2011年达到了最大值10项，随后回落，并有小幅度波动；功能成分的合成与作用机制研究领域最早于2004年首次获得项目资助，在连续受资助时期，早期每年数量维持在1～3项小幅度波动，于2013年开始上升，并于2018年达到了最大值19项，2019年略有回落。活性成分及其构效关系研究领域最早于2001年首次获得项目资助，自2007年开始持续受到项目资助，在连续受资助时期，早期每年数量维持在1～3项小幅度波动，于2012年达到了最大值8项，随后回落，后续每年数量维持在4～7项。

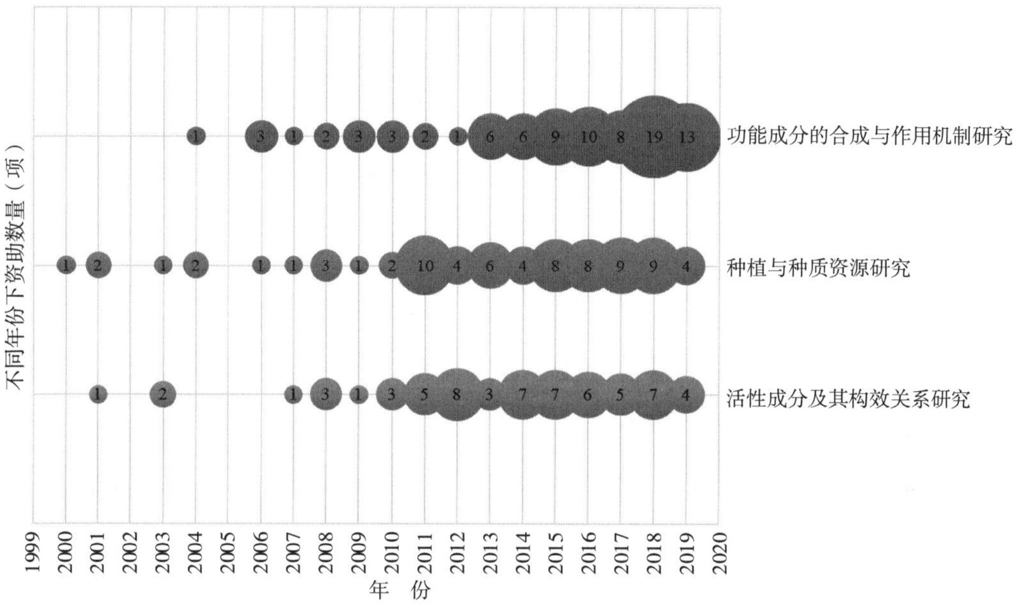

图3-102　热带药用作物领域各主题领域资助数量年度分布

4. 研究重点项目类型分析

热带药用作物领域获得NSFC项目资助的3个主题领域在各类项目的分布情况如表3-176所示。3个主题领域共在6类项目中获得资助支持，各主题领域在不同项目类型的资助分布和资助优势差异明显。

表3-176　热带药用作物领域各主题领域—项目类型资助分布

主题	资助数量（项）					
	面上项目	青年科学基金项目	地区科学基金项目	联合基金项目	专项资金项目	应急管理项目
功能成分的合成与作用机制研究	28	29	29	1		
种植与种质资源研究	38	14	12	1		1
活性成分及其构效关系研究	27	22	13		1	

3个主题领域均同时获得了面上项目、青年科学基金项目、地区科学基金项目三类项目支持，其中，种植与种质资源研究领域在面上项目获得的资助支持最多，功能成分的合成与作用机制研究领域在青年科学基金项目和地区科学基金项目获得的资助支持最多，活性成分及其构效关系研究领域在三类项目的支持力度上略低于其余两个主题，但整体支持力度也较大。功能成分的合成与作用机制研究领域和种植与种质资源研究领域两大主题领域均获得1项联合基金项目资助支持，仅活性成分及其构效关系研究领域获得1项专项基金项目资助支持，仅种植与种质资源研究领域获得1项应急管理项目资助支持。

5. 地区研究重点分析

热带药用作物领域获得NSFC项目资助的19个地区在3个主题领域的分布情况如表3-177所示，各地区在不同主题领域的资助分布和资助优势差异明显，北京市、广东省和海南省在3个主题领域获得的资助数量优势较为明显。

表3-177 热带药用作物领域各地区—主题领域资助分布

地区	资助数量（项）		
	功能成分的合成与作用机制研究	种植与种质资源研究	活性成分及其构效关系研究
北京市	14	26	11
广东省	8	10	11
海南省	18	10	3
浙江省	11	7	3
云南省	3	7	5
贵州省	10	3	5
江苏省	3	6	4
安徽省	6		5
四川省	3	3	3
广西壮族自治区	3	2	4
上海市	2	1	2
江西省	1		1
湖北省	1	1	2
福建省	1		1
吉林省	1		
新疆维吾尔自治区			1
河南省	1		
湖南省	1		1
辽宁省			1

有17个地区在功能成分的合成与作用机制研究领域获得资助支持，其中，海南省获得的资助数量最多，其次是北京市；有11个地区在种植与种质资源研究领域获得资助支持，其中，北京市获得的资助数量最多，其次是广东省、海南省；有17个地区在活性成

分及其构效关系研究领域获得资助支持，其中，北京市和广东省获得的资助数量最多，其次是云南省、贵州省和安徽省。

6. 机构研究重点分析

热带药用作物领域获得 NSFC 项目资助的 35 家机构（资助数量≥2 项）在 3 个主题领域的分布情况如表 3-178 所示，各机构在不同主题领域的资助分布和资助优势差异明显，中国医学科学院、中国科学院和海南医学院的资助数量优势明显。

表 3-178 热带药用作物领域各机构—主题领域资助分布（机构资助数量≥2 项）

机构	资助数量（项）		
	功能成分的合成与作用机制研究	种植与种质资源研究	活性成分及其构效关系研究
中国医学科学院	11	20	8
中国科学院	4	10	2
海南医学院	14	1	2
中国热带农业科学院	3	7	1
遵义医学院	7	1	2
北京中医药大学	2	3	2
南京师范大学	1	5	1
广州中医药大学			4
合肥工业大学	5		3
上海中医药大学	1	1	2
云南大学		3	1
华南师范大学		2	1
杭州师范大学	1	4	
浙江农林大学	2	2	1
浙江工业大学	3		1
云南农业大学	2	2	
北京林业大学	1		1
广东省科学院		1	2
广西大学	3		1
成都中医药大学	2		
海南大学	1	2	
福建中医药大学	1		1
中国林业科学研究院		1	
中山大学	1		
云南师范大学			2
广东省农业科学院	2	1	1
广东药科大学	1		1

（续）

机构	资助数量（项）		
	功能成分的合成与作用机制研究	种植与种质资源研究	活性成分及其构效关系研究
广西中医药大学			2
广西壮族自治区药用植物园		1	1
江西中医药大学	1		
浙江中医药大学	2	1	1
皖西学院			2
西南交通大学		2	
贵州大学	1	1	1
贵阳中医学院		1	1

有 24 家机构在功能成分的合成与作用机制研究领域获得资助支持，其中，海南医学院获得的资助数量最多，其次是中国医学科学院；有 22 家机构在种植与种质资源研究领域获得资助支持，其中，中国医学科学院获得的资助数量最多，其次是中国科学院；有 27 家机构在活性成分及其构效关系研究领域获得资助支持，其中，中国医学科学院获得的资助数量最多。

（九）总结

热带药用作物领域 NSFC 项目资助数量和金额历年来的变化趋势保持高度一致，经历了早期小幅波动式增长、中期大幅波动增长、后期逐渐平稳或回落的变化趋势；资助项目共分布在 7 类项目中，面上项目、青年科学基金项目、地区科学基金项目是主要项目类型。资助项目以医学科学部中的中药学学科为主，涵盖了中药资源、中药药效物质、中药鉴定等二级学科，学科优势显著突出。热带药用作物除具有药用属性外，在食品、日化品、健康饲料等领域应用广泛。热带药用作物领域 NSFC 项目的研究分为功能成分的合成与作用机制研究、活性成分及其构效关系研究、种植与种质资源研究三个主题领域；长期以来，相关项目涉及的主题领域相对稳定，三个主题差别不大。

十、剑麻

（一）概况分析

2000—2019 年剑麻领域 NSFC 的资助数量共计 14 项，资助金额累计 529 万元。从年度分布来看（图 3-103），2000—2019 年剑麻领域 NSFC 资助数量和资助金额的变化趋势基本一致，总体均呈逐年波动发展的趋势。2007 年首次获得 1 项资助，2012—2015 年每年资助数量增长到 2 项，2016—2018 年又回落到每年 1 项；资助金额呈现波动变化趋势，近年来呈现下降趋势，整体相比于 2007—2009 年有所提升，在 2013 年达到资助金额的最大值。

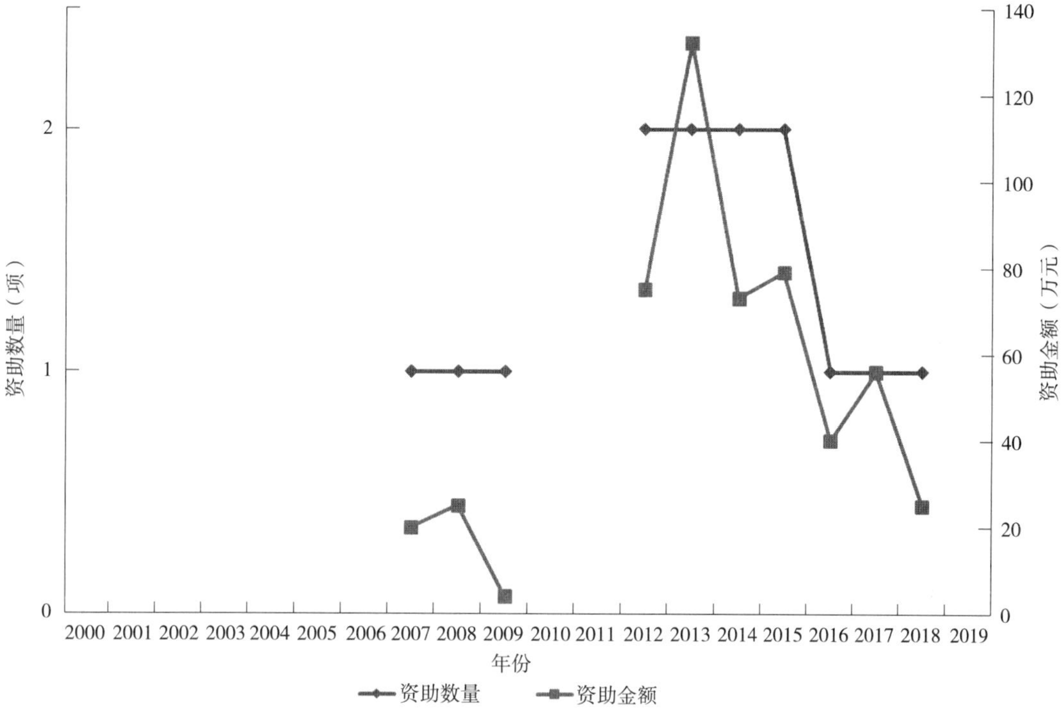

图 3-103 剑麻领域资助数量及资助金额年度变化

（二）项目类型

1. 项目类型资助概况分析

剑麻领域 NSFC 所有资助项目共分布在地区科学基金项目、青年科学基金项目、面上项目、国际（地区）合作交流项目 4 类项目中（表 3-179），项目类型分布集中。其中，资助数量最多的项目是地区科学基金项目，资助数量共计 8 项，占比 57.14%；面上项目和青年科学基金项目的资助数量相当，分别为 2 项和 3 项。资助金额最多的项目也是地区科学基金项目，资助金额累计 312 万元，占比 58.98%；面上项目的资助金额与地区科学基金项目差距相对较少，资助金额累计 138 万元，占比 26.09%。国际（地区）合作交流项目资助数量为 1 项，资助金额远远低于前三类项目，占比仅 2.65%。

表 3-179 剑麻领域各类项目资助数量、资助金额概况

年份	地区科学基金项目		青年科学基金项目		面上项目		国际（地区）合作交流项目		合计	
	资助数量（项）	资助金额（万元）	资助数量（项）	资助金额（万元）	资助数量（项）	资助金额（万元）	资助数量（项）	资助金额（万元）	资助数量（项）	资助金额（万元）
2000									0	0
2001									0	0
2002									0	0
2003									0	0
2004									0	0

（续）

年份	地区科学基金项目		青年科学基金项目		面上项目		国际（地区）合作交流项目		合计	
	资助数量（项）	资助金额（万元）	资助数量（项）	资助金额（万元）	资助数量（项）	资助金额（万元）	资助数量（项）	资助金额（万元）	资助数量（项）	资助金额（万元）
2005									0	0
2006									0	0
2007	1	20							1	20
2008	1	25							1	25
2009							1	4	1	4
2010									0	0
2011									0	0
2012	1	50	1	25					2	75
2013	1	50			1	82			2	132
2014	1	48	1	25					2	73
2015	2	79							2	79
2016	1	40							1	40
2017					1	56			1	56
2018			1	25					1	25
2019									0	0
总计	8	312	3	75	2	138	1	4	14	529

2. 项目类型资助时间变化分析

剑麻领域 NSFC 各类项目资助数量年度变化情况如图 3-104 所示。近年来，剑麻领域

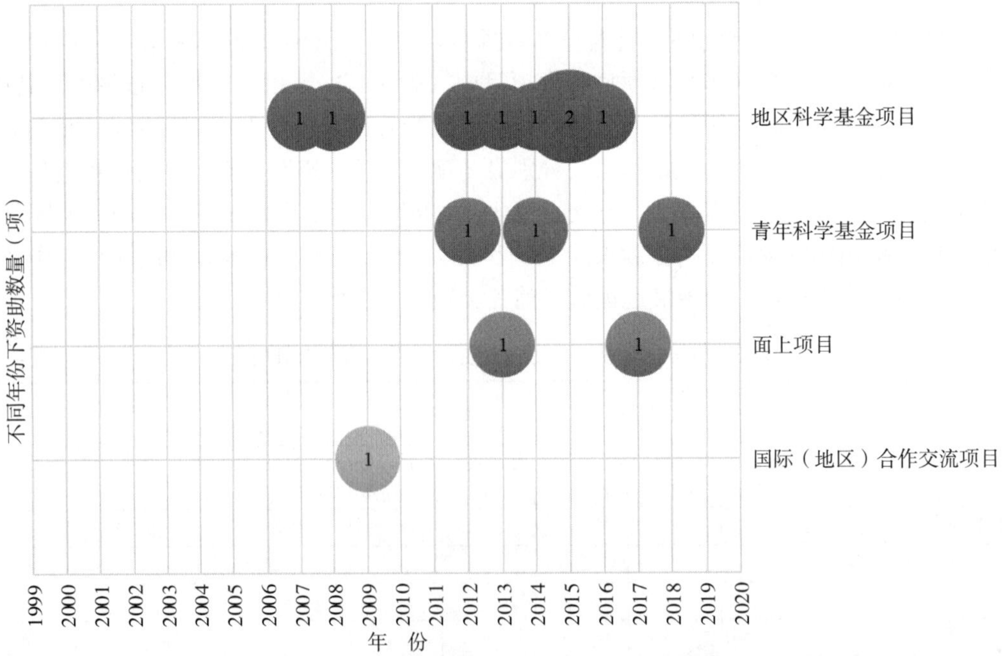

图 3-104　剑麻领域各类项目资助数量年度变化

在四类项目中均没有获得持续性的项目支持。其中，剑麻领域在地区科学基金项目最早于2007—2008年连续获得项目资助，后续2012—2016年连续获得项目资助，2015年资助数量从1项增加至2项，2016年回落至1项；在青年科学基金项目最早于2012年获得项目资助，后续于2014年、2018年分别获得1项资助；在面上项目分别于2013年、2017年获得1项资助；在国际（地区）合作交流项目，仅2009年获得1项资助。

（三）学科分析

剑麻领域NSFC所有资助项目共分布在3个科学部、7个一级学科、9个二级学科。

1. 科学部分析

（1）科学部资助概况分析

剑麻领域NSFC所有资助项目在各科学部的资助概况如表3-180所示。其中，在工程与材料科学部获得的资助数量和资助金额均为最多，资助数量共计7项，资助金额累计226万元，该科学部是剑麻领域申请NSFC的主要科学部；其次是生命科学部和化学科学部，资助数量和资助金额相对较少，资助数量在3～4项，资助金额在115万～188万元。

表3-180 剑麻领域各科学部资助数量、资助金额及占比

科学部	资助数量（项）	资助数量占比（%）	资助金额（万元）	资助金额占比（%）
工程与材料科学部	7	50.00	226	42.72
生命科学部	4	28.57	188	35.54
化学科学部	3	21.43	115	21.74
总计	14	100.00	529	100.00

（2）科学部资助时间变化分析

剑麻领域NSFC各科学部资助数量年度变化情况如图3-105所示。近年来，剑麻领域在各科学部均未获得持续性的项目支持。在工程与材料科学部最早于2007—2009年连续获得项目资助，后续2013—2015年获得连续项目资助，且在2015年达到资助项目数量的最大值2项；在生命科学部，分别于2013—2014年和2017—2018年每年获得1项资助支持；在化学科学部分别于2012年、2016年各获得2项和1项资助。

2. 一级学科分析

（1）一级学科资助概况分析

剑麻领域NSFC所有资助项目在各一级学科的资助概况如表3-181所示。资助数量最多的是有机高分子材料，资助金额最多的是农学基础与作物学，有机高分子材料的资助金额和农学基础与作物学的资助金额相差不大，两者资助数量与资助金额总占比分别为57.14%与61.24%，两者是剑麻领域获得NSFC支持力度最大的一级学科。此外，材料化学与能源化学的资助数量为2项，资助金额为90万元，获得NSFC支持力度也相对较大；其他学科的资助数量为1项，获得的资助金额在25万～40万元，获得的NSFC支持力度相对较小。

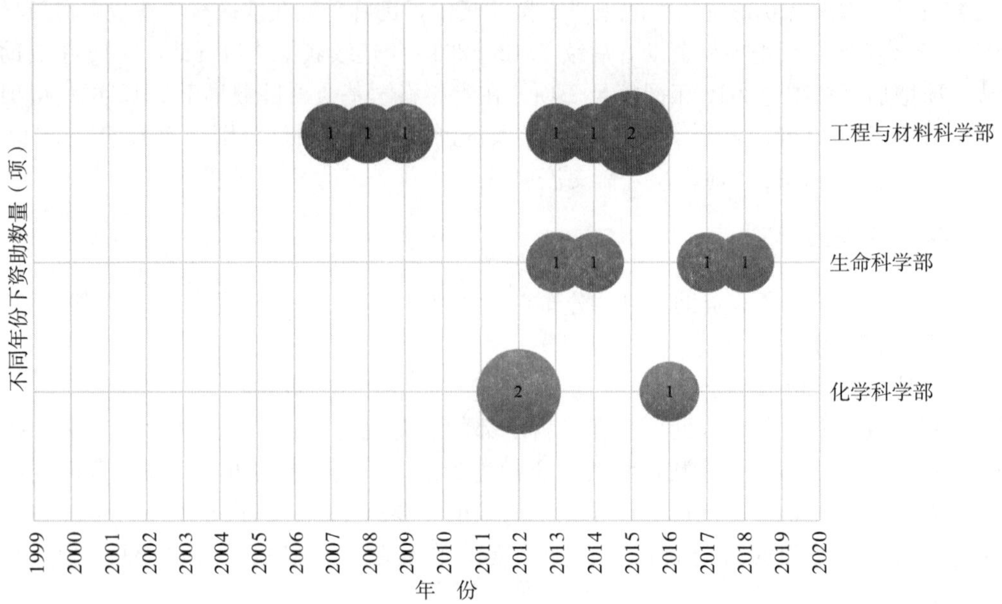

图 3-105 剑麻领域各科学部资助数量年度变化

表 3-181 剑麻领域各一级学科资助数量、资助金额及占比

一级学科	资助数量（项）	资助数量占比（%）	资助金额（万元）	资助金额占比（%）
有机高分子材料	5	35.71	161	30.43
农学基础与作物学	3	21.43	163	30.81
材料化学与能源化学	2	14.29	90	17.01
冶金与矿业	1	7.14	40	7.56
化学理论与机制	1	7.14	25	4.73
建筑环境与结构工程	1	7.14	25	4.73
植物保护学	1	7.14	25	4.73
总计	14	100.00	529	100.00

（2）一级学科资助时间变化分析

剑麻领域 NSFC 各一级学科资助数量年度变化情况如图 3-106 所示。近年来，剑麻领域在各一级学科均未获得持续性的项目支持。剑麻领域在有机高分子材料最早于 2007 年获得项目资助，后续于 2009 年和 2013—2015 年每年获得 1 项资助；在农学基础与作物学，分别于 2013—2014 年、2017 年每年获得 1 项资助；在材料化学与能源化学，分别于 2012 年、2016 年各获得 1 项资助；在冶金与矿业、化学理论与机制、建筑环境与结构工程、植物保护学分别于 2015 年、2012 年、2008 年和 2018 年各获得 1 项资助。

3. 二级学科分析

（1）二级学科资助概况分析

剑麻领域 NSFC 所有资助项目在各二级学科的资助概况如表 3-182 所示。资助数量和资助金额均排在首位的是作物遗传育种学，资助数量为 3 项，资助金额为 163 万元，资助

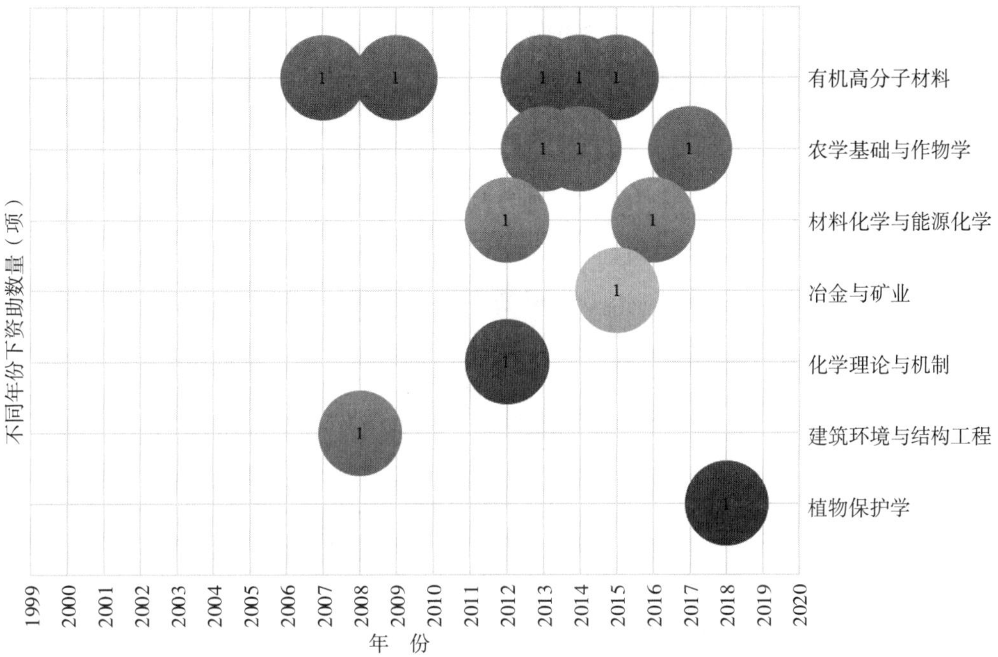

图 3-106 剑麻领域各一级学科资助数量年度变化

数量和资助金额占比均超过 21%，其是剑麻领域获得 NSFC 支持力度最大的二级学科；其次是有机高分子结构材料化学、智能与仿生材料，资助数量均为 2 项，资助金额分别为 90 万元和 59 万元，资助数量和资助金额占比均超过 11%；其他二级学科的资助数量均为 1 项，获得的 NSFC 支持力度相对较小。

表 3-182 剑麻领域各二级学科资助数量、资助金额及占比

二级学科	资助数量（项）	资助数量占比（%）	资助金额（万元）	资助金额占比（%）
作物遗传育种学	3	21.43	163	30.81
智能与仿生材料	2	14.29	59	11.15
有机高分子结构材料化学	2	14.29	90	17.01
冶金物理化学与冶金原理	1	7.14	40	7.56
植物病理学	1	7.14	25	4.73
生物医用高分子材料	1	7.14	50	9.45
道路与轨道工程	1	7.14	25	4.73
高分子材料与环境	1	7.14	48	9.07
高分子物理与高分子物理化学	1	7.14	25	4.73
未分类	1	7.14	4	0.76
总计	14	100.00	529	100.00

（2）二级学科资助时间变化分析

剑麻领域 NSFC 各二级学科资助数量年度变化情况如图 3-107 所示。近年来，剑麻领域在二级学科均没有获得持续性的项目支持。其中，剑麻领域在作物遗传育种学最早于2013年获得项目资助，2014年、2017年各获得1项资助；在智能与仿生材料最早于2007年获得项目资助，2015年再次获得1项资助；在有机高分子结构材料化学最早于2012年获得项目资助，2016年再次获取项目资助；在冶金物理化学与冶金原理、植物病理学、生物医用高分子材料、道路与轨道交通、高分子材料与环境、高分子物理与高分子物理化学仅分别于2015年、2018年、2013年、2008年、2014年、2012年各获得1项资助。

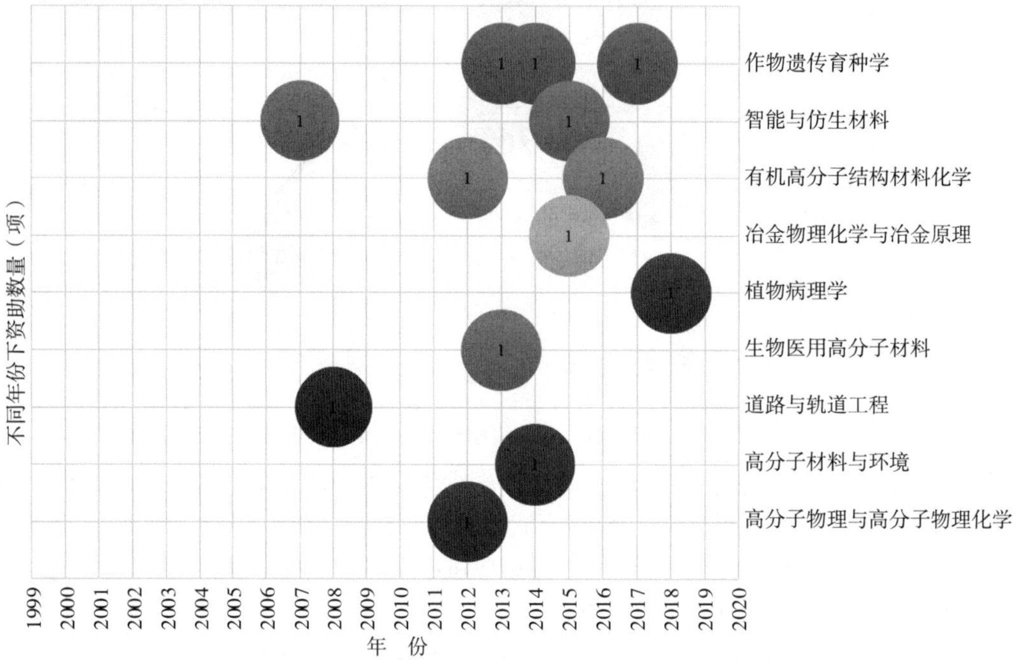

图 3-107 剑麻领域各二级学科资助数量年度变化

（四）地区分析

1. 地区资助概况分析

剑麻领域获得 NSFC 项目资助的省、自治区、直辖市共计3个（表3-183）。其中，广西壮族自治区的资助数量和资助金额分别为10项和341万元，占比分别为71.43%和64.46%，均远远高于其他地区；其次是海南省，资助数量为2项，与广东省数量相同，但是海南省的资助金额为138万元，获得的资助力度相对较大。

表 3-183 剑麻领域各地区资助数量、资助金额及占比

地区	资助数量（项）	资助数量占比（%）	资助金额（万元）	资助金额占比（%）
广西壮族自治区	10	71.43	341	64.46
广东省	2	14.29	50	9.45
海南省	2	14.29	138	26.09
总计	14	100.00	529	100.00

2. 地区资助时间变化

剑麻领域 NSFC 各地区资助数量年度变化情况如图 3-108 所示。广西壮族自治区最早于 2007 年获得连续性项目资助，2007—2016 年（除 2010 年和 2011 年外）的年资助数量在 1～2 项小幅度波动变化；广东省于 2014 年首次获得项目资助，后续 2018 年再次获得 1 项资助；海南省最早于 2013 年获得 1 项资助，后续 2017 年再次获得 1 项资助。

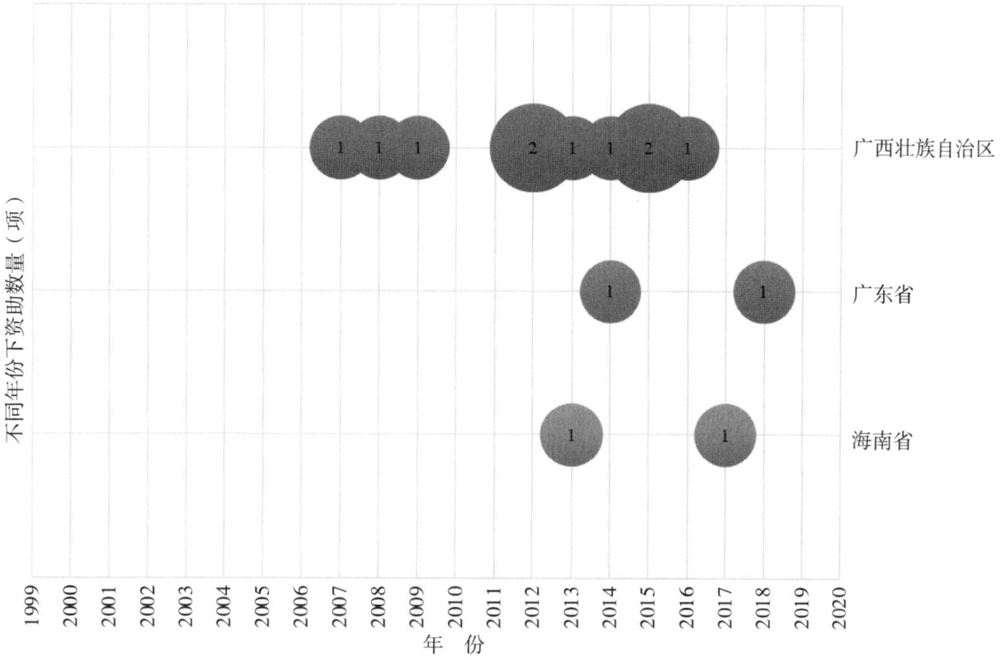

图 3-108 剑麻领域各地区资助数量年度变化

3. 地区—项目类型分析

剑麻领域获得 NSFC 项目资助的 3 个地区在各类项目中的分布情况如表 3-184 所示。广西壮族自治区同时获得了地区科学基金项目、青年科学基金项目、国际（地区）合作交流项目三类项目资助支持。其中，广西壮族自治区在地区科学基金项目的资助数量最多；广东省在青年科学基金项目的资助数量最多；仅海南省获得 2 项面上项目资助。

表 3-184 剑麻领域地区—项目类型资助分布

地区	资助数量（项）			
	地区科学基金项目	青年科学基金项目	面上项目	国际（地区）合作交流项目
广西壮族自治区	8	1		1
广东省		2		
海南省			2	

（五）机构分析

1. 机构资助概况分析

剑麻领域获得 NSFC 资助项目的机构共计 2 家，包含 1 家高校、1 家科研院所，如表

3-185 所示。桂林理工大学获得的资助数量和资助金额均排在首位，资助数量共计 10 项，资助金额累计 341 万元，占比均在 64%以上；中国热带农业科学院的资助数量为 4 项，资助金额为 188 万元，资助数量和资助金额占比均在 28%以上。

表 3-185　剑麻领域各机构资助数量、资助金额及占比

机构	资助数量（项）	资助数量占比（%）	资助金额（万元）	资助金额占比（%）
桂林理工大学	10	71.43	341	64.46
中国热带农业科学院	4	28.57	188	35.54
总计	14	100.00	529	100.00

2. 机构资助时间变化分析

剑麻领域 NSFC 各机构资助数量年度变化情况如图 3-109 所示。桂林理工大学最早于 2007 年首次获得项目资助，2007—2009 年连续获得项目资助，2012—2016 年相比于 2007—2009 年获得的项目资助略有上升，资助数量在 1～2 项波动；中国热带农业科学院仅在 2013—2014 年和 2017—2018 年获得项目资助，且每年资助数量为 1 项。

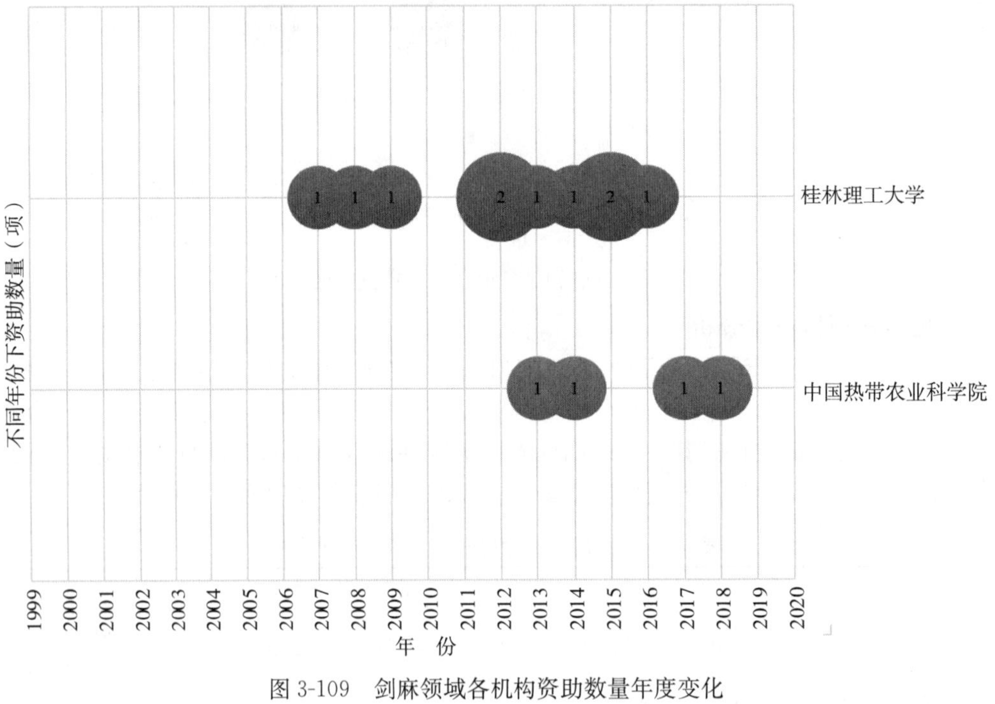

图 3-109　剑麻领域各机构资助数量年度变化

3. 机构—项目类型分析

剑麻领域获得 NSFC 项目资助的 2 家机构在各类项目中的分布情况如表 3-186 所示。桂林理工大学同时获得了地区科学基金项目、青年科学基金项目和国际（地区）合作交流项目三类项目资助支持；中国热带农业科学院同时获得了青年科学基金项目和面上项目两类项目资助支持。其中，桂林理工大学在地区科学基金项目上获得的项目数量最多，中国热带农业科学院在青年科学基金项目和面上项目上获得的项目数量最多。

表 3-186 剑麻领域机构—项目类型资助分布

机构	资助数量（项）			
	地区科学基金项目	青年科学基金项目	面上项目	国际（地区）合作交流项目
桂林理工大学	8	1		1
中国热带农业科学院		2	2	

4. 机构—学科分析

（1）机构——一级学科分析

剑麻领域获得 NSFC 项目资助的机构在各一级学科中的分布情况如表 3-187、图 3-110 所示，各机构在不同一级学科的资助分布和资助优势差异明显。桂林理工大学在有机高分子材料、材料化学与能源化学、冶金与矿业、化学理论与机制、建筑环境与结构工程等学科有项目资助，且在有机高分子材料学科获得的项目资助数量较多；中国热带农业科学院在农学基础与作物学、植物保护学有项目资助，且在农学基础与作物学学科获得的项目资助数量较多。

表 3-187 剑麻领域机构——级学科资助分布

机构	资助数量（项）						
	有机高分子材料	农学基础与作物学	材料化学与能源化学	冶金与矿业	化学理论与机制	建筑环境与结构工程	植物保护学
桂林理工大学	5		2	1	1	1	
中国热带农业科学院		3					1

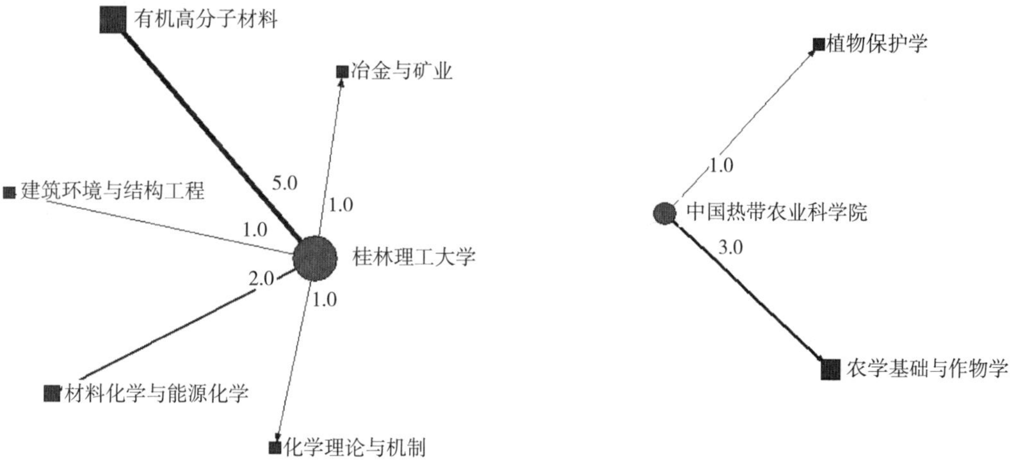

图 3-110 剑麻领域机构——一级学科资助分布图

（2）机构—二级学科分析

剑麻领域获得 NSFC 项目资助的机构在各二级学科中的分布情况如表 3-188、图 3-111 所示。各学科均仅有 1 家机构获得资助支持。桂林理工大学在智能与仿生材料、有机高分子结构材料化学、冶金物理化学与冶金原理、生物医用高分子材料、道路与轨道工程、高分子材料与环境、高分子物理与高分子物理化学等学科有项目资助，且在智能与仿生材料、有机高分子结构材料化学学科获得的项目资助数量较多；中国热带农业科学院在作物遗传育种学、植物病理学有项目资助，且在作物遗传育种学获得的项目资助数量较多。

表 3-188 剑麻领域机构—二级学科资助分布

机构	作物遗传育种学	智能与仿生材料	有机高分子结构材料化学	冶金物理化学与冶金原理	植物病理学	生物医用高分子材料	道路与轨道工程	高分子材料与环境	高分子物理与高分子物理化学
桂林理工大学		2	2	1		1	1	1	1
中国热带农业科学院	3				1				

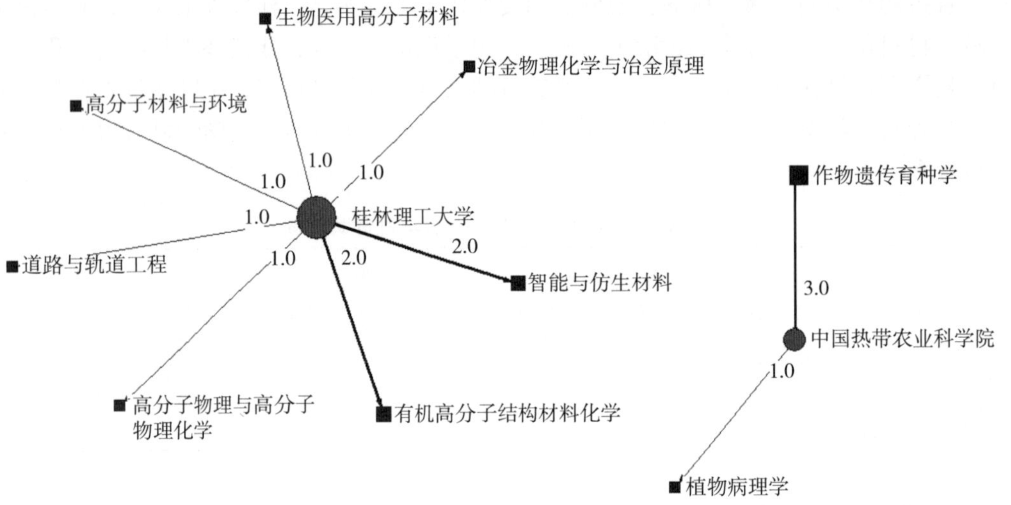

图 3-111 剑麻领域机构—二级学科资助分布图

（六）学者分析

1. 学者资助概况分析

剑麻领域共有 10 位学者作为项目负责人获得 NSFC 项目（表 3-189）。10 位学者中有 8 位具有高级职称，其中具有正高级职称的学者有 5 位；共分布在 2 家机构，有 7 位学者隶属于桂林理工大学，3 位学者隶属于中国热带农业科学院。

资助数量排在第一位的是韦春，隶属于桂林理工大学；其次是刘红霞、易克贤，资助数量均为 2 项。累计资助金额排在第一位的为中国热带农业科学院的易克贤，资助金额累计高达 138 万元，遥遥领先于其他学者；其次为韦春，资助金额为 74 万元。

表 3-189 剑麻领域学者资助数量、资助金额及职称、机构

学者	资助数量（项）	资助金额（万元）	职称	所属机构
韦春	3	74	正高级	桂林理工大学
刘红霞	2	65	副高级	桂林理工大学
易克贤	2	138	正高级	中国热带农业科学院

（续）

学者	资助数量（项）	资助金额（万元）	职称	所属机构
包惠明	1	25	正高级	桂林理工大学
张燕梅	1	25	副高级	中国热带农业科学院
杨子平	1	25	中级	中国热带农业科学院
樊新	1	50	副高级	桂林理工大学
覃爱苗	1	40	正高级	桂林理工大学
陆绍荣	1	48	正高级	桂林理工大学
黄孝华	1	39	中级	桂林理工大学

2. 学者—项目类型分析

剑麻领域获得 NSFC 资助的 10 位学者在各类项目中的分布情况如表 3-190 所示。其中，韦春和刘红霞获得资助支持的项目类型最多，为 2 类。有 1 位学者同时获得了地区科学基金项目和青年科学基金项目两类项目资助支持，5 位学者仅获得地区科学基金项目资助支持，2 位学者仅获得青年科学项目基金资助支持。另外，仅有易克贤 1 位学者获得面上项目资助支持，仅有韦春 1 位学者获得国际（地区）合作交流项目资助支持。

表 3-190 剑麻领域学者—项目类型资助分布

学者	资助数量（项）			
	地区科学基金项目	青年科学基金项目	面上项目	国际（地区）合作交流项目
韦春	2			1
刘红霞	1	1		
易克贤			2	
包惠明	1			
张燕梅		1		
杨子平		1		
樊新	1			
覃爱苗	1			
陆绍荣	1			
黄孝华	1			

3. 职称—项目类型分析

剑麻领域获得 NSFC 资助的学者职称主要分为正高级、副高级和中级三类（表 3-191）。从职称来看，具有正高级职称的学者在除了青年科学基金项目外的各类项目均获得资助支持，其中，地区科学基金项目获得的资助力度最大，数量为 5 项，其次为面上项目，均高于其他职称级别获得的资助力度；具有副高级和中级职称的学者获得资助支持的类型主要是青年科学基金项目和地区科学基金项目。

从项目类型来看，地区科学基金项目在具有正高级、副高级及中级职称的学者中均有分布，但主要分布在具有正高级职称的学者中，青年科学基金项目主要资助对象为具有副高级和中级职称的学者。

表 3-191 剑麻领域学者职称—项目类型资助分布

职称	资助数量（项）			
	地区科学基金项目	青年科学基金项目	面上项目	国际（地区）合作交流项目
正高级	5		2	1
副高级	2	2		
中级	1	1		

（七）主题分析

1. 重点主题词分析

基于人工和自然语言处理技术，将剑麻领域 NSFC 所有资助项目的标题、关键词等进行分词、合并与规范化处理，共获取 38 个主题词。通过对主题词资助项目数量及其占比进行统计分析发现（表 3-192），剑麻纤维、复合材料、性能是出现频率最高的主题词，资助数量均在 4 项及以上，占比均在 28%以上；TLCP、斑马纹病、纤维素微晶、纤维素纳米晶须等的资助数量均为 3 项，占比均为 21.43%；功能、协同复合改性、基因克隆、皮克林乳液等的资助数量均为 2 项，占比均为 14.29%。可见，剑麻领域 NSFC 所有资助项目的研究主要集中在剑麻复合材料和抗病种质资源挖掘领域。

表 3-192 剑麻领域高频主题词资助概况

主题词	资助数量（项）	资助数量占比（%）	主题词	资助数量（项）	资助数量占比（%）
剑麻纤维	6	42.86	摩擦磨损	1	7.14
复合材料	6	42.86	效应蛋白	1	7.14
性能	4	28.57	液晶聚合物	1	7.14
TLCP	3	21.43	混凝土改性	1	7.14
斑马纹病	3	21.43	界面作用	1	7.14
纤维素微晶	3	21.43	病原菌	1	7.14
纤维素纳米晶须	3	21.43	碳化硅	1	7.14
功能	2	14.29	稳定	1	7.14
协同复合改性	2	14.29	类石墨烯	1	7.14
基因克隆	2	14.29	纳米羟基磷灰石	1	7.14
皮克林乳液	2	14.29	结构	1	7.14
转基因	2	14.29	结构调控	1	7.14
酚醛树脂	2	14.29	聚丙烯	1	7.14
协同增强效应	1	7.14	聚酰亚胺	1	7.14
基因互作	1	7.14	致病机理	1	7.14
复合微球	1	7.14	药物	1	7.14
导热	1	7.14	超支化	1	7.14
广西	1	7.14	转录组	1	7.14
接枝反应	1	7.14	锂离子电池	1	7.14

2. 研究重点分析

利用从剑麻领域 NSFC 所有资助项目中获取的 38 个主题词构建主题词共现矩阵，将矩阵导入 VOSviewer 中绘制主题词共现网络图，通过参数调整实现自动聚类。

剑麻领域 NSFC 资助项目的研究主要分为两个主题领域，分别为剑麻纤维复合材料的性能研究（红色）、剑麻抗病种质资源及改良研究（绿色）。其中，剑麻纤维复合材料的性能研究领域获得的资助支持最多（彩图 3-10）。

（1）剑麻纤维复合材料的性能研究领域

该领域包含的核心主题词有剑麻纤维、复合材料、性能、TLCP、纤维素微晶、纤维素纳米晶须、协同复合改性、皮克林乳液等，主要开展剑麻复合材料的设计、制备与性能研究。

（2）剑麻抗病种质资源及改良研究领域

该领域包含的核心主题词有斑马纹病、功能、基因克隆、转基因、基因互作、效应蛋白、病原菌、致病机理、转录组等，主要开展剑麻斑马纹病的致病机理研究及抗性基因的挖掘与功能分析。

3. 研究趋势分析

剑麻领域 NSFC 各主题领域资助数量年度变化情况如图 3-112 所示。剑麻纤维复合材料的性能研究领域最早获得资助支持，且获得了相对持续性的项目支持。其中，剑麻纤维复合材料的性能研究领域最早于 2007 年获得资助支持，资助数量在 1～2 项波动，2017—2019 年未获得资助支持；剑麻抗病种质资源及改良研究领域最早于 2013 年获得项目资助，之后在 2014 年、2017 年和 2018 年分别获得 1 项资助。可见，剑麻抗病种质资源及改良研究是剑麻领域申请 NSFC 相对新兴的热点主题。

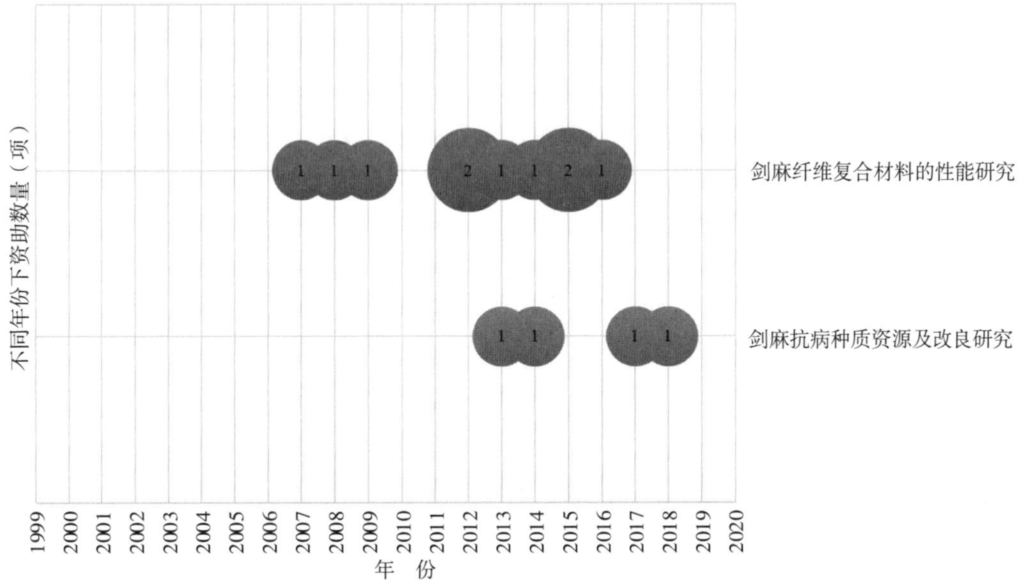

图 3-112　剑麻领域各主题领域资助数量年度分布

4. 研究重点项目类型分析

剑麻领域获得 NSFC 项目资助的 2 个主题领域在各类项目的分布情况如表 3-193 所示。2 个主题领域共在 4 类项目中获得资助支持，各主题领域在不同项目类型的资助分布和资助优势差异明显。

表 3-193 剑麻领域各主题领域—项目类型资助分布

项目类型	资助数量（项）	
	剑麻纤维复合材料的性能研究	剑麻抗病种质资源及改良研究
地区科学基金项目	8	
青年科学基金项目	1	2
面上项目		2
国际（地区）合作交流项目	1	

2 个主题领域同时获得了青年科学基金项目支持，其中，剑麻纤维复合材料的性能研究领域在地区科学基金项目获得的资助数量最多，剑麻抗病种质资源及改良研究领域在青年科学基金项目和面上项目获得的资助数量最多。除此之外，剑麻纤维复合材料的性能研究领域获得了 1 项国际（地区）合作交流项目。

5. 地区研究重点分析

剑麻领域获得 NSFC 项目资助的地区在 2 个主题领域的分布情况如表 3-194 所示，各地区在不同主题领域的资助分布和资助优势差异明显。

表 3-194 剑麻领域各地区—主题领域资助分布

地区	资助数量（项）	
	剑麻纤维复合材料的性能研究	剑麻抗病种质资源及改良研究
广西壮族自治区	10	
广东省		2
海南省		2

其中，有 2 个地区在剑麻抗病种质资源及改良研究领域获得资助支持，分别为海南省和广东省，各获得 2 项资助支持；仅有广西壮族自治区 1 个地区在剑麻纤维复合材料的性能研究领域获得资助支持，资助数量为 10 项。

6. 机构研究重点分析

剑麻领域获得 NSFC 项目资助的 2 家机构在 2 个主题领域的分布情况如表 3-195 所示，各机构在不同主题领域的资助分布和资助优势差异明显。其中，仅有桂林理工大学 1 家机构在剑麻纤维复合材料的性能研究领域获得资助支持，资助数量为 10 项；仅有中国热带农业科学院 1 家机构在剑麻抗病种质资源及改良研究领域获得资助支持，资助数量为 4 项。

表 3-195 剑麻领域各主题领域一机构资助分布

机构	资助数量（项）	
	剑麻纤维复合材料的性能研究	剑麻抗病种质资源及改良研究
桂林理工大学	10	
中国热带农业科学院		4

（八）总结

剑麻领域 NSFC 项目自 2012 年以后才获得持续支持，但每年也仅 1～2 项左右，地区科学基金项目是主要项目类型。资助项目以工程与材料科学部中的有机高分子材料、生命科学部中的农学基础与作物学为主，涵盖了作物遗传育种学、有机高分子结构材料化学、智能与仿生材料等二级学科。受资助主体主要是广西壮族自治区的桂林理工大学和海南省的中国热带农业科学院。

剑麻领域 NSFC 项目的研究分为剑麻纤维复合材料的性能研究、剑麻抗病种质资源及改良研究两个主题领域；近年来相关项目涉及的主题领域相对稳定，其中，剑麻纤维复合材料的性能研究近年来热度有所降低。

第四章 热区农业科研院所资助情况

一、概况分析

2000—2019 年热区农业科研院所 NSFC 的资助数量共计 1 491 项，资助金额累计 55 303 万元。从年度分布来看（图 4-1），资助数量和资助金额的变化趋势基本一致，总体均呈逐年波动上升的趋势。其中，2000—2006 年资助数量和资助金额小幅波动增长；2006—2010 年资助数量和资助金额小幅加速增长；2010—2014 年资助数量和资助金额大幅增长，且 2014 年资助金额达到最大值；2015—2017 年资助数量和资助金额都明显回落；2018 年开始资助数量和资助金额急速增长，甚至资助数量达到最大值；2019 年资助数量和资助金额均有所回落。

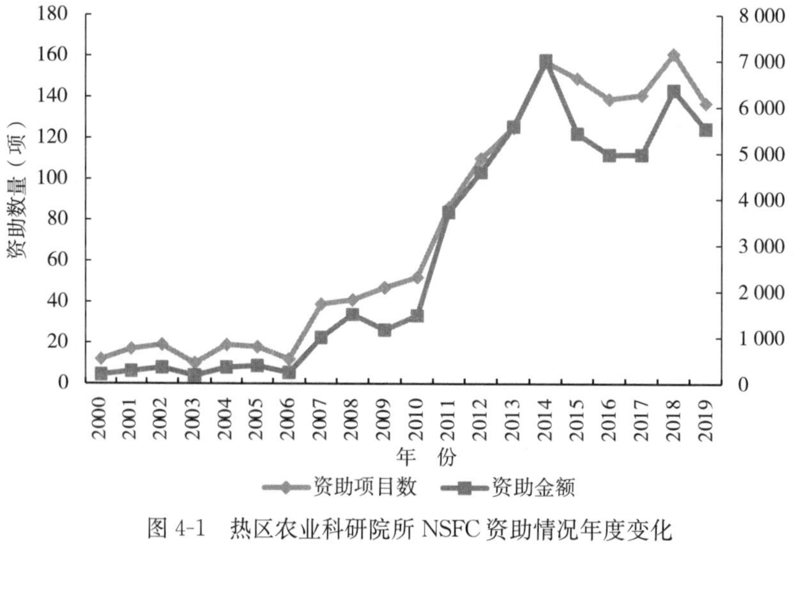

图 4-1 热区农业科研院所 NSFC 资助情况年度变化

二、项目类型

1. 项目类型资助概况分析

NSFC 对热区农业科研院所资助的项目主要有 10 个项目类型（表 4-1），各类项目的资助数量和资助金额都相差较大。项目类型主要集中在地区科学基金项目、青年科学基金项目和面上项目上，这三类项目合计占总资助项目数量的95.57%。其中，资助数量和资助金额最多的是地区科学基金项目，立项581项，资助金额21 554.23万元，占比均为38.97%。除这三类项目外，其他项目立项数量仅占总资助项目数量的4.43%，资助金额则占总资助金额的10.72%。由于热区农业科研院所大多处于经济欠发达地区，科研经费、科研人才等相对匮乏，因此，NSFC一直以来对欠发达地区都设立有专门的地区科学基金项目，该项目对这些地区的科学发展和科技人才的稳定都起到了很好的作用。海南、广西、云南、贵州、江西这5个省份的农业科学院可以申请对应的地区科学基金项目，地区科学基金项目因为仅受理该地区的单位申请，因此竞争相对较小，这也是2000—2019年地区科学基金项目受资助比例为各类项目之首的原因。

表4-1　2000—2019年NSFC对热区农业科研院所资助项目一览

项目类型	资助数量（项）	资助数量占比（%）	资助金额（万元）	资助金额占比（%）
地区科学基金项目	581	38.97	21 554.23	38.97
青年科学基金项目	546	36.62	12 266.7	22.18
面上项目	298	19.99	15 553	28.12
国际（地区）合作交流项目	24	1.61	2 224.17	4.02
联合基金项目	15	1.01	2 908	5.26
专项基金项目	11	0.74	180	0.33
应急管理项目	10	0.67	156	0.28
海外及港澳学者合作研究基金	1	0.07	20	0.04
重大项目	1	0.07	399	0.72
其他	4	0.27	42.06	0.08
总计	1 491	100.00	55 303.16	100.00

2. 项目类型资助时间变化分析

NSFC对热区农业科研院所资助的项目呈逐年上升趋势。尤其是2007年开始，地区科学基金项目和面上项目增长明显。2010年以后，青年科学基金项目也开始快速增长，至2014年时达到顶峰，后略有下降（图4-2）。这可能是由于2010年《国务院办公厅关于促进我国热带作物产业发展的意见》（国办发〔2010〕45号）印发，热带农业进入全面发展阶段，再加上热区科研院所进行过大规模的博士招聘，博士数量的增加有利于青年科学基金项目的增长，而近年来，随着高校对欠发达地区博士招揽力度增加，部分热区农业科研院所博士和高级职称人才流失加剧，不利于国家自然科学基金项目的争取。

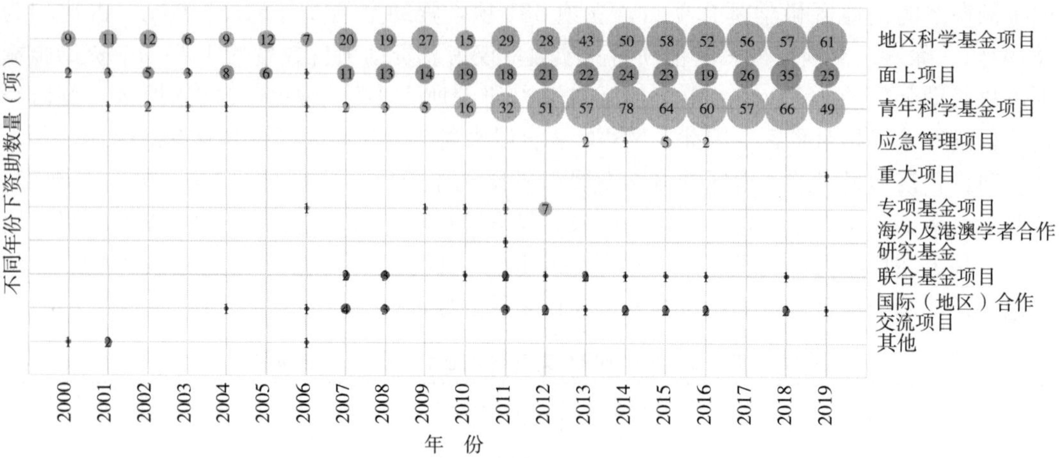

图 4-2 热区农业科研院所 NSFC 不同类型项目资助数量年度变化

3. 项目类型与热区农业科研院所之间关系分析

2000—2019 年，中国热带农业科学院获得 NSFC 资助数量排在首位，为 438 项，遥遥领先于各省级科研院所；其次是广东省农业科学院和云南省农业科学院，数量在 200 项以上；广西壮族自治区农业科学院获资助数量也较多，164 项；其余热区农业科研院所获得资助数量均在 100 项以下，从项目类型上看，海南、广西、云南、贵州、江西这 5 个省份的农业科学院一直可以申请对应的地区科学基金项目这类竞争相对较小的项目，这 5 个省份农业科学院获得的地区科学基金项目在所获总项目占比分别为 75.00%、81.10%、82.70%、86.90%、85.23%。而无法申请地区科学基金项目的另外 5 家热区农业科研院所中，福建省农业科学院青年科学基金项目和面上项目平分秋色，分别占该院获得的项目数量的 45.07%、52.11%；其余 4 家热区农业科研院所均是青年科学基金项目获批比例高于面上项目，其中，广东省农业科学院的青年科学基金项目获批比例高达 69.08%。值得注意的是，中国热带农业科学院在国际（地区）合作交流项目方面获得了较多资助，而广西壮族自治区农业科学院在专项基金项目方面，以及云南省农业科学院在联合基金项目方面有较亮眼的表现（表 4-2）。

表 4-2 项目类型与热区农业科研院所之间的关系

热区农业科研院所		地区科学基金项目	青年科学基金项目	面上项目	国际(地区)合作交流项目	联合基金项目	专项基金项目	应急管理项目	其他	海外及港澳学者合作研究基金	重大项目	总计
中国热带农业科学院	项目数量（项）	86	198	132	14	0	1	4	2	1	0	438
	占比（%）	19.63	45.21	30.14	3.20	0.00	0.23	0.91	0.46	0.23	0.00	100.00
海南省农业科学院	项目数量（项）	18	3	1	0	0	0	2	0	0	0	24
	占比（%）	75.00	12.50	4.17	0.00	0.00	0.00	8.33	0.00	0.00	0.00	100.00
广东省农业科学院	项目数量（项）	0	172	65	5	6	0	0	1	0	0	249
	占比（%）	0.00	69.08	26.10	2.01	2.41	0.00	0.00	0.40	0.00	0.00	100.00
广西壮族自治区农业科学院	项目数量（项）	133	19	5	0	0	7	0	0	0	0	164
	占比（%）	81.10	11.59	3.05	0.00	0.00	4.27	0.00	0.00	0.00	0.00	100.00
云南省农业科学院	项目数量（项）	196	18	5	4	8	2	3	0	0	1	237
	占比（%）	82.70	7.59	2.11	1.69	3.38	0.84	1.27	0.00	0.00	0.42	100.00
福建省农业科学院	项目数量（项）	0	32	37	0	1	0	0	1	0	0	71
	占比（%）	0.00	45.07	52.11	0.00	1.41	0.00	0.00	1.41	0.00	0.00	100.00
江西省农业科学院	项目数量（项）	75	12	1	0	0	0	0	0	0	0	88
	占比（%）	85.23	13.64	1.14	0.00	0.00	0.00	0.00	0.00	0.00	0.00	100.00
湖南省农业科学院	项目数量（项）	0	55	33	0	0	1	1	0	0	0	90
	占比（%）	0.00	61.11	36.67	0.00	0.00	1.11	1.11	0.00	0.00	0.00	100.00
贵州省农业科学院	项目数量（项）	73	10	1	0	0	0	0	0	0	0	84
	占比（%）	86.90	11.90	1.19	0.00	0.00	0.00	0.00	0.00	0.00	0.00	100.00
四川省农业科学院	项目数量（项）	0	27	18	1	0	0	0	0	0	0	46
	占比（%）	0.00	58.70	39.13	2.17	0.00	0.00	0.00	0.00	0.00	0.00	100.00

三、学科分析

1. 科学部分析

（1）科学部资助概况分析

热区农业科研院所 NSFC 所有资助项目在各科学部的资助概况如表 4-3 所示，各科学部的资助数量和资助金额差异较大，科学部分布十分聚焦。其中，热区农业科研院所在生命科学部获得的资助数量和资助金额均为最多，资助数量共计 1 361 项，资助金额累计 49 201.16万元，占比均接近 90%，该科学部是热区农业科研院所申请 NSFC 的主要科学部。其次是地球科学部，资助数量共计 62 项，资助金额累计 1 985 万元。其他 6 个科学部的资助数量和资助金额均不多，资助数量总占比 4.56%，资助金额总占比 7.44%。其中，联合基金战略研究这个类型虽然资助数量仅占 0.87%，但其资助金额占 4.73%。

表 4-3　2000—2019 年 NSFC 各科学部对热带农业科研院所资助情况一览

科学部	资助数量（项）	资助数量占比（%）	资助金额（万元）	资助金额占比（%）
生命科学部	1 361	91.28	49 201.16	88.97
地球科学部	62	4.16	1 985	3.59
医学科学部	23	1.54	710	1.28
化学科学部	14	0.94	386	0.70
联合基金战略研究	13	0.87	2 618	4.73
工程与材料科学部	12	0.80	266	0.48
管理科学部	5	0.34	115	0.21
数学物理科学部	1	0.07	22	0.04
总计	1 491	100.00	55 303.16	100.00

（2）科学部资助时间变化分析

热区农业科研院所 NSFC 各科学部资助数量年度变化情况如图 4-3 所示。热区农业科研院所在生命科学部获得持续性的项目支持，近年来在地球科学部、化学科学部、医学科学部也获得相对持续的项目支持。在生命科学部，自 2011 年起资助数量大增，2012 年起每年资助数量均在 100 项以上；在地球科学部自 2006 年起便持续获得资助，2013—2019 年在4～13 项波动；在化学科学部自 2007 年起一直徘徊在 1～2 项（除 2009 年、2011 年以外）；在医学科学部资助数量则是 1～3 项波动；在联合基金战略研究，2008—2018 年（除 2009 年、2017 年）每年获得 1～2 项资助；在工程与材料学部、管理科学部、数学物理科学部所获资助较不稳定，呈零星状态。

2. 一级学科分析

（1）一级学科资助概况分析

热区农业科研院所 NSFC 所有资助项目分布在 40 个一级学科中，各一级学科的资助概况如表 4-4 所示，各一级学科获得的资助数量和资助金额差异明显，一级学科分布相对

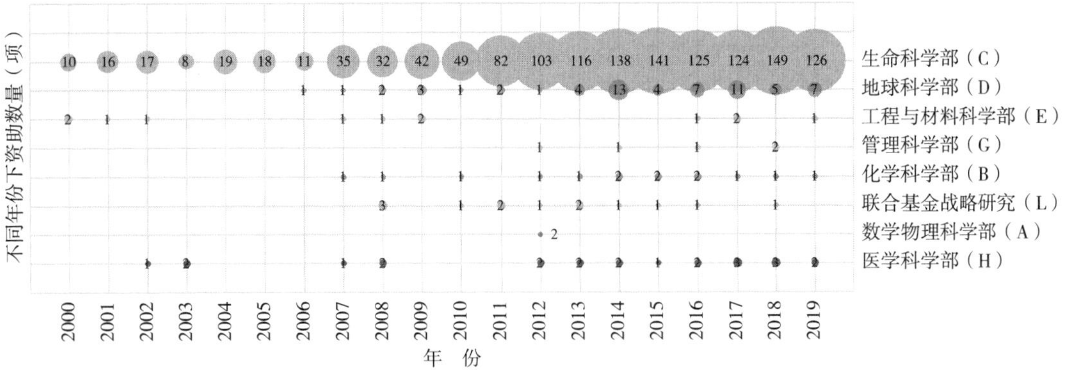

图 4-3 热区农业科研院所 NSFC 各科学部资助数量年度变化

集中。资助数量占比在 1%以上的一级学科有 13 个；占比在 10%以上的一级学科有 3 个，分别是农学基础与作物学、植物保护学、园艺学与植物营养学；其他学科的资助数量均在 10 项及以下，获得的 NSFC 支持力度相对较小。资助数量和资助金额最多的是农学基础与作物学，资助数量共计 385 项，资助金额累计14 259.7万元，占比均超过 25%；其次是植物保护学，资助数量为 275 项，资助金额为10 664 万元，占比分别为 18.44%和 19.28%；然后是园艺学与植物营养学，资助数量为 248 项，资助金额为 8 717.47 万元，占比均超过 15%。

表 4-4 2000—2019 年 NSFC 对热区农业科研院所一级学科资助项目情况一览

一级学科	资助数量（项）	资助数量占比（%）	资助金额（万元）	资助金额占比（%）
农学基础与作物学（C13）	385	25.82	14 259.7	25.78
植物保护学（C14）	275	18.44	10 664	19.28
园艺学与植物营养学（C15）	248	16.63	8 717.47	15.76
林学与草地科学（C16）	118	7.91	4 588	8.30
食品科学（C20）	59	3.96	2 139	3.87
植物学（C02）	56	3.76	1 826	3.30
畜牧学（C17）	56	3.76	1 802.7	3.26
环境地球科学（D07）	50	3.35	1 556	2.81
微生物学（C01）	45	3.02	1 608	2.91
兽医学（C18）	32	2.15	1 046	1.89
生态学（C03）	32	2.15	1 039.4	1.88
遗传学与生物信息学（C06）	30	2.01	848.8	1.53
中药学（H28）	16	1.07	572	1.03
有机高分子材料（E03）	10	0.67	215	0.39
水产学（C19）	10	0.67	293	0.53
生物多样性保护领域（L06）	8	0.54	1559	2.82
环境化学（B06）	6	0.40	183	0.33

（续）

一级学科	资助数量（项）	资助数量占比（%）	资助金额（万元）	资助金额占比（%）
地理学（D01）	6	0.40	180	0.33
农业领域（L01）	5	0.34	1059	1.91
化学测量学（B04）	5	0.34	131	0.24
海洋科学（D06）	5	0.34	224	0.41
动物学（C04）	5	0.34	136	0.25
药物学（H30）	3	0.20	63	0.11
细胞生物学（C07）	3	0.20	104.23	0.19
经济科学（G03）	3	0.20	57	0.10
预防医学（H26）	2	0.13	42	0.08
免疫学（C08）	2	0.13	45	0.08
建筑环境与结构工程（E08）	2	0.13	51	0.09
宏观管理与政策（G04）	2	0.13	58	0.10
发育生物学与生殖生物学（C12）	2	0.13	37	0.07
自动化（F03）	1	0.07	26	0.05
中医学（H27）	1	0.07	18	0.03
影像医学与生物医学工程（H18）	1	0.07	15	0.03
物理学Ⅱ（A05）	1	0.07	22	0.04
生物物理与生物化学（C05）	1	0.07	20	0.04
其他	1	0.07	0.86	0.00
化学生物学（B07）	1	0.07	21	0.04
化学理论与机制（B03）	1	0.07	25	0.05
合成化学（B01）	1	0.07	26	0.05
地球化学（D03）	1	0.07	25	0.05
总计	1 491	100.00	55 303.16	100.00

（2）一级学科资助时间变化分析

热区农业科研院所在NSFC资助项目中占比达2%以上的一级学科共有12个，将这12个学科视为重点一级学科，其随年度变化如图4-4所示。其中，农学基础与作物学是2000—2019年唯一每年均得到NSFC资助的一级学科，且其资助数量自2007年稳定在9项以上，2012年以后稳定在30项以上（除2014年外），且于2019年达到最大值41项；植物保护学除2000年外，2001—2019年均有项目获得资助，且自2012年起资助稳定在20项以上，其中2015年最多，达到35项；园艺学与植物营养学除2003年和2005年外，其余年度均得到资助，2000—2010年获资助数量在1～6项波动，2011年达14项，2012—2019年均在17～33项，其中2015年最多，达到33项；林学与草地学在2000—2019年，除2003年外其余年度均得到资助；食品科学在2000—2009年获得零星资助，2010—2019年资助数量在1～12项波动；植物学、畜牧学、环境地球科学、微生物学、兽医学、生态学、遗传学与生物信息学资助数量均较少，年度资助数量不超过 10 项。

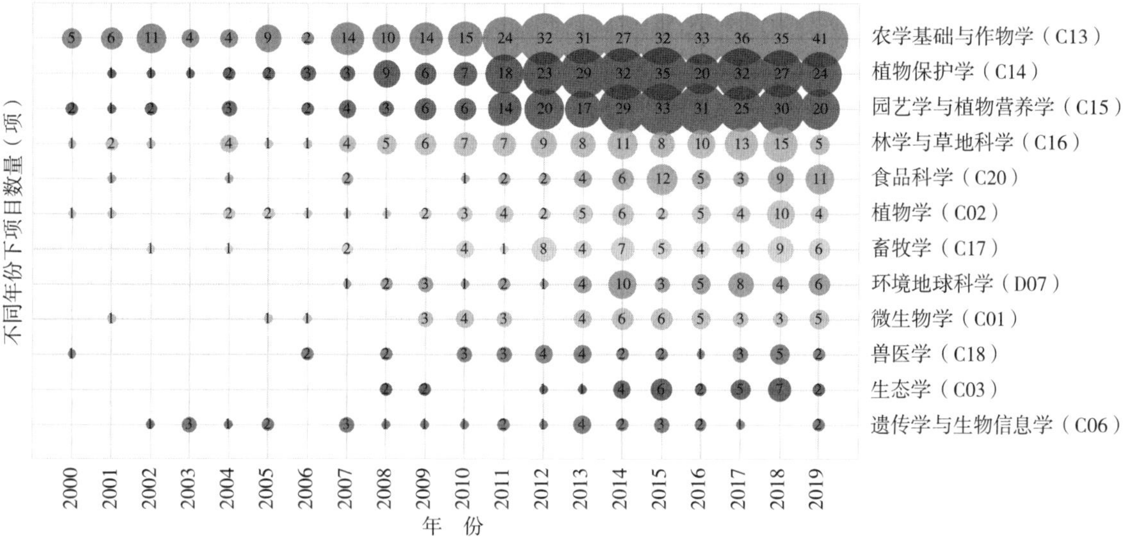

图 4-4 热区农业科研院所重点一级学科资助数量年度变化

3. 二级学科分析

（1）二级学科资助概况分析

热区农业科研院所 NSFC 所有资助项目在各二级学科的资助概况如表 4-5 所示，各二级学科获得的资助数量和资助金额差异较大，二级学科分布相对聚焦。其中，资助数量和资助金额最多的是作物遗传育种学，资助数量共计 242 项，资助金额累计9 470万元，占比均超过 16%，其是热区农业科研院所获得 NSFC 支持力度最大的二级学科；其次是植物病理学、果树学、作物种质资源学、作物栽培与耕作学、蔬菜学，资助数量和资助金额占比均在 3%以上；此外，观赏园艺学、土壤学、植物化学保护、农业昆虫学、生物防治、植物资源学的资助数量均在 30 项及以上，获得的 NSFC 支持力度相对较大；其他二级学科的资助数量在 30 项以下，获得的 NSFC 支持力度相对较小。

表 4-5 2000—2019 年 NSFC 对热区农业科研院所二级学科资助项目情况一览

二级学科	资助数量（项）	资助数量占比（%）	资助金额（万元）	资助金额占比（%）
作物遗传育种学（C1305）	242	16.23	9 470	17.12
植物病理学（C1401）	141	9.46	6 079	10.99
果树学（C1501）	87	5.84	3 056.97	5.53
作物种质资源学（C1304）	58	3.89	1 703.7	3.08
作物栽培与耕作学（C1303）	51	3.42	1 886	3.41
蔬菜学（C1502）	47	3.15	1 675	3.03
观赏园艺学（C1503）	38	2.55	1 494	2.70

（续）

二级学科	资助数量（项）	资助数量占比（%）	资助金额（万元）	资助金额占比（%）
土壤学（D0701）	37	2.48	1 066	1.93
植物化学保护（C1405）	34	2.28	992	1.79
农业昆虫学（C1402）	31	2.08	1 112	2.01
生物防治（C1406）	30	2.01	996	1.80
植物资源学（C0206）	30	2.01	985	1.78
经济林学（C1611）	28	1.88	1 106	2.00
树木生物学（C1605）	25	1.68	894	1.62
作物生理学（C1302）	25	1.68	836	1.51
林木遗传育种学（C1610）	24	1.61	1 045	1.89
植物遗传学（C0601）	21	1.41	585.8	1.06
动物营养学（C1705）	20	1.34	702	1.27
微生物多样性、分类与系统发育（C0101）	20	1.34	766	1.39
植物生理学（C0204）	20	1.34	695	1.26
茶学（C1504）	17	1.14	602	1.09
其他	16	1.07	2 680.86	4.85
农田草害（C1403）	16	1.07	598	1.08
草地科学（C1615）	15	1.01	629	1.14
设施园艺学（C1507）	15	1.01	440.5	0.80
兽医微生物学（C1802）	15	1.01	515	0.93
园艺作物采后生物学（C1505）	14	0.94	551	1.00
食品生物化学（C2002）	12	0.80	399	0.72
食品营养学（C2004）	11	0.74	447	0.81
植物保护新技术（C1408）	11	0.74	451	0.82
中药资源（ H2801 ）	11	0.74	368	0.67
畜禽遗传育种学（C1703）	10	0.67	324	0.59
食用真菌学（ C1506 ）	10	0.67	261	0.47
食品原料学（C2001）	9	0.60	293	0.53
养蚕学（C1709）	9	0.60	323	0.58
园林学（C1612）	9	0.60	340	0.61
植物营养基础（C1508）	9	0.60	209	0.38
肥料与施肥（C1509）	8	0.54	322	0.58
农学基础（C1301）	8	0.54	306	0.55

（续）

二级学科	资助数量（项）	资助数量占比（%）	资助金额（万元）	资助金额占比（%）
食品微生物学（C2003）	8	0.54	347	0.63
食品贮藏与保鲜（C2006）	8	0.54	319	0.58
污染物行为过程及其环境效应（D0708）	8	0.54	313	0.57
植物检疫与生物入侵（C1407）	8	0.54	286	0.52
兽医寄生虫学（C1804）	7	0.47	191	0.35
养分管理（C1510）	7	0.47	225	0.41
畜牧学基础（C1701）	6	0.40	157	0.28
环境微生物学（C0105）	6	0.40	188	0.34
生态系统生态学（C0306）	6	0.40	178	0.32
食品安全与质量控制（C2007）	6	0.40	206	0.37
兽医传染病学（C1805）	6	0.40	193	0.35
微生物生理与生物化学（C0102）	6	0.40	200	0.36
橡胶及弹性体（E0302）	6	0.40	137	0.25
食品加工的生物学基础（C2005）	5	0.34	128	0.23
微生物遗传与育种（C0103）	5	0.34	191	0.35
病原真菌学（C0107）	4	0.27	90	0.16
海洋化学（D0602）	4	0.27	131	0.24
环境污染化学（B0601）	4	0.27	115	0.21
基因表达调控与表观遗传学（C0606）	4	0.27	119	0.22
森林培育学（C1607）	4	0.27	157	0.28
生理生态学（C0303）	4	0.27	136.4	0.25
生态系统服务与生态安全（C0313）	4	0.27	132	0.24
水产动物营养与饲料学（C1904）	4	0.27	127	0.23
水产生物免疫学与病害控制（C1906）	4	0.27	104	0.19
饲料学（C1706）	4	0.27	90.7	0.16
塑料（E0301）	4	0.27	78	0.14
土壤生态学（C0311）	4	0.27	181	0.33
污染生态学（C0310）	4	0.27	136	0.25
养蜂学（C1710）	4	0.27	117	0.21
畜禽种质资源（C1702）	3	0.20	89	0.16
昆虫学（C0406）	3	0.20	92	0.17
农林经济管理（G0308）	3	0.20	57	0.10
群落生态学（C0305）	3	0.20	66	0.12

（续）

二级学科	资助数量（项）	资助数量占比（%）	资助金额（万元）	资助金额占比（%）
森林保护学（C1609）	3	0.20	85	0.15
植物进化生物学（C0203）	3	0.20	63	0.11
自然地理学（D0101）	3	0.20	86	0.16
病毒学（C0108）	2	0.13	100	0.18
化学与生物传感（B0404）	2	0.13	41	0.07
环境变化与预测（D0710）	2	0.13	77	0.14
环境地球化学（D0707）	2	0.13	50	0.09
环境毒理与健康（B0603）	2	0.13	68	0.12
环境工程（E0804）	2	0.13	51	0.09
基因组学（C0605）	2	0.13	78	0.14
景观与区域生态学（C0307）	2	0.13	88	0.16
民族药学（H2818）	2	0.13	127	0.23
农田鼠害及其他有害生物（C1404）	2	0.13	71	0.13
区域可持续发展（D0105）	2	0.13	69	0.12
人类营养（H2603）	2	0.13	42	0.08
森林土壤学（C1606）	2	0.13	80	0.14
细胞信号转导（C0713）	2	0.13	55	0.10
植物发育与生殖（C1203）	2	0.13	37	0.07
植物形态与发育（C0201）	2	0.13	44	0.08
中药质量评价（H2804）	2	0.13	44	0.08
竹学（C1614）	2	0.13	57	0.10
自身免疫及免疫排斥（C0805）	2	0.13	45	0.08
保护生物学与恢复生态学（C0312）	1	0.07	24	0.04
病因病机（H2702）	1	0.07	18	0.03
病原细菌与放线菌生物学（C0106）	1	0.07	24	0.04
地理信息系统（D0107）	1	0.07	25	0.05
电分析化学（B0402）	1	0.07	40	0.07
动物系统与分类（C0402）	1	0.07	20	0.04
动物遗传学（C0602）	1	0.07	25	0.05
动物种群生物学（C0405）	1	0.07	24	0.04
分离分析（B0401）	1	0.07	25	0.05
分子生态学（C0301）	1	0.07	49	0.09
分子探针（B0701）	1	0.07	21	0.04
海洋药物（H3005）	1	0.07	20	0.04

（续）

二级学科	资助数量（项）	资助数量占比（%）	资助金额（万元）	资助金额占比（%）
合成药物化学（H3001）	1	0.07	18	0.03
核技术及其应用（A0504）	1	0.07	22	0.04
化学信息学（B0308）	1	0.07	25	0.05
荒漠化与水土保持（C1613）	1	0.07	48	0.09
基础兽医学（C1801）	1	0.07	28	0.05
检测技术及装置（F0306）	1	0.07	26	0.05
介入医学与工程（H1816）	1	0.07	15	0.03
谱学方法与理论（B0403）	1	0.07	25	0.05
区域环境质量与安全（D0711）	1	0.07	50	0.09
全球变化生态学（C0308）	1	0.07	21	0.04
森林资源学（C1601）	1	0.07	28	0.05
生态学理论与方法（C0309）	1	0.07	8	0.01
生物海洋学与海洋生物资源（D0604）	1	0.07	93	0.17
生物信息学（C0607）	1	0.07	23	0.04
兽医免疫学（C1803）	1	0.07	56	0.10
兽医药学（C1807）	1	0.07	25	0.05
水产基础生物学（C1901）	1	0.07	22	0.04
水产生物研究的新技术和新方法（C1908）	1	0.07	40	0.07
天然药物化学（H3002）	1	0.07	25	0.05
同位素地球化学（D0301）	1	0.07	25	0.05
微生物学研究的新技术与新方法（C0104）	1	0.07	49	0.09
微生物遗传学（C0603）	1	0.07	18	0.03
细胞生物物理（C0502）	1	0.07	20	0.04
细胞死亡（C0708）	1	0.07	49.23	0.09
有机合成（B0103）	1	0.07	26	0.05
植物生殖生物学（C0205）	1	0.07	39	0.07
中兽医学（C1806）	1	0.07	38	0.07
中药鉴定（H2802）	1	0.07	33	0.06
种群生态学（C0304）	1	0.07	20	0.04
资源管理与政策（G0412）	1	0.07	36	0.07
作物与生物因子互作（C1409）	1	0.07	39	0.07
作物种子学（C1306）	1	0.07	58	0.10
总计	1 491	100.00	55 303.16	100.00

（2）重点二级学科资助时间变化分析

热区农业科研院所在 NSFC 资助项目中占比达 3%以上的二级学科共有 12 个，将这

12 个学科视为重点二级学科，其随年度变化如图 4-5 所示。其中，作物遗传育种学是 2000—2019 年唯一每年均得到 NSFC 资助的二级学科，且其资助数量自 2010 年后稳定在 14 项以上（除 2018 年），且于 2017 年达到最大值 29 项；植物病理学 2000—2010 年资助数量均在 0～6 项波动，2011—2019 年均在 9 项以上（除 2016 年外）；作物种质资源学 2000—2012 年资助数量均在 0～6 项波动，2018 年和 2019 年获资助项目数量大幅度提升，分别获得资助 20 项和 12 项；其他学科资助数量均在 0～9 项波动（除蔬菜学在 2016 年获得 11 项）。

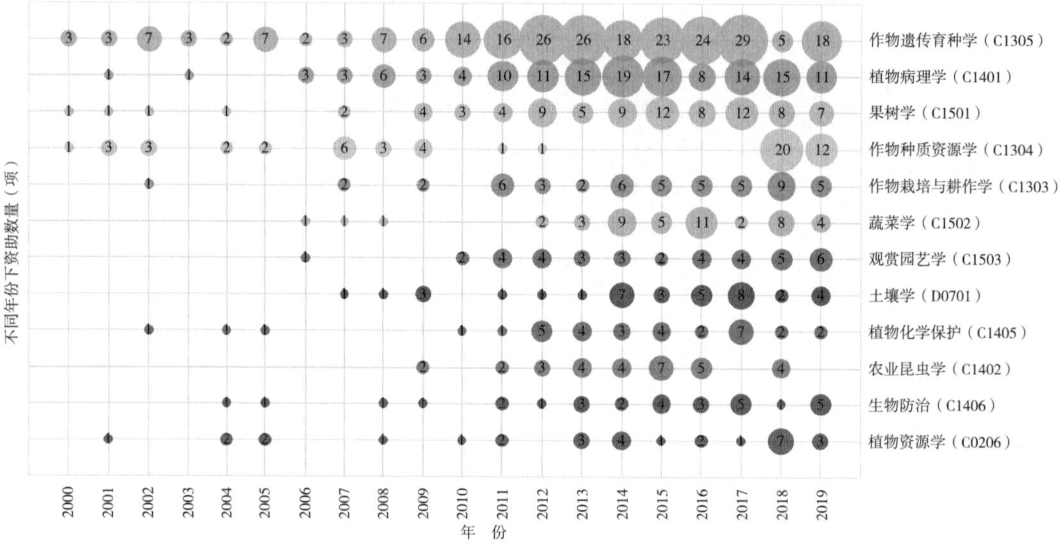

图 4-5 热区农业科研院所重点二级学科资助数量年度变化

四、学者分析

热区农业科研院所共有 1 128 位学者作为项目负责人获得 NSFC 项目，其中，有 1 位学者获得的资助数量为 7 项，有 1 位学者获得的资助数量为 6 项；获得 5 项资助的学者有 6 位，获得 4 项资助的学者有 18 位，获得 3 项资助的学者有 57 位，获得 2 项资助的学者有 160 位，另外有 885 位学者获得过 1 项资助（表 4-6）。

表 4-6 2000—2019 年 NSFC 对热区农业科研院所学者资助数量情况一览（位）

科研院所	不同资助数量的学者数							合计
	1 项	2 项	3 项	4 项	5 项	6 项	7 项	
中国热带农业科学院	232	46	24	4	4	1	0	311
海南省农业科学院	16	3	0	0	0	0	0	19
广东省农业科学院	185	15	8	3	0	0	0	211
广西壮族自治区农业科学院	85	25	3	5	0	0	0	118
云南省农业科学院	116	30	12	2	2	0	1	163

（续）

科研院所	不同资助数量的学者数							合计
	1 项	2 项	3 项	4 项	5 项	6 项	7 项	
福建省农业科学院	46	6	3	1	0	0	0	56
江西省农业科学院	57	12	1	1	0	0	0	71
湖南省农业科学院	60	7	4	1	0	0	0	72
贵州省农业科学院	56	11	2	0	0	0	0	69
四川省农业科学院	32	5	0	1	0	0	0	38
总计	885	160	57	18	6	1	1	1 128

资助数量排在第一位的是曾亚文，资助数量为 7 项，隶属于云南省农业科学院；其次是中国热带农业科学院的张家明，资助数量为 6 项。资助数量为 5 项的有隶属于中国热带农业科学院的蒋昌顺、刘志昕、田维敏、王文泉和隶属于云南省农业科学院的许明辉、张仲凯。累计资助金额排在第一位的为云南省农业科学院的陶大云，资助金额累计高达 786 万元，遥遥领先于其他学者；其次为王文泉、张仲凯和刘斌，资助金额累计均高于 400 万元。

五、总结

2000—2019 年，热区农业科研院所 NSFC 项目资助数量和金额的变化趋势基本一致，自 2010 年开始出现大幅增长，其后呈波动增长。项目类型主要集中在地区科学基金项目、青年科学基金项目和面上项目上，这三类项目合计占总资助项目数量的 95.57%。其中，资助数量和资助金额最多的是地区科学基金项目。生命科学部获得的资助数量和资助金额均为最多，占比均接近 90%；重点资助学科为农学基础与作物学、植物保护学、园艺学与植物营养学。热区农业科研院所 NSFC 获资助机构中，中国热带农业科学院获资助数量排在首位，广东省农业科学院、云南省农业科学院和广西壮族自治区农业科学院紧随其后。

参 考 文 献

[1] 崔鹏伟，朱安红．新时期我国热带农业发展战略研究［J］. 热带作物学报，2020，41（10）：1949-1953.

[2] 韩长赋．新中国农业发展 70 年［M］. 北京：中国农业出版社，2019.

[3] 邓小平．邓小平文选：第 2 卷［M］．北京：人民出版社，1983：85-100.

[4] 李静海．国家自然科学基金支持我国基础研究的回顾与展望［N/OL］. 中国科学院院刊，2018-05-10［2022-05-10］. https：//www. nsfc. gov. cn/publish/portal0/tab440/info73751. htm.

[5] 中国管理科学学会科学基金专业委员会．中国科学基金年鉴 1990［M］．北京：科学出版社，1991：13-15.

[6] 路甬祥．邓小平与中国科学院［M］. 南昌：江西教育出版社，1999.

[7] 张祚．国家自然科学基金资助项目地域分布与区域战略［M］. 北京：科学出版社，2019：10.

[8] 王新，张藜，唐靖．追求卓越三十年——国家自然科学基金委员会发展历程回顾［J］. 中国科学基金，2016，30（5）：386-394.

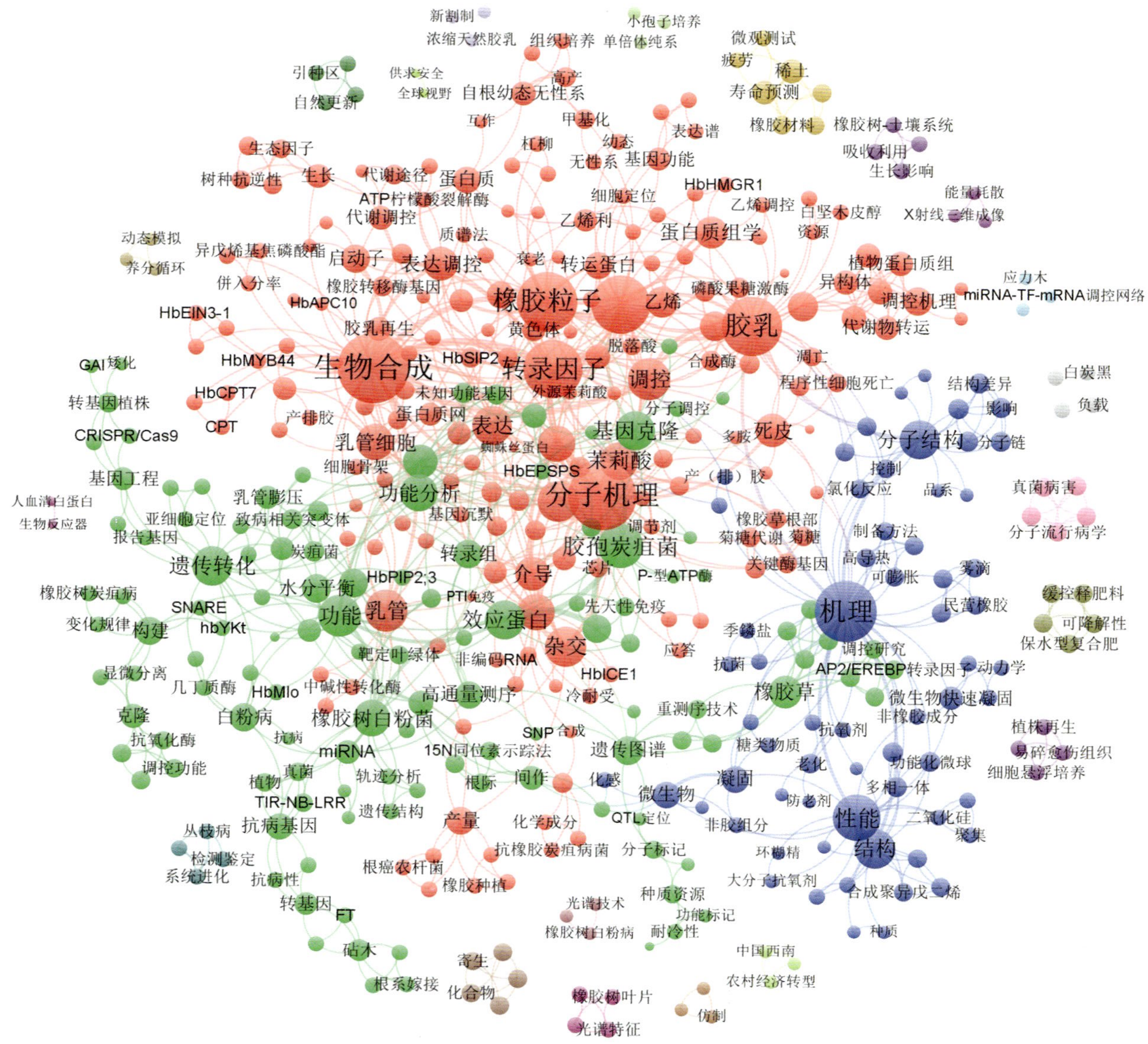

生物合成
转录因子
橡胶粒子
乙烯
胶乳
分子机理
机理
性能
结构
分子结构
遗传转化
功能
乳管
效应蛋白
胶孢炭疽菌
基因克隆
茉莉酸
调控
表达
乳管细胞
功能分析
转录组
介导
杂交
橡胶草
凝固
微生物
遗传图谱
橡胶树白粉菌
白粉病
miRNA
高通量测序
蛋白质组学
蛋白质
表达调控
启动子
转运蛋白
死皮
产量
抗病基因
HbSIP2
HbMYB44
HbCPT7
CPT
HbEIN3-1
HbAPC10
HbHMGR1
HbEPSPS
HbPIP2;3
HbICE1
HbMlo
SNARE
hbYKt
CRISPR/Cas9
GAI矮化
TIR-NB-LRR
P-型ATP酶
AP2/EREBP转录因子
miRNA-TF-mRNA调控网络
SNP
QTL定位
FT
彩图3-1 天然橡胶领域主题词聚类图

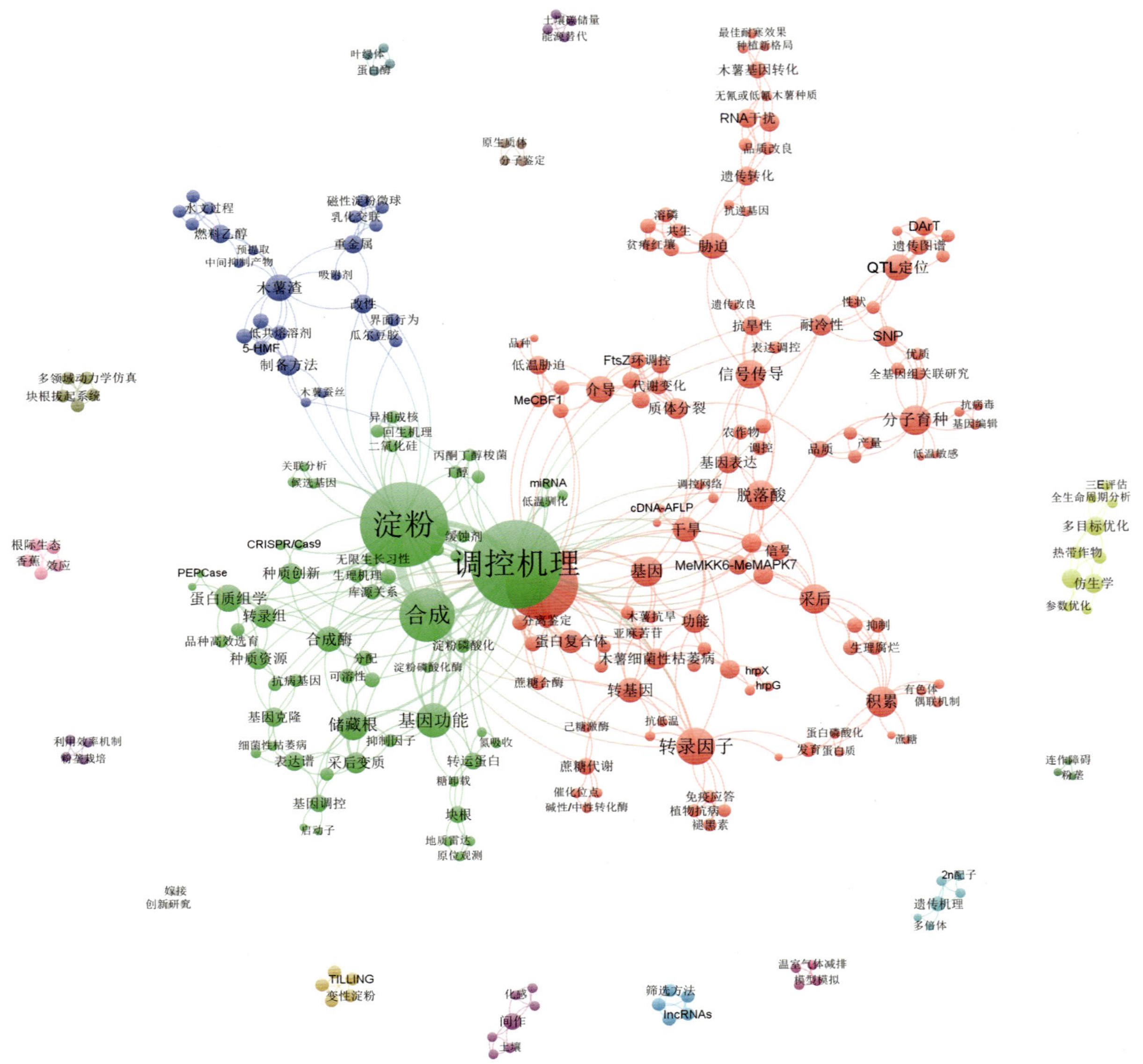

彩图3-2　木薯领域主题词聚类图

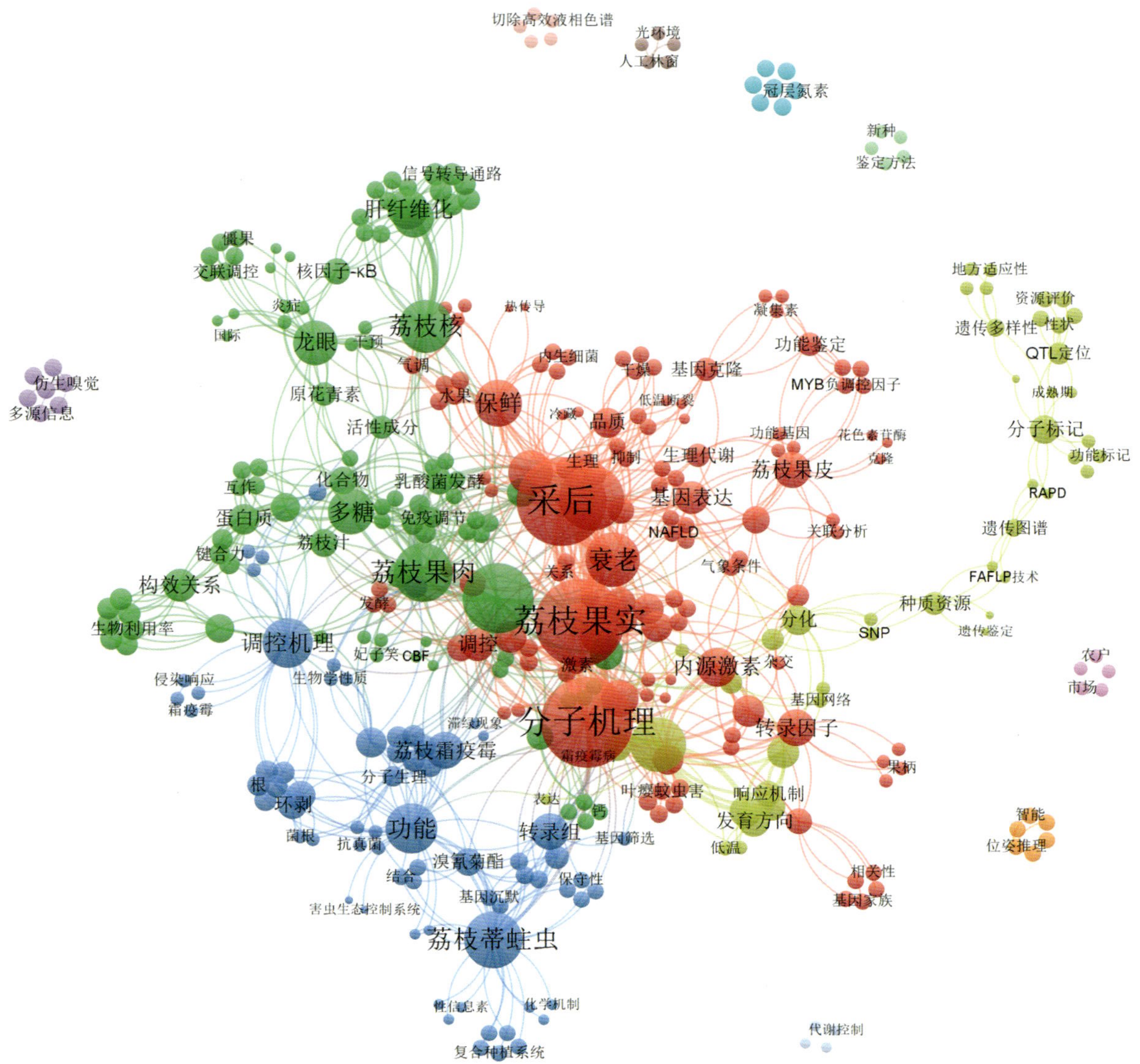

彩图3-6　荔枝领域主题词聚类图

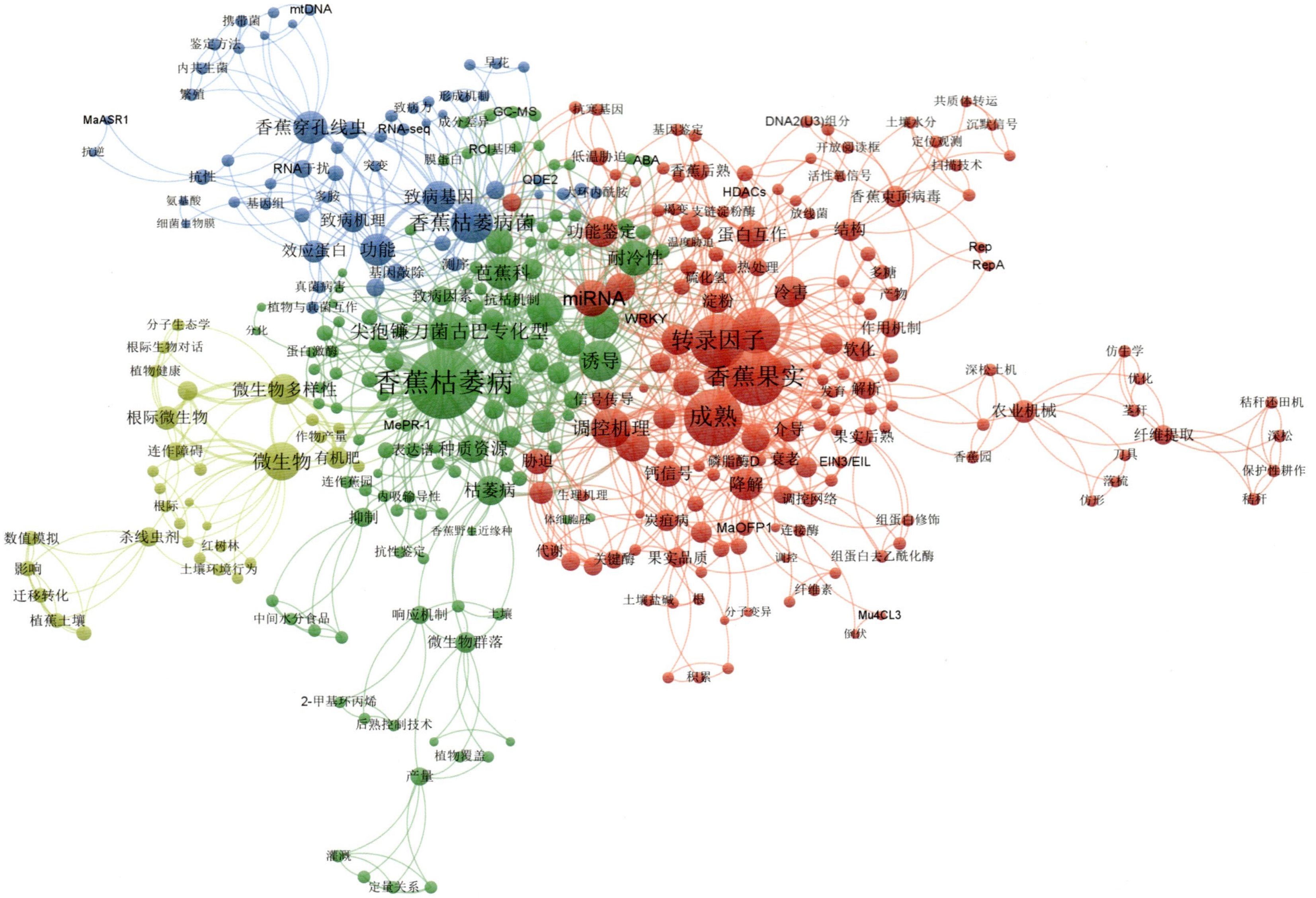

彩图3-5　香蕉领域主题词聚类图

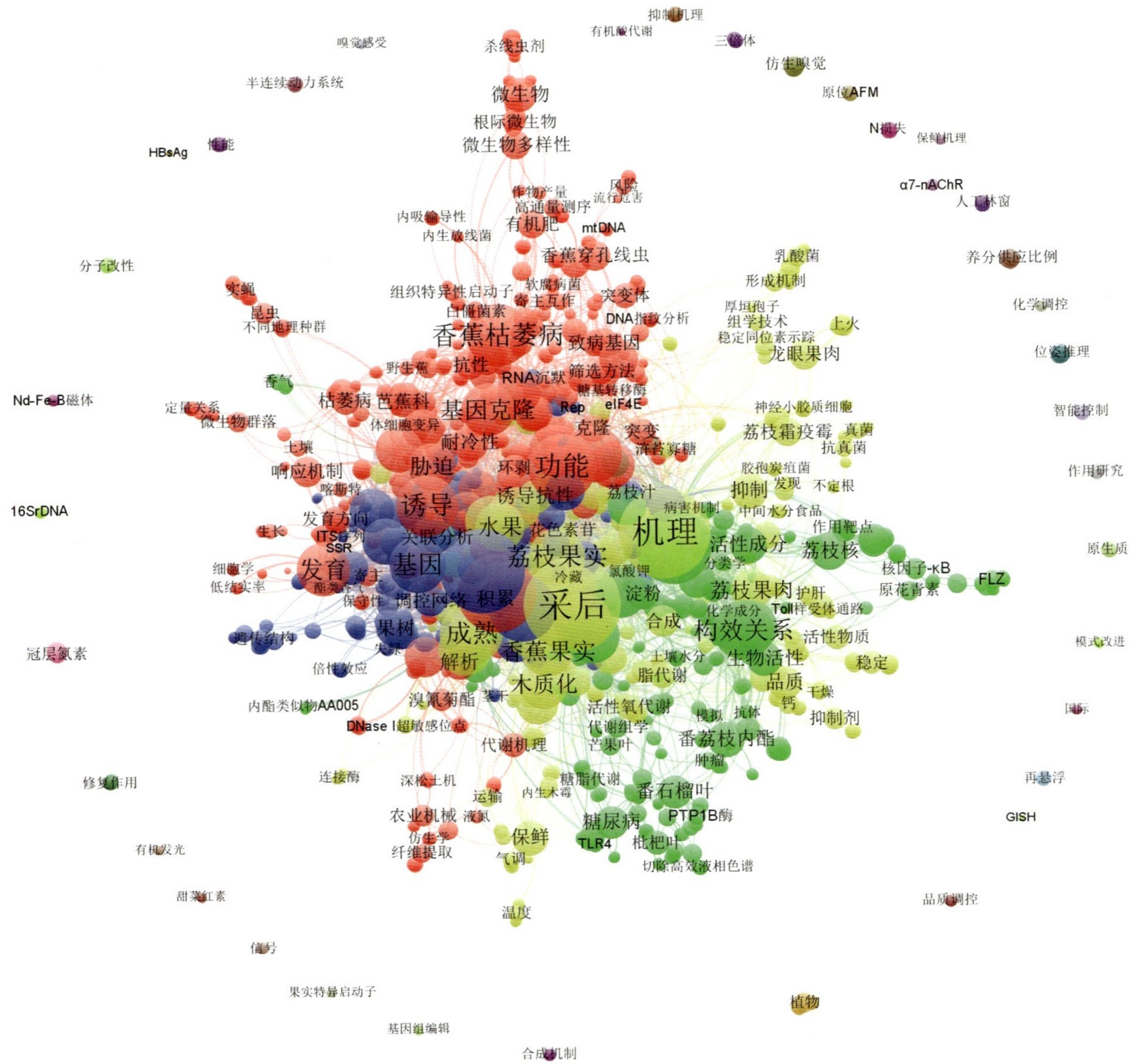

彩图3-4　热带果树领域主题词聚类图

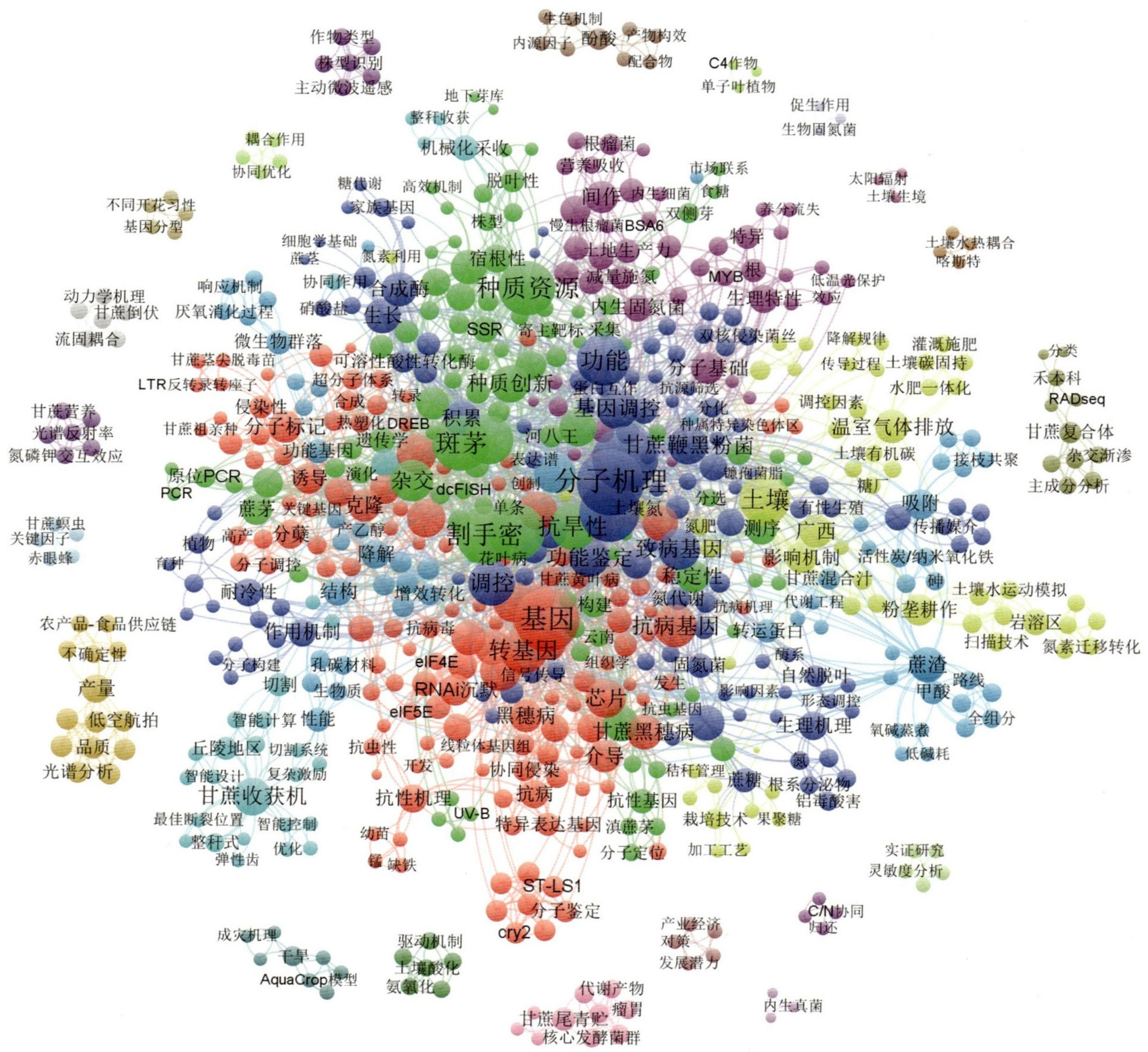

彩图3-3　甘蔗领域主题词聚类图

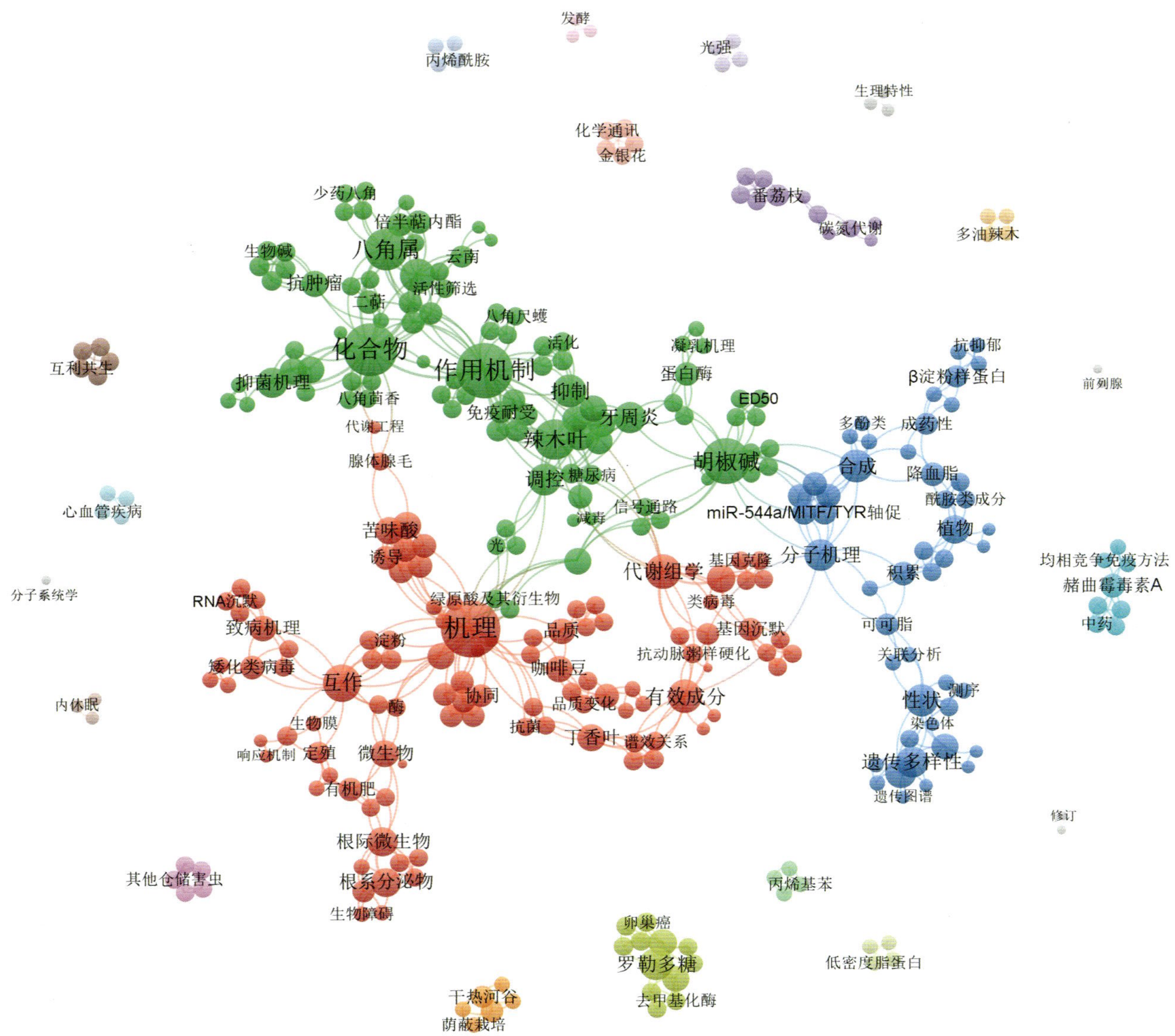

彩图3-7　热带香料饮料作物领域主题词聚类图

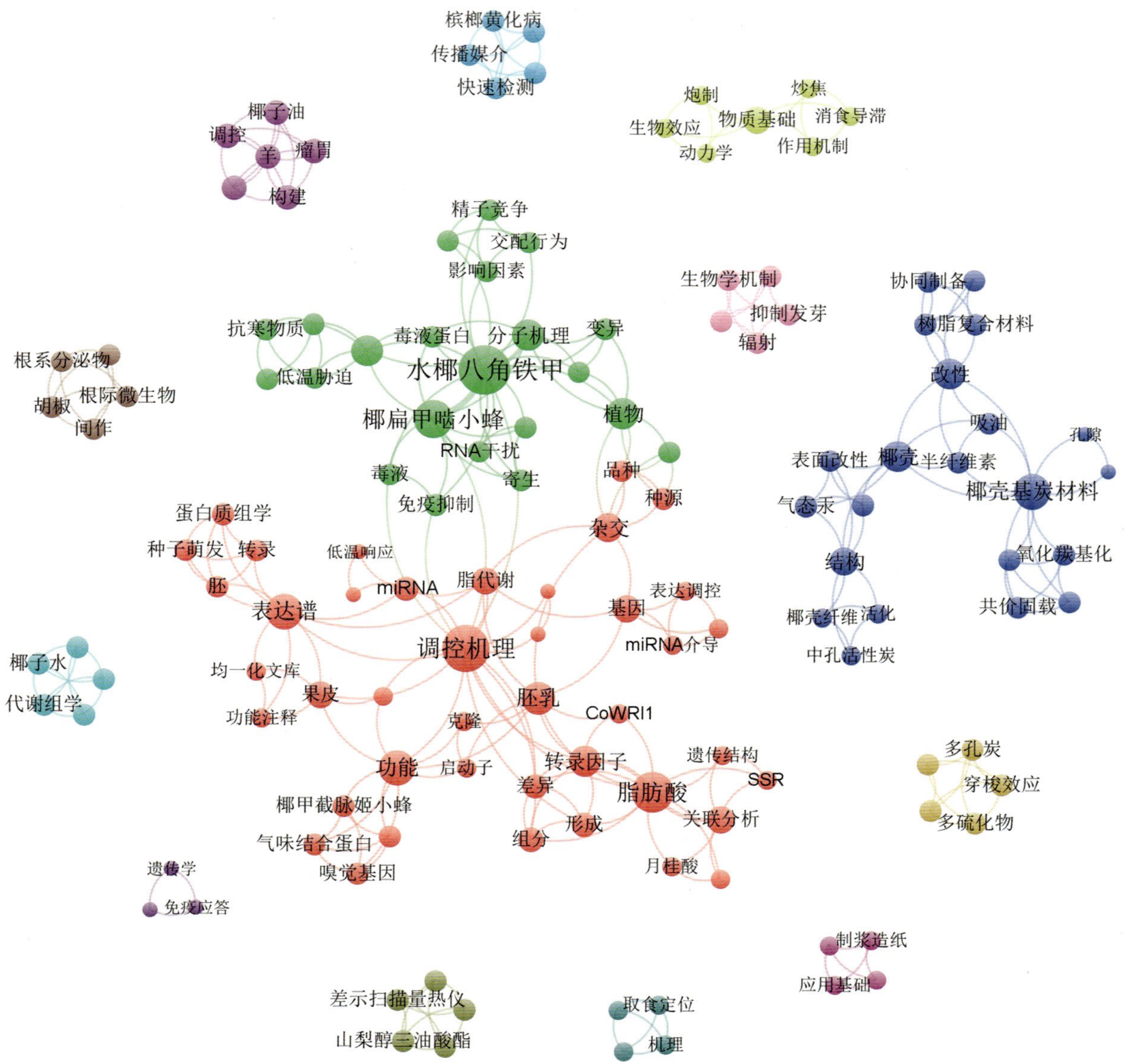

彩图3-8　热带棕榈作物领域主题词聚类图

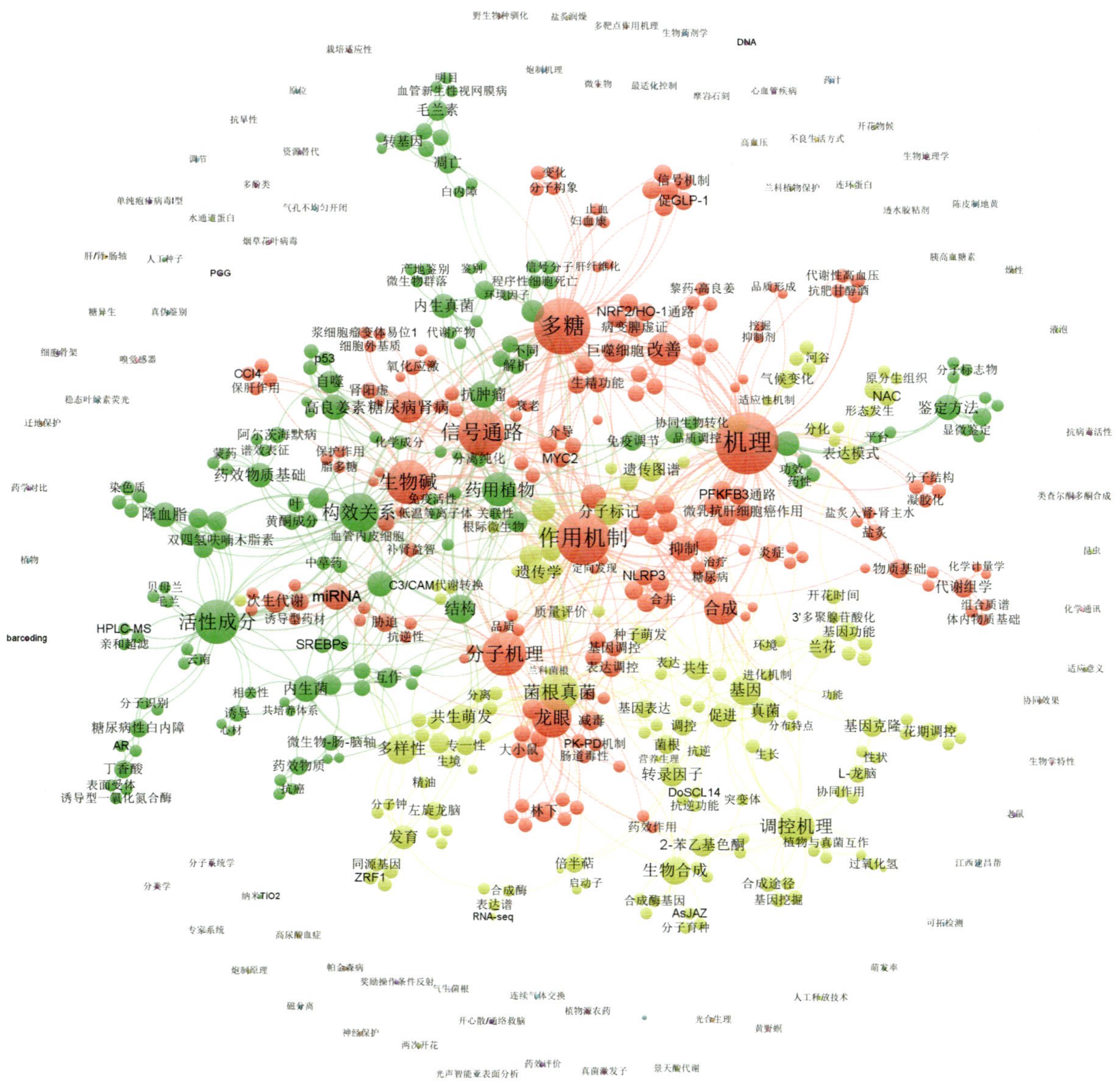

彩图3-9　热带药用作物领域主题词聚类图

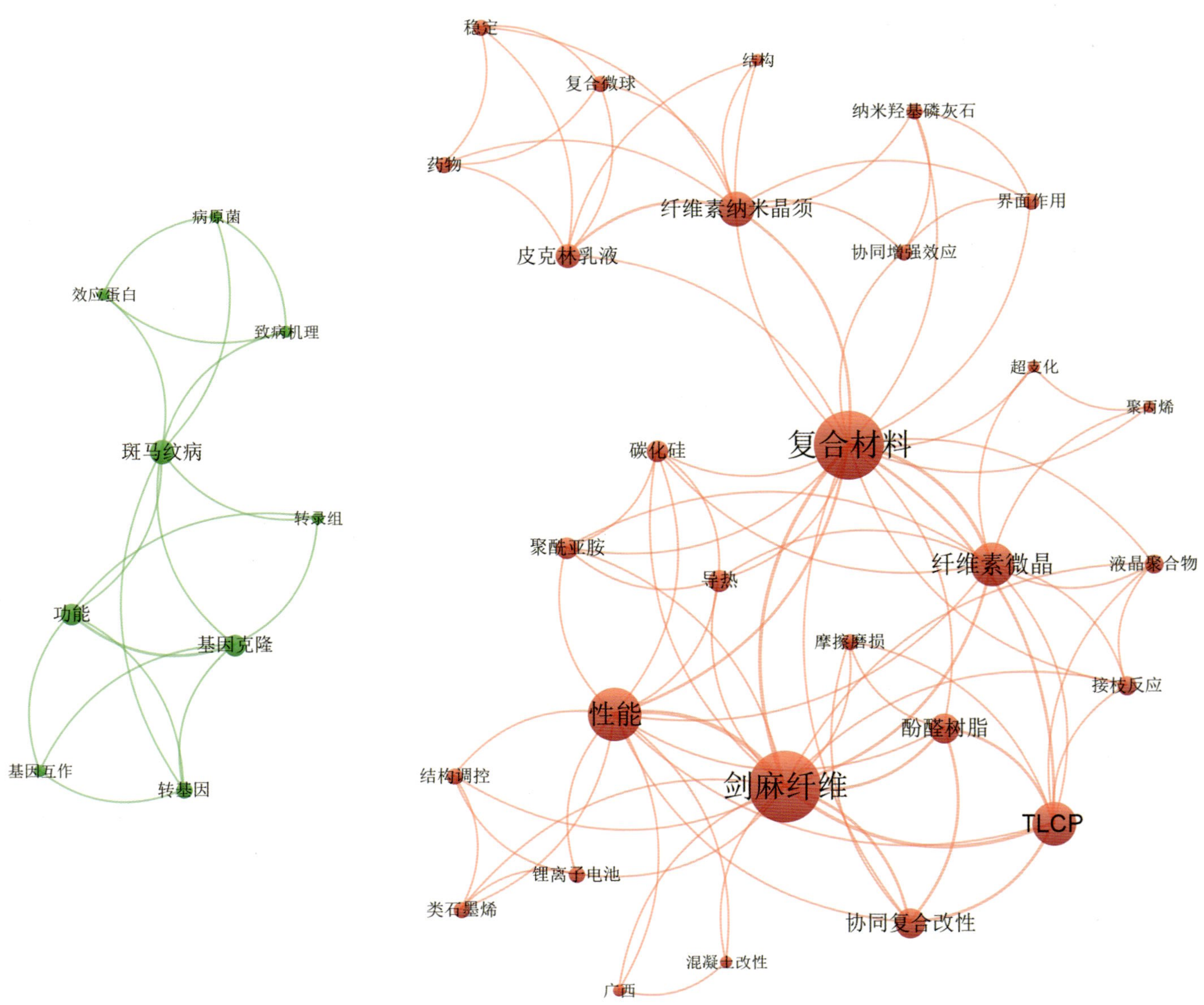

彩图3-10　剑麻领域主题词聚类图